数理物理の最前線

量子場の数理

緒方芳子・小嶋 泉・河東泰之　編

新井朝雄
河東泰之
原　隆
廣島文生
著

数学書房

編集

緒方芳子
東京大学 (大学院数理科学研究科)

小嶋泉
元京都大学

河東泰之
東京大学 (大学院数理科学研究科)

まえがき

　本書は 2013 年 Summer School 数理物理「量子場の数理」の講演記録を発展させたものである．Summer School 数理物理の企画は，1987 年に荒木不二洋先生，江沢洋先生によって学習院大学を会場に始められたものであり，2012 年からは小嶋泉と河東泰之が引き継いで東京大学で開催しており，その後緒方芳子も世話人に加わった．原則として毎年違うテーマで 8 月ごろに開いている．参加者は例年 100 人前後であり，「これから研究を始めようとしている院生や，数理物理の広い分野にわたる (専門外の) 研究者を対象とする入門的な講義」という趣旨で開いているが，一般に広く告知を行っているため，学生や，教育・研究者ではない一般の方の参加も毎年かなりある．これまでの講演者，講演題目については http://www.ms.u-tokyo.ac.jp/ yasuyuki/mp-old.htm で公開されている．

　上にも書いた通り本書のテーマは場の量子論に現れる数学的構造である．場の量子論は物理学の精密かつ広大な理論であり，多くの実験結果を高い精度で予言，説明することに成功している．物理学の立場から場の量子論について書かれた書物も数多いが，一方数学の立場から見ても，場の量子論は挑戦すべき多くのテーマを抱えた問題とアイディアの宝庫である．特に近年，場の量子論の影響が数学のほぼあらゆる分野に及んでおり，これからもこの傾向はどんどん強くなっていくことだろう．本書では 4 人の著者がそれぞれの立場から数学的な問題設定について解説した．このテーマについて広く関心を持っていただければ幸いである．

2016 年 6 月

編者

目次

まえがき i

相対論的量子電磁力学の数理 .... 新井朝雄　1

  1   序 1
  2   場の古典電磁力学 2
     2.1   4 次元ミンコフスキー空間 2
     2.2   ローレンツ群とポアンカレ群 4
     2.3   自由ディラック場 6
     2.4   自由ディラック場の理論における保存則 8
     2.5   自由なディラック場の方程式の書き換え 9
     2.6   自由ディラック場のポアンカレ共変性 10
     2.7   電磁ポテンシャルと電磁場 13
     2.8   ゲージ対称性 15
     2.9   相互作用場の方程式 — ディラック–マクスウェル方程式 16
     2.10   ハミルトニアン 17
     2.11   局所ゲージ不変性 20
     2.12   クーロンゲージでの表示 21
     2.13   ローレンツゲージでの表示 24
  3   正準量子化 — 発見法的議論 25
     3.1   有限自由度の量子力学 — 正準交換関係の表現 25
     3.2   古典場の正準量子化 27
     3.3   作用素値超関数 28
     3.4   クーロンゲージでの正準量子化 29
     3.5   ローレンツゲージでの正準量子化 34
  4   自由場 36
     4.1   自由ディラック場 36
     4.2   自由電磁ポテンシャル (I) — クーロンゲージの場合 41
     4.3   自由電磁ポテンシャル (II) — ローレンツゲージの場合 42
  5   自由場の正準量子化 — 発見法的議論 43
     5.1   自由ディラック場の正準量子化 44
     5.2   自由電磁ポテンシャルの正準量子化 (I) — クーロンゲージの場合 ... 46
     5.3   自由電磁ポテンシャルの正準量子化 (II) — ローレンツゲージの場合 ... 47

6	フェルミオンフォック空間と自由な量子ディラック場	49
6.1	フェルミオンフォック空間	49
6.2	自由な量子ディラック場の構成	53
6.3	CAR の表現としての時刻 t の自由な量子ディラック場	56
6.4	ハミルトニアン	56
6.5	4 次元並進群の表現とエネルギー・運動量作用素	56
7	ボソンフォック空間	59
8	自由な量子輻射場の構成 (I) —— クーロンゲージの場合	65
8.1	状態のヒルベルト空間	65
8.2	生成・消滅作用素,量子輻射場,ハミルトニアン	66
8.3	4 次元並進群の表現とエネルギー・運動量作用素	68
9	CCR の表現としての量子輻射場	69
10	自由な量子輻射場の構成 (II) —— ローレンツゲージの場合	71
10.1	状態のヒルベルト空間,不定計量空間,物理的状態空間	71
10.2	ポアンカレ群の表現	76
10.3	量子輻射場の構成	82
10.4	量子輻射場の作用素値超関数核	87
10.5	真空期待値	88
10.6	量子輻射場のポアンカレ共変性	89
10.7	閉部分空間 $\mathscr{F}'$ の同定とローレンツ条件	89
10.8	量子電磁場	92
11	相互作用モデル	94
11.1	クーロンゲージにおけるモデル	94
11.2	ローレンツゲージにおけるモデル	100
11.3	ディラック粒子と量子輻射場の相互作用モデル	103
12	結語	104
A	付録 ヒルベルト空間上の線形作用素に関わるいくつかの概念	107

共形場理論と作用素環 .... 河東泰之 115

1	代数的量子場の理論	115
2	カイラル共形場の理論	118
3	例	122
4	表現論	123
5	局所共形ネットと頂点作用素代数	130
6	分類理論	135
7	カイラル共形場理論からフル共形場理論へ	138
8	カイラル共形場理論から境界共形場理論へ	140
9	超対称性と非可換幾何学	142

構成的場の理論 — 古典的な問題の紹介 .... 原 隆 153

- 1 構成的場の理論とは？ 153
  - 1.1 公理的場の理論と構成的場の理論 153
  - 1.2 公理的場の理論 (と構成的場の理論) の枠組み 155
- 2 場の理論と統計力学 162
  - 2.1 格子正則化と連続極限 (continuum limit) 162
  - 2.2 連続極限をとる際の条件 166
- 3 統計力学における臨界現象 170
  - 3.1 スピン系の定義，φ^4-系の定義 (まず有限体積で) 171
  - 3.2 相関不等式と鏡映正値性 177
  - 3.3 無限体積の極限 183
  - 3.4 「高温相」「低温相」の存在 186
  - 3.5 臨界現象の存在 189
  - 3.6 まとめ：とりあえずの目標の達成 196
- 4 くりこみ群の描像 197
  - 4.1 Block Spin Transformation (BST) の定義と基本的性質 ... 197
  - 4.2 BST の結果の例 203
  - 4.3 場の理論におけるくりこみ群：くりこみ群と連続極限 (effective theory としての意味) 207
- 5 場の理論の構成の実際 — φ_3^4 理論 213
  - 5.1 くりこみ群による解析 214
  - 5.2 相関不等式による解析 217
- 6 Triviality の問題 — φ_d^4 理論 ($d \geq 4$) 223
  - 6.1 φ_d^4 の Triviality とは？ 224
  - 6.2 くりこみ群による描像 225
  - 6.3 相関不等式とくりこまれた結合定数を用いた解析 226
  - 6.4 4 次元での状況は？ 231
- 7 簡単な文献案内 236

非相対論的量子場とギブス測度 .... 廣島 文生 241

- 1 ボゾン・フォック空間 241
  - 1.1 はじめに 241
  - 1.2 エネルギー量子から数学的な場の量子論へ 241
  - 1.3 ボゾン・フォック空間 244
  - 1.4 フォック空間の Q-表現 250
  - 1.5 スカラー場 251
  - 1.6 ユークリッド場 252
- 2 確率論的準備 254
  - 2.1 ブラウン運動と確率積分 254

	2.2	Kato-クラスと基底状態変換 258
3	ネルソン模型 261	
	3.1	ネルソン模型のラグランジュ形式による形式的な導出 261
	3.2	ネルソン模型の定義 263
	3.3	赤外・紫外発散と埋蔵固有値の摂動問題 265
	3.4	FKN 型汎関数積分表示 267
4	基底状態の存在・非存在 270	
	4.1	存在 270
	4.2	非存在 273
	4.3	解説 274
5	マルチンゲール性と固有ベクトルの空間的減衰性 276	
6	ギブス測度 279	
	6.1	ギブス測度の定義 279
	6.2	ネルソン模型に付随したギブス測度の存在 280
	6.3	解説 284
7	紫外切断のくりこみ理論 284	
	7.1	正則化されたハミルトニアンの汎関数積分表示 284
	7.2	くりこまれた作用 286
	7.3	下からの一様有界性 289
	7.4	弱結合極限における実行ポテンシャル 291
	7.5	基底状態エネルギーと紫外切断のくりこみ項 292
	7.6	ポーラロン模型 293
	7.7	解説 294

索引　　　　　　　　　　　　　　　　　　　　　　　　　　　　　　　299

相対論的量子電磁力学の数理

新井朝雄

1 序

I find the present quantum electrodynamics quite unsatisfactory.
P. A. M. Dirac (1977)[1]

電荷をもつ素粒子——電子，陽電子，陽子，$\pi^{\pm}$ 中間子など——の古典的な意味での波動的側面を記述する波動場を**荷電物質場**という．これは，数学的には，時空上のベクトル値関数によって表される．ただし，どのベクトル空間に値をとるかは荷電物質場に依存する．荷電物質場は，通常，相対論的に扱われるが，その非相対論的極限も考えられる．したがって，この観点からは，荷電物質場を二種類に分けることができる．すなわち，**相対論的荷電物質場**と**非相対論的荷電物質場**である．

荷電物質場は電荷を有するので，古典電磁場と相互作用を行う．この型の相互作用を記述する理論を総称的に**場の古典電磁力学**と呼ぶ．本稿の主題である**量子電磁力学** (quantum electrodynamics; 通常，QED と略される[2]) は，この古典場の理論の「量子版」である．これは，量子荷電物質場——典型的には，相対論的な量子電子場——と量子電磁場との相互作用を記述する理論として構想される．量子荷電物質場を相対論的に扱うときの QED を**相対論的 QED**，非相対論的に扱うときのそれを**非相対論的 QED** という．通常，単に QED と言えば前者を指す．

相対論的 QED は，「形式的摂動論[3]」と「くりこみ (renormalization)」の処

---

[1] [37, p.5].
[2] QED を「量子電気力学」または「量子電磁気学」と訳す場合もある．
[3] 相対論的 QED における任意の物理量 G (エネルギー固有値，状態ベクトル，真空期待値など) を電荷 q に関する形式的冪級数 $G = G_0 + G_1 q + G_2 q^2 + \cdots\cdots (*)$ に展開し，物理量 G の満たす方程式を用いて，展開係数 (G と同じ種類の対象) $G_0, G_1, G_2, \cdots$ を，$q = 0$ の場合 (相互作用の無い場合) から始めて，逐次決めていく方法を**形式的摂動法**といい，$(*)$ を**形式的摂動級数**と呼ぶ (級数の収束性は問わない；列 $\{G_n\}_{n=0}^{\infty}$ を定めるものとみる)．このような形式的冪級数展開に頼らない方法を**非摂動的方法**という．言うまでもなく，本来ならば，非摂動的な理論の存在をまず示し，しかるのちに，摂動論がいかなる意味で成立するかあるいは成立しないかを問うのが筋である．

方を用いる限り，驚くべき精度で，その対象となる現象を解明する [35, 54]．この意味で，物理学の理論としては大きな成功を収めた[4]．ところが，相対論的 QED を「形式的摂動論」ではなく，非摂動的に，数学的に疑義のない厳密な仕方で構成しようとすると深刻な困難に直面する．この困難のために，関与する量子場の相互作用を記述する非自明な相対論的 QED の数学的存在はいまだに証明されていない[5]．この場合，そもそも相対論的 QED の非摂動的定義そのものが問われているといってよい．したがって，本稿の内容は，文字通りの意味での表題とは合致しないことを予めお断りしておかなければならない．むしろ，何が問題であり，困難であるのか，そうした側面が明らかにできればよいと考えている．

　相対論的 QED の数学的に厳密な理論を構成する上で，何が問題であるかをはっきりさせるために，まず，相対論的 QED について，物理学の教科書や文献で行われているような発見法的・形式的な議論を簡単に見ておきたい．そのための準備として，場の古典電磁力学の復習から始める[6]．

2　場の古典電磁力学

　記述を明確にするために，ここでは，荷電物質場として，**ディラック粒子**—— 電荷をもちスピンが $1/2$ の相対論的素粒子 (例：電子，陽電子，陽子) —— の荷電物質場，すなわち，**ディラック場**を取り上げる．

2.1　4 次元ミンコフスキー空間

4 次元ミンコフスキー空間を

$$\mathbb{M}^4 := \{x = (x^0, x^1, x^2, x^3) | x^\mu \in \mathbb{R}, \mu = 0, 1, 2, 3\} \quad (2.1)$$

$$= \{x = (x^0, \boldsymbol{x}) | x^0 \in \mathbb{R}, \boldsymbol{x} = (x^1, x^3, x^3) \in \mathbb{R}^3\} \quad (2.2)$$

とし[7]，ミンフコスキー計量 (ローレンツ計量) を

---

[4] 形式的摂動論における形式的摂動級数の各項の数学的な議論については，[43, 44] を参照．

[5] ただし，量子荷電物質場との相互作用を記述しない理論 —— 自由な相対論的 QED —— の存在は，構成的に証明されている (以下の 8 節〜10 節を参照)．こうした事情は，4 次元時空上の他の相対論的な量子場のモデルについても同様である (たとえば，[25] や本書，原隆氏の論説を参照)．

[6] 場の古典電磁力学を含む古典場の理論の詳細については，たとえば，[15] を参照．

[7]「$A := B$」は「A を B によって定義する」ことを表す記法．「$A \stackrel{\text{def}}{=} B$」と書く場合もある．

$$xy := x^0 y^0 - x^1 y^1 - x^2 y^2 - x^3 y^3 = x^0 y^0 - \boldsymbol{x} \cdot \boldsymbol{y}, \quad x, y \in \mathbb{M}^4 \quad (2.3)$$

で表す．ただし，$\boldsymbol{x} \cdot \boldsymbol{y} := x^1 y^1 + x^2 y^2 + x^3 y^3$ は $\boldsymbol{x} \in \mathbb{R}^3$ と $\boldsymbol{y} \in \mathbb{R}^3$ のユークリッド内積である．3 次元ベクトル $\boldsymbol{x} \in \mathbb{R}^3$ の大きさ (長さ) を $|\boldsymbol{x}| := \sqrt{\boldsymbol{x} \cdot \boldsymbol{x}}$ と記す．

本稿では，真空中の光速 c が 1 となる単位系を用いる．したがって，t をローレンツ座標系における時間変数を表すパラメーターとすれば，$x^0 = t$ である[8]．

ミンコフスキー計量は

$$xy = \sum_{\mu,\nu=0}^{3} g_{\mu\nu} x^\mu y^\nu$$

と書ける．ただし $g_{00} = 1, g_{11} = g_{22} = g_{33} = -1$, $g_{\mu\nu} = 0$, $\mu \neq \nu$．ベクトル $x \in \mathbb{M}^4$ の成分 x^μ に対して，$x_\mu \in \mathbb{R}$ を

$$x_\mu := \sum_{\nu=0}^{3} g_{\mu\nu} x^\nu$$

によって定義する (陽には，$x_0 = x^0$, $x_j = -x^j, j = 1, 2, 3$). したがって，$x^\mu = \sum_{\nu=0}^{3} g^{\mu\nu} x_\nu$ となる．ただし，$g^{\mu\nu} := g_{\mu\nu}$, $\mu, \nu = 0, 1, 2, 3$．

$\mathbb{M}^4$ の標準基底を $\{e_0, e_1, e_2, e_3\}$ としよう：

$$e_0 := (1, 0, 0, 0), \quad e_1 := (0, 1, 0, 0), \quad e_2 := (0, 0, 1, 0), \quad e_3 := (0, 0, 0, 1).$$

任意の $x \in \mathbb{M}^4$ は $x = \sum_{\mu=0}^{3} x^\mu e_\mu$ と表される．容易にわかるように $e_\mu e_\nu = g_{\mu\nu}$, $\mu, \nu = 0, 1, 2, 3$．

以下では，記法上の簡略化のため，ギリシャ文字 μ の上付添え字を持つ量 a^μ と下付き添え字をもつ量 b_μ の積 $a^\mu b_\mu$ については，μ について $0, 1, 2, 3$ にわたる和 $\sum_{\mu=0}^{3} a^\mu b_\mu$ を表すものとする (アインシュタインの規約). したがって，たとえば，$xy = x^\mu y_\mu$, $x_\mu = g_{\mu\nu} x^\nu$ (ν について $0, 1, 2, 3$ にわたる和) である．

ミンコフスキー計量は不定計量であるので，計量の符号に応じて，$\mathbb{M}^4$ は三つの部分集合に分かれる：

(1) $x^2 > 0$ である点 $x \in \mathbb{M}^4$ は**時間的**であるといい，時間的な点の集合 $\{x \in \mathbb{M}^4 | x^2 > 0\}$ を**時間的領域**と呼ぶ．

---

[8] c を復元した単位系では $x^0 = ct$.

(2) $x^2 < 0$ である点 $x \in \mathbb{M}^4$ は**空間的**であるといい，空間的な点の集合 $\{x \in \mathbb{M}^4 | x^2 < 0\}$ を**空間的領域**と呼ぶ.

(3) $x^2 = 0$ である点 $x \in \mathbb{M}^4$ は**光的**であるといい[9]，光的な点の全体 $\{x \in \mathbb{M}^4 | x^2 = 0\}$ を**光円錐**と呼ぶ.

2.2　ローレンツ群とポアンカレ群

線形写像 $\Lambda : \mathbb{M}^4 \to \mathbb{M}^4$ で計量を保存するもの，すなわち

$$(\Lambda x)(\Lambda y) = xy, \quad x, y \in \mathbb{M}^4 \tag{2.4}$$

を**ローレンツ写像**または**ローレンツ変換**という．Λ がローレンツ写像であることと

$$\Lambda^* g \Lambda = g \tag{2.5}$$

は同値である．ただし，Λ^* は $\mathbb{R}^4$ のユークリッド内積に関する Λ の共役作用素であり，$g : \mathbb{M}^4 \to \mathbb{M}^4$ は $g(x) := (x^0, -x^1, -x^2, -x^3), x \in \mathbb{M}^4$ で定義される．(2.5) 式を用いると，ローレンツ写像の全体

$$\mathscr{L} := \{\Lambda : \text{ローレンツ写像}\}$$

は線形写像の積演算に関して群をなすことがわかる ($\because \Lambda_1, \Lambda_2 \in \mathscr{L}$ ならば，$(\Lambda_1 \Lambda_2)^* g (\Lambda_1 \Lambda_2) = \Lambda_2^* \Lambda_1^* g \Lambda_1 \Lambda_2 = \Lambda_2^* g \Lambda_2 = g$. したがって，$\Lambda_1 \Lambda_2 \in \mathscr{L}$. $\Lambda x = 0 \, (x \in \mathbb{M}^4)$ ならば，(2.5) より，$g(x) = 0$ であり，これは $x = 0$ を導く．したがって，Λ は単射である．$\mathbb{M}^4$ は有限次元であるから，Λ は全単射である．ゆえに逆写像 $\Lambda^{-1} : \mathbb{M}^4 \to \mathbb{M}^4$ が存在する．この場合，Λ^* も全単射であり，$(\Lambda^*)^{-1} = (\Lambda^{-1})^*$ が成り立つ．(2.5) 式の左から $(\Lambda^*)^{-1}$ を，右から Λ^{-1} をかけることにより，$\Lambda^{-1} \in \mathscr{L}$ がわかる．$\mathbb{M}^4$ 上の恒等写像が $\mathscr{L}$ に属することは明らかである). 群 $\mathscr{L}$ は**ローレンツ群**と呼ばれる.

ローレンツ写像 Λ の標準基底 (e_0, e_1, e_2, e_3) に関する行列表示の (μ, ν) 成分を $\Lambda^\mu_\nu, \mu, \nu = 0, 1, 2, 3$ としよう:

$$\Lambda e_\nu = \Lambda^\mu_\nu e_\mu, \quad \nu = 0, 1, 2, 3.$$

以下，Λ とその行列表示 $(\Lambda^\mu_\nu)_{\mu,\nu=0,1,2,3}$ を同一視する.

等式 (2.5) を成分表示すれば $\Lambda^\mu_\rho g_{\mu\nu} \Lambda^\nu_\lambda = g_{\rho\lambda}, \rho, \lambda = 0, 1, 2, 3$ となる．これから，特に，$(\Lambda^0_0)^2 - \sum_{j=1}^{3} (\Lambda^j_0)^2 = 1$ であるので $(\Lambda^0_0)^2 \geq 1$ である．したがって，

---

[9] 便宜上，原点 $x = 0$ も光的であるとする.

$\Lambda_0^0 \geq 1$ または $\Lambda_0^0 \leq -1$.

(2.5) の両辺の行列式をとれば，$(\det \Lambda)^2 = 1$ ($\det \Lambda$ は Λ の行列式) を得る．したがって，$\det \Lambda = \pm 1$ が成り立つ．

ローレンツ群 $\mathscr{L}$ は次の 4 つの連結成分から成る (たとえば，[55] の IV 章を参照)：

$$\mathscr{L}_+^\uparrow := \{\Lambda \in \mathscr{L}|\det \Lambda = 1, \Lambda_0^0 \geq 1\},$$
$$\mathscr{L}_-^\uparrow := \{\Lambda \in \mathscr{L}|\det \Lambda = -1, \Lambda_0^0 \geq 1\},$$
$$\mathscr{L}_-^\downarrow := \{\Lambda \in \mathscr{L}|\det \Lambda = -1, \Lambda_0^0 \leq -1\},$$
$$\mathscr{L}_+^\downarrow := \{\Lambda \in \mathscr{L}|\det \Lambda = 1, \Lambda_0^0 \leq -1\}.$$

はじめの連結成分 $\mathscr{L}_+^\uparrow$ は $\mathscr{L}$ の部分群であり，**固有ローレンツ群**と呼ばれる．固有ローレンツ群の元は**固有ローレンツ変換**と呼ばれる．

写像 $T : \mathbb{M}^4 \to \mathbb{M}^4$ と部分集合 $D \subset \mathbb{M}^4$ に対して

$$TD := \{T(x)|x \in D\}$$

とおく．$\mathbb{M}^4$ の部分集合 D について，すべての $\Lambda \in \mathscr{L}$ に対して，$\Lambda D = D$ が成り立つとき，D は**ローレンツ不変**であるという．

例 2.1 時間的領域，空間的領域，光円錐はローレンツ不変である．

各 $a \in \mathbb{R}^4$ と $\Lambda \in \mathscr{L}$ に対して**ポアンカレ変換** $(a, \Lambda) : \mathbb{M}^4 \to \mathbb{M}^4$ が

$$(a, \Lambda)x := \Lambda x + a, \quad x \in \mathbb{M}^4$$

によって定義される．容易に確かめられるように，

$$(a_1, \Lambda_1)(a_2, \Lambda_2) = (a_1 + \Lambda_1 a_2, \Lambda_1 \Lambda_2), \ a_1, a_2 \in \mathbb{R}^4, \Lambda_1, \Lambda_2 \in \mathscr{L}$$

が成り立つ．したがって，ポアンカレ変換の全体

$$\mathscr{P} := \{(a, \Lambda)|a \in \mathbb{R}^4, \Lambda \in \mathscr{L}\} \tag{2.6}$$

は群をなす．この群を**ポアンカレ群**という．その部分群

$$\mathscr{P}_+^\uparrow := \{(a, \Lambda)|a \in \mathbb{R}^4, \Lambda \in \mathscr{L}_+^\uparrow\} \tag{2.7}$$

は**固有ポアンカレ群**と呼ばれる．固有ポアンカレ群の元は**固有ポアンカレ変換**と呼ばれる．

2.3 自由ディラック場

代数的対象 X, Y に対して, $\{X, Y\} := XY + YX$ とする. これは X, Y の**反交換子** (anticommutator) と呼ばれる. 一般に, 4 次正方行列の組 $(\gamma^\mu)_{\mu=0,1,2,3}$ が反交換関係

$$\{\gamma^\mu, \gamma^\nu\} = 2g^{\mu\nu} 1_4, \quad \mu, \nu = 0, 1, 2, 3 \tag{2.8}$$

と

$$(\gamma^0)^* = \gamma^0 (\text{エルミート性}), \quad (\gamma^j)^* = -\gamma^j (\text{反エルミート性}), j = 1, 2, 3$$

を満たすとき, これらの行列を**ガンマ行列**という. ただし, $1_n \, (n \in \mathbb{N})$ は n 次単位行列を表し (以下, しばしば省略する), 行列 M に対して, M^* は M のエルミート共役を表す.

例 2.2 次の式によって定義される 2 次のエルミート行列 $\sigma^1, \sigma^2, \sigma^3$ は**パウリ行列**と呼ばれる:

$$\sigma^1 := \begin{pmatrix} 0 & 1 \\ 1 & 0 \end{pmatrix}, \quad \sigma^2 := \begin{pmatrix} 0 & -i \\ i & 0 \end{pmatrix}, \quad \sigma^3 := \begin{pmatrix} 1 & 0 \\ 0 & -1 \end{pmatrix}. \tag{2.9}$$

ここで, i は虚数単位である. 直接計算により, 次の式が示される:

$$(\sigma^j)^2 = 1_2, j = 1, 2, 3, \quad \sigma^1 \sigma^2 = i\sigma^3, \quad \sigma^2 \sigma^3 = i\sigma^1, \quad \sigma^3 \sigma^1 = i\sigma^2.$$

したがって, $\{\sigma^j, \sigma^k\} = 2\delta_{jk} 1_2, j, k = 1, 2, 3$. ただし, δ_{jk} はクロネッカーのデルタである:$j = k$ ならば $\delta_{jk} = 1$; $j \neq k$ ならば $\delta_{jk} = 0$. これらの性質を用いると

$$\gamma^0 := \begin{pmatrix} 1_2 & 0 \\ 0 & -1_2 \end{pmatrix}, \quad \gamma^j := \begin{pmatrix} 0 & \sigma^j \\ -\sigma^j & 0 \end{pmatrix}, \quad j = 1, 2, 3 \tag{2.10}$$

によって定義される 4 次の行列 $\gamma^\mu, \mu = 0, 1, 2, 3$ はガンマ行列であることがわかる.

例 2.3

$$\gamma^0 := \begin{pmatrix} 0 & 1_2 \\ 1_2 & 0 \end{pmatrix}, \quad \gamma^j := \begin{pmatrix} 0 & -\sigma^j \\ \sigma^j & 0 \end{pmatrix}, \quad j = 1, 2, 3. \tag{2.11}$$

これらの例からもわかるように, ガンマ行列の選び方は一意的ではない. だが, 実は, ガンマ行列の組 $(\gamma^\mu)_{\mu=0,1,2,3}$ は相似変換の任意性を除いて一意的に定まる:

補題 2.4 (パウリの補題) $(\gamma^\mu)_{\mu=0,1,2,3}$, $(\gamma^{\mu'})_{\mu=0,1,2,3}$ をガンマ行列の二つの組としよう．このとき，4 次のユニタリ行列 S で
$$\gamma^{\mu'} = S\gamma^\mu S^{-1}, \quad \mu = 0, 1, 2, 3$$
を満たすものが存在する．行列 S は数因子の不定性を除いて一意的に定まる．

この補題の証明については，たとえば，[52, p.74, Lemma 2.25] を参照されたい．

例 2.5 例 2.2 のガンマ行列を $\gamma^{\mu'}$，例 2.3 のそれを γ^μ とし
$$S := \frac{1}{\sqrt{2}} \begin{pmatrix} 1_2 & 1_2 \\ 1_2 & -1_2 \end{pmatrix}$$
とすれば，S はユニタリ行列であり，$\gamma^{\mu'} = S\gamma^\mu S^{-1}, \mu = 0, 1, 2, 3$ が成り立つ．

パウリの補題のおかげで，ガンマ行列の表示として任意のものを選ぶことができる．だが，ここでは，さしあたり，ガンマ行列の表示を固定せずに論述を進める．

ψ を $\mathbb{M}^4$ から 4×1 複素行列 (つまり，4 成分の複素縦ベクトル) の空間への写像とする：
$$\psi(x) = \begin{pmatrix} \psi_1(x) \\ \psi_2(x) \\ \psi_3(x) \\ \psi_4(x) \end{pmatrix}, \quad x \in \mathbb{M}^4. \tag{2.12}$$

ただし，各 $a = 1, 2, 3, 4$ に対して，$\psi_a : \mathbb{M}^4 \to \mathbb{C}$ (複素数体) である．この型の写像を **4 成分複素ベクトル場** という (以下，しばしば，単に場ともいう)．4×1 複素行列の全体と $\mathbb{C}^4$ を自然な仕方で同一視するとき，4 成分複素ベクトル場は $\mathbb{M}^4$ から $\mathbb{C}^4$ への写像とみることができる．この場合，$\psi : \mathbb{M}^4 \to \mathbb{C}^4$ と表す．

4 成分複素ベクトル場 ψ に対して写像 $\overline{\psi} : \mathbb{M}^4 \to \mathbb{C}^4 = \{(z_1, z_2, z_3, z_4)|z_a \in \mathbb{C}, a = 1, 2, 3, 4\}$ を次のように定義する：
$$\overline{\psi}(x) := \psi(x)^* \gamma^0 = (\psi_1(x)^*, \psi_2(x)^*, \psi_3(x)^*, \psi_4(x)^*)\gamma^0. \tag{2.13}$$
ただし，複素数 z に対して，z^* は z の複素共役を表す．

以下，次の記号を使用する：
$$\partial_\mu := \frac{\partial}{\partial x^\mu}, \quad \partial^\mu = g^{\mu\nu}\partial_\nu.$$

4 成分複素ベクトル場 ψ に関する 1 階の偏微分方程式

$$i\gamma^\mu \partial_\mu \psi - m\psi = 0 \tag{2.14}$$

を質量 $m > 0$ の**自由なディラック場の方程式**といい，その解を**質量 m の自由ディラック場**と呼ぶ．

2.4　自由ディラック場の理論における保存則

4 成分複素ベクトル場 ψ と各 μ に対して，$\mathbb{M}^4$ 上の実数値関数 J_ψ^μ を

$$J_\psi^\mu(x) := \overline{\psi}(x)\gamma^\mu \psi(x), \quad x \in \mathbb{M}^4 \tag{2.15}$$

と定める．

定理 2.6 場 ψ が質量 m の自由ディラック場ならば，

$$\partial_\mu J_\psi^\mu = 0. \tag{2.16}$$

証明 関数の積の微分法 (ライプニッツ則) により

$$\partial_\mu J_\psi^\mu = (\partial_\mu \overline{\psi})\gamma^\mu \psi + \overline{\psi}\gamma^\mu \partial_\mu \psi.$$

(2.14) により，$\overline{\psi}\gamma^\mu \partial_\mu \psi = -im\overline{\psi}\psi$．したがって

$$\partial_\mu J_\psi^\mu = (\partial_\mu \overline{\psi}\gamma^\mu - im\overline{\psi})\psi. \tag{2.17}$$

一方，(2.14) のエルミート共役をとると $-i\partial_\mu \psi^*(\gamma^\mu)^* = m\psi^*$．右から γ^0 をかけ，$(\gamma^0)^2 = 1_4$ を用いると $-i\partial_\mu \overline{\psi}\gamma^0 (\gamma^\mu)^* \gamma^0 = m\overline{\psi}$．

ガンマ行列の反交換関係，γ^0 のエルミート性および γ^j の反エルミート性によって

$$\gamma^0 (\gamma^\mu)^* \gamma^0 = \gamma^\mu \tag{2.18}$$

が成り立つことがわかる．したがって

$$i\partial_\mu \overline{\psi}\gamma^\mu + m\overline{\psi} = 0. \tag{2.19}$$

これを (2.17) に代入すれば (2.16) が得られる． ∎

注意 2.7 (2.14) と同等な方程式 (2.19) もしばしば有用である．

場 ψ から定まる量

$$J_\psi^0(x) = \psi(x)^* \psi(x) = \sum_{a=1}^{4} |\psi_a(x)|^2$$

は，この場によって記述される**連続物質体の密度** (空間 $\mathbb{R}^3$ における単位体積あたりの連続物質体の量) — 以下，単に物質密度と呼ぶ — を表すと解釈される [10]．したがって，目下の連続物質体の**質量密度**は $m\psi(x)^*\psi(x)$ であり，**電荷密度**は $q\psi(x)^*\psi(x)$ である．ただし，q はディラック粒子の電荷を表す．

いま述べた解釈のもとで，方程式 (2.16) は，自由ディラック場の物質密度の流れに対する連続の方程式を表すと解釈される．したがって，連続の方程式の一般論により [15, 付録 E.6]，しかるべき条件のもとで，全空間 $\mathbb{R}^3$ での自由ディラック場の物質量 $\int_{\mathbb{R}^3} \psi(x)^*\psi(x)\,d\boldsymbol{x}$ は保存される (時間に依らず一定)．特に自由ディラック場の全電荷 $\int_{\mathbb{R}^3} q\psi(x)^*\psi(x)\,d\boldsymbol{x}$ と全質量 $\int_{\mathbb{R}^3} m\psi(x)^*\psi(x)\,d\boldsymbol{x}$ は保存される．

2.5　自由なディラック場の方程式の書き換え

(2.14) は $i\gamma^0\partial_0\psi = -i\sum_{j=1}^{3}\gamma^j\partial_j\psi + m\psi$ と変形できる．そこで，左から γ^0 を掛け，$(\gamma^0)^2 = 1$ を用い，

$$\alpha^j := \gamma^0\gamma^j\ (j=1,2,3), \quad \beta := \gamma^0 \tag{2.20}$$

を導入し，$x^0 = t$ とすれば

$$i\frac{\partial\psi}{\partial t} = h_{\mathrm{D}}\psi \tag{2.21}$$

が得られる．ただし

$$h_{\mathrm{D}} := \sum_{j=1}^{3}\alpha^j(-iD_j) + m\beta. \tag{2.22}$$

ここで，後の論述の便宜上，通常の偏微分作用素 ∂_j を一般化された (超関数的) 偏微分作用素 D_j に換えた．

逆に，ψ を C^1 級の関数に限れば，(2.21) から (2.14) が導かれる．ゆえに，C^1 級の関数 ψ については，(2.14) と (2.21) は同等である．

方程式 (2.21) を**自由ディラック方程式**という．この方程式を規定する作用素 h_{D} は**質量 m の自由ディラック作用素**と呼ばれる．

---

[10] 古典的物質場の理論における物理的概念の捉え方の詳細については [53, 6 章] を参照．この教科書では，非相対論的な物質場 (ドブロイ場) の理論が論じられているが，そこでの物理的概念の構築方法はそのまま他の物質場の理論に拡張され得る．

反交換関係 (2.8) より，α^j, β は次の関係式を満たすことがわかる：
$$\left\{\alpha^j, \alpha^k\right\} = 2\delta_{jk}1_4, \quad \left\{\alpha^j, \beta\right\} = 0, \quad \beta^2 = 1_4, \quad j, k = 1, 2, 3. \tag{2.23}$$
行列 α^j, β はいずれもエルミート行列である．

方程式 (2.21) の利点の一つは，それが発展方程式の形をしているということである．したがって，発展方程式の理論を応用することにより，(2.21) の解の存在を示すことが可能である．だが，この点については，いまはこれ以上立ち入らないことにする．

2.6 自由ディラック場のポアンカレ共変性

2 次特殊線形群

$$SL(2, \mathbb{C}) := \{A : 2 \text{ 次複素正方行列} \mid \det A = 1\}$$

の各元 A に対して，4 次の正方行列 $\Lambda(A) = (\Lambda(A)^\mu_\nu)$ が

$$\Lambda(A)^\mu_\nu := \frac{1}{2}\mathrm{Tr}(\sigma^\mu A \sigma^\nu A^*), \quad \mu, \nu = 0, 1, 2, 3 \tag{2.24}$$

によって定義される．ただし，n 次正方行列 $M = (M_{ij}), i, j = 1, \ldots, n$ に対して，$\mathrm{Tr}M$ は M のトレースを表す：$\mathrm{Tr}M := \sum_{i=1}^n M_{ii}$．次の定理が成立する [5, 11 章]：

定理 2.8 任意の $A \in SL(2, \mathbb{C})$ に対して，$\Lambda(A)$ は固有ローレンツ変換である．さらに，次の (i)〜(iv) が成り立つ：

(i) 写像 $\Lambda(\cdot) : SL(2, \mathbb{C}) \ni A \mapsto \Lambda(A) \in \mathscr{L}_+^\uparrow$ は全射である．

(ii) $\Lambda(A)\Lambda(B) = \Lambda(AB), \quad A, B \in SL(2, \mathbb{C})$.

(iii) $\Lambda(1) = 1$.

(iv) $\Lambda(A) = \Lambda(B) \iff A = B$ または $A = -B$.

この定理は，写像 $\Lambda(\cdot) : A \mapsto \Lambda(A)$ が $SL(2, \mathbb{C})$ から $\mathscr{L}_+^\uparrow$ の上への 2 : 1 の準同型写像であることを語る [11]．したがって，$SL(2, \mathbb{C})$ は $\mathscr{L}_+^\uparrow$ に準同型である．

---

[11] 群 G から群 H への写像 $\varphi : G \to H$ が $\varphi(g_1 g_2) = \varphi(g_1)\varphi(g_2), g_1, g_2 \in G$ を満たすとき，φ を G から H への準同型写像という．全射な準同型写像——**全射準同型写像**——$\varphi : G \to H$ が存在するとき，G は H に準同型であるという．全単射な準同型写像 $\varphi : G \to H$ を**同型写像**という．G から H への同型写像が存在するとき，G と H は同型であるという．同型な群は，群として同じものとみなされる．

定理 2.8 によって，各 $a \in \mathbb{R}^4$ と $A \in SL(2,\mathbb{C})$ に対して，$(a, \Lambda(A))$ は固有ポアンカレ変換である．

集合
$$\tilde{\mathscr{P}}_+^\uparrow := \mathbb{R}^4 \times SL(2,\mathbb{C}) = \{(a,A) | a \in \mathbb{R}^4, A \in SL(2,\mathbb{C})\}$$
は積演算
$$(a,A)(b,B) := (a + \Lambda(A)b, AB) \in \tilde{\mathscr{P}}_+^\uparrow, \quad (a,A), (b,B) \in \tilde{\mathscr{P}}_+^\uparrow,$$
に関して群になる．この群を**スピノル群**または固有ポアンカレ群 $\mathscr{P}_+^\uparrow$ の**普遍被覆群**という．

写像 $\varphi : \tilde{\mathscr{P}}_+^\uparrow \to \mathscr{P}_+^\uparrow$ を
$$\varphi(a,A) := (a, \Lambda(A)), \quad (a,A) \in \tilde{\mathscr{P}}_+^\uparrow$$
によって定義すれば，φ は $2:1$ の全射準同型写像である [12]．したがって，$\tilde{\mathscr{P}}_+^\uparrow$ は $\mathscr{P}_+^\uparrow$ に準同型である．

各 $A \in SL(2,\mathbb{C})$ に対して，次の $(2.25)\sim(2.27)$ を満たす 4 次正則行列 $S(A)$ が存在する [5, 11 章]：

$$S(A)^{-1}\gamma^\mu S(A) = \Lambda(A)^\mu_\nu \gamma^\nu, \tag{2.25}$$
$$S(AB) = S(A)S(B), \quad A,B \in SL(2,\mathbb{C}), \tag{2.26}$$
$$S(A)^{-1} = \gamma^0 S(A)^* \gamma^0. \tag{2.27}$$

性質 (2.26) は，写像 $S(\cdot): A \mapsto S(A)$ が $SL(2,\mathbb{C})$ の $\mathbb{C}^4$ 上での表現[13]であることを示す．そこで，4 成分複素ベクトル場 ψ に対して，その**ポアンカレ変換** $\psi_{(a,A)}$ を
$$\psi_{(a,A)}(x) := S(A)\psi(\Lambda(A)^{-1}(x-a)), \quad x \in \mathbb{M}^4$$
によって定義する．

定理 2.9 場 ψ が質量 m の自由ディラック場ならば，$\psi_{(a,A)}$ もそうである．

証明 (2.25) を用いると，$\gamma^\mu \partial_\mu \psi_{(a,A)}(x) = S(A)\gamma^\nu \partial_\nu \psi(\Lambda(A)^{-1}(x-a))$．したがって

---

[12] φ は $\tilde{\mathscr{P}}_+^\uparrow$ を $\mathscr{P}_+^\uparrow$ の普遍被覆群たらしめる被覆写像である．

[13] ベクトル空間 $V \neq \{0\}$ 上の全単射な線形写像 (線形変換, 一次変換) の全体 $GL(V)$ は群をなし，V 上の**一般線形群**と呼ばれる．群 G から $GL(V)$ への準同型写像 $\rho : G \to GL(V)$ を G の V 上での**表現**という．

$$i\gamma^\mu \partial_\mu \psi_{(a,A)}(x) = S(A)m\psi(\Lambda(A)^{-1}(x-a)) = m\psi_{(a,A)}(x). \qquad \blacksquare$$

定理 2.9 の意味について簡単に触れておこう．C^1 級の 4 成分複素ベクトル場の全体を $C^1(\mathbb{M}^4;\mathbb{C}^4)$ と記す：

$$C^1(\mathbb{M}^4;\mathbb{C}^4) := \{\psi : \mathbb{M}^4 \to \mathbb{C}^4 | \psi_a \in C^1(\mathbb{M}^4), a = 1,2,3,4\}.$$

これは無限次元複素ベクトル空間である．各 $(a,A) \in \tilde{\mathscr{P}}_+^\uparrow$ に対して，$C^1(\mathbb{M}^4;\mathbb{C}^4)$ 上の写像 $T_{(a,A)} : C^1(\mathbb{M}^4;\mathbb{C}^4) \to C^1(\mathbb{M}^4;\mathbb{C}^4)$ を

$$T_{(a,A)}\psi := \psi_{(a,A)}, \quad \psi \in C^1(\mathbb{M}^4;\mathbb{C}^4)$$

によって定義する．定理 2.8 と (2.26) を用いる直接計算により

$$T_{(a,A)}T_{(b,B)} = T_{(a,A)(b,B)}, \quad (a,A),(b,B) \in \tilde{\mathscr{P}}_+^\uparrow \qquad (2.28)$$

が示される．これから，特に，各 $T_{(a,A)}$ は全単射であり

$$T_{(a,A)}^{-1} = T_{(-\Lambda(A)^{-1}a, A^{-1})} \qquad (2.29)$$

が導かれる．したがって，$T_{(a,A)} \in GL(C^1(\mathbb{M}^4;\mathbb{C}^4))$ であり，

$$\mathfrak{T}_\mathrm{P} := \{T_{(a,A)} | (a,A) \in \tilde{\mathscr{P}}_+^\uparrow\}$$

は $C^1(\mathbb{M}^4;\mathbb{C}^4)$ 上の一つの変換群である[14]．等式 (2.28) は，写像 $T : (a,A) \mapsto T_{(a,A)}$ が $SL(2,\mathbb{C})$ の $C^1(\mathbb{M}^4;\mathbb{C}^4)$ 上での表現であることを意味する．

さて，質量 m の自由ディラック場の全体，すなわち，自由なディラック場の方程式 (2.14) の解の全体 (解空間) を $\mathscr{S}_\mathrm{D}$ としよう．明らかに $\mathscr{S}_\mathrm{D} \subset C^1(\mathbb{M}^4;\mathbb{C}^4)$ である．方程式 (2.14) の線形性により，$\mathscr{S}_\mathrm{D}$ は部分空間である．

定理 2.9 は，$\psi \in \mathscr{S}_\mathrm{D}$ ならば，すべての $(a,A) \in \tilde{\mathscr{P}}_+^\uparrow$ に対して，$T_{(a,A)}\psi \in \mathscr{S}_\mathrm{D}$ を意味する．すなわち，$T_{(a,A)}$ は $\mathscr{S}_\mathrm{D}$ を不変にする：$T_{(a,A)}\mathscr{S}_\mathrm{D} \subset \mathscr{S}_\mathrm{D}$．[15] これと (2.29) を用いることにより

$$T_{(a,A)}\mathscr{S}_\mathrm{D} = \mathscr{S}_\mathrm{D} \qquad (2.30)$$

が導かれる．ゆえに，解空間 $\mathscr{S}_\mathrm{D}$ は変換群 $\mathfrak{T}_\mathrm{P}$ の不変部分空間である．言い換え

---

[14] 集合 X 上の写像からなる集合 G は，次の (G.1) と (G.2) を満たすとき，X 上の**変換群**と呼ばれる：(G.1) 各 $g \in G$ は全単射であり，その逆写像 g^{-1} も G の元である：$g^{-1} \in G$；(G.2) $g_1, g_2 \in G$ ならば $g_1g_2 \in G$．ただし，g_1g_2 は合成写像である：$(g_1g_2)(x) := g_1(g_2(x))$, $x \in X$．変換群は，恒等写像を単位元とし，逆写像を逆元とする群である．

[15] 集合 X 上の写像 $f : X \to X$ と X の部分集合 D に対して，$fD := \{f(x)|x \in D\}$ (D に定義域を制限した写像 f の像)．$fD = f(D)$ とも書く．

ると，$\mathscr{S}_\mathrm{D}$ は $\mathfrak{T}_\mathrm{P}$ 対称な空間なのである[16]．この対称性を**自由ディラック場のポアンカレ対称性**とよぶ．

2.7 電磁ポテンシャルと電磁場

公理論的古典電磁場の理論 [15, 5 章] によれば，$\mathbb{M}^4$ 上の電磁場を生み出す**電磁ポテンシャル**は $\mathbb{M}^4$ 上の 1 形式，すなわち，$\mathbb{M}^4$ の双対空間 $(\mathbb{M}^4)^*$ に値をとる $\mathbb{M}^4$ 上の写像

$$A : \mathbb{M}^4 \to (\mathbb{M}^4)^* ; \mathbb{M}^4 \ni x \mapsto A(x) \in (\mathbb{M}^4)^*$$

によって与えられる．

ミンコフスキーベクトル空間 $\mathbb{M}^4$ の標準基底 (e_0, e_1, e_2, e_3) の双対基底を $(\phi^0, \phi^1, \phi^2, \phi^3)$ ($\phi^\mu \in (\mathbb{M}^4)^*$) としよう：

$$\phi^\mu(e_\nu) = \delta^\mu_\nu, \quad \mu, \nu = 0, 1, 2, 3.$$

ただし，$\delta^\mu_\nu = \delta_{\mu\nu}$(クロネッカーのデルタ)．各 $x \in \mathbb{M}^4$ に対して，$A(x) \in (\mathbb{M}^4)^*$ であるので

$$A(x) = A_\mu(x) \phi^\mu$$

と展開できる．展開係数の組 $(A_0(x), A_1(x), A_2(x), A_3(x))$ は双対基底 $(\phi^\mu)_{\mu=0,1,2,3}$ に関する，$A(x)$ の成分表示を与える．x を変数とみなすことにより，写像 $A_\mu : x \mapsto A_\mu(x)$ を $\mathbb{M}^4$ 上の実数値関数とみることができる．

電磁場は A の外微分[17]

$$F := dA \tag{2.31}$$

によって定まる 2 階反対称テンソル場で与えられる．

双対空間 $(\mathbb{M}^4)^*$ の 2 重反対称テンソル積 $(\mathbb{M}^4)^* \wedge (\mathbb{M}^4)^*$ の標準基底

$$E_* := \{\phi^\mu \wedge \phi^\nu | \mu < \nu, \mu, \nu = 0, 1, 2, 3\}$$

($\wedge$ は外積を表す) によって F を展開すると

$$F(x) = \frac{1}{2} F_{\mu\nu}(x) \phi^\mu \wedge \phi^\nu, \quad x \in \mathbb{M}^4 \tag{2.32}$$

となる．ただし，

---

[16]一般に，集合 X 上の一つの変換群 $\mathfrak{T}$ と X の空でない部分集合 D に対して，$TD = D, T \in \mathfrak{T}$ が成り立つとき，D は $\mathfrak{T}$ **対称**であるという．物理学における対称性の一般論については，[12] を参照．

[17]ベクトル解析の用語については，[9] を参照．

$$F_{\mu\nu} := \partial_\mu A_\nu - \partial_\nu A_\mu. \tag{2.33}$$

関数の組 $(F_{\mu\nu})_{\mu<\nu}$ は F の基底 E_* に関する成分表示を与える．

テンソル場 F の余微分 δF は

$$\delta F = \partial^\mu F_{\mu\nu} \phi^\nu \tag{2.34}$$

という形をとる．

古典電磁場の理論の基礎方程式は，次の極めて簡潔で美しい方程式によって与えられる [18]：

$$dF = 0, \quad \delta F = J. \tag{2.35}$$

ただし，J は **4 次元電流密度**を表す 1 形式である．

注意 2.10 方程式 (2.35) の第 1 式は，外微分の性質 $d^2 = 0$ から自動的に出てくるので，本稿のように，電磁ポテンシャル A から出発する場合には，とりたてて書く必要はない．だが，A のことは忘れて，電磁場 F から出発する場合には (これが通常の場合)，(2.35) の第 1 式も基礎方程式の一つとなる．

注意 2.11 $A, F, \delta F, J$ は $\mathbb{M}^4$ の座標系の取り方に依らない絶対的な対象である．他方，その成分表示は，無論，座標系の取り方に依る．

基礎方程式 (2.35) の第 1 式と第 2 式の成分表示は，それぞれ，次のようになる [19]：

$$\partial_\lambda F_{\mu\nu} + \partial_\nu F_{\lambda\mu} + \partial_\mu F_{\nu\lambda} = 0, \tag{2.36}$$
$$\partial^\mu F_{\mu\nu} = J_\nu. \tag{2.37}$$

(2.37) と (2.33) によって，A の成分 A_μ に関する方程式

$$\Box A_\mu - \partial_\mu(\partial^\nu A_\nu) = J_\mu, \quad \mu = 0, 1, 2, 3 \tag{2.38}$$

が得られる．ただし

$$\Box := \partial^\mu \partial_\mu = \partial_0^2 - \partial_1^2 - \partial_2^2 - \partial_3^2$$

は**ダランベールシャン (ダランベール作用素)** と呼ばれる作用素である．

方程式 (2.38) は連続の方程式

$$\partial^\mu J_\mu = 0 \tag{2.39}$$

---

[18] 本稿では，光速 $c = 1$，真空の誘電率 $\varepsilon_0 = 1$ となる単位系を用いる．
[19] 電磁気学の通常の教科書に登場する形．

を導くことに注意しよう．したがって，しかるべき条件のもとで，**全電荷** $\int_{\mathbb{R}^3} J_0(x) d\boldsymbol{x}$ は保存する (2.4 項を参照)．

次の記号を導入する：

$$A^0 := \phi, \quad \boldsymbol{A} := (A^1, A^2, A^3), \quad \rho = J_0, \quad \boldsymbol{J} := (J^1, J^2, J^3),$$
$$\nabla := (\partial_1, \partial_2, \partial_3),$$
$$\text{div}\,\boldsymbol{X} := \sum_{j=1}^{3} \partial_j X^j = \nabla \cdot \boldsymbol{X}, \quad \boldsymbol{X} := (X^1, X^2, X^3),$$
$$\text{rot}\,\boldsymbol{X} := (\partial_2 X^3 - \partial_3 X^2, \partial_3 X^1 - \partial_1 X^3, \partial_1 X^2 - \partial_2 X^1).$$

関数 ϕ は**スカラーポテンシャル**，$\boldsymbol{A}$ は**ベクトルポテンシャル**と呼ばれる．関数 ρ は**電荷密度**を表し，ベクトル値関数 $\boldsymbol{J}$ は**空間的電流密度**を表す．

電磁場 F の成分 $F_{\mu\nu}$ からつくられる $\mathbb{R}^3$ 値関数

$$\boldsymbol{E} := (E^1, E^2, E^3) := (F^{10}, F^{20}, F^{30}) = -\nabla\phi - \frac{\partial \boldsymbol{A}}{\partial t}, \quad (2.40)$$
$$\boldsymbol{B} := (B^1, B^2, B^3) := (-F_{23}, -F_{31}, -F_{12}) = \text{rot}\,\boldsymbol{A} \quad (2.41)$$

はそれぞれ，**電場**，**磁場**を表す．このとき，(2.36), (2.37) は次と同等である：

$$\text{div}\,\boldsymbol{B} = 0, \quad (2.42)$$
$$\text{rot}\,\boldsymbol{E} = -\frac{\partial \boldsymbol{B}}{\partial t}, \quad (2.43)$$
$$\text{div}\,\boldsymbol{E} = \rho, \quad (2.44)$$
$$\text{rot}\,\boldsymbol{B} = \boldsymbol{J} + \frac{\partial \boldsymbol{E}}{\partial t}. \quad (2.45)$$

これらの方程式の組は**マクスウェル方程式**と呼ばれる．しかし，電場と磁場は，電磁場の成分表示から派生する対象であるので，基底の取り方 (座標系の取り方) に依存する相対的な対象であることに注意しよう．一方，電磁ポテンシャル A や電磁場 F そのものは座標系の取り方によらない絶対的対象である．

2.8 ゲージ対称性

容易にわかるように，場 $\psi : \mathbb{M}^4 \to \mathbb{C}^4$ が質量 m の自由ディラック場，すなわち，方程式 (2.14) の解ならば，任意の定数 $q, \Lambda \in \mathbb{R}$ に対して

$$\psi_\Lambda(x) := e^{iq\Lambda}\psi(x), \quad x \in \mathbb{M}^4 \quad (2.46)$$

によって定義される場 ψ_Λ も質量 m の自由ディラック場である．場の変換：$\psi \mapsto \psi_\Lambda$ は (大局的) **ゲージ変換**と呼ばれる．この場合，Λ を**ゲージ関数**または単に**ゲー**

ジという．新しい場 ψ_Λ は，1次元ユニタリ群

$$U(1) := \{e^{i\theta}|\theta \in \mathbb{R}\}$$

の元 $e^{iq\Lambda}$ を ψ にかけたものとみることができるので，いま言及した事実は自由なディラック場の $U(1)$ **ゲージ対称性**と呼ばれる．

2.4 項で見たように，自由ディラック場の全電荷は保存量である．じつは，自由ディラック場に限らず，一般に $U(1)$ ゲージ対称性をもつ理論は**電荷保存則**を導く [20]．

ところで，Λ を時空上の定数でない関数とした場合，もはや $U(1)$ ゲージ対称性は成立しない．実際，この場合

$$(\partial_\mu - iq\partial_\mu\Lambda)\psi_\Lambda = e^{iq\Lambda}\partial_\mu\psi \tag{2.47}$$

であるので，$i\gamma^\mu(\partial_\mu - iq\partial_\mu\Lambda)\psi_\Lambda = m\psi_\Lambda$ となる．そこで，4 成分の場 A_μ を導入し，ψ が ψ_Λ に変わるとき，A_μ は

$$A_\mu^\Lambda := A_\mu - \partial_\mu\Lambda \tag{2.48}$$

に変わるとする．式 (2.47) によって，$(\partial_\mu + iqA_\mu^\Lambda)\psi_\Lambda = e^{iq\Lambda}(\partial_\mu + iqA_\mu)\psi$ が成り立つ．したがって，$(\psi, (A_\mu)_\mu)$ が，変更されたディラック方程式

$$i\gamma^\mu(\partial_\mu + iqA_\mu)\psi = m\psi \tag{2.49}$$

を満たせば，$(\psi_\Lambda, (A_\mu^\Lambda)_\mu)$ もこれと同じ方程式を満たす：

$$i\gamma^\mu(\partial_\mu + iqA_\mu^\Lambda)\psi_\Lambda = m\psi_\Lambda. \tag{2.50}$$

すなわち，(2.49) は，**局所ゲージ変換**：$\psi \to \psi_\Lambda, A_\mu \to A_\mu - \partial_\mu\Lambda$ のもとで不変である．じつは，自由なディラック場の理論から出発した場合，この A_μ が電磁ポテンシャルと同定される．この同定のもとで，自由なディラック場の方程式の拡張版 (2.49) は，ディラック場と電磁ポテンシャルの相互作用を記述する方程式と解釈される．

2.9　相互作用場の方程式 ─ ディラック-マクスウェル方程式

以下，添え字を有する対象 $X_\lambda, \lambda \in \Lambda$ (添え字集合) について，単に X_λ と書く場合，特に断らない限り，λ の走る範囲は添え字集合 Λ 全体であるとする．

電磁ポテンシャル A と相互作用を行うディラック場 ψ についても，$q\bar{\psi}\gamma^\mu\psi$ (q

---

[20] 詳しくは，[12, 6 章] や [15, 6 章] を参照．

はディラック粒子の電荷) がディラック場が生み出す 4 次元電流密度であると解釈する．このとき，方程式 (2.38) における J^μ として，$J^\mu = q\overline{\psi}\gamma^\mu\psi$ をとり，(2.49) を考慮することにより，ψ と電磁ポテンシャルの相互作用を記述する方程式として次の連立偏微分方程式が立てられる：

$$i\gamma^\mu(\partial_\mu + iqA_\mu)\psi = m\psi, \tag{2.51}$$
$$\Box A^\mu - \partial^\mu(\partial_\nu A^\nu) = q\overline{\psi}\gamma^\mu\psi. \tag{2.52}$$

古典場の連立方程式 (2.51), (2.52) を**ディラック–マクスウェル方程式**という．

(2.52) の右辺の量

$$J^\mu := q\overline{\psi}\gamma^\mu\psi \tag{2.53}$$

はディラック場 ψ の **4 次元電流密度**と呼ばれる．(2.52) から

$$\partial_\mu J^\mu = 0 \tag{2.54}$$

がしたがう．したがって，ψ に関する適切な条件のもとで，**場の全電荷**

$$Q := \int_{\mathbb{R}^3} J^0(x)d\boldsymbol{x} = \int_{\mathbb{R}^3} q\psi(x)^*\psi(x)d\boldsymbol{x} \tag{2.55}$$

は保存される [21]．

2.10　ハミルトニアン

ディラック–マクスウェル方程式をオイラー–ラグランジュ方程式として導くラグランジュ密度関数は

$$\mathscr{L} := -\frac{1}{4}F_{\mu\nu}F^{\mu\nu} \\
+ \frac{i}{2}\left(\overline{\psi}\gamma^\mu\partial_\mu\psi - \partial_\mu\overline{\psi}\cdot\gamma^\mu\psi\right) - m\overline{\psi}\psi - q\overline{\psi}\gamma^\mu\psi A_\mu \tag{2.56}$$

である．実際

$$\frac{\partial\mathscr{L}}{\partial(\partial_\mu\overline{\psi}_a)} = -\frac{i}{2}(\gamma^\mu\psi)_a, \quad \frac{\partial\mathscr{L}}{\partial\overline{\psi}_a} = \frac{i}{2}(\gamma^\mu\partial_\mu\psi)_a - m\psi_a - q(\gamma^\mu\psi)_a A_\mu,$$

$$\frac{\partial\mathscr{L}}{\partial(\partial_\mu A_\nu)} = -F^{\mu\nu}, \quad \frac{\partial\mathscr{L}}{\partial A_\nu} = -q\overline{\psi}\gamma^\nu\psi$$

であるから，オイラー–ラグランジュ方程式

$$\partial_\mu\frac{\partial\mathscr{L}}{\partial(\partial_\mu\overline{\psi}_a)} - \frac{\partial\mathscr{L}}{\partial\overline{\psi}_a} = 0, \tag{2.57}$$

---

[21] [15] の定理 E.9 を参照．

$$\partial_\mu \frac{\partial \mathscr{L}}{\partial(\partial_\mu A_\nu)} - \frac{\partial \mathscr{L}}{\partial A_\nu} = 0 \tag{2.58}$$

はそれぞれ, (2.51), (2.52) を与える [22]．

一般に，時空上の関数 $f(x) = f(t, \boldsymbol{x}) = f(x^0, \boldsymbol{x})$ に対して，時間 t に関する偏微分を $\dot{f}(x)$ と表す：

$$\dot{f}(x) := \partial_0 f(x) = \frac{\partial f(x)}{\partial t}. \tag{2.59}$$

場 ψ_a と ψ_a^* の共役運動量をそれぞれ，$\pi_a, \widetilde{\pi}_a$ とすれば

$$\pi_a := \frac{\partial \mathscr{L}}{\partial \dot{\psi}_a} = \frac{i}{2} \psi_a^*, \quad \widetilde{\pi}_a := \frac{\partial \mathscr{L}}{\partial \dot{\psi}_a^*} = -\frac{i}{2} \psi_a$$

である．また，A_μ の共役運動量を Π^μ とすれば

$$\Pi^0 := \frac{\partial \mathscr{L}}{\partial \dot{A}_0} = 0, \quad \Pi^j := \frac{\partial \mathscr{L}}{\partial \dot{A}_j} = F^{j0} = E^j.$$

したがって，$\mathscr{L}$ に同伴するハミルトン密度関数は

$$\begin{aligned}
\mathscr{H}_{\mathscr{L}} &:= \sum_{a=1}^{4} \left(\pi_a \dot{\psi}_a + \widetilde{\pi}_a \dot{\psi}_a^* \right) + \Pi^\mu \dot{A}_\mu - \mathscr{L} \\
&= -\frac{i}{2} \sum_{j=1}^{3} (\overline{\psi} \gamma^j \partial_j \psi - \partial_j \overline{\psi} \cdot \gamma^j \psi) + m \overline{\psi} \psi + q \overline{\psi} \gamma^\mu \psi A_\mu \\
&\quad + \frac{1}{2}(|\boldsymbol{E}|^2 + |\boldsymbol{B}|^2) + \boldsymbol{E} \cdot \nabla A^0.
\end{aligned} \tag{2.60}$$

ハミルトニアンは

$$H_{\mathrm{cl}}(t) := \int_{\mathbb{R}^3} \mathscr{H}_{\mathscr{L}}(x) \, d\boldsymbol{x} \tag{2.61}$$

によって定義される [23]．

(2.52) より

$$\mathrm{div}\, \boldsymbol{E} = q \overline{\psi} \gamma^0 \psi. \tag{2.62}$$

したがって，$\lim_{|\boldsymbol{x}| \to \infty} E^j(x) A_0(x) = 0$ とすれば，部分積分により

$$\sum_{j=1}^{3} \int_{\mathbb{R}^3} E^j(x) \partial_j A^0(x) d\boldsymbol{x} = -\sum_{j=1}^{3} \int_{\mathbb{R}^3} \partial_j E^j(x) A^0(x) d\boldsymbol{x}$$

---

[22] 古典場の理論のラグランジュ形式の詳細については，[15] の 6 章を参照．
[23] 「cl」は「classical(古典的)」の意．

$$= -\int_{\mathbb{R}^3} q\overline{\psi}(x)\gamma^0\psi(x)A^0(x)d\boldsymbol{x}$$

となる [24]. さらに $\lim_{|\boldsymbol{x}|\to\infty}\overline{\psi}(x)\gamma^j\psi(x) = 0$ を仮定しよう. このとき, 部分積分により

$$\int_{\mathbb{R}^3}\partial_j\overline{\psi}(x)\gamma^j\psi(x)d\boldsymbol{x} = -\int_{\mathbb{R}^3}\overline{\psi}(x)\gamma^j\partial_j\psi(x)d\boldsymbol{x}$$

であるから, ハミルトニアンは

$$H_{\rm cl}(t) = \int_{\mathbb{R}^3}\psi(x)^* h_{\rm D}(\boldsymbol{A})\psi(x)d\boldsymbol{x} + \frac{1}{2}\int_{\mathbb{R}^3}(|\boldsymbol{E}(x)|^2 + |\boldsymbol{B}(x)|^2)d\boldsymbol{x} \qquad (2.63)$$

(積分は $\mathbb{R}^3$ 上の積分であることに注意) という形に変形される. ただし

$$h_{\rm D}(\boldsymbol{A}) := \sum_{j=1}^{3}\alpha^j(-iD_j + qA_j) + \beta m = h_{\rm D} + q\sum_{j=1}^{3}\alpha^j A_j. \qquad (2.64)$$

作用素 $h_{\rm D}(\boldsymbol{A})$ はベクトルポテンシャル付きディラック作用素と呼ばれる. これは自由ディラック作用素 $h_{\rm D}$ に摂動 $q\sum_{j=1}^{3}\alpha^j A_j$ を加えたものである.

一般論 [15, 定理 6.24] を応用することにより, 適当な可積分条件のもとで, ψ, A_μ がディラック–マクスウェル方程式の解ならば, $H_{\rm cl}(t)$ は保存量 (時間 t に依らない量) であることがわかる [25]. すなわち

$$H_{\rm cl}(t) = H_{\rm cl}(0). \qquad (2.65)$$

これはハミルトニアンが時刻 0 の場 $\psi(0,\boldsymbol{x}), \partial_j\psi(0,\boldsymbol{x}), A_j(0,\boldsymbol{x}), \boldsymbol{E}(0,\boldsymbol{x}), \boldsymbol{B}(0,\boldsymbol{x})$ を用いて表されることを意味する. そこで

$$H_{\rm cl} := H_{\rm cl}(0) \qquad (2.66)$$

$$= \int_{\mathbb{R}^3}\psi(0,\boldsymbol{x})^* h_{\rm D}\psi(0,\boldsymbol{x})d\boldsymbol{x} + \frac{1}{2}\int_{\mathbb{R}^3}(|\boldsymbol{E}(0,\boldsymbol{x})|^2 + |\boldsymbol{B}(0,\boldsymbol{x})|^2)d\boldsymbol{x}$$

$$+ q\sum_{j=1}^{3}\int_{\mathbb{R}^3}\psi(0,\boldsymbol{x})^*\alpha^j\psi(0,\boldsymbol{x})A_j(0,\boldsymbol{x})d\boldsymbol{x} \qquad (2.67)$$

とおく.

---

[24] 以下, いちいち断らないが, 被積分関数については, つねに必要なだけの可積分性を仮定する.

[25] もちろん, 直接証明も可能である. すなわち, $dH_{\rm cl}(t)/dt$ を計算し, ディラック–マクスウェル方程式を用いて, これが 0 になることを示せばよい.

2.11 局所ゲージ不変性

C^1 級のスカラー場 $\Lambda : \mathbb{M}^4 \to \mathbb{R}$ から定まる場の変換

$$\psi \mapsto \psi_\Lambda := e^{iq\Lambda}\psi, \quad A_\mu \mapsto A_\mu^\Lambda := A_\mu - \partial_\mu \Lambda$$

を (ψ, A) の**局所ゲージ変換**という．単純な計算により，次のことがわかる：(ψ, A) が (2.51), (2.52) を満たすならば，$(\psi_\Lambda, A^\Lambda)(A^\Lambda := A_\mu^\Lambda \phi^\mu)$ も (2.51), (2.52) を満たす．この性質をディラック–マクスウェル方程式の**局所ゲージ不変性**という．

この性質を利用することにより，電磁ポテンシャルのクラスをより狭いクラスに限定することが可能になる．すなわち，A_μ^Λ が「適切な」偏微分方程式を満たすように Λ を選べる可能性があるのである．基本的な例を二つ挙げよう：

例 2.12 簡単な条件の一つは**クーロン条件**

$$\operatorname{div} \boldsymbol{A}^\Lambda = 0 \tag{2.68}$$

である．(2.48) によって，これは

$$\operatorname{div} \boldsymbol{A} = -\Delta\Lambda \tag{2.69}$$

と同値である．ただし

$$\Delta := \sum_{j=1}^{3} \partial_j^2 \tag{2.70}$$

は 3 次元ラプラシアンである．(2.69) は，ポアソン方程式であるので，$\operatorname{div} \boldsymbol{A}$ に対する適当な条件のもとで

$$\Lambda(t, \boldsymbol{x}) = \frac{1}{4\pi} \int_{\mathbb{R}^3} \frac{\operatorname{div} \boldsymbol{A}(t, \boldsymbol{y})}{|\boldsymbol{x} - \boldsymbol{y}|} d\boldsymbol{y} \quad (x_0 = t)$$

が成り立つ[26]．したがって，(A_μ) のしかるべきクラスに対して，(2.68) を満たすゲージ変換は存在する．(2.68) を満たすゲージを**クーロンゲージ**という．このゲージによるゲージ変換によって得られる理論 — A^Λ を改めて A と記す — を**クーロンゲージでの電磁ポテンシャル論**という．したがって，この理論では

$$\operatorname{div} \boldsymbol{A} = 0 \tag{2.71}$$

である．しかし，この式は，相対論的に共変ではないので，クーロンゲージでの電磁ポテンシャル論は相対論的共変性をもたない．この点は注意を要する（しかし，電場と磁場のレベルでの古典電磁力学は，ゲージ不変であり，相対論的に共変である）．

---

[26] [15] の定理 H.1 を参照

例 2.13 相対論的に共変な条件式のひとつとして**ローレンツ条件**

$$\partial^\mu A_\mu^\Lambda = 0 \tag{2.72}$$

がある．(2.48) によって，これは $\Box\Lambda = \partial^\mu A_\mu$ と同値である．したがって，ダランベールシャン $\Box$ の基本解を $G_0(x)$ とすれば——すなわち，$G_0(x)$ は $\Box G_0(x) = \delta(x)$ ($\delta(x)$ は 4 次元のデルタ超関数) を満たす超関数——，$\partial^\mu A_\mu$ に対する適当な条件のもとで，$\Lambda = G_0 * (\partial^\mu A_\mu)$ が成り立つ．ただし，$*$ は合成積を表す [27]．ゆえに，ローレンツ条件 (2.72) を満たすゲージ Λ がとれる．このゲージを**ローレンツゲージ**と呼ぶ．ローレンツゲージによるゲージ変換によって得られる理論——A^Λ を改めて A と記す——を**ローレンツゲージでの電磁ポテンシャル論**という．したがって，この理論では

$$\partial^\mu A_\mu = 0 \tag{2.73}$$

が成り立つ．これは相対論的に共変な式であるので，ローレンツゲージでの電磁ポテンシャル論は相対論的に共変である．

上述の例のように，ゲージ変換によって特定の性質をもつ電磁ポテンシャルの理論にうつることを**ゲージ固定**という．

2.12　クーロンゲージでの表示

まず，クーロンゲージの場合を考えよう．このとき，場の方程式 (2.52) は次の形をとる:

$$\Delta A^0 = -q\psi^*\psi. \tag{2.74}$$
$$\Box A^j = \partial^j \partial_0 A_0 + q\overline{\psi}\gamma^j \psi, \quad j = 1, 2, 3. \tag{2.75}$$

ただし，Δ は (2.70) によって定義される 3 次元ラプラシアンである．(2.74) はポアソン方程式であるので，$\psi^*\psi$ に対する適切な条件のもとで

$$A^0(t,\boldsymbol{x}) = \frac{q}{4\pi}\int_{\mathbb{R}^3} \frac{\psi(t,\boldsymbol{y})^*\psi(t,\boldsymbol{y})}{|\boldsymbol{x}-\boldsymbol{y}|}d\boldsymbol{y} \tag{2.76}$$

が成り立つ [28]．したがって，クーロンゲージの理論では，$A^0(t,\boldsymbol{x})$ は，ディラック場の電荷分布——電荷密度は $q\psi(x)^*\psi(x)$ ——が時刻 t において，空間 $\mathbb{R}^3$ 内の点

---

[27] 象徴的・記号的表現は $(G_0 * f)(x) = \int_{\mathbb{R}^4} G_0(x-y)f(y)dy$ である (f は，たとえば，$\mathbb{R}^4$ 上の急減少関数).

[28] [15] の定理 H.1 を参照.

x に (クーロン相互作用を通して) 生成する電気的ポテンシャルを表す.

方程式 (2.75) の右辺をもう少し具体的に見てみよう. (2.76) の右辺の積分と偏微分 ∂_0 の交換が可能であるとすると

$$\partial_0 A_0(x) = \frac{q}{4\pi}\int_{\mathbb{R}^3} \frac{\partial_t(\psi(t,\boldsymbol{y})^*\psi(t,\boldsymbol{y}))}{|\boldsymbol{x}-\boldsymbol{y}|}d\boldsymbol{y}.$$

(2.54) によって

$$\partial_t(\psi(t,\boldsymbol{y})\psi(t,\boldsymbol{y})^*) = -\sum_{j=1}^3 \partial_j(\psi(t,\boldsymbol{y})^*\alpha^j\psi(t,\boldsymbol{y})).$$

ゆえに

$$\partial_0 A_0(x) = -\sum_{\ell=1}^3 \frac{q}{4\pi}\int_{\mathbb{R}^3} \frac{1}{|\boldsymbol{x}-\boldsymbol{y}|}\partial_\ell[\psi(t,\boldsymbol{y})^*\alpha^\ell\psi(t,\boldsymbol{y})]d\boldsymbol{y}.$$

ここで, 部分積分を行い (これができる条件を仮定する)

$$-\partial_\ell^{\boldsymbol{y}}\frac{1}{|\boldsymbol{x}-\boldsymbol{y}|} = \partial_\ell^{\boldsymbol{x}}\frac{1}{|\boldsymbol{x}-\boldsymbol{y}|}$$

$\partial_\ell^{\boldsymbol{y}} := \partial/\partial y^\ell, \partial_\ell^{\boldsymbol{x}} := \partial/\partial x^\ell$ に注意すれば

$$\partial_0 A_0(x) = -\sum_{\ell=1}^3 \partial_\ell \frac{q}{4\pi}\int_{\mathbb{R}^3} \frac{1}{|\boldsymbol{x}-\boldsymbol{y}|}\psi(t,\boldsymbol{y})^*\alpha^\ell\psi(t,\boldsymbol{y})d\boldsymbol{y}$$

が得られる. ただし, 偏微分 $\partial_j^{\boldsymbol{x}}$ と積分の順序交換はできるものとした. ゆえに

$$\partial^j\partial_0 A^0(x) = -\sum_{\ell=1}^3 \partial^j\partial_\ell \frac{q}{4\pi}\int_{\mathbb{R}^3} \frac{1}{|\boldsymbol{x}-\boldsymbol{y}|}\psi(t,\boldsymbol{y})^*\alpha^\ell\psi(t,\boldsymbol{y})d\boldsymbol{y}$$

と変形される.

ところで, よく知られているように

$$\frac{1}{(2\pi)^3}\int_{\mathbb{R}^3}\frac{1}{|\boldsymbol{k}|^2}e^{i\boldsymbol{k}\cdot\boldsymbol{x}}d\boldsymbol{k} = \frac{1}{4\pi|\boldsymbol{x}|}, \quad \boldsymbol{x}\neq 0 \quad (\boldsymbol{k}=(k^1,k^2,k^3)\in\mathbb{R}^3). \quad (2.77)$$

したがって, 超関数[29]の意味で

$$\partial_j^{\boldsymbol{x}}\partial_\ell^{\boldsymbol{x}}\frac{1}{4\pi}\frac{1}{|\boldsymbol{x}-\boldsymbol{y}|} = -\frac{1}{(2\pi)^3}\int_{\mathbb{R}^3}\frac{k^j k^\ell}{|\boldsymbol{k}|^2}e^{i\boldsymbol{k}\cdot\boldsymbol{x}}d\boldsymbol{k}.$$

---

[29] [16] の付録 C を参照.

$\mathbb{R}^3 \times \mathbb{R}^3$ 上のデルタ超関数核を $\delta(\bm{x} - \bm{y})$ と記す [30]．この超関数は，超関数の意味で

$$\delta(\bm{x} - \bm{y}) = \frac{1}{(2\pi)^3} \int_{\mathbb{R}^3} e^{i\bm{k}\cdot(\bm{x}-\bm{y})} d\bm{k}$$

という表示をもつ．したがって，超関数

$$\delta_{j\ell}^{\text{tr}}(\bm{x} - \bm{y}) := \frac{1}{(2\pi)^3} \int_{\mathbb{R}^3} \left(\delta_{j\ell} - \frac{k^j k^\ell}{|\bm{k}|^2} \right) e^{i\bm{k}\cdot(\bm{x}-\bm{y})} d\bm{k} \tag{2.78}$$

を導入すれば

$$\delta_{j\ell}\delta(\bm{x} - \bm{y}) + \partial_j^{\bm{x}} \partial_\ell^{\bm{x}} \frac{1}{4\pi} \frac{1}{|\bm{x} - \bm{y}|} = \delta_{j\ell}^{\text{tr}}(\bm{x} - \bm{y})$$

と書ける．よって

$$q\overline{\psi}(x)\gamma^j \psi(x) + \partial^j \partial_0 A^0(x) = q\overline{\psi}(x)\gamma^j \psi(x) - \partial_j \partial_0 A^0(x)$$
$$= q \sum_{\ell=1}^{3} \int_{\mathbb{R}^3} \delta_{j\ell}^{\text{tr}}(\bm{x} - \bm{y}) \psi(t, \bm{y})^* \alpha^\ell \psi(t, \bm{y}) d\bm{y}$$

と表される．ゆえに方程式 (2.75) は次の形に変形される：

$$\Box A^j(x) = q \sum_{\ell=1}^{3} \int_{\mathbb{R}^3} \delta_{j\ell}^{\text{tr}}(\bm{x} - \bm{y}) \psi(t, \bm{y})^* \alpha^\ell \psi(t, \bm{y}) d\bm{y}. \tag{2.79}$$

(2.78) によって定義される超関数を**横デルタ超関数** (transverse delta distribution) という．

電場 $\bm{E}$ は次のように分解できる：

$$\bm{E} = \bm{E}_\text{l} + \bm{E}_\text{t}, \tag{2.80}$$
$$\bm{E}_\text{l} := -\nabla A^0, \quad \bm{E}_\text{t} := -(\dot{A}^1, \dot{A}^2, \dot{A}^3). \tag{2.81}$$

$\bm{E}_\text{l}, \bm{E}_\text{t}$ をそれぞれ，$\bm{E}$ の**縦部分**，**横部分**という．

クーロンゲージの場合，電場の縦部分と横部分は次の意味で直交する [31]：

---

[30] 一般に，d 次元空間 $\mathbb{R}^d$ $(d \in \mathbb{N})$ の各点 x に対して，$\delta_x(f) = f(x)$, $f \in C(\mathbb{R}^d)$ (d 次元空間 $\mathbb{R}^d$ 上の複素数値連続関数の全体) によって定義される線形汎関数 $\delta_x : C(\mathbb{R}^d) \to \mathbb{C}$ を x に台（または質量）をもつ，$\mathbb{R}^d$ 上の**デルタ超関数**という．$\delta_x(f) = \int_{\mathbb{R}^d} \delta_x(y) f(y) dy$ （これは通常の意味での積分ではなく，単なる記法）によって，記号 $\delta_x(y)$ を導入し，これを δ_x の超関数核という．$\delta_x(y) = \delta(x - y)$ とも記す．したがって，$f(x) = \int_{\mathbb{R}^d} \delta(x - y) f(y) dy$. 詳しくは，[16] の付録 C を参照．

[31] 部分積分と (2.71) による．ただし，$A_0(x)\dot{A}_j(x) \to 0 (|\bm{x}| \to \infty)$ を仮定する．

が成り立つ. したがって

$$\int_{\mathbb{R}^3} |\boldsymbol{E}(\boldsymbol{x})|^2 d\boldsymbol{x} = \int_{\mathbb{R}^3} |\boldsymbol{E}_{\mathrm{l}}(\boldsymbol{x})|^2 d\boldsymbol{x} + \int_{\mathbb{R}^3} |\boldsymbol{E}_{\mathrm{t}}(\boldsymbol{x})|^2 d\boldsymbol{x}.$$

一方, (2.81) の第一式によって

$$\int_{\mathbb{R}^3} |\boldsymbol{E}_{\mathrm{l}}(\boldsymbol{x})|^2 d\boldsymbol{x} = \sum_{j=1}^3 \int_{\mathbb{R}^3} (\partial_j A^0)(\partial_j A^0) d\boldsymbol{x} = -\int_{\mathbb{R}^3} A^0 \Delta A^0 d\boldsymbol{x}$$
$$= q \int_{\mathbb{R}^3} A^0 \psi^* \psi d\boldsymbol{x}.$$

$$\int_{\mathbb{R}^3} \boldsymbol{E}_1(\boldsymbol{x}) \cdot \boldsymbol{E}_{\mathrm{t}}(\boldsymbol{x}) d\boldsymbol{x} = 0$$

これに (2.76) を代入すれば

$$\frac{1}{2}\int_{\mathbb{R}^3} |\boldsymbol{E}_{\mathrm{l}}(\boldsymbol{x})|^2 d\boldsymbol{x} = \frac{q^2}{8\pi} \int_{\mathbb{R}^3 \times \mathbb{R}^3} \frac{\psi(t,\boldsymbol{x})^*\psi(t,\boldsymbol{x})\psi(t,\boldsymbol{y})^*\psi(t,\boldsymbol{y})}{|\boldsymbol{x}-\boldsymbol{y}|} d\boldsymbol{x} d\boldsymbol{y}$$

が得られる. ゆえに, ハミルトニアン H_{cl} はクーロンゲージでは

$$H_{\mathrm{C}}^{\mathrm{cl}} := \int_{\mathbb{R}^3} \psi(x)^* h_{\mathrm{D}}(\boldsymbol{A})\psi(x) d\boldsymbol{x}$$
$$+ \frac{q^2}{8\pi} \int_{\mathbb{R}^3 \times \mathbb{R}^3} \frac{\psi(t,\boldsymbol{x})^*\psi(t,\boldsymbol{x})\psi(t,\boldsymbol{y})^*\psi(t,\boldsymbol{y})}{|\boldsymbol{x}-\boldsymbol{y}|} d\boldsymbol{x} d\boldsymbol{y}$$
$$+ \frac{1}{2} \int_{\mathbb{R}^3} \sum_{j=1}^3 |\dot{A}^j(x)|^2 d\boldsymbol{x} + \frac{1}{2} \int_{\mathbb{R}^3} |\boldsymbol{B}(x)|^2 d\boldsymbol{x} \qquad (2.82)$$

と表示される.

クーロンゲージの場合, (2.51) は次の形をとる：

$$i\frac{\partial \psi(x)}{\partial t} = h_{\mathrm{D}}(\boldsymbol{A})\psi(x) + \frac{q^2}{4\pi} \int_{\mathbb{R}^3} \frac{\psi(t,\boldsymbol{y})^*\psi(t,\boldsymbol{y})}{|\boldsymbol{x}-\boldsymbol{y}|} d\boldsymbol{y} \cdot \psi(x). \qquad (2.83)$$

こうして, クーロンゲージの場合の場の方程式は, (ψ, A_1, A_2, A_3) に関する方程式 (2.71), (2.79), (2.83) の連立方程式に帰着される. この場合, スカラーポテンシャル A^0 は, この連立方程式の解を用いて, (2.76) によって与えられる.

2.13 ローレンツゲージでの表示

ローレンツゲージの場合, (2.73) と (2.52) から, 電磁ポテンシャルは

$$\Box A^\mu = q\overline{\psi}\gamma^\mu \psi \qquad (2.84)$$

という簡潔で美しい方程式を満たす．したがって，ローレンツゲージでは，連立偏微分方程式 (2.51), (2.73), (2.84) が場の方程式である．

3　正準量子化——発見法的議論

前節の古典場の理論に「正準量子化」と呼ばれる形式的操作を行うことにより，古典場の理論の「量子版」の「像」のごときものが発見法的に見出される．これについて述べる前に，まず，有限自由度の古典力学の正準量子化について簡単に復習しておく．

3.1　有限自由度の量子力学——正準交換関係の表現

$\mathscr{H}$ を複素ヒルベルト空間とし，その内積とノルムをそれぞれ，$\langle\cdot,\cdot\rangle_{\mathscr{H}}$（第 1 変数 (左変数) について反線形，第 2 変数 (右変数) について線形），$\|\cdot\|_{\mathscr{H}}$ と記す[32]．ただし，どのヒルベルト空間の内積またはノルムであるかが明らかな場合には，添え字の $\mathscr{H}$ を省略する．

T を $\mathscr{H}$ 上の線形作用素とし，T の定義域を $D(T)$ と記す．$D(T)$ が $\mathscr{H}$ で稠密であるとき，T は**稠密に定義されている** (densely defined) という．この場合，その共役作用素を T^* で表す[33]．

$\mathscr{H}$ 上の二つの線形作用素 T, S について，$D(S) \subset D(T)$ かつ $S\Psi = T\Psi, \Psi \in D(S)$ が成り立つとき，「T は S の拡大」または「S は T の縮小 (制限)」であるといい，このことを $S \subset T$ と表す．

稠密に定義された線形作用素 T について，$T \subset T^*$ が成り立つとき，T は**対称** (symmetric) であるという．特に，$T = T^*$ であるとき，T は**自己共役** (self-adjoint) であるという．自己共役作用素は対称作用素であるが，この逆は一般には成立しない（たとえば，[3, 例 2.34] を参照）．

自由度 n の古典力学系の正準量子化の処方は，座標変数 $x^1, \ldots, x^n$ とその共役運動量 $p_1, \ldots, p_n$ をそれぞれ，適切なヒルベルト空間 $\mathscr{H}$ 上の自己共役作用素の組 $(Q_1, \ldots, Q_n), (P_1, \ldots, P_k)$ で自由度 n の**正準交換関係** (canonical commutation relations; CCR)

$$[Q_j, P_k] = i\hbar\delta_{jk}, \quad [Q_j, Q_k] = 0, \quad [P_j, P_k] = 0 \quad (j, k = 1, \ldots, n) \tag{3.1}$$

---

[32] ヒルベルト空間論については，[3] などを参照．
[33] $D(T^*) := \{\Phi \in \mathscr{H} |\ \text{ベクトル}\ \Theta_\Phi \in \mathscr{H}\ \text{が存在して，すべての}\ \Psi \in D(T)\ \text{に対して}\ \langle\Theta_\Phi, \Psi\rangle = \langle\Phi, T\Psi\rangle\}$, $T^*\Phi := \Theta_\Phi, \Phi \in D(T^*)$.

を適切な部分空間上で満たすもので置き換えることである.ただし,$\hbar := h/2\pi$ (h はプランクの定数), $[\cdot,\cdot]$ は交換子を表す:$[X,Y] := XY - YX$.つまり,正準量子化とは,基本的な力学変数を CCR (3.1) を満たす自己共役作用素に取りなおすことにほかならない.これに応じて,他の力学量も $\mathscr{H}$ 上の作用素として定義されることになる.

関係式 (3.1) の背後には,ある一般的な概念が存在する:

定義 3.1 $\mathscr{H}$ をヒルベルト空間,$\mathscr{D}$ を $\mathscr{H}$ の稠密な部分空間とする.$\mathscr{H}$ 上の (自己共役とは限らない) 対称作用素の組 $(Q_1,\ldots,Q_n,P_1,\ldots,P_n)$ が次の (CCR.1) と (CCR.2) を満たすとき,3 つ組 $(\mathscr{H},\mathscr{D},(Q_1,\ldots,Q_n,P_1,\ldots,P_n))$ を**自由度 n の CCR の対称表現**という:

(CCR.1) $\mathscr{D} \subset D(Q_j) \cap D(P_j)$, $j=1,\ldots,n$ かつ各 Q_j, P_j は $\mathscr{D}$ を不変にする:$Q_j\mathscr{D} \subset \mathscr{D}$, $P_j\mathscr{D} \subset \mathscr{D}$.

(CCR.2) $\mathscr{D}$ 上で (3.1) が成立する [34].すなわち,任意の $\Psi \in \mathscr{D}$ に対して
$$[Q_j, P_k]\Psi = i\hbar\delta_{jk}\Psi, \quad [Q_j, Q_k]\Psi = 0, \quad [P_j, P_k]\Psi = 0 \quad (j,k=1,\ldots,n). \tag{3.2}$$

この場合のヒルベルト空間 $\mathscr{H}$ を当の **CCR の表現空間**という.

特に,各 Q_j, P_j ($j=1,\ldots,n$) が自己共役ならば,$(\mathscr{H},\mathscr{D},(Q_1,\ldots,Q_n,P_1,\ldots,P_n))$ を**自由度 n の CCR の自己共役表現**という.

注意 3.2 上の定義において,「$\mathscr{D}$ は Q_j, P_j の閉包 $\overline{Q_j}, \overline{P_j}$ の芯 (core) である」という付加的条件を課す場合もある.

正準量子化は,数学的には,CCR の自己共役表現に移行することに他ならない.

例 3.3 CCR の自己共役表現の基本的な例は次で与えられる:
$$\mathscr{H} = L^2(\mathbb{R}^n), \quad \mathscr{D} = C_0^\infty(\mathbb{R}^n), \quad Q_j = q_j, \quad P_j = p_j, (j=1,\ldots,n).$$
ただし,$L^2(\mathbb{R}^n)$ は $\mathbb{R}^n$ 上の 2 乗可積分関数の同値類全体から生成されるヒルベルト空間,
$$C_0^\infty(\mathbb{R}^n) := \{f \in C^\infty(\mathbb{R}^n) | f \text{ の台は有界}\}$$

---

[34] 一般に,$\mathscr{H}$ 上の線形作用素 A, B と部分空間 $\mathscr{D} \subset D(A) \cap D(B)$ が「$A\Psi = B\Psi$, $\Psi \in \mathscr{D}$」を満たすとき,「$\mathscr{D}$ 上で $A = B$ が成り立つ」という.

q_j は $\mathbb{R}^n$ の点 $x = (x_1, \ldots, x_n)$ の j 番目の座標変数 x_j をかける掛け算作用素, $p_j := -i\hbar D_j$ (D_j は x_j に関する一般化された偏微分作用素) である. この表現は **CCR のシュレーディンガー表現**と呼ばれる. シュレーディンガー流の量子力学はこの表現を基礎に据えるものである. シュレーディンガー表現以外の CCR の表現は無数にある. さらなる詳細については, [8] の 3 章を参照されたい.

注意 3.4 公理論的な観点からは, 有限自由度の量子力学は, 外的な自由度に関しては, 抽象的代数構造としての CCR の表現として捉えられる. 原理的代数構造としての CCR とその表現を峻別することにより, 量子力学全体を有機的・統一的に俯瞰することが可能になる.

3.2 古典場の正準量子化

古典場の正準量子化の処方も有限自由度の場合の古典力学の正準量子化と同様の考え方に立つ. 古典場の理論では, 対象となる場—$\phi(t, \boldsymbol{x})$ としよう—が古典力学における座標変数に相当する. これは, 古典力学とのアナロジーで言えば, 各時刻 t に対して, 空間変数 $\boldsymbol{x}$ を添え字とする連続無限個の座標変数の集合 $\{\phi(t, \boldsymbol{x})\}_{\boldsymbol{x} \in \mathbb{R}^3}$ とみることができる. そこで, 有限自由度の正準量子化の処方をそのまま踏襲するならば, ϕ の共役運動量 $\pi(t, \boldsymbol{x})$ との交換関係は,

$$[\phi(t, \boldsymbol{x}), \pi(t, \boldsymbol{y})] = i\hbar \delta_{\boldsymbol{xy}}, \ [\phi(t, \boldsymbol{x}), \phi(t, \boldsymbol{y})] = 0,$$
$$[\pi(t, \boldsymbol{x}), \pi(t, \boldsymbol{y})] = 0, \ (\boldsymbol{x}, \boldsymbol{y} \in \mathbb{R}^3)$$

となる ((3.1) で j, k に相当するのがそれぞれ, $\boldsymbol{x}, \boldsymbol{y}$ である).

ところで, $\mathbb{R}^3$ 上の任意の可積分関数 f に対して, $\int_{\mathbb{R}^3} \delta_{\boldsymbol{xy}} f(\boldsymbol{x}) d\boldsymbol{x} = 0$ である. 一方, 有限自由度の量子力学とのアナロジーによって, $\phi(t, f) := \int_{\mathbb{R}^3} \phi(t, \boldsymbol{x}) f(\boldsymbol{x}) d\boldsymbol{x}$ は意味をもつ作用素であると推測される. だが, いまの結果により, $[\phi(t, f), \pi(t, \boldsymbol{y})] = 0$ となって, 量子論において重要な非可換性が消えてしまう. したがって, 古典場の理論の場合は, 有限自由度の正準量子化の処方をそのまま踏襲するのではうまく行かないことが予想される. いま指摘した欠点を回避する一つの方法は, クロネッカーのデルタ $\delta_{\boldsymbol{xy}}$ をデルタ超関数 $\delta(\boldsymbol{x} - \boldsymbol{y})$ に読みかえることである[35]. この場合には, $[\phi(t, f), \pi(t, \boldsymbol{y})] = i\hbar f(\boldsymbol{y})$ となって非可換性は保持される. ところ

---

[35] 超関数論の基本的事項については, [16] の付録 C や [4] の付録 D を参照.

が，デルタ超関数は，関数ではない超関数であるので，$\phi(t,\boldsymbol{x}), \pi(t,\boldsymbol{y})$ はそのままではヒルベルト空間上の作用素の交換関係として意味をもたないことが推測される．そこで，通常の超関数の場合と同様に，$\phi(t,f)$ のような対象が作用素として意味をもつと予想するのである．このような対象を数学的にきちんと捉える概念が次の項で定義する作用素値超関数である．

3.3 作用素値超関数

$\mathbb{Z}_+$ を非負整数の全体，d を自然数とし，$\mathscr{S}(\mathbb{R}^d)$ を $\mathbb{R}^d$ 上の急減少関数の空間とする：
$$\mathscr{S}(\mathbb{R}^d) := \{f \in C^\infty(\mathbb{R}^d) | \lim_{|x|\to\infty} |x|^\ell \partial_1^{\alpha_1} \cdots \partial_d^{\alpha_d} f(x) = 0, \ell, \alpha_1, \ldots, \alpha_d \in \mathbb{Z}_+\}.$$
ただし，$\partial_j^{\alpha_j} := (\partial/\partial x_j)^{\alpha_j}, j = 1, \ldots, d, x = (x_1, \ldots, x_d) \in \mathbb{R}^d$．各 $\ell \in \mathbb{Z}_+$ と多重指数 $\alpha := (\alpha_1, \ldots, \alpha_d) \in \mathbb{Z}_+^d$ に対して
$$\|f\|_{\alpha,\ell} := \sup_{x\in\mathbb{R}^d} (1+|x|)^\ell |\partial_1^{\alpha_1} \cdots \partial_d^{\alpha_d} f(x)|, \quad f \in \mathscr{S}(\mathbb{R}^d)$$
とすれば，$\|\cdot\|_{\alpha,\ell}$ は $\mathscr{S}(\mathbb{R}^d)$ の一つのノルムである．ノルムの族 $\{\|\cdot\|_{\alpha,\ell} | \alpha \in \mathbb{Z}_+^d, \ell \in \mathbb{Z}_+\}$ によって，$\mathscr{S}(\mathbb{R}^d)$ に位相が導入される．すなわち，この位相での点列収束は次のようになる：$\mathscr{S}(\mathbb{R}^d)$ の点列 $\{f_n\}_n$ と $f \in \mathscr{S}(\mathbb{R}^d)$ について $\lim_{n\to\infty} \|f_n - f\|_{\alpha,\ell} = 0, \alpha \in \mathbb{Z}_+^d, \ell \in \mathbb{Z}_+$ が成り立つとき，$\{f_n\}_n$ は $\mathscr{S}(\mathbb{R}^d)$ の位相で f に収束するといい，このことを $f_n \xrightarrow{\mathscr{S}} f \ (n \to \infty)$ と記す．空間 $\mathscr{S}(\mathbb{R}^d)$ についてさらに詳しいことは，たとえば，[3] の 5 章を参照．

定義 3.5 $\mathscr{F}$ を複素ヒルベルト空間，$\mathscr{D}$ を $\mathscr{F}$ の稠密な部分空間とする．各 $f \in \mathscr{S}(\mathbb{R}^d)$ に対して，$\mathscr{F}$ 上の稠密に定義された線形作用素 $\phi(f)$ が対応し，次の条件 (ϕ.1)～(ϕ.3) を満たすとき，写像 $\phi: f \mapsto \phi(f)$ を $(\mathscr{F}, \mathscr{D})$ で働く，$\mathbb{R}^d$ 上の**作用素値超関数**という：

(ϕ.1) すべての $f \in \mathscr{S}(\mathbb{R}^d)$ に対して，$\mathscr{D} \subset D(\phi(f)) \cap D(\phi(f)^*)$．

(ϕ.2) (線形性) $\phi(\alpha f + \beta g)\Psi = \alpha \phi(f)\Psi + \beta \phi(g)\Psi,$
$\Psi \in \mathscr{D}, \quad \alpha, \beta \in \mathbb{C}, \quad f, g \in \mathscr{S}(\mathbb{R}^d).$

(ϕ.3) (連続性) 任意の $\Psi, \Phi \in \mathscr{D}$ に対して，写像：$\mathscr{S}(\mathbb{R}^d) \ni f \mapsto \langle \Psi, \phi(f)\Phi\rangle$ は $\mathscr{S}(\mathbb{R}^d)$ の位相で連続である．すなわち，$f_n \xrightarrow{\mathscr{S}} f \ (n \to \infty)$ ならば

$$\lim_{n\to\infty} \langle \Psi, \phi(f_n)\Phi \rangle = \langle \Psi, \phi(f)\Phi \rangle$$ (言い換えれば,写像 $f \mapsto \langle \Psi, \phi(f)\Phi \rangle$ は,$\mathbb{R}^d$ 上の緩増加超関数 [36] であるということ).

通常の超関数の場合と同様に
$$\phi(f) = \int_{\mathbb{R}^d} \phi(x) f(x) dx$$
によって (右辺は,きちんとした意味をもつ積分ではなく,単なる記法),象徴的・形式的記号 $\phi(x)$ を導入し,これを ϕ の**作用素値超関数核**または単に**核**といい,形式的に作用素のように扱う:$\Psi \in \mathscr{D}$ に対して
$$\phi(f)\Psi = \int_{\mathbb{R}^d} f(x) \phi(x) \Psi dx$$
と記す.作用素値超関数核 $\phi(x)$ に $\phi(f)$ を対応させることを「$\phi(x)$ を f で均す」という.

便宜上,作用素値超関数 ϕ に言及する際,慣習的に「作用素値超関数 $\phi(x)$」という言い方をする場合がある.

作用素値超関数 ϕ の偏導関数 $D_1^{\alpha_1} \cdots D_d^{\alpha_d} \phi$ ($\alpha_j \in \mathbb{Z}_+, j=1,\ldots,d$) は
$$(D_1^{\alpha_1} \cdots D_d^{\alpha_d} \phi)(f) := (-1)^{\alpha_1 + \cdots + \alpha_d} \phi(\partial_1^{\alpha_1} \cdots \partial_d^{\alpha_d} f)$$
によって定義される.

$(\mathscr{F}, \mathscr{D})$ で働く,$\mathbb{R}^d$ 上の二つの作用素値超関数 ϕ, ψ について,$\phi(f)\Psi = \psi(f)\Psi, f \in \mathscr{S}(\mathbb{R}^d), \Psi \in \mathscr{D}$ が成り立つとき,ϕ と ψ は $\mathscr{D}$ 上で**等しい**といい,$\phi = \psi$ ($\mathscr{D}$ 上) と記す.この場合,「**作用素値超関数の意味で $\phi(x) = \psi(x)$ が $\mathscr{D}$ 上で成り立つ**」ともいう ($\mathscr{D}$ が文脈から明らかな場合は,これを省略する場合がある).

3.4 クーロンゲージでの正準量子化

場の古典電磁力学の正準量子化がどのようなものであるかをまずクーロンゲージの場合に見よう.ディラック場の成分 ψ_a ($a=1,2,3,4$) や電磁ポテンシャルの成分 A_j ($j=1,2,3$) の共役運動量はすでに求めてあるので,これらを作用素値超関数に読みかえて,CCR を課せばよい.ただし,ディラック場の正準量子

---

[36] $\mathscr{S}(\mathbb{R}^d)$ 上の連続線形汎関数 $\varphi : \mathscr{S}(\mathbb{R}^d) \ni f \mapsto \varphi(f) \in \mathbb{C}$ を $\mathbb{R}^d$ 上の**緩増加超関数**という.

化はフェルミオンを記述しなければならないので[37]，ディラック場に関しては，CCR ではなく，**正準反交換関係** (canoncal anticommutation relations: CAR) を課すことになる．これは有限自由度 (自由度 n) の場合には次の形をとる (各 b_j は線形作用素)：

$$\{b_j, b_k^*\} = \delta_{jk}, \quad \{b_j, b_k\} = 0, \quad \{b_j^*, b_k^*\} = 0, \quad j,k = 1,\ldots,n.$$

ディラック場と電磁ポテンシャルの量子版＝量子場をそれぞれ，**量子ディラック場**，**量子輻射場** (または**量子電磁ポテンシャル**) という．

以下，発見法的な議論を行う (計算の数学的厳密性は問わない)．また，簡単のため，$\hbar = 1$ の単位系を用いる．

CCR の他に課される公理は「異なる種類の量子場の同時刻での作用素値超関数は可換である」というものである．したがって，同時刻のディラック場と電磁ポテンシャルは可換であるとする：

$$[A_j(t,\bm{x}), \psi_a(t,\bm{y})] = 0, \quad [A_j(t,\bm{x}), \psi_a(t,\bm{y})^*] = 0. \tag{3.3}$$

このとき，(2.76) によって，$[A_j(t,\bm{x}), A^0(t,\bm{y})] = 0$ であるので，

$$[A_j(t,\bm{x}), \Pi^\ell(t,\bm{y})] = -[A_j(t,\bm{x}), \dot{A}^\ell(t,\bm{y})] = [A_j(t,\bm{x}), \dot{A}_\ell(t,\bm{y})]$$

となる．A_j に対する共役運動量は Π^j であるから，正準量子化の処方は

$$[A_j(t,\bm{x}), \Pi^\ell(t,\bm{y})] = i\delta_j^\ell \delta(\bm{x}-\bm{y})$$

を要求することである．したがって

$$[A_j(t,\bm{x}), \dot{A}_\ell(t,\bm{y})] = i\delta_{j\ell}\delta(\bm{x}-\bm{y}).$$

両辺に $\partial/\partial x^j$ を作用させて，クーロンゲージの条件 (2.71) を用いると，$0 = i\partial_\ell \delta(\bm{x}-\bm{y})$ となり矛盾が生じる．したがって，通常の正準量子化の方法を若干修正しなければならない．結論から言うと次のようにすればよいことが見出される：

$$[A_j(t,\bm{x}), \dot{A}_\ell(t,\bm{y})] = i\delta_{j\ell}^{\mathrm{tr}}(\bm{x}-\bm{y}). \tag{3.4}$$

ただし，$\delta_{j\ell}^{\mathrm{tr}}$ は横デルタ超関数である ((2.78) を参照)．さらに

$$[A_j(t,\bm{x}), A_\ell(t,\bm{y})] = 0, \quad [\dot{A}_j(t,\bm{x}), \dot{A}_\ell(t,\bm{y})] = 0 \tag{3.5}$$

---

[37]素粒子は，大きく分けて，ボソンとフェルミオンという二つの族にわかれる．ボソンは整数スピン $(0, 1, 2, \ldots)$ をもつ素粒子であり，フェルミオンは半整数スピン $(1/2, 3/2, \ldots)$ をもつ素粒子である．同種のボソンの多体系においては，複数個のボソンがそれぞれ同じ 1 粒子状態をとることが可能であるが，フェルミオンの多体系ではそれは成立しない (パウリの排他原理)．

とする ((3.1) の第二式と第三式に相当).

量子ディラック場については次の CAR を課す：

$$\{\psi_a(t,\boldsymbol{x}),\psi_b(t,\boldsymbol{y})^*\} = \delta_{ab}\delta(\boldsymbol{x}-\boldsymbol{y}), \tag{3.6}$$

$$\{\psi_a(t,\boldsymbol{x}),\psi_b(t,\boldsymbol{y})\} = 0, \quad \{\psi_a(t,\boldsymbol{x})^*,\psi_b(t,\boldsymbol{y})^*\} = 0. \tag{3.7}$$

さて, 作用素値超関数 $\psi(\boldsymbol{x}) = (\psi_a(\boldsymbol{x}))_{a=1,2,3,4}, A_j(\boldsymbol{x}), \pi_j(\boldsymbol{x})$ は次の関係式を満たすとしよう：

$$\{\psi_a(\boldsymbol{x}),\psi_b(\boldsymbol{y})^*\} = \delta_{ab}\delta(\boldsymbol{x}-\boldsymbol{y}), \tag{3.8}$$

$$\{\psi_a(\boldsymbol{x}),\psi_b(\boldsymbol{y})\} = 0, \quad \{\psi_a(\boldsymbol{x})^*,\psi_b(\boldsymbol{y})^*\} = 0, \tag{3.9}$$

$$[\psi_a(\boldsymbol{x}),A_j(\boldsymbol{y})] = 0, \quad [\psi_a(\boldsymbol{x})^*,A_j(\boldsymbol{y})] = 0, \tag{3.10}$$

$$[\psi_a(\boldsymbol{x}),\pi_j(\boldsymbol{y})] = 0, \quad [\psi_a(\boldsymbol{x})^*,\pi_j(\boldsymbol{y})] = 0. \tag{3.11}$$

$$[A_j(\boldsymbol{x}),\pi_\ell(\boldsymbol{y})] = i\delta^{\mathrm{tr}}_{j\ell}(\boldsymbol{x}-\boldsymbol{y}), \tag{3.12}$$

$$[A_j(\boldsymbol{x}),A_\ell(\boldsymbol{y})] = 0, \quad [\pi_j(\boldsymbol{x}),\pi_\ell(\boldsymbol{y})] = 0. \tag{3.13}$$

$$\sum_{j=1}^{3}\partial^j A_j(\boldsymbol{x}) = 0. \tag{3.14}$$

反交換関係 (3.8), (3.9) を**内部自由度 4 の連続正準反交換関係**といい, これを CAR_4^∞ と表す. CAR_4^∞ を満たす作用素値超関数の組 $\psi := (\psi_1,\psi_2,\psi_3,\psi_4)$ を $\mathbf{CAR}_4^\infty$ **の表現**と呼ぶ. また, 交換関係 (3.12)〜(3.14) を**クーロンゲージにおける連続正準交換関係**といい, これを $\mathrm{CCR}_\mathrm{C}^\infty$ と表す. $\mathrm{CCR}_\mathrm{C}^\infty$ を満たす作用素値超関数の組 $\mathscr{A} := (A_1,A_2,A_3,\pi_1,\pi_2,\pi_3)$ を $\mathbf{CCR}_\mathrm{C}^\infty$ **の表現**という.

上のすべての関係式 (3.8)〜(3.14) を満たす作用素値関数の組 $(\psi,\mathscr{A})$ を $\mathbf{CAR}_4^\infty$-$\mathbf{CCR}_\mathrm{C}^\infty$ **の表現**という.

上述の作用素値超関数 $\psi(\boldsymbol{x}),A_j(\boldsymbol{x})$ を時刻 0 の場とするような量子場を構成することを考える.

すでに見たように, 古典場のハミルトニアンは時刻 0 の場を用いて表示される. そこで, 求める量子場理論もそうであると想定し, (2.82) で $t=0$ としたものを考慮して, 量子場のハミルトニアンの候補として

$$H_\mathrm{C} := \int_{\mathbb{R}^3}\psi(\boldsymbol{x})^*\left(\sum_{j=1}^{3}\alpha^j(-i\partial_j + qA_j(\boldsymbol{x})) + m\beta\right)\psi(\boldsymbol{x})d\boldsymbol{x}$$
$$+ \frac{q^2}{8\pi}\int_{\mathbb{R}^3\times\mathbb{R}^3}\frac{\psi(\boldsymbol{x})^*\psi(\boldsymbol{x})\psi(\boldsymbol{y})^*\psi(\boldsymbol{y})}{|\boldsymbol{x}-\boldsymbol{y}|}d\boldsymbol{x}d\boldsymbol{y}$$

$$+ \frac{1}{2}\int_{\mathbb{R}^3}\sum_{j=1}^3 \pi_j(\boldsymbol{x})^2 d\boldsymbol{x} + \frac{1}{2}\int_{\mathbb{R}^3}\sum_{j<k}^3 (\partial_j A_k(\boldsymbol{x}) - \partial_k A_j(\boldsymbol{x}))^2 d\boldsymbol{x} \quad (3.15)$$

を考える (これがきちんと定義されるかどうかは, いまは問わない). これが自己共役であると仮定し

$$\psi(t,\boldsymbol{x}) := e^{itH_C}\psi(\boldsymbol{x})e^{-itH_C}, \quad A_j(t,\boldsymbol{x}) := e^{itH_C}A_j(\boldsymbol{x})e^{-itH_C}, \quad (3.16)$$

$$A_0(t,\boldsymbol{x}) := \frac{q}{4\pi}\int_{\mathbb{R}^3} \frac{\psi(t,\boldsymbol{y})^*\psi(t,\boldsymbol{y})}{|\boldsymbol{x}-\boldsymbol{y}|}d\boldsymbol{y} \quad (3.17)$$

とおく. $\psi(t,\boldsymbol{x}), A_j(t,\boldsymbol{x})$ はそれぞれ, H_C に関する, $\psi(\boldsymbol{x}), A_j(\boldsymbol{x})$ の**ハイゼンベルク作用素**と呼ばれる [38]. このとき

$$i\partial_0\psi(x) = h_D(\boldsymbol{A})\psi + \frac{q}{2}\{A_0(x), \psi(x)\}, \quad (3.18)$$

$$\Box A^j(x) = q\sum_{\ell=1}^3 \int_{\mathbb{R}^3}\psi(t,\boldsymbol{y})^*\alpha^\ell\psi(t,\boldsymbol{y})\delta^{\text{tr}}_{j\ell}(\boldsymbol{x}-\boldsymbol{y})d\boldsymbol{y} \quad (3.19)$$

が成立することが形式的に示される (示し方については, [4] の 0-2-6 項を参照されたい).

(3.19) はクーロンゲージでの古典場の方程式 (2.79) と同じ形であるが, (3.18) は, 右辺の第 2 項において, 古典場の方程式 (2.83) と若干異なる. これは, $A_0(x)$ と $\psi(x)$ が非可換であることによる. CAR を使用して, $\psi(x)A_0(x)$ において, $\psi(x)$ が右端に来るように形式的に変形すると, 次に示すように, 発散項が出てきて意味のない式になる:

$$\psi_a(x)A_0(x) = \frac{q}{4\pi}\sum_{b=1}^4\int_{\mathbb{R}^3}\frac{\psi_a(t,\boldsymbol{x})\psi_b(t,\boldsymbol{y})^*\psi_b(t,\boldsymbol{y})}{|\boldsymbol{x}-\boldsymbol{y}|}d\boldsymbol{y}$$
$$= \frac{q}{4\pi}\sum_{b=1}^4\int_{\mathbb{R}^3}\frac{[\delta_{ab}\delta(\boldsymbol{x}-\boldsymbol{y}) - \psi_b(t,\boldsymbol{y})^*\psi_a(t,\boldsymbol{x})]\psi_b(t,\boldsymbol{y})}{|\boldsymbol{x}-\boldsymbol{y}|}d\boldsymbol{y}$$
$$= \frac{q}{4\pi}\frac{\psi_a(t,\boldsymbol{x})}{0} + A_0(x)\psi_a(x).$$

これは, すなわち, 通常の超関数核の同一時空点での積が一般には意味をなさないのと同様に, 作用素値超関数の場合にもそうであることを示す例の一つであると解釈される. (3.19) の右辺の被積分作用素 $\psi(t,\boldsymbol{y})^*\alpha^j\psi(t,\boldsymbol{y})$ についても同様で

---

[38] 一般に, ヒルベルト空間上の自己共役作用素 H と線形作用素 A について, $A(t) := e^{itH}Ae^{-itH}$ によって定義される作用素 $A(t)$ を H に関する, A の**ハイゼンベルク作用素**という. H が量子系のハミルトニアンの場合, $A(t)$ は A の「時間発展」を記述する (この場合, t は時間変数を表す).

ある．ゆえに，量子場の方程式 (3.18), (3.19) はそのままでは意味をなさないことが推測される．

しかしながら，発見法的・形式的ではあるにせよ，相互作用を行う量子場の構成法が示唆されたことにはそれなりの意義がある．これを図式としてまとめておこう：

(1) CAR_4^∞-$\mathrm{CCR}_\mathrm{C}^\infty$ の表現 $(\psi, \mathscr{A})$ ((3.8)〜(3.14) を参照) を任意に選ぶ．

(2) ハミルトニアンの候補として，(3.15) によって与えられる H_C の正則化 (ヒルベルト空間上の作用素として意味をもつように修正を施したもの) を定義する．この正則化も同じ記号 H_C で表す．

(3) ハイゼンベルク作用素 $\psi(t, \boldsymbol{x}), A_j(t, \boldsymbol{x})$ を (3.16) によって，$A_0(t, \boldsymbol{x})$ を (3.17) によって定義し ($\psi(t, \boldsymbol{y})^* \psi(t, \boldsymbol{y})$ は同一時空点の積であるので，何らかの正則化が必要)，ハイゼンベルク作用素が満たす方程式を求める．

この図式について簡単な注意を述べておこう．まず，ステップ (1) における CAR_4^∞-$\mathrm{CCR}_\mathrm{C}^\infty$ の表現であるが，これは無数に存在するし，互いに同値でないものも無数に存在する．通常，後に定義するフォック表現と呼ばれる表現が使用される．だが，これはあくまでも一つの表現にすぎない (自由場の理論と直結していて，使いやすいということはある)．

次にステップ (2) であるが，ここに数学的に大きな困難が立ちはだかる．というのは，すでに注意したように，H_C を定義する被積分作用素が有する，同一空間点における量子場の積は，一般には，そのままでは意味をもたないからである．そこで何らかの「正則化」が必要となる．後に示すように，この「正則化」は，量子場が空間的に存在する領域を有限としたり (有限体積近似)，ディラック粒子や光子 (量子電磁場の量子) の運動量を有限の範囲内に切断すること (運動量切断) によってなされる．

ステップ (3) における困難は，ハイゼンベルク作用素の定義域を同定するのが一般には難しいことから生じる．量子場の方程式がある部分空間に属するベクトルに作用させた方程式として成立することはほとんど期待できない[39]．これは，ハイゼンベルク作用素の一般論 [11] からも推測される．そこで，少なくとも，ハイゼンベルク作用素の期待値 ― しかも制限された範囲内のベクトルによる期待値 ― に関する方程式として量子場の方程式を導くことが要請される．

---

[39] 自由場や「解けるモデル」の場合は別である．

3.5 ローレンツゲージでの正準量子化

簡単な計算により
$$-\frac{1}{4}F_{\mu\nu}F^{\mu\nu} = -\frac{1}{2}(\partial_\mu A_\nu)(\partial^\mu A^\nu) + \frac{1}{2}(\partial_\mu A_\nu)(\partial^\nu A^\mu) \tag{3.20}$$
と変形できる．一方，部分積分により
$$\int_{\mathbb{R}^4}(\partial_\mu A_\nu)(\partial^\nu A^\mu)dx = \int_{\mathbb{R}^4}(\partial_\mu A^\mu)^2 dx.$$
ただし，$\lim_{|x|\to\infty} A_\nu(x)\partial^\nu A^\mu(x) = 0$, $\lim_{|x|\to\infty} A_\nu(x)\partial_\mu A^\mu(x) = 0$ とした．したがって，ローレンツ条件 (2.73) を課すならば，$\int_{\mathbb{R}^4}(\partial_\mu A_\nu)(\partial^\nu A^\mu)dx = 0$ となるので，作用汎関数 $S := \int_{\mathbb{R}^4}\mathscr{L}dx$ は
$$S = \int_{\mathbb{R}^4}\widetilde{\mathscr{L}}dx$$
と書ける．ただし
$$\widetilde{\mathscr{L}} := -\frac{1}{2}(\partial_\mu A_\nu)(\partial^\mu A^\nu) + \frac{i}{2}\left(\overline{\psi}\gamma^\mu\partial_\mu\psi - \partial_\mu\overline{\psi}\cdot\gamma^\mu\psi\right)$$
$$- m\overline{\psi}\psi - q\overline{\psi}\gamma^\mu\psi A_\mu. \tag{3.21}$$
このラグランジュ密度関数に関するオイラー–ラグランジュ方程式は (2.51) と (2.84) で与えられことがわかる．

ラグランジュ密度関数 $\widetilde{\mathscr{L}}$ に関する電磁ポテンシャルの共役運動量は
$$\widetilde{\Pi}^\mu := \frac{\partial \widetilde{\mathscr{L}}}{\partial \dot{A}_\mu} = -\dot{A}^\mu$$
となる．ディラック場の共役運動量は $\mathscr{L}$ の場合と同じである．したがって，$\widetilde{\mathscr{L}}$ に付随するハミルトニアンは
$$H_{\mathrm{L}}^{\mathrm{cl}} := \int_{\mathbb{R}^3}\left(\widetilde{\Pi}^\mu \dot{A}_\mu + \frac{1}{2}(\partial_\mu A_\nu)(\partial^\mu A^\nu)\right)d\boldsymbol{x} + \int_{\mathbb{R}^3}\psi(x)^* h_{\mathrm{D}}(\boldsymbol{A})\psi(x)d\boldsymbol{x}$$
$$+ \int_{\mathbb{R}^3}q\psi(x)^*\psi(x)A_0(x)d\boldsymbol{x}$$
$$= -\frac{1}{2}\int_{\mathbb{R}^3}\widetilde{\Pi}^\mu\widetilde{\Pi}_\mu d\boldsymbol{x} + \frac{1}{2}\sum_{j=1}^3\int_{\mathbb{R}^3}(\partial_j A_\mu)(\partial^j A^\mu)d\boldsymbol{x}$$
$$+ \int_{\mathbb{R}^3}\psi(x)^* h_{\mathrm{D}}(\boldsymbol{A})\psi(x)d\boldsymbol{x}$$

$$+ \int_{\mathbb{R}^3} q\psi(x)^* \psi(x) A_0(x) d\boldsymbol{x}. \tag{3.22}$$

これは時間 t に依らないこと，すなわち，保存量であることがわかる．

正準量子化の処方により，量子論へ移ろう．したがって，電磁ポテンシャルに対して

$$[A_\mu(t,\boldsymbol{x}), \widetilde{\Pi}^\nu(t,\boldsymbol{y})] = i\delta_\mu^\nu \delta(\boldsymbol{x}-\boldsymbol{y})$$

が課される．これは

$$[A_\mu(t,\boldsymbol{x}), \dot{A}_\nu(t,\boldsymbol{y})] = -ig_{\mu\nu}\delta(\boldsymbol{x}-\boldsymbol{y}) \tag{3.23}$$

と同等である．

$\psi(t,\boldsymbol{x}), \psi(t,\boldsymbol{y})^*$ に関する反交換関係の要請は (3.6), (3.7) と同じである．また，$A_\mu(t,\boldsymbol{x}), \dot{A}_\nu(t,\boldsymbol{x})$ は $\psi(t,\boldsymbol{y}), \psi(t,\boldsymbol{y})^*$ と可換であるとする．

時刻 0 の場 $\psi(\boldsymbol{x}), A_\mu(\boldsymbol{x}), \widetilde{\Pi}_\mu(\boldsymbol{x})$ として，次の関係式を満たすものをとる．

$$\{\psi_a(\boldsymbol{x}), \psi_b(\boldsymbol{y})^*\} = \delta_{ab}\delta(\boldsymbol{x}-\boldsymbol{y}), \tag{3.24}$$

$$\{\psi_a(\boldsymbol{x}), \psi_b(\boldsymbol{y})\} = 0, \quad \{\psi_a(\boldsymbol{x})^*, \psi_b(\boldsymbol{y})^*\} = 0, \tag{3.25}$$

$$[\psi_a(\boldsymbol{x}), A_\mu(\boldsymbol{y})] = 0, \quad [\psi_a(\boldsymbol{x})^*, A_\mu(\boldsymbol{y})] = 0, \tag{3.26}$$

$$[\psi_a(\boldsymbol{x}), \widetilde{\Pi}_\mu(\boldsymbol{y})] = 0, \quad [\psi_a(\boldsymbol{x})^*, \widetilde{\Pi}_\mu(\boldsymbol{y})] = 0, \tag{3.27}$$

$$[A_\mu(\boldsymbol{x}), \widetilde{\Pi}_\nu(\boldsymbol{y})] = ig_{\mu\nu}\delta(\boldsymbol{x}-\boldsymbol{y}), \tag{3.28}$$

$$[A_\mu(\boldsymbol{x}), A_\nu(\boldsymbol{y})] = 0, \quad [\widetilde{\Pi}_\mu(\boldsymbol{x}), \widetilde{\Pi}_\nu(\boldsymbol{y})] = 0. \tag{3.29}$$

形式的なハミルトニアン $H_{\rm L}^{\rm formal}$ を次のように定義する：

$$\begin{aligned}H_{\rm L}^{\rm formal} := &-\frac{1}{2}\int_{\mathbb{R}^3}\left(\widetilde{\Pi}_\mu(\boldsymbol{x})\widetilde{\Pi}^\mu(\boldsymbol{x}) - \sum_{j=1}^3 \partial_j A_\mu(\boldsymbol{x})\partial^j A^\mu(\boldsymbol{x})\right)d\boldsymbol{x} \\&+ \int_{\mathbb{R}^3}\psi(\boldsymbol{x})^*\left[\sum_{j=1}^3 \alpha^j(-i\partial_j + qA_j(\boldsymbol{x})) + m\beta\right]\psi(\boldsymbol{x})d\boldsymbol{x} \\&+ \int_{\mathbb{R}^3} q\psi(\boldsymbol{x})^*\psi(\boldsymbol{x})A_0(\boldsymbol{x})d\boldsymbol{x}.\end{aligned} \tag{3.30}$$

いま，$e^{itH_{\rm L}^{\rm formal}}$ が定義されるとし，ハイゼンベルク作用素

$$A_\mu(t,\boldsymbol{x}) := e^{itH_{\rm L}^{\rm formal}} A_\mu(\boldsymbol{x}) e^{-itH_{\rm L}^{\rm formal}}, \quad \psi(t,\boldsymbol{x}) := e^{itH_{\rm L}^{\rm formal}} \psi(\boldsymbol{x}) e^{-itH_{\rm L}^{\rm formal}}$$

を考える．このとき，(3.24)〜(3.29) を用いることにより，$A_\mu(t,\boldsymbol{x}), \psi(t,\boldsymbol{x})$ は，

形式的に次の方程式を満たすことが示される：

$$i\gamma^\mu(\partial_\mu + iqA_\mu)\psi = m\psi, \tag{3.31}$$

$$\Box A_\mu = q\overline{\psi}\gamma^\mu\psi. \tag{3.32}$$

こうして，ローレンツゲージにおいて QED を構成するための手続きが示唆される．しかし，ここでもまたクーロンゲージの場合と同様の問題が生じる．すなわち，そもそも $H_\mathrm{L}^{\mathrm{formal}}$ は数学的に意味をもつ作用素として定義されるかということである．じつは，ローレンツゲージの場合は，以下で見るように，不定計量の内積空間を導入しなければならないという事態に遭遇する．これは，(3.28) の右辺に $g_{\mu\nu}$ が現れていることから暗示される．

4 自由場

場の方程式 (2.51), (2.52) において，q を実数パラメーターとみて，$q = 0$ とおくと

$$i\gamma^\mu\partial_\mu\psi = m\psi, \tag{4.1}$$

$$\Box A_\mu - \partial_\mu\partial_\nu A^\nu = 0 \tag{4.2}$$

が得られる．すでに知っているように，(4.1) は**自由なディラック場の方程式**である．同様に，(4.2) を**自由な電磁ポテンシャルの方程式**と呼び，その解を**自由電磁ポテンシャル**という．これは，どの古典場とも相互作用を行わない電磁ポテンシャルを表す．

自由ディラック場や自由電磁ポテンシャルのように，任意の古典場と相互作用を行わない古典場を総称的に**自由場**と呼ぶ．

フーリエ解析を用いることにより，自由ディラック場と自由電磁ポテンシャルの一般形を求めることができる [40]．

4.1 自由ディラック場

$L^2(\mathbb{R}^3)$ の元 f に対して，そのフーリエ変換 $\hat{f}$ は

$$\hat{f}(\boldsymbol{k}) := \frac{1}{(2\pi)^{3/2}} \int_{\mathbb{R}^3} e^{-i\boldsymbol{k}\cdot\boldsymbol{x}} f(\boldsymbol{x}) d\boldsymbol{x} \tag{4.3}$$

---

[40] 以下では，基本的な結果だけを述べる．証明の詳細等については，[5] の 10 章と 11 章を参照されたい．

によって定義される (右辺は L^2 収束の意味でとる [41]). 関数 f が可積分関数ならば，右辺は通常の意味でのルベーグ積分である.

ψ を自由ディラック場，すなわち，(4.1) を満たす $\mathbb{C}^4$ 値関数としよう. (4.1) は**自由ディラック方程式**

$$i\frac{\partial \psi(t, \boldsymbol{x})}{\partial t} = h_\mathrm{D} \psi(t, \boldsymbol{x}) \tag{4.4}$$

と同等である.

いま各時刻 t に対して $\psi_a(t, \cdot) \in L^2(\mathbb{R}^3)$ であるとし，そのフーリエ変換を $\hat{\psi}_a(t, \boldsymbol{k})$ とする：

$$\hat{\psi}_a(t, \boldsymbol{k}) := \frac{1}{(2\pi)^{3/2}} \int_{\mathbb{R}^3} e^{-i\boldsymbol{k}\cdot\boldsymbol{x}} \psi_a(t, \boldsymbol{x}) d\boldsymbol{x}. \tag{4.5}$$

自由ディラック作用素 h_D を $L^2(\mathbb{R}^3)$ で働く作用素と考え，$\psi(t, \cdot) \in D(h_\mathrm{D})$ としよう. このとき，フーリエ変換の一般論により

$$i\frac{d\hat{\psi}(t, \boldsymbol{k})}{dt} = \hat{h}_\mathrm{D}(\boldsymbol{k}) \hat{\psi}(t, \boldsymbol{k}) \tag{4.6}$$

となる. ただし，

$$\hat{\psi}(t, \boldsymbol{k}) := (\hat{\psi}_a(t, \boldsymbol{k}))_{a=1,2,3,4}, \quad \hat{h}_\mathrm{D}(\boldsymbol{k}) := \boldsymbol{\alpha} \cdot \boldsymbol{k} + \beta m. \tag{4.7}$$

各 $\boldsymbol{k} \in \mathbb{R}^3$ に対して，$\hat{h}_\mathrm{D}(\boldsymbol{k})$ は 4 次のエルミート行列である.

関数 $E: \mathbb{R}^3 \to \mathbb{R}$ を

$$E(\boldsymbol{k}) := \sqrt{|\boldsymbol{k}|^2 + m^2}, \quad \boldsymbol{k} \in \mathbb{R}^3 \tag{4.8}$$

によって定義する. $E(\boldsymbol{k})$ は，物理的には，質量 m の自由ディラック粒子が運動量 $\boldsymbol{k}$ をもつときの相対論的エネルギーを表す.

行列 $\hat{h}_\mathrm{D}(\boldsymbol{k})$ について次の補題が成立する [42]：

補題 4.1 $\hat{h}_\mathrm{D}(\boldsymbol{k})$ の固有値は $\pm E(\boldsymbol{k})$ だけであり，それぞれの縮退度は 2 である.

$\hat{h}_\mathrm{D}(\boldsymbol{k})$ の固有値 $\pm E(\boldsymbol{k})$ に属する固有空間

$$\mathfrak{h}_\pm(\boldsymbol{k}) := \ker(\hat{h}_\mathrm{D}(\boldsymbol{k}) \mp E(\boldsymbol{k})) \tag{4.9}$$

への正射影作用素を $P_\pm(\boldsymbol{k})$ としよう. このとき，補題 4.1 によって

---

[41] [3, 5 章] を参照

[42] [5, 命題 11-6] を参照.

が成り立つ.

線形常微分方程式の一般論[43] から，(4.6) の初期値問題の解は

$$\hat{\psi}(t, \boldsymbol{k}) = e^{-itE(\boldsymbol{k})} P_+(\boldsymbol{k}) \phi(\boldsymbol{k}) + e^{itE(\boldsymbol{k})} P_-(\boldsymbol{k}) \phi(\boldsymbol{k}) \tag{4.11}$$

によって与えられる．ただし，$\phi(\boldsymbol{k})$ は初期値である：$\hat{\psi}(0, \boldsymbol{k}) = \phi(\boldsymbol{k})$. したがって，逆フーリエ変換をすれば

$$\psi(t, \boldsymbol{x}) = \frac{1}{(2\pi)^{3/2}} \int_{\mathbb{R}^3} e^{i\boldsymbol{x}\cdot\boldsymbol{k}} \hat{\psi}(t, \boldsymbol{k}) d\boldsymbol{k} \tag{4.12}$$

$$= \frac{1}{(2\pi)^{3/2}} \int_{\mathbb{R}^3} \Big(e^{-itE(\boldsymbol{k}) + i\boldsymbol{k}\cdot\boldsymbol{x}} P_+(\boldsymbol{k}) \phi(\boldsymbol{k})$$

$$+ e^{itE(\boldsymbol{k}) - i\boldsymbol{k}\cdot\boldsymbol{x}} P_-(-\boldsymbol{k}) \phi(-\boldsymbol{k}) \Big) d\boldsymbol{k} \tag{4.13}$$

が得られる．

$P_\pm(\boldsymbol{k})\phi(\boldsymbol{k})$ をもう少し詳しく見るために，$\hat{h}_\mathrm{D}(\boldsymbol{k})$ の固有空間の構造を解析する．4 次の正方行列 s^j $(j = 1, 2, 3)$ を

$$s^1 := \frac{i}{2} \gamma^2 \gamma^3, \quad s^2 := \frac{i}{2} \gamma^3 \gamma^1, \quad s^3 := \frac{i}{2} \gamma^1 \gamma^2 \tag{4.14}$$

によって定義する[44]．これらの行列の組

$$\boldsymbol{s} := (s^1, s^2, s^3) \tag{4.15}$$

をディラック粒子の**スピン角運動量**という．

各 $\boldsymbol{k} \in \mathbb{R}^3 \setminus \{0\}$ に対して **ヘリシティ作用素**

$$\hat{s}_{\boldsymbol{k}} := \frac{\boldsymbol{s} \cdot \boldsymbol{k}}{|\boldsymbol{k}|} \tag{4.16}$$

を定義する．これはエルミート行列であり，$\hat{h}_\mathrm{D}(\boldsymbol{k})$ と可換である：

---

[43] M を対角化可能な n 次複素行列とし，M の相異なる固有値を $\lambda_1, \ldots, \lambda_p$ $(p \leq n)$，λ_j の固有空間への正射影作用素を P_j とすれば，線形常微分方程式

$$\frac{dX(t)}{dt} = MX(t), \quad t \in \mathbb{R}, X(t) \in \mathbb{C}^n$$

の解は，$X(t) = \sum_{j=1}^{p} e^{t\lambda_j} P_j X(0)$ で与えられる．

[44] この定義はガンマ行列の表示とは独立である．

$$[\hat{s}_{\boldsymbol{k}}, \hat{h}_{\mathrm{D}}(\boldsymbol{k})] = 0. \tag{4.17}$$

したがって，$\hat{s}_{\boldsymbol{k}}$ は固有空間 $\mathfrak{h}_\pm(\boldsymbol{k})$ によって簡約される．その簡約部分を $\hat{s}_{\boldsymbol{k}}^\pm$ と記す：

$$\hat{s}_{\boldsymbol{k}}^\pm := \hat{s}_{\boldsymbol{k}} \upharpoonright \mathfrak{h}_\pm(\boldsymbol{k}). \tag{4.18}$$

次の事実が証明される：

補題 4.2 各 $\boldsymbol{k} \in \mathbb{R}^3 \setminus \{0\}$ に対して，$\hat{s}_{\boldsymbol{k}}^\pm$ の固有値は $\pm 1/2$ だけである．

この補題により，各 $\boldsymbol{k} \in \mathbb{R}^3 \setminus \{0\}$ に対して，$\mathfrak{h}_+(\boldsymbol{k})$ の正規直交基底 $u(\boldsymbol{k}, s), s = \pm 1/2$ で

$$\hat{s}_{\boldsymbol{k}}^+ u(\boldsymbol{k}, s) = s u(\boldsymbol{k}, s), \quad s = \pm 1/2 \tag{4.19}$$

がとれる．同様に，$\mathfrak{h}_-(\boldsymbol{k})$ の正規直交基底 $v(\boldsymbol{k}, s), s = \pm 1/2$ で

$$\hat{s}_{\boldsymbol{k}}^- v(\boldsymbol{k}, s) = s v(\boldsymbol{k}, s), \quad s = \pm 1/2 \tag{4.20}$$

を満たすものがとれる．また，$\mathfrak{h}_\pm(\boldsymbol{k})$ の定義から

$$\hat{h}_{\mathrm{D}}(\boldsymbol{k}) u(\boldsymbol{k}, s) = E(\boldsymbol{k}) u(\boldsymbol{k}, s), \quad \hat{h}_{\mathrm{D}}(\boldsymbol{k}) v(\boldsymbol{k}, s) = -E(\boldsymbol{k}) v(\boldsymbol{k}, s), \quad s = \pm 1/2 \tag{4.21}$$

が成り立つ．

さらに，任意の $z \in \mathbb{C}^4$ に対して

$$P_+(\boldsymbol{k}) z = \sum_{s=\pm 1/2} \langle u(\boldsymbol{k}, s), z \rangle_{\mathbb{C}^4} u(\boldsymbol{k}, s), \quad P_-(\boldsymbol{k}) z = \sum_{s=\pm 1/2} \langle v(\boldsymbol{k}, s), z \rangle_{\mathbb{C}^4} v(\boldsymbol{k}, s) \tag{4.22}$$

であるから

$$b_{\mathrm{cl}}(\boldsymbol{k}, s) := \langle u(\boldsymbol{k}, s), \phi(\boldsymbol{k}) \rangle_{\mathbb{C}^4}, \quad d_{\mathrm{cl}}(\boldsymbol{k}, s) := \langle \phi(-\boldsymbol{k}), v(-\boldsymbol{k}, s) \rangle_{\mathbb{C}^4}$$

とおけば，(4.13) の ψ は

$$\psi_{\mathrm{cl}}(t, \boldsymbol{x}) = \sum_{s=\pm 1/2} \frac{1}{(2\pi)^{3/2}} \int_{\mathbb{R}^3} \Big\{ b_{\mathrm{cl}}(\boldsymbol{k}, s) u(\boldsymbol{k}, s) e^{-itE(\boldsymbol{k}) + i\boldsymbol{k}\cdot\boldsymbol{x}}$$
$$+ d_{\mathrm{cl}}(\boldsymbol{k}, s)^* v(-\boldsymbol{k}, s) e^{itE(\boldsymbol{k}) - i\boldsymbol{k}\cdot\boldsymbol{x}} \Big\} d\boldsymbol{k} \tag{4.23}$$

と書き直せる．これが自由なディラック方程式 (4.4) の一般解である．ただし，$b_{\mathrm{cl}}(\boldsymbol{k}, s), d_{\mathrm{cl}}(\boldsymbol{k}, s)$ は

$$\int_{\mathbb{R}^3} |\boldsymbol{k}|^r |b_{\mathrm{cl}}(\boldsymbol{k},s)| d\boldsymbol{k} < \infty, \quad \int_{\mathbb{R}^3} |\boldsymbol{k}|^r |d_{\mathrm{cl}}(\boldsymbol{k},s)| d\boldsymbol{k} < \infty, \quad r=0,1$$

を満たすとする.

自由ディラック場のハミルトニアンは

$$H_{\mathrm{D}}^{\mathrm{cl}} := \int_{\mathbb{R}^3} \psi_{\mathrm{cl}}(x)^* (\boldsymbol{\alpha} \cdot (-i\nabla) + m\beta) \psi_{\mathrm{cl}}(x) d\boldsymbol{x} \tag{4.24}$$

によって定義される ((2.63) を参照). これは時間 t に依らない. フーリエ変換における基本公式

$$\int_{\mathbb{R}^3} f(\boldsymbol{x})^* g(\boldsymbol{x}) d\boldsymbol{x} = \int_{\mathbb{R}^3} \hat{f}(\boldsymbol{k})^* \hat{g}(\boldsymbol{k}) d\boldsymbol{k}, \quad f,g \in L^2(\mathbb{R}^3) \tag{4.25}$$

によって

$$H_{\mathrm{D}}^{\mathrm{cl}} = \int_{\mathbb{R}^d} \hat{\psi}_{\mathrm{cl}}(t,\boldsymbol{k})^* \hat{h}_{\mathrm{D}}(\boldsymbol{k}) \hat{\psi}_{\mathrm{cl}}(t,\boldsymbol{k}) d\boldsymbol{k} \tag{4.26}$$

が成り立つ. そこで, (4.21) と正規直交性

$$u(\boldsymbol{k},s)^* \cdot u(\boldsymbol{k},s') = \delta_{ss'}, \quad v(\boldsymbol{k},s)^* \cdot v(\boldsymbol{k},s') = \delta_{ss'}, \tag{4.27}$$

$$u(\boldsymbol{k},s)^* \cdot v(\boldsymbol{k},s') = 0, \quad s,s' = \pm\frac{1}{2} \tag{4.28}$$

を用いると

$$H_{\mathrm{D}}^{\mathrm{cl}} = \sum_{s=\pm 1/2} \int_{\mathbb{R}^3} E(\boldsymbol{k}) (b_{\mathrm{cl}}(\boldsymbol{k},s)^* b_{\mathrm{cl}}(\boldsymbol{k},s) - d_{\mathrm{cl}}(\boldsymbol{k},s)^* d_{\mathrm{cl}}(\boldsymbol{k},s)) d\boldsymbol{k} \tag{4.29}$$

が得られる.

$b_{\mathrm{cl}}(\boldsymbol{k},s)^* b_{\mathrm{cl}}(\boldsymbol{k},s) \geq 0$, $-d_{\mathrm{cl}}(\boldsymbol{k},s)^* d_{\mathrm{cl}}(\boldsymbol{k},s) \leq 0$ であり, $b_{\mathrm{cl}}(\boldsymbol{k},s)$ と $d_{\mathrm{cl}}(\boldsymbol{k},s)$ は独立な関数であることに注意すれば, $H_{\mathrm{D}}^{\mathrm{cl}}$ は $b_{\mathrm{cl}}, b_{\mathrm{cl}}^*, d_{\mathrm{cl}}, d_{\mathrm{cl}}^*$ の汎関数として上にも下にも有界でないことがわかる. ただし, $b_{\mathrm{cl}}, d_{\mathrm{cl}}$ の動く範囲は,

$$\int_{\mathbb{R}^3} E(\boldsymbol{k}) |b_{\mathrm{cl}}(\boldsymbol{k},s)|^2 d\boldsymbol{k} < \infty, \quad \int_{\mathbb{R}^3} E(\boldsymbol{k}) |d_{\mathrm{cl}}(\boldsymbol{k},s)|^2 d\boldsymbol{k} < \infty$$

とする.

ディラック場は運動量も有する. 紙数の都合上, 詳細は省略するが, **自由ディラック場の運動量** $(P_1^{\mathrm{cl}}, P_2^{\mathrm{cl}}, P_3^{\mathrm{cl}})$ は次の形で与えらえる [45]:

$$P_j^{\mathrm{cl}} = \sum_{s=\pm 1/2} \int_{\mathbb{R}^3} k_j (b_{\mathrm{cl}}(\boldsymbol{k},s)^* b_{\mathrm{cl}}(\boldsymbol{k},s) + d_{\mathrm{cl}}(\boldsymbol{k},s)^* d_{\mathrm{cl}}(\boldsymbol{k},s)) d\boldsymbol{k}.$$

---

[45] [5] の (11.44) 式と 11.4 節の計算を参照.

4.2 自由電磁ポテンシャル (I) — クーロンゲージの場合

クーロンゲージの場合，自由電磁ポテンシャルの満たす方程式 (4.2) は次の形をとる．

$$\Delta A^0 = 0, \tag{4.30}$$

$$\Box A^j = \partial^j \partial_0 A_0. \tag{4.31}$$

(4.30) の解として

$$A^0 = 0 \tag{4.32}$$

をとる．このとき，(4.31) は自由な波動方程式

$$\Box A^j = 0 \tag{4.33}$$

となる．ディラック場の場合と同様にフーリエ解析により，(4.33) の一般解 (実解) は

$$A_j(t, \boldsymbol{x}) = \frac{1}{(2\pi)^{3/2}} \int_{\mathbb{R}^3} \left(a_j(\boldsymbol{k}) e^{-it\omega(\boldsymbol{k}) + i\boldsymbol{k}\cdot\boldsymbol{x}} + a_j(\boldsymbol{k})^* e^{it\omega(\boldsymbol{k}) - i\boldsymbol{k}\cdot\boldsymbol{x}} \right) d\boldsymbol{k}$$

で与えられる．ただし

$$\omega(\boldsymbol{k}) := |\boldsymbol{k}|, \quad \boldsymbol{k} \in \mathbb{R}^3 \tag{4.34}$$

であり，$a_j(\boldsymbol{k})$ は

$$\int_{\mathbb{R}^3} |\boldsymbol{k}|^r |a_j(\boldsymbol{k})| d\boldsymbol{k} < \infty, \quad r = 0, 1, 2$$

を満たす複素数値関数である．クーロンゲージ条件 $\sum_{j=1}^{3} \partial^j A_j = 0$ とこれから導かれる条件 $\sum_{j=1}^{3} \partial^j \dot{A}_j = 0$ を用いると $\sum_{j=1}^{3} k^j a_j(\boldsymbol{k}) = 0$ が導かれる．すなわち，ベクトル $\boldsymbol{a}(\boldsymbol{k}) := (a_1(\boldsymbol{k}), a_2(\boldsymbol{k}), a_3(\boldsymbol{k}))$ は $\boldsymbol{k}$ と直交する．これは，物理的には，(A_1, A_2, A_3) が横波であることを意味する．そこで，各 $\boldsymbol{k} \in \mathbb{R}^3 \setminus \{0\}$ に対して，$\mathbb{R}^3$ の正規直交基底 $(\boldsymbol{e}^{(1)}(\boldsymbol{k}), \boldsymbol{e}^{(2)}(\boldsymbol{k}), \boldsymbol{k}/|\boldsymbol{k}|)$ で

$$\boldsymbol{e}^{(1)}(\boldsymbol{k}) \times \boldsymbol{e}^{(2)}(\boldsymbol{k}) = \frac{\boldsymbol{k}}{|\boldsymbol{k}|} \tag{4.35}$$

を満たすものをとる．$\boldsymbol{e}^{(1)}(\boldsymbol{k}), \boldsymbol{e}^{(2)}(\boldsymbol{k})$ を**偏極ベクトル**という．ベクトル $\boldsymbol{a}(\boldsymbol{k})$ は $\boldsymbol{e}^{(1)}(\boldsymbol{k}), \boldsymbol{e}^{(2)}(\boldsymbol{k})$ の線形結合として展開される．これを

$$\bm{a}(\bm{k}) = \frac{1}{\sqrt{2\omega(\bm{k})}}(a^{(1)}(\bm{k})\bm{e}^{(1)}(\bm{k}) + a^{(2)}(\bm{k})\bm{e}^{(2)}(\bm{k}))$$

という形に表す.ただし,$a^{(r)}(\bm{k}) \in \mathbb{C}$ $(r=1,2)$ は

$$\int_{\mathbb{R}^3} |\bm{k}|^{p-1/2} |a^{(r)}(\bm{k})| d\bm{k} < \infty, \quad p = 0, 1, 2$$

を満たす任意の関数である [46].そこで,ベクトル $\bm{e}^{(r)}(\bm{k})$ $(r=1,2)$ の成分表示を

$$\bm{e}^{(r)}(\bm{k}) = (e_1^{(r)}(\bm{k}), e_2^{(r)}(\bm{k}), e_3^{(r)}(\bm{k}))$$

とすれば

$$a_j(\bm{k}) = \frac{1}{\sqrt{2\omega(\bm{k})}} \sum_{r=1}^{2} a^{(r)}(\bm{k}) e_j^{(r)}(\bm{k})$$

となる.よって,求める電磁ポテンシャルは

$$\begin{aligned} A_j(t,\bm{x}) = \sum_{r=1}^{2} \int_{\mathbb{R}^3} \frac{1}{\sqrt{2(2\pi)^3 \omega(\bm{k})}} e_j^{(r)}(\bm{k}) \big\{ a^{(r)}(\bm{k}) e^{-it\omega(\bm{k})+i\bm{k}\cdot\bm{x}} \\ + a^{(r)}(\bm{k})^* e^{it\omega(\bm{k})-i\bm{k}\cdot\bm{x}} \big\} d\bm{k} \end{aligned} \quad (4.36)$$

で与えられる.

クーロンゲージでの自由電磁ポテンシャルのハミルトニアンを $H_{\text{EM}}^{\text{cl}}$ とすれば

$$H_{\text{EM}}^{\text{cl}} = \frac{1}{2} \int_{\mathbb{R}^3} \sum_{j=1}^{3} |\dot{A}^j(x)|^2 d\bm{x} + \frac{1}{2} \int_{\mathbb{R}^3} |\bm{B}(x)|^2 d\bm{x} \quad (4.37)$$

である ((2.82) を参照).自由ディラック場の場合と同様にして

$$H_{\text{EM}}^{\text{cl}} = \sum_{r=1}^{2} \int_{\mathbb{R}^3} \omega(\bm{k}) a^{(r)}(\bm{k})^* a^{(r)}(\bm{k}) d\bm{k} \quad (4.38)$$

という表示が得られる.

4.3 自由電磁ポテンシャル (II) — ローレンツゲージの場合

ローレンツゲージの場合,自由電磁ポテンシャルの満たす方程式 (4.2) は次の形をとる.

$$\Box A^\mu = 0. \quad (4.39)$$

---

[46] 因子 $1/\sqrt{2\omega(\bm{k})}$ を入れたのは,後に量子版へ移行する際の記法上の便宜を見越してのことである.

したがって，クーロンゲージでの A_j の場合と同様に

$$A_\mu(x) = \int_{\mathbb{R}^3} \frac{1}{\sqrt{2(2\pi)^3 \omega(\boldsymbol{k})}} (a_\mu(\boldsymbol{k}) e^{-it\omega(\boldsymbol{k})+i\boldsymbol{k}\cdot\boldsymbol{x}} + a_\mu(\boldsymbol{k})^* e^{it\omega(\boldsymbol{k})-i\boldsymbol{k}\cdot\boldsymbol{x}}) d\boldsymbol{k} \tag{4.40}$$

と表される．ただし，関数 $a_\mu(\boldsymbol{k})$ は

$$\omega(\boldsymbol{k}) a_0(\boldsymbol{k}) + \sum_{j=1}^{3} k^j a_j(\boldsymbol{k}) = 0 \tag{4.41}$$

と

$$\int_{\mathbb{R}^3} |\boldsymbol{k}|^{p-1/2} |a_\mu(\boldsymbol{k})| d\boldsymbol{k} < \infty, \quad p = 0, 1, 2$$

を満たすとする．(4.41) により，ローレンツ条件 (2.73) が満たされる．

(4.40) を時間微分すると

$$\dot{A}_\mu(x) = -i \int_{\mathbb{R}^3} \frac{\sqrt{\omega(\boldsymbol{k})}}{\sqrt{2(2\pi)^3}} (a_\mu(\boldsymbol{k}) e^{-it\omega(\boldsymbol{k})+i\boldsymbol{k}\cdot\boldsymbol{x}} - a_\mu(\boldsymbol{k})^* e^{it\omega(\boldsymbol{k})-i\boldsymbol{k}\cdot\boldsymbol{x}}) d\boldsymbol{k} \tag{4.42}$$

となる．

ローレンツゲージでの自由電磁ポテンシャルのハミルトニアンは

$$H^{\text{cl}}_{\text{EM,L}} := \frac{1}{2} \int_{\mathbb{R}^3} \left(\dot{A}^\mu \dot{A}_\mu + \sum_{j=1}^{3} \partial_j A_\mu \partial_j A^\mu \right) d\boldsymbol{x} \tag{4.43}$$

である ((3.30) を参照)．したがって

$$H^{\text{cl}}_{\text{EM,L}} = \int_{\mathbb{R}^3} \omega(\boldsymbol{k}) a^\mu(\boldsymbol{k})^* a_\mu(\boldsymbol{k}) d\boldsymbol{k} \tag{4.44}$$

となる．

5 自由場の正準量子化 — 発見法的議論

自由場の量子版を数学的に厳密な仕方で構成する前に，自由場の正準量子化に関する発見法的議論を示しておこう [47]．

---

[47] より詳しくは，物理学における量子場の理論の教科書，たとえば，[21, 23, 32] 等を参照．

5.1 自由ディラック場の正準量子化

次の関係式を満たす作用素値超関数 $b(\boldsymbol{k},s), d(\boldsymbol{k},s)$ $(s = \pm 1⁄2)$ が存在するとしよう：

$$\{b(\boldsymbol{k},s), b(\boldsymbol{k}',s')^*\} = \delta_{ss'}\delta(\boldsymbol{k}-\boldsymbol{k}'), \tag{5.1}$$

$$\{b(\boldsymbol{k},s), b(\boldsymbol{k}',s')\} = 0, \quad \{b(\boldsymbol{k},s)^*, b(\boldsymbol{k}',s')^*\} = 0, \tag{5.2}$$

$$\{d(\boldsymbol{k},s), d(\boldsymbol{k}',s')^*\} = \delta_{ss'}\delta(\boldsymbol{k}-\boldsymbol{k}'), \tag{5.3}$$

$$\{d(\boldsymbol{k},s), d(\boldsymbol{k}',s')\} = 0, \quad \{d(\boldsymbol{k},s)^*, d(\boldsymbol{k}',s')^*\} = 0, \tag{5.4}$$

$$\{b(\boldsymbol{k},s)^\#, d(\boldsymbol{k}',s')^\#\} = 0. \tag{5.5}$$

ただし，$X^\#$ は X または X^* を表す．自由ディラック場 (4.23) に含まれる関数 $b_{\rm cl}(\boldsymbol{k},s), d_{\rm cl}(\boldsymbol{k},s)$ を作用素値超関数 $b(\boldsymbol{k},s), d(\boldsymbol{k},s)$ で置き換えることにより，次の作用素値超関数が得られる：

$$\psi(t,\boldsymbol{x}) := \sum_{s=\pm 1/2} \frac{1}{(2\pi)^{3/2}} \int_{\mathbb{R}^3} \Big\{ b(\boldsymbol{k},s) u(\boldsymbol{k},s) e^{-itE(\boldsymbol{k})+i\boldsymbol{k}\cdot\boldsymbol{x}}$$
$$+ d(\boldsymbol{k},s)^* v(-\boldsymbol{k},s) e^{itE(\boldsymbol{k})-i\boldsymbol{k}\cdot\boldsymbol{x}} \Big\} d\boldsymbol{k}. \tag{5.6}$$

これを**自由な量子ディラック場**と呼ぶ．自由ディラック場の場合と同様に，作用素値超関数の意味で

$$i\gamma^\mu \partial_\mu \psi(x) = m\psi(x) \tag{5.7}$$

が成り立つ．すなわち，任意の $f \in \mathscr{S}(\mathbb{R}^4)$ に対して，$\psi_a(f) := \int_{\mathbb{R}^4} \psi_a(x) f(x) dx$ とすれば

$$\sum_{b=1}^4 i(\gamma^\mu)_{ab} \psi_b(-\partial_\mu f) = m\psi_a(f), \quad a = 1,2,3,4.$$

時刻 0 の自由な量子ディラック場を $\psi(\boldsymbol{x})$ とする：

$$\psi(\boldsymbol{x}) := \psi(0, \boldsymbol{x})$$
$$= \sum_{s=\pm 1/2} \frac{1}{(2\pi)^{3/2}} \int_{\mathbb{R}^3} \Big\{ b(\boldsymbol{k},s) u(\boldsymbol{k},s) e^{i\boldsymbol{k}\cdot\boldsymbol{x}}$$
$$+ d(\boldsymbol{k},s)^* v(-\boldsymbol{k},s) e^{-i\boldsymbol{k}\cdot\boldsymbol{x}} \Big\} d\boldsymbol{k} \tag{5.8}$$

(5.1)〜(5.5) と完全性の条件

$$\sum_{s=\pm 1/2}(u_a(\boldsymbol{k},s)^*u_b(\boldsymbol{k},s)+v_a(\boldsymbol{k},s)^*v_b(\boldsymbol{k},s))=\delta_{ab} \tag{5.9}$$

を用いることにより，形式的に，次の反交換関係が示される：

$$\{\psi_a(\boldsymbol{x}),\psi_b(\boldsymbol{y})^*\}=\delta_{ab}\delta(\boldsymbol{x}-\boldsymbol{y}), \tag{5.10}$$
$$\{\psi_a(\boldsymbol{x}),\psi_b(\boldsymbol{y})\}=0,\quad\{\psi_a(\boldsymbol{x})^*,\psi_b(\boldsymbol{y})^*\}=0. \tag{5.11}$$

ハミルトニアンを

$$H_{\mathrm{D}}:=\sum_{s=\pm 1/2}\int_{\mathbb{R}^3}E(\boldsymbol{k})(b(\boldsymbol{k},s)^*b(\boldsymbol{k},s)+d(\boldsymbol{k},s)^*d(\boldsymbol{k},s))d\boldsymbol{k} \tag{5.12}$$

によって定義する．古典場のハミルトニアン $H_{\mathrm{D}}^{\mathrm{cl}}$ と比較すると，$d(\boldsymbol{k},s)^*d(\boldsymbol{k},s)$ の前の符号が異なっていることに注意しよう．これは，自由な量子ディラック場のハミルトニアンを下に有界にするためである (具体的には非負)．

一般公式

$$[XY,Z]=X\{Y,Z\}-\{X,Z\}Y \tag{5.13}$$

を用いると，形式的に，次の関係式が示される：

$$[b(\boldsymbol{k},s)^*b(\boldsymbol{k},s),b(\boldsymbol{k}',s')]=-\delta_{ss'}\delta(\boldsymbol{k}-\boldsymbol{k}')b(\boldsymbol{k},s), \tag{5.14}$$
$$[b(\boldsymbol{k},s)^*b(\boldsymbol{k},s),b(\boldsymbol{k}',s')^*]=\delta_{ss'}\delta(\boldsymbol{k}-\boldsymbol{k}')b(\boldsymbol{k},s)^*, \tag{5.15}$$
$$[d(\boldsymbol{k},s)^*d(\boldsymbol{k},s),d(\boldsymbol{k}',s')]=-\delta_{ss'}\delta(\boldsymbol{k}-\boldsymbol{k}')d(\boldsymbol{k},s), \tag{5.16}$$
$$[d(\boldsymbol{k},s)^*d(\boldsymbol{k},s),d(\boldsymbol{k}',s')^*]=\delta_{ss'}\delta(\boldsymbol{k}-\boldsymbol{k}')d(\boldsymbol{k},s)^*, \tag{5.17}$$
$$[b(\boldsymbol{k},s)^*b(\boldsymbol{k},s),d(\boldsymbol{k}',s')^{\#}]=0,\quad[d(\boldsymbol{k},s)^*d(\boldsymbol{k},s),b(\boldsymbol{k}',s')^{\#}]=0. \tag{5.18}$$

したがって

$$[H_{\mathrm{D}},b(\boldsymbol{k},s)]=-E(\boldsymbol{k})b(\boldsymbol{k},s), \tag{5.19}$$
$$[H_{\mathrm{D}},b(\boldsymbol{k},s)^*]=E(\boldsymbol{k})b(\boldsymbol{k},s)^*, \tag{5.20}$$
$$[H_{\mathrm{D}},d(\boldsymbol{k},s)]=-E(\boldsymbol{k})d(\boldsymbol{k},s), \tag{5.21}$$
$$[H_{\mathrm{D}},d(\boldsymbol{k},s)^*]=E(\boldsymbol{k})d(\boldsymbol{k},s)^*. \tag{5.22}$$

そこで，ハイゼンベルク作用素

$$b(\boldsymbol{k},s;t):=e^{itH_{\mathrm{D}}}b(\boldsymbol{k},s)e^{-itH_{\mathrm{D}}},\quad d(\boldsymbol{k},s;t):=e^{itH_{\mathrm{D}}}d(\boldsymbol{k},s)e^{-itH_{\mathrm{D}}} \tag{5.23}$$

を考えると，形式的に，

$$\dot{b}(\boldsymbol{k},s;t) = ie^{itH_{\mathrm{D}}}[H_{\mathrm{D}}, b(\boldsymbol{k},s)]e^{-itH_{\mathrm{D}}} = -iE(\boldsymbol{k})b(\boldsymbol{k},s;t)$$

となる．したがって

$$b(\boldsymbol{k},s;t) = b(\boldsymbol{k},s)e^{-itE(\boldsymbol{k})}, \quad b(\boldsymbol{k},s;t)^* = b(\boldsymbol{k},s)^*e^{itE(\boldsymbol{k})}.$$

同様に

$$d(\boldsymbol{k},s;t) = d(\boldsymbol{k},s)e^{-itE(\boldsymbol{k})}, \quad d(\boldsymbol{k},s;t)^* = d(\boldsymbol{k},s)^*e^{itE(\boldsymbol{k})}.$$

よって

$$\psi(t,\boldsymbol{x}) = e^{itH_{\mathrm{D}}}\psi(\boldsymbol{x})e^{-itH_{\mathrm{D}}} \tag{5.24}$$

が形式的に成り立つことがわかる．こうして，自由ディラック場の場合は，3節で示唆した量子化の図式が形式的に成立することが示される．

5.2　自由電磁ポテンシャルの正準量子化 (I) ── クーロンゲージの場合

　古典電磁ポテンシャルの正準量子化を行うに際しては，ゲージを固定する必要があるため，正準量子化の内容は採用するゲージに依存する．この解説では，クーロンゲージとローレンツゲージの場合の正準量子化法を取り上げる．他の方法については，たとえば，[36, 38] を参照されたい．

　クーロンゲージにおける電磁ポテンシャルの正準量子化は，古典解 (4.36) において，関数 $a^{(r)}$ を次の交換関係を満たす作用素値超関数に置き換えることによって達成される：

$$[a^{(r)}(\boldsymbol{k}), a^{(r')}(\boldsymbol{k}')^*] = \delta_{rr'}\delta(\boldsymbol{k}-\boldsymbol{k}'), \tag{5.25}$$

$$[a^{(r)}(\boldsymbol{k}), a^{(r')}(\boldsymbol{k}')] = 0, \quad [a^{(r)}(\boldsymbol{k})^*, a^{(r')}(\boldsymbol{k}')^*] = 0. \tag{5.26}$$

これらを用いて，クーロンゲージにおける自由な量子輻射場 (量子電磁ポテンシャル) を

$$A_j(t,\boldsymbol{x}) := \sum_{r=1}^{2} \int_{\mathbb{R}^3} \frac{1}{\sqrt{2(2\pi)^3\omega(\boldsymbol{k})}} e_j^{(r)}(\boldsymbol{k}) \Big\{ a^{(r)}(\boldsymbol{k})e^{-it\omega(\boldsymbol{k})+i\boldsymbol{k}\cdot\boldsymbol{x}} $$
$$+ a^{(r)}(\boldsymbol{k})^* e^{it\omega(\boldsymbol{k})-i\boldsymbol{k}\cdot\boldsymbol{x}} \Big\} d\boldsymbol{k} \tag{5.27}$$

によって定義する [48]．クーロンゲージでの自由な量子輻射場のハミルトニアンは

$$H_{\mathrm{EM}} := \sum_{r=1,2} \int_{\mathbb{R}^3} \omega(\boldsymbol{k}) a^{(r)}(\boldsymbol{k})^* a^{(r)}(\boldsymbol{k}) d\boldsymbol{k} \tag{5.28}$$

---

[48] 古典解と同じ記号を使用するが，混乱はないであろう．

によって定義される ((4.38) を参照).

一般公式

$$[XY, Z] = X[Y, Z] + [X, Z]Y \tag{5.29}$$

と (5.25), (5.26) を用いると

$$[a^{(r)}(\boldsymbol{k})^* a^{(r)}(\boldsymbol{k}), a^{(r')}(\boldsymbol{k}')] = -\delta_{rr'} a^{(r)}(\boldsymbol{k}), \tag{5.30}$$

$$[a^{(r)}(\boldsymbol{k})^* a^{(r)}(\boldsymbol{k}), a^{(r')}(\boldsymbol{k}')^*] = \delta_{rr'} a^{(r)}(\boldsymbol{k})^* \tag{5.31}$$

が示される.したがって,自由な量子ディラック場の場合と同様にして

$$e^{itH_{\mathrm{EM}}} a^{(r)}(\boldsymbol{k}) e^{-itH_{\mathrm{EM}}} = e^{-it\omega(\boldsymbol{k})} a^{(r)}(\boldsymbol{k}),$$

$$e^{itH_{\mathrm{EM}}} a^{(r)}(\boldsymbol{k})^* e^{-itH_{\mathrm{EM}}} = e^{it\omega(\boldsymbol{k})} a^{(r)}(\boldsymbol{k})^* \tag{5.32}$$

が成立する.ゆえに

$$A_j(t, \boldsymbol{x}) = e^{itH_{\mathrm{EM}}} A_j(\boldsymbol{x}) e^{-itH_{\mathrm{EM}}}. \tag{5.33}$$

ただし

$$A_j(\boldsymbol{x}) := A_j(0, \boldsymbol{x})$$
$$= \sum_{r=1}^{2} \int_{\mathbb{R}^3} \frac{1}{\sqrt{2(2\pi)^3 \omega(\boldsymbol{k})}} e_j^{(r)}(\boldsymbol{k}) \left\{ a^{(r)}(\boldsymbol{k}) e^{i\boldsymbol{k}\cdot\boldsymbol{x}} + a^{(r)}(\boldsymbol{k})^* e^{-i\boldsymbol{k}\cdot\boldsymbol{x}} \right\} d\boldsymbol{k}$$
$$\tag{5.34}$$

は時刻 0 での自由な量子輻射場である.よって,いまの場合も,3 節における正準量子化の図式はうまく機能していることがわかる.

5.3　自由電磁ポテンシャルの正準量子化 (II)——ローレンツゲージの場合

ローレンツゲージにおける電磁ポテンシャルの正準量子化の手続きもクーロンゲージの場合とまったく同様である.まず,古典解 (4.40) において,関数 a_μ を次の交換関係を満たすもので置き換える:

$$[a_\mu(\boldsymbol{k}), a_\nu(\boldsymbol{k}')^\dagger] = -g_{\mu\nu} \delta(\boldsymbol{k} - \boldsymbol{k}'), \tag{5.35}$$

$$[a_\mu(\boldsymbol{k}), a_\nu(\boldsymbol{k}')] = 0, \quad [a_\mu(\boldsymbol{k})^\dagger, a_\nu(\boldsymbol{k})^\dagger] = 0, \tag{5.36}$$

$$\omega(\boldsymbol{k}) a_0(\boldsymbol{k}) + \sum_{j=1}^{3} k^j a_j(\boldsymbol{k}) = 0. \tag{5.37}$$

ただし,

$$a_0(\boldsymbol{k})^\dagger = -a_0(\boldsymbol{k})^*, \quad a_j(\boldsymbol{k})^\dagger = a_j(\boldsymbol{k})^*. \tag{5.38}$$

これらの対象を用いて，ローレンツゲージにおける自由な量子輻射場 (量子電磁ポテンシャル) を

$$A_\mu(x) := \int_{\mathbb{R}^3} \frac{1}{\sqrt{2(2\pi)^3 \omega(\boldsymbol{k})}} \Big(a_\mu(\boldsymbol{k}) e^{-it\omega(\boldsymbol{k})+i\boldsymbol{k}\cdot\boldsymbol{x}}$$
$$+ a_\mu(\boldsymbol{k})^\dagger e^{it\omega(\boldsymbol{k})-i\boldsymbol{k}\cdot\boldsymbol{x}} \Big) d\boldsymbol{k} \tag{5.39}$$

によって定義する[49]．このとき，次の交換関係を形式的に示すことができる：

$$[A_\mu(t,\boldsymbol{x}), \dot{A}_\nu(t,\boldsymbol{y})] = -ig_{\mu\nu}\delta(\boldsymbol{x}-\boldsymbol{y}),$$
$$[A_\mu(t,\boldsymbol{x}), A_\nu(t,\boldsymbol{y})] = 0, \quad [\dot{A}_\mu(t,\boldsymbol{x}), \dot{A}_\nu(t,\boldsymbol{y})] = 0.$$

しかし，ここで，いままでにない新しい要素が入っていることに注意しよう．いま，仮に，$a_\mu^\#$ たちが働くヒルベルト空間 $\mathscr{F}$ 内において，作用素 X に対して，$X^\dagger$ が X の共役となるような準双線形形式 $(\cdot,\cdot) : \mathscr{F} \times \mathscr{F} \to \mathbb{R}$ があったとしよう：$(\Psi, X\Phi) = (X^\dagger \Psi, \Phi), \Psi \in D(X^\dagger), \Phi \in D(X)$．さらに，$a_\mu(\boldsymbol{k})\Psi_0 = 0, \mu = 0,1,2,3$ となるベクトル Ψ_0 があったとしよう．このとき，$a_\mu(f) := \int_{\mathbb{R}^3} f(\boldsymbol{k})a_\mu(\boldsymbol{k})d\boldsymbol{k}, f \in \mathscr{S}(\mathbb{R}^3)$ とすれば，(5.35) から

$$(a_0(f)^\dagger \Psi_0, a_0(f)^\dagger \Psi_0) = -\int_{\mathbb{R}^3} |f(\boldsymbol{k})|^2 d\boldsymbol{k} \leq 0.$$

一方，

$$(a_j(f)^\dagger \Psi_0, a_j(f)^\dagger \Psi_0) = \int_{\mathbb{R}^3} |f(\boldsymbol{k})|^2 d\boldsymbol{k} \geq 0$$

となる．これらの式は，$(\cdot,\cdot)$ が不定計量であることを意味する．こうして，ローレンツゲージでの正準量子化では不定計量の空間が同伴することが予想される．このことと関連して，ローレンツ条件と呼応する条件 (5.37) は作用素値超関数の等式ではなく，作用するベクトルの範囲を制限する式と読む[50]．

ローレンツゲージでの量子輻射場のハミルトニアンを

$$H_{\text{EM,L}} := -\int_{\mathbb{R}^3} \omega(\boldsymbol{k}) a^\mu(\boldsymbol{k})^\dagger a_\mu(\boldsymbol{k}) d\boldsymbol{k} = \sum_{\mu=0}^{3} \int_{\mathbb{R}^3} \omega(\boldsymbol{k}) a_\mu(\boldsymbol{k})^* a_\mu(\boldsymbol{k}) d\boldsymbol{k} \tag{5.40}$$

---

[49] 古典解と同じ記号であるが混乱はないであろう．

[50] 部分空間 $\left\{ \Psi | \int_{\mathbb{R}^3} f(\boldsymbol{k}) \left(\omega(\boldsymbol{k})a_0(\boldsymbol{k}) + \sum_{j=1}^{3} k^j a_j(\boldsymbol{k}) \right) \Psi d\boldsymbol{k} = 0, \forall f \in \mathscr{S}(\mathbb{R}^3) \right\}$ が物理的に意味のある空間であると解釈する．

によって定義する ((4.44) を参照).

クーロンゲージの場合と同様に

$$\sum_{\mu=0}^{3}[a_\mu(\bm{k})^*a_\mu(\bm{k}),a_\nu(\bm{k}')]=-a_\nu(\bm{k})\delta(\bm{k}-\bm{k}'), \tag{5.41}$$

$$\sum_{\mu=0}^{3}[a_\mu(\bm{k})^*a_\mu(\bm{k}),a_\nu(\bm{k}')^*]=a_\nu(\bm{k})^*\delta(\bm{k}-\bm{k}') \tag{5.42}$$

が示される.したがって

$$[H_{\mathrm{EM,L}},a_\mu(\bm{k})]=-\omega(\bm{k})a_\mu(\bm{k}),\quad[H_{\mathrm{EM,L}},a_\mu(\bm{k})^*]=\omega(\bm{k})a_\mu(\bm{k})^*. \tag{5.43}$$

ゆえに

$$A_\mu(x)=e^{itH_{\mathrm{EM,L}}}A_\mu(\bm{x})e^{-itH_{\mathrm{EM,L}}} \tag{5.44}$$

が成り立つ.ただし

$$A_\mu(\bm{x}):=\int_{\mathbb{R}^3}\frac{1}{\sqrt{2(2\pi)^3\omega(\bm{k})}}(a_\mu(\bm{k})e^{i\bm{k}\cdot\bm{x}}+a_\mu(\bm{k})^\dagger e^{-i\bm{k}\cdot\bm{x}})d\bm{k}. \tag{5.45}$$

よって,いまの場合も,正準量子化の方法は,少なくとも形式的には,うまく機能することがわかる.

6 フェルミオンフォック空間と自由な量子ディラック場

この節では,5.1 項で発見法的・形式的に議論した自由な量子ディラック場の数学的に厳密な構成を与える.一般的な見通しをよくするために,まず,その構成に使用されるヒルベルト空間の抽象版の枠組みを記述する.

6.1 フェルミオンフォック空間

$\mathscr{K}$ を複素ヒルベルト空間とし,各自然数 $p\in\mathbb{N}$ に対して,$\overset{p}{\otimes}\mathscr{K}$ を $\mathscr{K}$ の p 重テンソル積ヒルベルト空間とする.A_p をこのヒルベルト空間上の反対称化作用素とする:

$$A_p(f_1\otimes\cdots\otimes f_p)=\frac{1}{p!}\sum_{\sigma\in\mathfrak{S}_p}\mathrm{sgn}(\sigma)f_{\sigma(1)}\otimes\cdots\otimes f_{\sigma(p)},\quad f_k\in\mathscr{K},k=1,\ldots,p.$$

ただし,$\mathfrak{S}_p$ は p 次の対称群 ($1,\ldots,p$ の置換全体) であり,$\mathrm{sgn}(\sigma)$ は置換 σ の符号である.作用素 A_p は正射影作用素であるので,その値域

$$\overset{p}{\wedge}(\mathscr{K}):=A_p(\overset{p}{\otimes}\mathscr{K}) \tag{6.1}$$

は $\overset{p}{\otimes}\mathscr{K}$ の閉部分空間である．この閉部分空間を $\mathscr{K}$ の p **重反対称テンソル積ヒルベルト空間**という[51]．便宜上，$\overset{0}{\wedge}(\mathscr{K}) := \mathbb{C}$ とおく．p 重反対称テンソル積ヒルベルト空間の無限直和ヒルベルト空間

$$\mathscr{F}_\mathrm{f}(\mathscr{K}) := \bigoplus_{p=0}^{\infty} \overset{p}{\wedge}(\mathscr{K}) \tag{6.2}$$

$$= \left\{ \Phi = \{\Phi^{(p)}\}_{p=0}^{\infty} | \Phi^{(p)} \in \overset{p}{\wedge}(\mathscr{K}), p \geq 0, \sum_{p=0}^{\infty} \|\Phi^{(p)}\|^2 < \infty \right\} \tag{6.3}$$

を $\mathscr{K}$ 上の**フェルミオンフォック空間**という．ただし，$\|\Phi^{(p)}\|$ はベクトル $\Phi^{(p)}$ (p 階反対称テンソル) のノルムを表す．$\mathscr{F}_\mathrm{f}(\mathscr{K})$ の内積は

$$\langle \Phi, \Theta \rangle := \sum_{p=0}^{\infty} \left\langle \Phi^{(p)}, \Theta^{(p)} \right\rangle, \quad \Phi, \Theta \in \mathscr{F}_\mathrm{f}(\mathscr{K}) \tag{6.4}$$

で与えられる．したがって，$\Phi \in \mathscr{F}_\mathrm{f}(\mathscr{K})$ のノルム $\|\Phi\|$ について

$$\|\Phi\|^2 = \sum_{p=0}^{\infty} \|\Phi^{(p)}\|^2 \tag{6.5}$$

が成り立つ．フェルミオンフォック空間 $\mathscr{F}_\mathrm{f}(\mathscr{K})$ の部分空間としての $\overset{p}{\wedge}(\mathscr{K})$ を **p 粒子空間**という．特に $\mathscr{K} = \overset{1}{\wedge}(\mathscr{K})$ を **1 粒子ヒルベルト空間**という．

各 $f \in \mathscr{K}$ に対して，$\mathscr{F}_\mathrm{f}(\mathscr{K})$ 上の有界線形作用素 $B(f)$ で，その共役作用素 $B(f)^*$ が次の性質をもつものがただ一つ存在する[52]：

$$(B(f)^*\Phi)^{(0)} = 0, \tag{6.6}$$
$$(B(f)^*\Phi)^{(p)} = \sqrt{p} A_p(f \otimes \Phi^{(p-1)}), \quad p \geq 1, \Phi \in \mathscr{F}_\mathrm{f}(\mathscr{K}). \tag{6.7}$$

$B(f)$ を**フェルミオン消滅作用素**，$B(f)^*$ を**フェルミオン生成作用素**と呼ぶ．これらは次の反交換関係を満たす：

$$\{B(f), B(g)^*\} = \langle f, g \rangle_{\mathscr{K}}, \tag{6.8}$$
$$\{B(f), B(g)\} = 0, \quad \{B(f)^*, B(g)^*\} = 0, \quad f, g \in \mathscr{K}. \tag{6.9}$$

写像：$f \mapsto B(f)$ は反線形であることに注意しよう ($B(\alpha f) = \alpha^* B(f), \alpha \in \mathbb{C}$)．これらの関係式は $\mathscr{K}$ 上の **CAR** または $\mathscr{K}$ によって添え字付けられた **CAR** と呼ばれる．

---

[51] $\overset{p}{\wedge}(\mathscr{K})$ を $\overset{p}{\underset{\mathrm{as}}{\otimes}}\mathscr{K}$ と書く場合もある．

[52] [4] の 5 章を参照．以下，証明なしに述べる事実についても同所を参照．

いまの例や 3.4 項で言及した「CAR_4^∞ の表現」なる概念の背後には，じつは，ある一般的な概念が存在する：

定義 6.1 $\mathscr{F}, \mathscr{H}$ をヒルベルト空間とする．各 $f \in \mathscr{H}$ に対して，$\mathscr{F}$ 上の有界線形作用素 $\psi(f)$ が対応し，次の (i), (ii) が満たされているとき，$(\mathscr{F}, \{\psi(f), \psi(f)^* | f \in \mathscr{H}\})$ を $\mathscr{H}$ 上の **CAR の表現**という：

(i) (反線形性) $\psi(\alpha f + \beta g) = \alpha^* \psi(f) + \beta^* \psi(g)$, $f, g \in \mathscr{H}$, $\alpha, \beta \in \mathbb{C}$.

(ii) (CAR) $\{\psi(f), \psi(g)^*\} = \langle f, g \rangle_{\mathscr{H}}$,
$\quad\quad\quad\{\psi(f), \psi(g)\} = 0$, $\{\psi(f)^*, \psi(g)^*\} = 0$, $f, g \in \mathscr{H}$.

この場合，$\mathscr{F}$ を目下の表現の**表現空間**という．

いま定義した概念を用いると，「$(\mathscr{F}_{\text{f}}(\mathscr{K}), \{B(f), B(f)^* | f \in \mathscr{K}\})$ は $\mathscr{K}$ 上の CAR の表現の一つである」と言い換えられる．

(6.8) を用いると，作用素ノルム $\|B(f)\|, \|B(f)^*\|$ に関して

$$\|B(f)\| = \|B(f)^*\| = \|f\|, \quad f \in \mathscr{K} \tag{6.10}$$

が成り立つことが示される．

最初の成分が 1 で他の成分はすべて零ベクトルであるベクトル

$$\Phi_0 := \{1, 0, 0, \ldots\} \in \mathscr{F}_{\text{f}}(\mathscr{K}) \tag{6.11}$$

をフェルミオンフォック真空と呼ぶ．これは

$$B(f)\Phi_0 = 0, \quad f \in \mathscr{K} \tag{6.12}$$

を満たす．

$\mathscr{K}$ の部分空間 $D_1, \ldots, D_p$ に対して，$\hat{\otimes}_{j=1}^p D_j$ によって，$D_1, \ldots, D_p$ の代数的テンソル積を表す：

$$\hat{\otimes}_{j=1}^p D_j := \mathscr{L}(\{f_1 \otimes \cdots \otimes f_p | f_j \in D_j, j = 1, \ldots, p\}). \tag{6.13}$$

ただし，ベクトルの集合 D に対して，$\mathscr{L}(D)$ は D によって代数的に生成される部分空間を表す．特に，$D_1 = \cdots = D_p = D$ のとき，$\hat{\otimes}_{j=1}^p D_j$ を単に $\hat{\otimes}^p D$ と記す．

一般に，ヒルベルト空間上の線形作用素 L と部分空間 $D \subset D(L)$ に対して，$L \upharpoonright D$ によって，L の D への制限を表す：$D(L \upharpoonright D) := D, (L \upharpoonright D)\Psi := L\Psi, \Psi \in D$.

T を $\mathscr{K}$ 上の自己共役作用素，I を $\mathscr{K}$ 上の恒等作用素とする．このとき，$\overset{p}{\otimes} \mathscr{K}$

上の線形作用素

$$\sum_{j=1}^{p} I \otimes \cdots \otimes \overset{j\text{ 番目}}{T} \otimes I \otimes \cdots \otimes I$$
$$= T \otimes I \otimes \cdots \otimes I + I \otimes T \otimes I \otimes \cdots \otimes I + \cdots + I \otimes \cdots \otimes I \otimes T \quad (6.14)$$

を $\hat{\otimes}^p D(T)$ に制限したものは可閉である (付録 A を参照). そこで, その閉包を $T^{(p)}$ と記す. 線形作用素のテンソル積の一般論により, $T^{(p)}$ は自己共役である [53]. $\overset{0}{\otimes}\mathscr{K} := \mathbb{C}$ 上の作用素 $T^{(0)}$ を $T^{(0)} := 0$ によって定義する.

各 $p \geq 0$ に対して, $T^{(p)}$ は $\overset{p}{\wedge}(\mathscr{K})$ によって簡約される [54]. その簡約部分を $T_\mathrm{f}^{(p)}$ と記す. このとき, $T_\mathrm{f}^{(p)}$ の無限直和作用素

$$d\Gamma_\mathrm{f}(T) := \underset{p=0}{\overset{\infty}{\oplus}} T_\mathrm{f}^{(p)} \quad (6.15)$$

は自己共役である. 詳しく書けば

$$D(d\Gamma_\mathrm{f}(T)) = \left\{ \Phi \in \mathscr{F}_\mathrm{f}(\mathscr{K}) \,\middle|\, \Phi^{(p)} \in D(T_\mathrm{f}^{(p)}), p \geq 0, \sum_{p=0}^{\infty} \|T_\mathrm{f}^{(p)} \Phi^{(p)}\|^2 < \infty \right\}, \quad (6.16)$$

$$(d\Gamma_\mathrm{f}(T)\Phi)^{(p)} = T_\mathrm{f}^{(p)} \Phi^{(p)}, \quad \Phi \in D(d\Gamma_\mathrm{f}(T)). \quad (6.17)$$

$d\Gamma_\mathrm{f}(T)$ を T のフェルミオン第 2 量子化作用素と呼ぶ.

命題 6.2 $D(d\Gamma_\mathrm{f}(T))$ 上で次の関係式が成り立つ:

$$[d\Gamma_\mathrm{f}(T), B(f)] = -B(Tf), \quad (6.18)$$

$$[d\Gamma_\mathrm{f}(T), B(f)^*] = B(Tf)^*, \quad f \in D(T). \quad (6.19)$$

定理 6.3 次の作用素等式が成り立つ:

$$e^{itd\Gamma_\mathrm{f}(T)} B(f) e^{-itd\Gamma_\mathrm{f}(T)} = B(e^{itT}f), \quad (6.20)$$

$$e^{itd\Gamma_\mathrm{f}(T)} B(f)^* e^{-itd\Gamma_\mathrm{f}(T)} = B(e^{itT}f)^*, \quad t \in \mathbb{R}, f \in \mathscr{K}. \quad (6.21)$$

---

[53] [4] の 2 章を参照.
[54] ヒルベルト空間 $\mathscr{H}$ 上の線形作用素 A と $\mathscr{H}$ の閉部分空間 $\mathscr{M}$ について, $P_\mathscr{M}$ を $\mathscr{M}$ 上への正射影作用素とするとき, $P_\mathscr{M} A \subset A P_\mathscr{M}$ が成立するならば, 「A は $\mathscr{M}$ によって簡約される」または「$\mathscr{M}$ は A を簡約する」という. この場合, $A_\mathscr{M} := A \upharpoonright D(A) \cap \mathscr{M}$ は $\mathscr{M}$ 上の線形作用素となり, これを A の $\mathscr{M}$ における簡約部分という.

ヒルベルト空間 $\mathscr{K}$ 上の稠密に定義された可閉作用素 T に対して, $\mathscr{F}_\mathrm{f}(\mathscr{K})$ 上の稠密に定義された閉作用素

$$\Gamma_\mathrm{f}(T) := \bigoplus_{p=0}^{\infty} \overset{p}{\wedge}(T)$$

が定義される. ただし, $\overset{0}{\wedge}(T) := 1$ であり, $\overset{p}{\wedge}(T)$ は $\overset{p}{\otimes} T$ の $\overset{p}{\wedge}(\mathscr{K})$ における簡約部分である. 作用素 $\Gamma_\mathrm{f}(T)$ を T の**第二種の第 2 量子化**という. 次の性質が証明される:

定理 6.4 (i) T が縮小作用素 (i.e., T は有界で $\|T\| \leq 1$) ならば $\Gamma_\mathrm{f}(T)$ も縮小作用素である. さらに, 任意の縮小作用素 $T_1, T_2 : \mathscr{K} \to \mathscr{K}$ に対して

$$\Gamma_\mathrm{f}(T_1)\Gamma_\mathrm{f}(T_2) = \Gamma_\mathrm{f}(T_1 T_2).$$

(ii) (強連続性) $\mathscr{K}$ 上の縮小作用素 T, T_n が s-$\lim_{n\to\infty} T_n = T$(s-lim は強極限を表す) を満たすならば s-$\lim_{n\to\infty} \Gamma_\mathrm{f}(T_n) = \Gamma_\mathrm{f}(T)$.

(iii) T がユニタリならば, $\Gamma_\mathrm{f}(T)$ もユニタリである.

(iv) $\mathscr{K}$ 上の任意の自己共役作用素 S と $t \in \mathbb{R}$ に対して

$$\Gamma_\mathrm{f}(e^{itS}) = e^{itd\Gamma_\mathrm{f}(S)}.$$

証明 [4] の 3.3 節と 5.3 節を参照. ■

6.2 自由な量子ディラック場の構成

前項の理論において $\mathscr{K}$ が

$$\mathscr{H}_\mathrm{D} := L^2(\mathbb{R}^3; \mathbb{C}^4) = \overset{4}{\oplus} L^2(\mathbb{R}^3) = \{(f_1, f_2, f_3, f_4) | f_a \in L^2(\mathbb{R}^3), a = 1, 2, 3, 4\} \tag{6.22}$$

の場合を考え

$$\mathscr{F}_\mathrm{f} := \mathscr{F}_\mathrm{f}(\mathscr{H}_\mathrm{D}) \tag{6.23}$$

とおく. 各 $f \in L^2(\mathbb{R}^3)$ と $s = \pm 1/2$ に対して, $\mathscr{F}_\mathrm{f}$ 上の作用素 $b(f,s), d(f,s)$ を次のように定義する:

$$b(f, 1/2) := B(f, 0, 0, 0), \quad b(f, -1/2) := B(0, f, 0, 0), \tag{6.24}$$

$$d(f, 1/2) := B(0, 0, f, 0), \quad d(f, -1/2) := B(0, 0, 0, f). \tag{6.25}$$

ただし，$B(\cdot)$ は $\mathscr{F}_{\mathrm{f}}$ 上のフェルミオン消滅作用素である．CAR(6.8), (6.9) により，次の反交換関係が成り立つことがわかる：

$$\{b(f,s), b(g,s')^*\} = \delta_{ss'}\langle f,g\rangle_{L^2(\mathbb{R}^3)}, \tag{6.26}$$

$$\{d(f,s), d(g,s')^*\} = \delta_{ss'}\langle f,g\rangle_{L^2(\mathbb{R}^3)}, \tag{6.27}$$

$$\{b(f,s), b(g,s')\} = 0, \quad \{d(f,s), d(g,s')\} = 0, \tag{6.28}$$

$$\{b(f,s)^\#, d(g,s')^\#\} = 0, \quad f,g \in L^2(\mathbb{R}^3), s,s' = \pm\frac{1}{2}. \tag{6.29}$$

また，(6.10) によって

$$\|b(f,s)^\#\| = \|f\|, \quad \|d(f,s)^\#\| = \|f\|. \tag{6.30}$$

ここで，$f \in \mathscr{S}(\mathbb{R}^3)$ ならば

$$\|f\|^2 = \int_{\mathbb{R}^3} |f(\boldsymbol{k})|^2 d\boldsymbol{k} = \int_{\mathbb{R}^3} \frac{1}{(1+|\boldsymbol{k}|^2)^2}(1+|\boldsymbol{k}|^2)^2|f(\boldsymbol{k})|^2 d\boldsymbol{k}$$

$$\leq \left(\int_{\mathbb{R}^3} \frac{1}{(1+|\boldsymbol{k}|^2)^2} d\boldsymbol{k}\right) \sup_{\boldsymbol{k}\in\mathbb{R}^3}[(1+|\boldsymbol{k}|^2)^2|f(\boldsymbol{k})|^2] \tag{6.31}$$

であるので，写像：$\mathscr{S}(\mathbb{R}^3) \ni f \mapsto b(f^*,s), d(f^*,s)$ はそれぞれ，作用素値超関数である [55]．そこで

$$b(f,s) = \int_{\mathbb{R}^3} b(\boldsymbol{k},s)f(\boldsymbol{k})^* d\boldsymbol{k}, \quad d(f,s) = \int_{\mathbb{R}^3} d(\boldsymbol{k},s)f(\boldsymbol{k})^* d\boldsymbol{k}, \tag{6.32}$$

によって記号 $b(\boldsymbol{k},s), d(\boldsymbol{k},s)$ を導入すると，これらは (5.1)〜(5.5) を満たすことがわかる．物理的には，$b(f,s)$ と $b(f,s)^*$ はそれぞれ，ディラック粒子の消滅作用素と生成作用素を表し，$d(f,s)$ と $d(f,s)^*$ はそれぞれ，反ディラック粒子の消滅作用素と生成作用素を表す．ディラック粒子が電子であれば，反ディラック粒子は陽電子である．

任意の $f \in L^2(\mathbb{R}^3)$ に対して

$$\int_{\mathbb{R}^3} |u_a(\boldsymbol{k},s)^*\widehat{f}(\boldsymbol{k})|^2 d\boldsymbol{k} \leq \int_{\mathbb{R}^3} |\widehat{f}(\boldsymbol{k})|^2 d\boldsymbol{k} = \int_{\mathbb{R}^3} |f(\boldsymbol{x})|^2 d\boldsymbol{x} < \infty,$$

すなわち，$u_a(\cdot,s)^*\widehat{f} \in L^2(\mathbb{R}^3)$．同様に $v_a(-\cdot,s)\widehat{f^*} \in L^2(\mathbb{R}^3)$ であることがわかる．そこで，発見法的に得られた式 (5.6) の各成分を $f^* \in L^2(\mathbb{R}^3)$ で均すことにより，**時刻 t の自由な量子ディラック場**の第 a 成分の数学的に厳密な定義に到達

---

[55] 写像：$f \mapsto b(f,s), d(f,s)$ はそれぞれ，反線形であることに注意．

する：
$$\psi_a(t,f) := \sum_{s=\pm 1/2} \left\{ b\left(u_a(\cdot,s)^*\widehat{f}e^{itE},s\right) + d\left(\widetilde{v}_a(\cdot,s)\widehat{f^*}e^{itE},s\right)^* \right\}. \quad (6.33)$$

ただし
$$\widetilde{v}(\boldsymbol{k},s) := v(-\boldsymbol{k},s). \quad (6.34)$$

作用素 $\psi_a(t,f)$ は有界線形作用素であり，f について反線形である．前段の結果により，写像：$\mathscr{S}(\mathbb{R}^3) \ni f \mapsto \psi_a(t,f^*)$ は作用素値超関数であることがわかる．

作用素値超関数核
$$\psi_a(t,\boldsymbol{x}) := \sum_{s=\pm 1/2} \int_{\mathbb{R}^3} \left\{ b(\boldsymbol{k},s)u_a(\boldsymbol{k},s)e^{-itE(\boldsymbol{k})+i\boldsymbol{k}\cdot\boldsymbol{x}} \right.$$
$$\left. + d(\boldsymbol{k},s)^* v_a(-\boldsymbol{k},s)e^{itE(\boldsymbol{k})-i\boldsymbol{k}\cdot\boldsymbol{x}} \right\} d\boldsymbol{k} \quad (6.35)$$

を導入すれば
$$\psi_a(t,f) = \int_{\mathbb{R}^3} \psi_a(t,\boldsymbol{x})f(\boldsymbol{x})^* d\boldsymbol{x}, \quad f \in \mathscr{S}(\mathbb{R}^3) \quad (6.36)$$

と表される．

(2.22) によって定義される自由ディラック作用素 h_D は，任意の $f \in D(h_\mathrm{D})$ に対して
$$\widehat{h_\mathrm{D} f}(\boldsymbol{k}) = \hat{h}_\mathrm{D}(\boldsymbol{k})\hat{f}(\boldsymbol{k}) \quad (6.37)$$

を満たす．これを用いると，自由なディラック方程式
$$i\frac{\partial \psi_a(t,\boldsymbol{x})}{\partial t} = \sum_{b=1}^{4} (h_\mathrm{D})_{ab}\psi_b(t,\boldsymbol{x}) \quad (6.38)$$

が作用素値超関数の意味で成り立つことがわかる．ただし，
$$(h_\mathrm{D})_{ab} := \sum_{j=1}^{3}(\alpha^j)_{ab}(-iD_j) + m\beta_{ab}, \quad a,b = 1,2,3,4.$$

すなわち
$$i\frac{d\psi_a(t,f^*)}{dt} = \sum_{b=1}^{4}(h_\mathrm{D})_{ab}\psi_b(t,f^*), \quad f \in \mathscr{S}(\mathbb{R}^3). \quad (6.39)$$

ただし，t に関する微分は強微分の意味でとる．これが，作用素値超関数 $\psi_a(t,f^*)$ に関する自由なディラック方程式の厳密な形である．

6.3 CAR の表現としての時刻 t の自由な量子ディラック場

直接計算により,作用素 $\psi_a(t,f)$ は次の反交換関係を満たすことがわかる:

$$\{\psi_a(t,f), \psi_b(t,g)^*\} = \delta_{ab} \langle f, g \rangle_{L^2(\mathbb{R}^3)},$$

$$\{\psi_a(t,f), \psi_b(t,g)\} = 0, \quad \{\psi_a(t,f)^*, \psi_b(t,g)^*\} = 0,$$

$$a, b = 1, 2, 3, 4, \ f, g \in L^2(\mathbb{R}^3).$$

そこで,各 $f = (f_1, f_2, f_3, f_4) \in \mathscr{H}_D$ に対して,作用素 $\psi(t,f)$ を

$$\psi(t,f) := \sum_{a=1}^{4} \psi_a(t, f_a) \tag{6.40}$$

によって定義すれば

$$\{\psi(t,f), \psi(t,g)^*\} = \langle f, g \rangle_{\mathscr{H}_D}, \tag{6.41}$$

$$\{\psi(t,f), \psi(t,g)\} = 0, \quad \{\psi(t,f)^*, \psi(t,g)^*\} = 0, \ f, g \in \mathscr{H}_D \tag{6.42}$$

が成り立つ.すなわち,$(\mathscr{F}_f(\mathscr{H}_D), \{\psi(t,f), \psi(t,f)^* | f \in \mathscr{H}_D\})$ は $\mathscr{H}_D$ 上の CAR の表現である.

6.4 ハミルトニアン

自由な量子ディラック場のハミルトニアンは関数 E による掛け算作用素の第 2 量子化

$$H_D := d\Gamma_f(E) \tag{6.43}$$

によって定義される.実際,定理 6.3 の応用により

$$\psi_a(t,f) = e^{itH_D} \psi_a(0,f) e^{-itH_D}, \quad t \in \mathbb{R}, \ f \in L^2(\mathbb{R}^3) \tag{6.44}$$

が成り立つことがわかる.

6.5 4 次元並進群の表現とエネルギー・運動量作用素

各 $a \in \mathbb{R}^4$ に対して,$\mathscr{H}_D$ 上の作用素 $u(a)$ を

$$(u(a)f)(\boldsymbol{k}) := e^{ia^0 E(\boldsymbol{k}) - i \sum_{j=1}^{3} a^j k^j} f(\boldsymbol{k}), \quad f \in \mathscr{H}_D, \quad \text{a.e.} \boldsymbol{k}$$

によって定義する.すなわち,$u(a)$ は関数 $e^{ia^0 E(\boldsymbol{k}) - i \sum_{j=1}^{3} a^j k^j}$ による掛け算作用素である.容易にわかるように,$u(a)$ はユニタリ作用素であり,写像 $u: a \mapsto$

$u(a)$ は並進群 $\mathbb{R}^4$ の強連続なユニタリ表現[56]を与える:
$$u(a)u(b) = u(a+b), \quad a,b \in \mathbb{R}^4.$$
したがって,定理 6.4 (i)〜(iii) によって,各 $a \in \mathbb{R}^4$ に $\mathscr{F}_\mathrm{f}$ 上のユニタリ作用素
$$U(a) := \Gamma_\mathrm{f}(u(a))$$
を対応させる写像 $U: a \mapsto U(a)$ は並進群 $\mathbb{R}^4$ の $\mathscr{F}_\mathrm{f}$ 上での強連続なユニタリ表現になる.さらに,$j = 1, 2, 3$ に対して
$$P_\mathrm{D}{}^j := d\Gamma_\mathrm{f}(k^j) \quad (\text{掛け算作用素 } k^j \text{ の第 2 量子化})$$
とし,
$$P_{\mathrm{D}j} := -P_\mathrm{D}{}^j = d\Gamma_\mathrm{f}(k_j)$$
とすれば,定理 6.4 (iv) によって

$U(a^0, 0, 0, 0) = e^{ia^0 H_\mathrm{D}}$,
$U(0, a^1, 0, 0) = e^{ia^1 P_{\mathrm{D}1}},\ U(0, 0, a^2, 0) = e^{ia^2 P_{\mathrm{D}2}},\ U(0, 0, 0, a^3) = e^{ia^3 P_{\mathrm{D}3}}$

が成り立つ.したがって,$H_\mathrm{D}, P_{\mathrm{D}1}, P_{\mathrm{D}2}, P_{\mathrm{D}3}$ はユニタリ群 $\{U(a) | a \in \mathbb{R}^4\}$ の生成子である.ゆえに,自己共役作用素の組
$$\boldsymbol{P}_\mathrm{D} := (H_\mathrm{D}, P_{\mathrm{D}1}, P_{\mathrm{D}2}, P_{\mathrm{D}3})$$
は自由な量子ディラック場の**エネルギー・運動量作用素**であると解釈される.空間成分 $\boldsymbol{P}_\mathrm{D} := (P_{\mathrm{D}1}, P_{\mathrm{D}2}, P_{\mathrm{D}3})$ を**自由な量子ディラック場の運動量**という[57].$\boldsymbol{P}_\mathrm{D}$ は強可換な自己共役作用素の組である[58].

自由な量子ディラック場のハミルトニアンや運動量のスペクトルについては次の事実が見いだされる[59]:

定理 6.5 (i) (ハミルトニアンのスペクトル)
$$\sigma_\mathrm{p}(H_\mathrm{D}) = \{0\}, \quad \sigma_\mathrm{c}(H_\mathrm{D}) = [m, \infty).$$

固有値 0 の多重度は 1 で固有ベクトルは定数倍を除いてフォック真空 Φ_0 で与

---

[56] 群 G のヒルベルト空間 $\mathscr{H}$ 上での表現 $\rho: G \to GL(\mathscr{H})$ は,すべての $g \in G$ に対して,$\rho(g)$ がユニタリ作用素であるとき,**ユニタリ表現**と呼ばれる.この場合,G が位相群で,写像 $g \mapsto \rho(g)$ が強連続ならば,表現 ρ は**強連続**であるという.
[57] $-\boldsymbol{P}_\mathrm{D}$ を自由な量子ディラック場の運動量という場合もある.
[58] [4], 命題 4.20(i) の応用.強可換性の概念については付録 A の (x) を参照.
[59] 用語については,付録 A を参照.

えられる：$H_\mathrm{D}\Phi_0 = 0$. したがって，ハミルトニアン H_D の基底状態[60]は一意的に存在し，Φ_0 の定数倍で与えられる (基底状態エネルギーは 0).

(ii) (運動量のスペクトル)
$$\sigma_\mathrm{p}(P_{\mathrm{D}j}) = \{0\}, \quad \sigma_\mathrm{c}(P_{\mathrm{D}j}) = \mathbb{R}, \quad j = 1, 2, 3.$$
固有値 0 の多重度は 1 で固有ベクトルは定数倍を除いてフォック真空 Φ_0 で与えられる：$P_{\mathrm{D}j}\Phi_0 = 0$ $(j = 1, 2, 3)$.

(iii) (エネルギー・運動量作用素の結合スペクトル)
$$\sigma_\mathrm{J}(P_\mathrm{D}) = \{0\} \cup V_m \cup W_{2m}. \tag{6.45}$$
ただし，
$$V_m := \{k \in \mathbb{R}^4 | k^2 = m^2,\, k_0 \geq 0\},$$
$$W_{2m} := \{k \in \mathbb{R}^4 | k_0 \geq 0,\, k^2 \geq (2m)^2\}$$
であり，k^2 は k のミンコフスキー計量である.

証明 自由な量子クライン-ゴルドン場の場合 [5, 9.4 節] と同様の方法で証明される. ∎

容易にわかるように，集合 $\{0\} \in \mathbb{R}^4$, V_m, W_{2m} は固有ローレンツ群 $\mathscr{L}_+^\uparrow$ の作用のもとで不変である (すなわち，任意の $\Lambda \in \mathscr{L}_+^\uparrow$ に対して，$\Lambda D = D$, $D = \{0\}, V_m, W_{2m}$). したがって，(6.45) によって，結合スペクトル $\sigma_\mathrm{J}(P_\mathrm{D})$ は固有ローレンツ群 $\mathscr{L}_+^\uparrow$ の作用のもとで不変である. これは，上に構成した自由な量子ディラック場の理論の相対論的共変性の一つの現れである.

特殊相対論において，集合
$$V_+ := \{k \in \mathbb{R}^4 | k^2 > 0, k^0 > 0\} \tag{6.46}$$
は**前方光円錐** (forward light cone) と呼ばれる. これは，固有ローレンツ群の作用のもとで不変である. 明らかに
$$\{0\}, V_m, W_{2m} \subset \overline{V}_+ = \{k \in \mathbb{R}^4 | k^2 \geq 0, k^0 \geq 0\}$$
であるので ($\overline{V}_+$ は V_+ の閉包)
$$\sigma_\mathrm{J}(P_\mathrm{D}) \subset \overline{V}_+$$

---

[60]付録 A の (ix) を参照.

が成り立つ．したがって，P_D は相対論的場の量子論の公理系[61] における**スペクトル条件**を満たす．

本稿では，紙数の都合上，割愛せざるえないが，スピノル群 $\tilde{\mathscr{P}}_+^\uparrow$ のユニタリ表現 $U(a, A)$ $((a, A) \in \tilde{\mathscr{P}}_+^\uparrow)$ で作用素値超関数の意味で

$$U(a, A)\psi(x)U(a, A)^{-1} = S(A)^{-1}\psi(\Lambda(A)x + a), \quad U(a, I) = U(a)$$

を満たすものの存在を陽に示すことができる ([5, 11.5 節] を参照)．ただし，$S(A)$ は 2.6 項で導入された正則行列である．これらの関係式と他のいくつかの特性により，自由な量子ディラック場の理論は，実際に，相対論的な場の量子論の一つであること，すなわち，相対論的な場の量子論の公理系を満たすことが示される．

7 ボソンフォック空間

この節では，ボース場 (整数スピンをもつ素粒子 — ボソン — の量子場) を構成するための基礎となるヒルベルト空間を導入する．

$\mathscr{H}$ を複素ヒルベルト空間とし，$\mathscr{H}$ の n 重テンソル積ヒルベルト空間 $\overset{n}{\otimes}\mathscr{H}$ 上の対称化作用素を S_n とする：

$$S_n(f_1 \otimes \cdots \otimes f_n) = \frac{1}{n!} \sum_{\sigma \in \mathfrak{S}_n} f_{\sigma(1)} \otimes \cdots \otimes f_{\sigma(n)}, \quad f_k \in \mathscr{H}, k = 1, \ldots, n.$$

作用素 S_n は正射影作用素であるので，その値域

$$\overset{n}{\underset{s}{\otimes}}\mathscr{H} := S_n(\overset{n}{\otimes}\mathscr{H}) \tag{7.1}$$

は $\overset{n}{\otimes}\mathscr{H}$ の閉部分空間である．この閉部分空間を $\mathscr{H}$ の n **重対称テンソル積ヒルベルト空間**という．便宜上，$\overset{0}{\underset{s}{\otimes}}\mathscr{H} := \mathbb{C}$ とおく．n 重対称テンソル積ヒルベルト空間の無限直和ヒルベルト空間

$$\begin{aligned}\mathscr{F}_\mathrm{b}(\mathscr{H}) &:= \overset{\infty}{\underset{n=0}{\oplus}} \overset{n}{\underset{s}{\otimes}}\mathscr{H} \\ &= \left\{\Psi = \{\Psi^{(n)}\}_{n=0}^\infty \,\middle|\, \Psi^{(n)} \in \overset{n}{\underset{s}{\otimes}}\mathscr{H}, n \geq 0, \sum_{n=0}^\infty \|\Psi^{(n)}\|^2 < \infty\right\}\end{aligned} \tag{7.2}$$

を $\mathscr{H}$ 上の**ボソンフォック空間**という．この文脈において，もとになったヒルベルト空間 $\mathscr{H}$ を **1 粒子ヒルベルト空間**という．また，$\overset{n}{\underset{s}{\otimes}}\mathscr{H}$ を n **粒子空間**という．

---

[61] [4, 第 7 章]，[25, 第 2 章]，[45] などを参照．

各 $f \in \mathscr{H}$ に対して,$\mathscr{F}_{\mathrm{b}}(\mathscr{H})$ 上の稠密に定義された閉作用素 $A_{\mathscr{H}}(f)$ で,その共役作用素 $A_{\mathscr{H}}(f)^*$ が次の性質をもつものがただ一つ存在する[62]:

$$(A_{\mathscr{H}}(f)^*\Psi)^{(0)} = 0, \tag{7.3}$$

$$(A_{\mathscr{H}}(f)^*\Psi)^{(n)} = \sqrt{n}S_n(f \otimes \Psi^{(n-1)}), \quad n \geq 1, \Psi \in D(A_{\mathscr{H}}(f)^*). \tag{7.4}$$

$A_{\mathscr{H}}(f)$ をボソン消滅作用素,$A_{\mathscr{H}}(f)^*$ をボソン生成作用素と呼ぶ.$f \neq 0$ ならば,$A_{\mathscr{H}}(f), A_{\mathscr{H}}(f)^*$ はともに非有界作用素である.さらに,部分空間

$$\mathscr{F}_{\mathrm{b},0}(\mathscr{H}) := \{\Psi \in \mathscr{F}_{\mathrm{b}}(\mathscr{H})|\ \text{ある番号}\ n_0\ \text{があって},\ n \geq n_0\ \text{ならば}\ \Psi^{(n)} = 0\}$$

の上で,次の正準交換関係 (CCR) が成立する:

$$[A_{\mathscr{H}}(f), A_{\mathscr{H}}(g)^*] = \langle f, g \rangle_{\mathscr{H}}, \tag{7.5}$$

$$[A_{\mathscr{H}}(f), A_{\mathscr{H}}(g)] = 0, \quad [A_{\mathscr{H}}(f)^*, A_{\mathscr{H}}(g)^*] = 0, \quad f, g \in \mathscr{H}. \tag{7.6}$$

フェルミオン消滅作用素の場合と同様,写像:$f \mapsto A_{\mathscr{H}}(f)$ は反線形であることに注意しよう ($A_{\mathscr{H}}(\alpha f) = \alpha^* A_{\mathscr{H}}(f), \alpha \in \mathbb{C}$).

$\mathscr{F}_{\mathrm{b},0}(\mathscr{H})$ は**有限粒子部分空間**と呼ばれる部分空間で,$\mathscr{F}_{\mathrm{b}}(\mathscr{H})$ で稠密である.最初の成分が 1 で他の成分はすべて零ベクトルであるベクトル

$$\Psi_0 := \{1, 0, 0, \ldots\} \in \mathscr{F}_{\mathrm{b}}(\mathscr{H}) \tag{7.7}$$

をボソンフォック真空と呼ぶ.これは

$$A_{\mathscr{H}}(f)\Psi_0 = 0, \quad f \in \mathscr{H} \tag{7.8}$$

を満たす.

T を $\mathscr{H}$ 上の自己共役作用素とし,$T^{(n)}$ を 6.1 項で導入した自己共役作用素とする.各 $n \geq 0$ に対して,$T^{(n)}$ は $\overset{n}{\underset{\mathrm{s}}{\otimes}}\mathscr{H}$ によって簡約される.その簡約部分を $T_{\mathrm{b}}^{(n)}$ と記す.このとき,$T_{\mathrm{b}}^{(n)}$ の無限直和作用素

$$d\Gamma_{\mathrm{b}}(T) := \underset{n=0}{\overset{\infty}{\oplus}} T_{\mathrm{b}}^{(n)} \tag{7.9}$$

は自己共役である.$d\Gamma_{\mathrm{b}}(T)$ を T の**ボソン第 2 量子化作用素**と呼ぶ.

$T = I$(恒等作用素) の場合のボソン第 2 量子化作用素

$$N_{\mathrm{b}} := d\Gamma_{\mathrm{b}}(I) \tag{7.10}$$

をボソン個数作用素という.これは次の性質をもつ:

---

[62] [4] の 4 章を参照.

$$D(N_{\mathrm{b}}) = \left\{ \Psi \in \mathscr{F}_{\mathrm{b}}(\mathscr{H}) \,\middle|\, \sum_{n=0}^{\infty} n^2 \|\Psi^{(n)}\|^2 < \infty \right\}, \tag{7.11}$$

$$(N_{\mathrm{b}}\Psi)^{(n)} = n\Psi^{(n)}, \quad n \geq 0, \Psi \in D(N_{\mathrm{b}}). \tag{7.12}$$

次の二つの定理に掲げる不等式は，ボソン第 2 量子化作用素とボソン生成・消滅作用素に関わる数学的解析において基本的である．

定理 7.1 $D(N_{\mathrm{b}}^{1/2}) \subset D(A_{\mathscr{H}}(f)) \cap D(A_{\mathscr{H}}(f)^*)$ かつ

$$\|A_{\mathscr{H}}(f)\Psi\| \leq \|f\| \|N_{\mathrm{b}}^{1/2}\Psi\|, \tag{7.13}$$

$$\|A_{\mathscr{H}}(f)^*\Psi\| \leq \|f\| \|(N_{\mathrm{b}}+1)^{1/2}\Psi\|, \quad f \in \mathscr{H}, \Psi \in D(N_{\mathrm{b}}^{1/2}). \tag{7.14}$$

定理 7.2 T は非負の自己共役作用素で単射であるとしよう．このとき，次の (i), (ii) が成立する：

(i) $d\Gamma_{\mathrm{b}}(T)$ は非負の自己共役作用素である．

(ii) 任意の $f \in D(T^{-1/2})$ に対して，
$D(d\Gamma_{\mathrm{b}}(T)^{1/2}) \subset D(A_{\mathscr{H}}(f)) \cap D(A_{\mathscr{H}}(f)^*)$ かつ

$$\|A_{\mathscr{H}}(f)\Psi\| \leq \|T^{-1/2}f\| \|d\Gamma_{\mathrm{b}}(T)^{1/2}\Psi\|, \tag{7.15}$$

$$\|A_{\mathscr{H}}(f)^*\Psi\|^2 \leq \|T^{-1/2}f\|^2 \|d\Gamma_{\mathrm{b}}(T)^{1/2}\Psi\|^2 + \|f\|^2 \|\Psi\|^2,$$
$$f \in D(T^{-1/2}), \Psi \in D(d\Gamma_{\mathrm{b}}(T)^{1/2}). \tag{7.16}$$

$\mathscr{H}$ の部分空間 D に対して，$\mathscr{F}_{\mathrm{b},0}(\mathscr{H})$ の部分空間

$$\mathscr{F}_{\mathrm{b,fin}}(D) := \{\Psi \in \mathscr{F}_{\mathrm{b},0}(\mathscr{H}) | \Psi^{(n)} \in \hat{\otimes}_{\mathrm{s}}^n D, n \geq 0\} \tag{7.17}$$

を導入する．ただし，$\hat{\otimes}_{\mathrm{s}}^n D := S_n(\hat{\otimes}^n D)$ (D の代数的 n 重対称テンソル積).

命題 7.3 $\mathscr{F}_{\mathrm{b,fin}}(D(T))$ 上で次の関係式が成り立つ：

$$[d\Gamma_{\mathrm{b}}(T), A_{\mathscr{H}}(f)] = -A_{\mathscr{H}}(Tf), \tag{7.18}$$

$$[d\Gamma_{\mathrm{b}}(T), A_{\mathscr{H}}(f)^*] = A_{\mathscr{H}}(Tf)^*, \quad f \in D(T). \tag{7.19}$$

定理 7.4 次の作用素等式が成り立つ：

$$e^{itd\Gamma_{\mathrm{b}}(T)} A_{\mathscr{H}}(f) e^{-itd\Gamma_{\mathrm{b}}(T)} = A_{\mathscr{H}}(e^{itT}f), \tag{7.20}$$

$$e^{itd\Gamma_{\mathrm{b}}(T)} A_{\mathscr{H}}(f)^* e^{-itd\Gamma_{\mathrm{b}}(T)} = A_{\mathscr{H}}(e^{itT}f)^*, \; t \in \mathbb{R}, f \in \mathscr{H}. \tag{7.21}$$

第 2 量子化作用素と関係があるもう一つ重要な作用素のクラスが存在する．C を $\mathscr{H}$ 上の稠密に定義された可閉作用素とし，C の n 重テンソル積 $\overset{n}{\otimes} C$ の無限直和

$$\Gamma_{\mathrm{b}}(C) := \overset{\infty}{\underset{n=0}{\oplus}} \overset{n}{\otimes} C \tag{7.22}$$

を考える．ただし，$\overset{0}{\otimes} C := 1$ とする．このとき，$\Gamma_{\mathrm{b}}(C)$ は閉作用素である．$\Gamma_{\mathrm{b}}(C)$ を C の**第二種の第 2 量子化作用素**と呼ぶ．次の定理が成立する：

定理 7.5 (i) C が非有界または有界で $\|C\| > 1$ ならば $\Gamma_{\mathrm{b}}(C)$ は非有界である．
(ii) $\|C\| \leq 1$ (C は縮小作用素) ならば $\Gamma_{\mathrm{b}}(C)$ は有界であり，$\|\Gamma_{\mathrm{b}}(C)\| \leq 1$.
(iii) C が自己共役ならば $\Gamma_{\mathrm{b}}(C)$ は自己共役である．
(iv) C がユニタリならば $\Gamma_{\mathrm{b}}(C)$ はユニタリであり

$$\Gamma_{\mathrm{b}}(C) A_{\mathscr{H}}(f) \Gamma_{\mathrm{b}}(C)^* = A_{\mathscr{H}}(Cf),$$
$$\Gamma_{\mathrm{b}}(C) A_{\mathscr{H}}(f)^* \Gamma_{\mathrm{b}}(C)^* = A_{\mathscr{H}}(Cf)^*, \quad f \in \mathscr{H}.$$

が成り立つ．
(v) C, C' がとも縮小作用素ならば $\Gamma_{\mathrm{b}}(C) \Gamma_{\mathrm{b}}(C') = \Gamma_{\mathrm{b}}(CC')$.
(vi) T が自己共役ならば

$$\Gamma_{\mathrm{b}}(e^{itT}) = e^{itd\Gamma_{\mathrm{b}}(T)}, \quad t \in \mathbb{R}. \tag{7.23}$$

各 $f \in \mathscr{H}$ に対して定義される作用素

$$\Phi_{\mathrm{S}}(f) := \frac{1}{\sqrt{2}} (A_{\mathscr{H}}(f)^* + A_{\mathscr{H}}(f)) \tag{7.24}$$

を**シーガルの場の作用素**という．これに関して次の定理が成り立つ：

定理 7.6 (i) $\Phi_{\mathrm{S}}(f)$ は $\mathscr{F}_{\mathrm{b},0}(\mathscr{H})$ 上で本質的に自己共役である．
(ii) $\mathscr{F}_{\mathrm{f},0}(\mathscr{H})$ 上で次の交換関係が成立する：

$$[\Phi_{\mathrm{S}}(f), \Phi_{\mathrm{S}}(g)] = i \operatorname{Im} \langle f, g \rangle, \quad f, g \in \mathscr{H}. \tag{7.25}$$

ただし，$z \in \mathbb{C}$ に対して，$\operatorname{Im} z$ は z の虚部を表す．
(iii) (**ヴァイル関係式**) $\Phi_{\mathrm{S}}(f)$ の閉包を $\overline{\Phi_{\mathrm{S}}(f)}$ とすれば——(i) により，それは自己共役——これについて次の関係式が成り立つ：

$$e^{i\overline{\Phi_{\mathrm{S}}(f)}} e^{i\overline{\Phi_{\mathrm{S}}(g)}} = e^{-i\operatorname{Im}\langle f,g\rangle} e^{i\overline{\Phi_{\mathrm{S}}(g)}} e^{i\overline{\Phi_{\mathrm{S}}(f)}}, \quad f,g \in \mathscr{H}. \tag{7.26}$$

J を $\mathscr{H}$ 上の共役子とする．すなわち，J は反線形で $J^2 = I$ (恒等作用素)，$\|Jf\| = \|f\|$, $f \in \mathscr{H}$ を満たす $\mathscr{H}$ 上の写像である．このとき，J は全単射であり，偏極恒等式を用いることにより

$$\langle Jf, Jg \rangle = \langle g, f \rangle, \quad f, g \in \mathscr{H}$$

が成り立つことがわかる．そこで

$$\mathscr{H}_J := \{f \in \mathscr{H} | Jf = f\} \tag{7.27}$$

とすれば，$\mathscr{H}_J$ は $\mathscr{H}$ の内積に関して実ヒルベルト空間になる．任意の $f \in \mathscr{H}$ に対して，$f_1, f_2 \in \mathscr{H}_J$ がそれぞれ，ただ一つ存在し

$$f = f_1 + if_2 \tag{7.28}$$

が成り立つ．

各 $f \in \mathscr{H}_J$ に対して

$$\phi_J(f) := \overline{\Phi_S(f)}, \quad \pi_J(f) := \overline{\Phi_S(if)} \tag{7.29}$$

とおけば，これらは自己共役であり，$\mathscr{F}_{b,0}(\mathscr{H})$ 上で次の交換関係が成立する：

$$[\phi_J(f), \pi_J(g)] = i \langle f, g \rangle, \tag{7.30}$$
$$[\phi_J(f), \phi_J(g)] = 0, \quad [\pi_J(f), \pi_J(g)] = 0, \quad f, g \in \mathscr{H}_J. \tag{7.31}$$

さらに，次の関係式が成立する：

$$e^{i\phi_J(f)} e^{i\pi_J(g)} = e^{-i\langle f, g \rangle} e^{i\pi_J(g)} e^{i\phi_J(f)},$$

$$e^{i\phi_J(f)} e^{i\phi_J(g)} = e^{i\phi_J(g)} e^{i\phi_J(f)}, \quad e^{i\pi_J(f)} e^{i\pi_J(g)} = e^{i\pi_J(g)} e^{i\pi_J(f)}, \quad f, g \in \mathscr{H}_J.$$

これらも**ヴァイル関係式**と呼ばれる．

ここに現れた交換関係は，$\mathscr{H}$ が無限次元の場合，有限自由度の場合の CCR の無限自由度版と解釈され得る．実際，$\mathscr{H}$ が可分な無限次元ヒルベルト空間である場合を考え，$\mathscr{H}_J$ の完全正規直交系 $\{e_n\}_{n=1}^{\infty}$ を任意に一つ選び

$$Q_n := \phi_J(e_n), \quad P_n := \pi_J(e_n), \quad n \in \mathbb{N}$$

とすれば，(7.30) と (7.31) は

$$[Q_n, P_m] = i\delta_{nm}, \quad [Q_n, Q_m] = 0, \quad [P_n, P_m] = 0, \quad n, m \in \mathbb{N}$$

が $\mathscr{F}_{b,0}(\mathscr{H})$ 上で成り立つことを意味する．これは可算無限自由度の CCR の表現である．また，ヴァイル関係式は

$$e^{itQ_n} e^{isP_m} = e^{-its\delta_{nm}} e^{isP_m} e^{itQ_n},$$

$$e^{itQ_n}e^{isQ_m} = e^{isQ_m}e^{itQ_n}, \quad e^{itP_n}e^{isP_m} = e^{itP_m}e^{isP_n}, \quad n, m \in \mathbb{N}, \ s, t \in \mathbb{R}.$$
を導く．

上述の関係式の背後にある一般概念を定義しよう：

定義 7.7 $\mathscr{F}$ をヒルベルト空間，$\mathscr{V}$ を実内積空間とする．

(i) ヒルベルト空間 $\mathscr{F}$ 上の対称作用素の集合 $\{\phi(f), \pi(f)\}_{f\in\mathscr{V}}$ と $\mathscr{F}$ の稠密な部分空間 $\mathscr{D}$ があって，$\mathscr{D}$ 上で，実線形性
$$\phi(af+bg) = a\phi(f) + b\phi(g), \quad \pi(af+bg) = a\pi(f) + b\pi(g),$$
$$a, b \in \mathbb{R}, f, g \in \mathscr{V} \tag{7.32}$$
と CCR
$$[\phi(f), \pi(g)] = i\langle f, g\rangle_{\mathscr{V}},$$
$$[\phi(f), \phi(g)] = 0, \quad [\pi(f), \pi(g)] = 0, \quad f, g \in \mathscr{V}$$
が成立するとき，$(\mathscr{F}, \{\phi(f), \pi(f)\}_{f\in\mathscr{V}})$ を $\mathscr{V}$ 上の **CCR の表現**という．この場合，$\mathscr{F}$ をその**表現空間**という．

特に，任意の $f \in \mathscr{V}$ に対して，$\phi(f), \pi(f)$ がともに自己共役である場合，$(\mathscr{F}, \{\phi(f), \pi(f)\}_{f\in\mathscr{V}})$ を $\mathscr{V}$ 上の CCR の**自己共役表現**という

(ii) ヒルベルト空間 $\mathscr{F}$ 上の自己共役作用素の集合 $\{\phi(f), \pi(f) | f \in \mathscr{V}\}$ について，$\mathscr{F}$ の稠密な部分空間 $\mathscr{D}$ があって，すべての $f \in \mathscr{V}$ に対して，$\mathscr{D}$ は $\phi(f), \pi(f)$ の芯であり，$\mathscr{D}$ 上で (7.32) が成立し，ヴァイル関係式
$$e^{i\phi(f)}e^{i\pi(g)} = e^{-i\langle f,g\rangle_{\mathscr{V}}}e^{i\pi(g)}e^{i\phi(f)}, \tag{7.33}$$
$$e^{i\phi(f)}e^{i\phi(g)} = e^{i\phi(g)}e^{i\phi(f)}, \quad e^{i\pi(f)}e^{i\pi(g)} = e^{i\pi(g)}e^{i\pi(f)}, \quad f, g \in \mathscr{V} \tag{7.34}$$
が満たされるとき，$(\mathscr{F}, \{\phi(f), \pi(f)\}_{f\in\mathscr{V}})$ を $\mathscr{V}$ 上の CCR の**ヴァイル表現**という．

(iii) 実内積空間 $\mathscr{V}$ 上の CCR の表現 (またはヴァイル表現) $(\mathscr{F}', \{\phi'(f), \pi'(f)\}_{f\in\mathscr{V}})$ について，ユニタリ変換 $U: \mathscr{F} \to \mathscr{F}'$ があって，作用素等式
$$U\phi(f)U^{-1} = \phi'(f), \quad U\pi(f)U^{-1} = \pi'(f), \ \forall f \in \mathscr{V}$$
が成立するとき，$(\mathscr{F}, \{\phi(f), \pi(f)\}_{f\in\mathscr{V}})$ と $(\mathscr{F}', \{\phi'(f), \pi'(f)\}_{f\in\mathscr{V}})$ は**同値**であるという．

注意 7.8 (i) CCR のヴァイル表現は CCR の表現であるが，逆は成立しない．

(ii) 実内積空間 $\mathscr{V}$ が有限次元の場合，フォンノイマンの一意性定理により，$\mathscr{V}$ 上のヴァイル表現は，シュレーディンガー表現の直和に同値になる (ヴァイル表現でない CCR の表現については，$\mathscr{V}$ が有限次元であっても，これは必ずしも成立しない)[63]．だが，$\mathscr{V}$ が無限次元の場合，ヴァイル表現に限定してもに，互いに同値でないものは無数にある (たとえば，[40, Theorem X.46] や [4, 4.8.3 項] を参照).

例 7.9 前述の事実により，$(\mathscr{F}_{\mathrm{b}}(\mathscr{H}), \{\phi_J(f), \pi_J(f)\}_{f\in\mathscr{H}_J})$ は $\mathscr{H}_J$ 上の CCR の表現である．これを J に付随する **CCR のフォック表現**と呼ぶ．この表現はヴァイル表現でもある．

8 自由な量子輻射場の構成 (I) — クーロンゲージの場合

8.1 状態のヒルベルト空間

前節の準備のもとに，自由な量子輻射場の数学的構成にうつる．まず，クーロンゲージに基づく構成について述べる．この構成をボソンフォック空間で行うためには，そのもとになる 1 粒子ヒルベルト空間を見い出さねばならない．これは，次の発見法的議論によって示唆される．

発見法的に得られる式 (4.36) を $g_j \in \mathscr{S}(\mathbb{R}^3)$ $(j=1,2,3)$ で形式的に均し，j について和をとってえられる対象

$$A(t,g) := \sum_{j=1}^{3} \int_{\mathbb{R}^3} A_j(t,\boldsymbol{x}) g_j(\boldsymbol{x}) d\boldsymbol{x}, \quad g:=(g_1,g_2,g_3)$$

を考える．右辺について形式的な計算を行うと

$$A(t,g) = \frac{1}{\sqrt{2}} \sum_{r=1}^{2} \left(a^{(r)}(\widehat{e^{it\omega}g^{*(r)}}) + a^{(r)}(e^{it\omega}\hat{g}^{(r)})^* \right)$$

を得る．ただし

$$a^{(r)}(f) := \int_{\mathbb{R}^3} a^{(r)}(\boldsymbol{k}) f(\boldsymbol{k})^* d\boldsymbol{k} \quad (f \text{ は関数}),$$

$$\hat{g}^{(r)}(\boldsymbol{k}) := \sum_{j=1}^{3} \frac{1}{\sqrt{\omega(\boldsymbol{k})}} e_j^{(r)}(\boldsymbol{k}) \hat{g}_j(\boldsymbol{k}).$$

---

[63] 詳しくは，[8, 3 章] を参照．

したがって，関数の組 $(\hat{g}^{(1)}, \hat{g}^{(2)})$ が 1 粒子ヒルベルト空間を形成すると推測される．これは，物理的には，いまの場合，量子輻射場の量子である光子の偏極の独立な自由度が 2 であることに対応している．そこで，クーロンゲージの場合，光子の 1 粒子空間を $L^2(\mathbb{R}^3; \mathbb{C}^2) = L^2(\mathbb{R}^3) \oplus L^2(\mathbb{R}^3)$ にとるのが自然である．

前段の発見法的議論に基づいて，光子の 1 粒子ヒルベルト空間として，

$$\mathscr{H} = \mathscr{H}_{\mathrm{ph}} := L^2(\mathbb{R}^3; \mathbb{C}^2) = L^2(\mathbb{R}^3) \oplus L^2(\mathbb{R}^3)$$
$$= \{f = (f^{(1)}, f^{(2)}) | f^{(r)} \in L^2(\mathbb{R}^3), r = 1, 2\}$$

をとり，このヒルベルト空間上のボソンフォック空間 $\mathscr{F}_{\mathrm{b}}(\mathscr{H}_{\mathrm{ph}})$ において働く作用素として自由な量子輻射場を構成することを考える．

8.2 生成・消滅作用素，量子輻射場，ハミルトニアン

ボソンフォック空間 $\mathscr{F}_{\mathrm{b}}(\mathscr{H}_{\mathrm{ph}})$ 上の消滅作用素を $A_{\mathrm{ph}}(f) = A_{\mathscr{H}_{\mathrm{ph}}}(f^{(1)}, f^{(2)})$ $(f = (f^{(1)}, f^{(2)}) \in \mathscr{H}_{\mathrm{ph}})$ と記し，各 $f \in L^2(\mathbb{R}^3)$ に対して

$$a^{(1)}(f) := A_{\mathrm{ph}}(f, 0), \quad a^{(2)}(f) := A_{\mathrm{ph}}(0, f) \tag{8.1}$$

とおく．このとき，(7.5), (7.6) により，次の交換関係が $\mathscr{F}_{\mathrm{b},0}(\mathscr{H}_{\mathrm{ph}})$ 上で成り立つ：

$$[a^{(r)}(f), a^{(s)}(g)^*] = \delta_{rs} \langle f, g \rangle, \tag{8.2}$$
$$[a^{(r)}(f), a^{(s)}(g)] = 0, \quad [a^{(r)}(f)^*, a^{(s)}(g)^*] = 0, \quad r, s = 1, 2, f, g \in L^2(\mathbb{R}^3). \tag{8.3}$$

いまの場合のボソン個数作用素を N_{ph} とする．このとき，定理 7.1 により

$$\|a^{(r)}(f)\Psi\| \leq \|f\| \|N_{\mathrm{ph}}^{1/2}\Psi\|, \tag{8.4}$$
$$\|a^{(r)}(f)^*\Psi\| \leq \|f\| \|(N_{\mathrm{ph}} + 1)^{1/2}\Psi\|, \quad f \in L^2(\mathbb{R}^3), \Psi \in D(N_{\mathrm{ph}}^{1/2}). \tag{8.5}$$

したがって，特に，写像：$\mathscr{S}(\mathbb{R}^3) \ni f \mapsto a^{(r)}(f^*)$ と $f \mapsto a^{(r)}(f)^*$ は，$D(N_{\mathrm{ph}}^{1/2})$ 上で定義される作用素値超関数を与える．そこで

$$a^{(r)}(f) = \int_{\mathbb{R}^3} a^{(r)}(\boldsymbol{k}) f(\boldsymbol{k})^* d\boldsymbol{k}, \quad a^{(r)}(f)^* = \int_{\mathbb{R}^3} a^{(r)}(\boldsymbol{k})^* f(\boldsymbol{k}) d\boldsymbol{k} \tag{8.6}$$

と記す．

5.2 項の発見法的議論に基づいて，作用素値超関数 $A_j(t, f)$ ($j = 1, 2, 3, t \in \mathbb{R}, f \in \mathscr{S}(\mathbb{R}^3)$) を次のように定義する：

$$A_j(t, f) := \sum_{r=1}^{2} \frac{1}{\sqrt{2(2\pi)^3}} \left\{ a^{(r)} \left(\frac{e_j^{(r)} e^{it\omega} \widehat{f^*}}{\sqrt{\omega}} \right) + a^{(r)} \left(\frac{e_j^{(r)} e^{it\omega} \hat{f}}{\sqrt{\omega}} \right)^* \right\}. \tag{8.7}$$

すなわち

$$A_j(t, \boldsymbol{x}) = \int_{\mathbb{R}^3} A_j(t, \boldsymbol{x}) f(\boldsymbol{x}) d\boldsymbol{x} \tag{8.8}$$

とすれば

$$A_j(t, \boldsymbol{x}) := \sum_{r=1}^{2} \int_{\mathbb{R}^3} \frac{1}{\sqrt{2(2\pi)^3 \omega(\boldsymbol{k})}} e_j^{(r)}(\boldsymbol{k})$$
$$\times \left(a^{(r)}(\boldsymbol{k}) e^{-it\omega(\boldsymbol{k}) + i\boldsymbol{k} \cdot \boldsymbol{x}} + a^{(r)}(\boldsymbol{k})^* e^{it\omega(\boldsymbol{k}) - i\boldsymbol{k} \cdot \boldsymbol{x}} \right). \tag{8.9}$$

容易にわかるように，$\mathscr{F}_{b,0}(\mathscr{H}_{ph})$ 上で次の交換関係が成立する：

$$[A_j(t, f), \dot{A}_\ell(t, g)] = i \int_{\mathbb{R}^3} \delta_{j\ell}^{\text{tr}}(\boldsymbol{x} - \boldsymbol{y}) f(\boldsymbol{x}) g(\boldsymbol{y}) d\boldsymbol{x} d\boldsymbol{y}, \tag{8.10}$$

$$[A_j(t, f), A_\ell(t, g)] = 0, \quad [\dot{A}_j(t, f), \dot{A}_\ell(t, g)] = 0, \ j, \ell = 1, 2, 3. \tag{8.11}$$

ただし，$\delta_{j\ell}^{\text{tr}}(\boldsymbol{x} - \boldsymbol{y})$ は横デルタ超関数である（(2.78) を参照）．さらに，$\mathscr{F}_{b,0}(\mathscr{H}_{ph})$ 上で量子場の方程式

$$\frac{d^2 A_j(t, f)}{dt^2} - A_j(t, \Delta f) = 0, \tag{8.12}$$

$$\sum_{j=1}^{3} A^j(t, \partial_j f) = 0 \tag{8.13}$$

が成り立つ．(8.13) は量子場 $A_j(t, f)$ に対するクーロン条件である．

以上によって，$(A_1(t, f), A_2(t, f), A_3(t, f))$ はクーロンゲージにおける自由な量子輻射場とみなせる．

クーロンゲージでの量子輻射場のハミルトニアンは

$$H_{\text{EM}} := d\Gamma_b(\omega) \tag{8.14}$$

とすればよいことがわかる．実際，作用素の等式

$$A_j(t, f) = e^{itH_{\text{EM}}} A_j(0, f) e^{-itH_{\text{EM}}}, \quad t \in \mathbb{R} \tag{8.15}$$

が証明される．

定理 8.1 ハミルトニアン H_{EM} のスペクトルは次のように同定される：

$$\sigma_{\mathrm{p}}(H_{\mathrm{EM}}) = \{0\}, \tag{8.16}$$
$$\sigma_{\mathrm{c}}(H_{\mathrm{EM}}) = [0, \infty). \tag{8.17}$$

H_{EM} は一意的に基底状態をもち,それは Ψ_0 の定数倍によって与えられる:$H_{\mathrm{EM}}\Psi_0 = 0$.

2 個の量子場輻射場の積の真空期待値 $\langle \Psi_0, A_j(t, \boldsymbol{x}) A_\ell(s, \boldsymbol{y}) \Psi_0 \rangle$ は次のようになる:

$$\langle \Psi_0, A_j(t, \boldsymbol{x}) A_\ell(s, \boldsymbol{y}) \Psi_0 \rangle$$
$$= \frac{1}{2(2\pi)^3} \int_{\mathbb{R}^3} \frac{1}{\omega(\boldsymbol{k})} \left(\delta_{j\ell} - \frac{k_j k_\ell}{|\boldsymbol{k}|^2} \right) e^{-i(t-s)\omega(\boldsymbol{k}) + i\boldsymbol{k}\cdot(\boldsymbol{x}-\boldsymbol{y})} d\boldsymbol{k} \tag{8.18}$$

8.3 4 次元並進群の表現とエネルギー・運動量作用素

4 次元並進群 $\mathbb{R}^4$ のユニタリ表現については,クーロンゲージによる自由な量子輻射場の理論においても,以下に示すように,自由な量子ディラック場の理論におけるのと類似の構造が存在する.

各 $a \in \mathbb{R}^4$ に対して,$\mathscr{H}_{\mathrm{ph}}$ 上の作用素 $v(a)$ を

$$(v(a)f)(\boldsymbol{k}) := e^{ia^0 \omega(\boldsymbol{k}) - i \sum_{j=1}^{3} a^j k^j} f(\boldsymbol{k}), \quad f \in \mathscr{H}_{\mathrm{ph}}, \quad \mathrm{a.e.} \boldsymbol{k}$$

によって定義する.6.5 項で登場した作用素 $u(a)$ の場合と同様にして,$v(a)$ はユニタリ作用素であり,写像 $v: a \mapsto v(a)$ は並進群 $\mathbb{R}^4$ の強連続なユニタリ表現であることがわかる.したがって,定理 7.5 によって,各 $a \in \mathbb{R}^4$ に $\mathscr{F}_{\mathrm{b}}(\mathscr{H}_{\mathrm{ph}})$ 上のユニタリ作用素

$$V(a) := \Gamma_{\mathrm{b}}(v(a))$$

を対応させる写像 $V: a \mapsto V(a)$ は並進群 $\mathbb{R}^4$ の $\mathscr{F}_{\mathrm{b}}(\mathscr{H}_{\mathrm{ph}})$ 上での強連続なユニタリ表現になる.さらに,$j = 1, 2, 3$ に対して

$$P_{\mathrm{EM}}{}^j := d\Gamma_{\mathrm{b}}(k^j) \quad (\text{掛け算作用素 } k^j \text{ の第 2 量子化})$$

とし

$$P_{\mathrm{EM}\,j} := -P_{\mathrm{EM}}{}^j = d\Gamma_{\mathrm{b}}(k_j)$$

とすれば,定理 7.5(vi) によって

$$V(a^0, 0, 0, 0) = e^{ia^0 H_{\mathrm{EM}}},$$

$$U(0, a^1, 0, 0) = e^{ia^1 P_{\text{EM}1}},$$
$$U(0, 0, a^2, 0) = e^{ia^2 P_{\text{EM}2}},$$
$$U(0, 0, 0, a^3) = e^{ia^3 P_{\text{EM}3}}$$

が成り立つ．したがって，$H_{\text{EM}}, P_{\text{EM}1}, P_{\text{EM}2}, P_{\text{EM}3}$ はユニタリ群 $\{V(a)|a \in \mathbb{R}^4\}$ の生成子である．ゆえに，自己共役作用素の組

$$P_{\text{EM}} := (H_{\text{EM}}, P_{\text{EM}1}, P_{\text{EM}2}, P_{\text{EM}3})$$

はクーロンゲージにおける自由な量子輻射場の**エネルギー・運動量作用素**であると解釈される．空間成分 $\boldsymbol{P}_{\text{EM}} := (P_{\text{EM}1}, P_{\text{EM}2}, P_{\text{EM}3})$ をクーロンゲージにおける**自由な量子輻射場の運動量**という [64]．

定理 8.2 (i) (運動量のスペクトル)
$$\sigma_{\text{p}}(P_{\text{EM}j}) = \{0\}, \quad \sigma_{\text{c}}(P_{\text{EM}j}) = \mathbb{R}, \quad j = 1, 2, 3.$$

固有値 0 の多重度は 1 で固有ベクトルは定数倍を除いてフォック真空 Ψ_0 で与えられる：$P_{\text{EM}j}\Psi_0 = 0$ $(j = 1, 2, 3)$．

(ii) (エネルギー・運動量作用素の結合スペクトル)
$$\sigma_{\text{J}}(P_{\text{EM}}) = \{k \in \mathbb{R}^4 | k^2 \geq 0, k^0 \geq 0\}. \tag{8.19}$$

証明 自由な量子クライン-ゴルドン場の場合 [5, 9.4 節] と同様． ∎

(8.19) は
$$\sigma_{\text{J}}(P_{\text{EM}}) = \overline{V}_+ \tag{8.20}$$

と表される (V_+ は前方光円錐；(6.46) を参照)．ゆえに，エネルギー・運動量作用素 P_{EM} は相対論的場の量子論の公理系におけるスペクトル条件を満たす．しかし，量子輻射場の相対論的共変性はないので——目下の理論では暗黙のうちに $A_0 := 0$ としていることに注意；(4.32) を参照——クーロンゲージにおける自由な量子輻射場の理論は完全には相対論的でない．

9 CCR の表現としての量子輻射場

交換関係 (8.10) の右辺に着目し，$\mathbb{R}^3$ 上の実数値急減少関数の空間

---

[64] $-\boldsymbol{P}_{\text{EM}}$ をクーロンゲージにおける自由な量子輻射場の運動量という場合もある．

$$\mathscr{S}_{\mathbb{R}}(\mathbb{R}^3) := \{f \in \mathscr{S}(\mathbb{R}^3) | f^* = f\}$$

の 3 個の直和空間

$$\mathscr{S}_{\mathrm{rad}} := \overset{3}{\oplus} \mathscr{S}_{\mathbb{R}}(\mathbb{R}^3) = \{\boldsymbol{f} = (f_1, f_2, f_3) | f_1, f_2, f_3 \in \mathscr{S}_{\mathbb{R}}(\mathbb{R}^3)\}$$

上の準双線形形式 $\langle \cdot, \cdot \rangle_{\mathscr{S}_{\mathrm{rad}}}$ を

$$\begin{aligned}\langle \boldsymbol{f}, \boldsymbol{g} \rangle_{\mathscr{S}_{\mathrm{rad}}} &:= \sum_{j,\ell=1}^{3} \int_{\mathbb{R}^3} \left(\delta_{j\ell} - \frac{k_j k_\ell}{|\boldsymbol{k}|^2} \right) \hat{f}_j(\boldsymbol{k})^* \hat{g}_\ell(\boldsymbol{k}) d\boldsymbol{k} \\ &= \int_{\mathbb{R}^3} \left(\left\langle \hat{\boldsymbol{f}}(\boldsymbol{k}), \hat{\boldsymbol{g}}(\boldsymbol{k}) \right\rangle_{\mathbb{C}^3} - \left\langle \hat{\boldsymbol{f}}(\boldsymbol{k}), \hat{\boldsymbol{k}} \right\rangle_{\mathbb{C}^3} \left\langle \hat{\boldsymbol{k}}, \hat{\boldsymbol{g}}(\boldsymbol{k}) \right\rangle_{\mathbb{C}^3} \right) d\boldsymbol{k}, \end{aligned}$$

$$\boldsymbol{f}, \boldsymbol{g} \in \mathscr{S}_{\mathrm{rad}}$$

によって定義する.ただし,$\hat{\boldsymbol{f}}(\boldsymbol{k}) := (\hat{f}_1(\boldsymbol{k}), \hat{f}_2(\boldsymbol{k}), \hat{f}_3(\boldsymbol{k}))$, $\hat{\boldsymbol{k}} := \boldsymbol{k}/|\boldsymbol{k}|$. したがって

$$\langle \boldsymbol{f}, \boldsymbol{f} \rangle_{\mathscr{S}_{\mathrm{rad}}} = \int_{\mathbb{R}^3} \left(\|\hat{\boldsymbol{f}}(\boldsymbol{k})\|_{\mathbb{C}^3}^2 - \left| \left\langle \hat{\boldsymbol{f}}(\boldsymbol{k}), \hat{\boldsymbol{k}} \right\rangle_{\mathbb{C}^3} \right|^2 \right) d\boldsymbol{k}.$$

$\mathbb{C}^3$ の内積に関するシュヴァルツの不等式により,$\|\hat{\boldsymbol{f}}(\boldsymbol{k})\|_{\mathbb{C}^3}^2 - \left| \left\langle \hat{\boldsymbol{f}}(\boldsymbol{k}), \hat{\boldsymbol{k}} \right\rangle_{\mathbb{C}^3} \right|^2 \geq 0$. ゆえに, $\langle \cdot, \cdot \rangle_{\mathscr{S}_{\mathrm{rad}}}$ は半正定値内積である.だが,これは正定値ではない.実際,$\langle \boldsymbol{f}, \boldsymbol{f} \rangle_{\mathscr{S}_{\mathrm{rad}}} = 0$ ならば

$$\|\hat{\boldsymbol{f}}(\boldsymbol{k})\|_{\mathbb{C}^3}^2 = \left| \left\langle \hat{\boldsymbol{f}}(\boldsymbol{k}), \hat{\boldsymbol{k}} \right\rangle_{\mathbb{C}^3} \right|^2, \quad \mathrm{a.e.} \boldsymbol{k}.$$

シュヴァルツの不等式の等号成立条件により,$\hat{\boldsymbol{f}}(\boldsymbol{k}) = c(\boldsymbol{k})\boldsymbol{k}$, a.e.$\boldsymbol{k}$ となる関数 $c(\cdot)$ が存在する.逆に,この型の関数 $\boldsymbol{f}$ は上式を満たすので,$\langle \boldsymbol{f}, \boldsymbol{f} \rangle_{\mathscr{S}_{\mathrm{rad}}} = 0$ が成立する.ゆえに

$$\mathscr{N}_{\mathrm{rad}} := \{\boldsymbol{f} \in \mathscr{S}_{\mathrm{rad}} | \langle \boldsymbol{f}, \boldsymbol{f} \rangle_{\mathscr{S}_{\mathrm{rad}}} = 0\}$$

とすれば

$$\mathscr{N}_{\mathrm{rad}} = \{\boldsymbol{f} \in \mathscr{S}_{\mathrm{rad}} | \text{関数 } c(\cdot) \text{ が存在して,} \hat{\boldsymbol{f}}(\boldsymbol{k}) = c(\boldsymbol{k})\boldsymbol{k}, \mathrm{a.e.} \boldsymbol{k} \text{ が成り立つ}\}$$

となる.

半正定値内積空間の一般論 (付録 A の (xii) を参照) により,商空間

$$\mathscr{V}_{\mathrm{rad}} := \mathscr{S}_{\mathrm{rad}} / \mathscr{N}_{\mathrm{rad}}$$

の任意の元 $[\boldsymbol{f}], [\boldsymbol{g}]$ に対して,

$$\langle [\boldsymbol{f}], [\boldsymbol{g}] \rangle_{\mathscr{V}_{\mathrm{rad}}} := \langle \boldsymbol{f}, \boldsymbol{g} \rangle_{\mathscr{S}_{\mathrm{rad}}}$$

とすれば，$\langle \cdot, \cdot \rangle_{\mathscr{V}_{\mathrm{rad}}}$ は $\mathscr{V}_{\mathrm{rad}}$ の内積である．こうして，$\mathscr{S}_{\mathrm{rad}}$ から内積空間 $(\mathscr{V}_{\mathrm{rad}}, \langle \cdot, \cdot \rangle_{\mathscr{V}_{\mathrm{rad}}})$ が構成され，ヒルベルト空間 $\overline{\mathscr{V}_{\mathrm{rad}}}$ ($\mathscr{V}_{\mathrm{rad}}$ の完備化) が定まる．

各 $[\boldsymbol{f}]$ に対して

$$A(t, [\boldsymbol{f}]) := \sum_{j=1}^{3} A_j(t, f_j), \quad t \in \mathbb{R}$$

は $[\boldsymbol{f}]$ の代表元の選び方に依らないことがわかる ($\mathscr{N}_{\mathrm{rad}}$ の構造と $\boldsymbol{k} \cdot \boldsymbol{e}^{(r)}(\boldsymbol{k}) = 0$ による)．同様に

$$\Pi(t, [\boldsymbol{f}]) := \sum_{j=1}^{3} \dot{A}_j(t, f_j)$$

も $[\boldsymbol{f}]$ の代表元の選び方に依らない．これらの対象を用いると，(8.10) と (8.11) は次の簡潔な形をとる：$\mathscr{F}_{\mathrm{b},0}(\mathscr{H}_{\mathrm{ph}})$ で

$$[A(t, F), \Pi(t, G)] = i \langle F, G \rangle_{\mathscr{V}_{\mathrm{rad}}},$$
$$[A(t, F), A(t, G)] = 0, \quad [\Pi(t, F), \Pi(t, G)] = 0, \quad F, G \in \mathscr{V}_{\mathrm{rad}}.$$

これは，$(\mathscr{F}_{\mathrm{b}}(\mathscr{H}_{\mathrm{ph}}), \{A(t, F), \Pi(t, F) | F \in \mathscr{V}_{\mathrm{rad}}\})$ が $\mathscr{V}_{\mathrm{rad}}$ 上の CCR の表現であることを示す．

10　自由な量子輻射場の構成 (II) — ローレンツゲージの場合

次に，自由な電磁ポテンシャルのローレンツゲージでの量子化を論じる．本節で提示される形式は**グプタ-ブロイラー形式**と呼ばれるものである [65]．

10.1　状態のヒルベルト空間，不定計量空間，物理的状態空間

5.3 項の発見法的議論によれば，ローレンツゲージにおいて自由な量子輻射場を構成するには，4 個のボソン的消滅作用素 $a_\mu(\boldsymbol{k})$ ($\mu = 0, 1, 2, 3$) が必要であること，さらに，ローレンツ条件のために (5.37) の条件によって物理的な状態を選ばなければならないことが推測される．

4 個のボソン的消滅作用素を構成するためのボソンフォック空間としてすぐに想い浮かぶのは $\overset{4}{\oplus} L^2(\mathbb{R}^3)$ 上のボソンフォック空間であるが，相対論的共変性とローレンツ条件を考慮すると，固有ローレンツ群 $\mathscr{L}_+^\uparrow$ の作用のもとで不変な 1 光

---

[65] 発見法的議論については，たとえば，[23, 32] を参照．厳密な理論の最初の定式が [56] にある．

子のエネルギー・運動量殻

$$V_0 := \{k \in \mathbb{M}^4 | k^2 = 0, k^0 \geq 0\} = \{(\omega(\boldsymbol{k}), \boldsymbol{k}) | \boldsymbol{k} \in \mathbb{R}^3\}$$

の $\mathscr{L}_+^\uparrow$ 不変な測度に関する L^2 空間から出発するのがより自然であることがわかる．

集合 V_0 から $\mathbb{R}^3$ への写像 j_0 を

$$j_0(k) := \boldsymbol{k}, \quad k = (k^0, \boldsymbol{k}) \in V_0$$

によって定義する．V_0 の部分集合の族

$$\mathfrak{B}_0 := \{B \cap V_0 | B \in \mathfrak{B}^4\} \quad (\mathfrak{B}^4 \text{ は 4 次元ボレル集合体})$$

は V_0 のボレル集合体をなす．任意の $E \in \mathfrak{B}_0$ に対して，$\mu_0(E)$ $(0 \leq \mu_0(E) \leq \infty)$ を

$$\mu_0(E) := \int_{j_0(E)} \frac{1}{\omega(\boldsymbol{k})} d\boldsymbol{k}$$

によって定義する．このとき，μ_0 は可測空間 $(V_0, \mathfrak{B}_0)$ 上の測度であることがわかる．さらに，次の補題が成り立つ：

補題 10.1 [4, 補題 9.8] 測度 μ_0 は $\mathscr{L}_+^\uparrow$ 不変である．すなわち，任意の $\Lambda \in \mathscr{L}_+^\uparrow$ と $E \in \mathfrak{B}_0$ に対して

$$\mu_0(E) = \mu_0(\Lambda E)$$

が成り立つ．

以上の基本的事実を踏まえて，ヒルベルト空間

$$\mathscr{H}_1 := \overset{4}{\oplus} L^2(V_0, d\mu_0) = \{f = (f_\mu)_{\mu=0,1,2,3} | f_\mu \in L^2(V_0, d\mu_0), \mu = 0, 1, 2, 3\}$$

を導入する．$\mathscr{H}_1$ の内積は $\langle f, g \rangle_1 := \sum_{\mu=0}^{3} \langle f_\mu, g_\mu \rangle_{L^2(V_0, d\mu_0)}$, $f, g \in \mathscr{H}_1$ で与えられる．

写像 $\eta_1 : \mathscr{H}_1 \to \mathscr{H}_1$ を

$$\eta_1 f := (-f_0, f_1, f_2, f_3), \quad f \in \mathscr{H}_1 \tag{10.1}$$

によって定義する．容易にわかるように，η_1 は有界線形作用素であり，

$$\|\eta_1\| = 1, \quad \eta_1^* = \eta_1, \quad \eta_1^2 = I$$

を満たす．すなわち，η は自己共役なユニタリ作用素である．ゆえに η_1 はユニタ

リ対合である[66]。

ベクトル $\eta_1 f$ は次のようにも表されることに注意しよう：

$$(\eta_1 f)_\mu = - \sum_{\nu=0}^{3} g_{\mu\nu} f_\nu. \tag{10.2}$$

作用素 η_1 を用いて，ベクトル空間としての $\mathscr{H}_1$ に次の不定計量が定義される：

$$(f|g)_1 := \langle f, \eta_1 g \rangle_1, \quad f, g \in \mathscr{H}_1.$$

シュヴァルツの不等式により

$$|(f|g)_1| \leq \|f\|_1 \|g\|_1 \tag{10.3}$$

がわかる ($\|f\|_1 := \sqrt{\langle f, f \rangle_1}$). したがって，不定計量 $(\cdot|\cdot)$ は $\mathscr{H}_1$ の位相で連続である．

次の事実に注目する：

命題 10.2 元 $f \in \mathscr{H}_1$ が $k^\mu f_\mu(k) = 0$, a.e.$k \in V_0$ を満たすならば，$(f|f)_1 \geq 0$.

証明 仮定により，$f^0(k) = - \sum_{j=1}^{3} \frac{k^j f_j(\boldsymbol{k})}{\omega(\boldsymbol{k})}$ (a.e.$k \in V_0$). コーシー・シュヴァルツの不等式により

$$|f^0(k)|^2 \leq \frac{|\boldsymbol{k}|^2}{\omega(\boldsymbol{k})^2} \sum_{j=1}^{3} |f_j(k)|^2 = \sum_{j=1}^{3} |f^j(k)|^2.$$

したがって

$$(f|f)_1 = \int_{V_+} (-|f_0(k)|^2 + \sum_{j=1}^{3} |f_j(k)|^2) d\mu_0(k) \geq 0. \qquad \blacksquare$$

ヒルベルト空間 $\mathscr{H}_1$ の部分集合

$$\mathscr{H}_1' := \{f \in \mathscr{H}_1 | k^\mu f_\mu(k) = 0, \text{ a.e.} k \in V_0\}$$

は閉部分空間である．命題 10.2 は

---

[66] 一般に，ヒルベルト空間 $\mathscr{H}$ 上の有界線形作用素 T が $T^2 = I$ を満たすとき，T を対合 (involution) という．容易にわかるように，対合は全単射である．
　対合 T がユニタリであるとき，T を**ユニタリ対合**という．
　有界線形作用素 T がユニタリ対合であるための必要十分条件は，T が自己共役かつユニタリであることである (証明は容易)．

$$(f|f)_1 \geq 0, \quad f \in \mathscr{H}_1' \tag{10.4}$$

を意味する．作用素の言葉では

$$\eta_1' := p_1' \eta_1 p_1' \geq 0 \tag{10.5}$$

ということである．ただし，p_1' は $\mathscr{H}_1'$ への正射影作用素である．

各 $f, g \in \mathscr{H}_1'$ に対して

$$\langle f, g \rangle_1' := (f|g)_1$$

とおくと，(10.4) によって，$\langle \cdot, \cdot \rangle_1'$ は $\mathscr{H}_1'$ の半正定値内積である．$\mathscr{H}_1'$ のセミノルム $\|\cdot\|_1'$ を

$$\|f\|_1' := \sqrt{\langle f, f \rangle_1'} = \sqrt{(f|f)_1}, \quad f \in \mathscr{H}_1'$$

によって定義する．

さて，$\mathscr{H}_1$ 上のボソンフォック空間を $\mathscr{F}$ とおく：

$$\mathscr{F} := \mathscr{F}_{\mathrm{b}}(\mathscr{H}_1). \tag{10.6}$$

作用素 η_1 の第二種の第 2 量子化作用素

$$\eta := \Gamma_{\mathrm{b}}(\eta_1) \tag{10.7}$$

はユニタリ対合である：

$$\eta^* = \eta, \quad \eta^2 = I.$$

作用素 η を用いて

$$(\Psi|\Phi) := \langle \Psi, \eta \Phi \rangle_{\mathscr{F}}, \quad \Psi, \Phi \in \mathscr{F}$$

を定義すれば，これは不定計量である．シュヴァルツの不等式により

$$|(\Psi|\Phi)| \leq \|\Psi\|_{\mathscr{F}} \|\Phi\|_{\mathscr{F}} \tag{10.8}$$

が成り立つ．したがって，$(\cdot|\cdot)$ は $\mathscr{F}$ の位相で連続である．

閉部分空間 $\mathscr{H}_1'$ 上のボソンフォック空間を $\mathscr{F}'$ とする：

$$\mathscr{F}' := \mathscr{F}_{\mathrm{b}}(\mathscr{H}_1') = \bigoplus_{n=0}^{\infty} \mathscr{H}_n', \quad \mathscr{H}_n' := \bigotimes_{\mathrm{s}}^{n} \mathscr{H}_1'.$$

命題 10.3 任意の $\Psi \in \mathscr{F}'$ に対して，$(\Psi|\Psi) \geq 0$.

証明 (10.5) によって，作用素 η_1' は，$\mathscr{H}_1'$ 上の非負自己共役作用素であり，$\|\eta_1'\| \leq 1$ が成り立つ．したがって

$$\eta_n' := \bigotimes^{n} \eta_1'$$

は $\mathscr{H}_n'$ 上の非負自己共役な縮小作用素である．ゆえに

$$\eta' := \Gamma_{\mathrm{b}}(\eta_1')$$

は $\mathscr{F}'$ 上の非負自己共役な縮小作用素である．したがって，任意の $\Psi \in \mathscr{F}'$ に対して

$$\langle \Psi, \eta' \Psi \rangle \geq 0. \tag{10.9}$$

一方，任意の $\psi_n := S_n(f^{(1)} \otimes \cdots \otimes f^{(n)}) \in \mathscr{H}_n'$ $(f^{(j)} \in \mathscr{H}_1', j=1,\ldots,n)$ に対して

$$\eta_n' \psi_n = (\overset{n}{\otimes} p_1')(\overset{n}{\otimes} \eta_1) \psi_n.$$

ψ_n の型のベクトルから生成される部分空間は $\mathscr{H}_n'$ で稠密であるから

$$\eta_n' = (\overset{n}{\otimes} p_1')(\overset{n}{\otimes} \eta_1)$$

を得る．したがって

$$\eta' = \Gamma_{\mathrm{b}}(p_1') \Gamma_{\mathrm{b}}(\eta_1) = \Gamma_{\mathrm{b}}(p_1') \eta.$$

したがって，(10.9) によって，任意の $\Psi \in \mathscr{F}'$ に対して $\langle \Psi, \Gamma_{\mathrm{b}}(p_1') \eta \Psi \rangle \geq 0$. 一方，$\Gamma_{\mathrm{b}}(p_1')^* \Psi = \Gamma_{\mathrm{b}}(p_1') \Psi = \Psi$ であるから，$\langle \Psi, \eta \Psi \rangle \geq 0$ が得られる．ゆえに題意が成立する． ∎

命題 10.3 は

$$P' \eta P' \geq 0 \tag{10.10}$$

を意味する．ただし，P' は $\mathscr{F}'$ への正射影作用素である．具体的には

$$P' = \Gamma_{\mathrm{b}}(p_1')$$

である．

注意 10.4 命題 10.3 の証明では，η_1 の具体的な作用は使われていない．それがユニタリ対合であり，それを非負作用素とするような閉部分空間が存在するということだけが本質的である．ゆえに，命題 10.3 は次の一般的な枠組みで成立する：(i) $\mathscr{H}_1$ は任意のヒルベルト空間；(ii) η_1 は $\mathscr{H}_1$ 上のユニタリ対合；(iii) $\mathscr{H}_1'$ は $\mathscr{H}_1$ の閉部分空間で，$\langle \psi, \eta_1 \psi \rangle \geq 0, \psi \in \mathscr{H}_1'$ が成立する．この設定で，(10.7) で定義される作用素 η はボソンフォック空間 $\mathscr{F}_{\mathrm{b}}(\mathscr{H}_1)$ 上のユニタリ対合であり，$\mathscr{F}_{\mathrm{b}}(\mathscr{H}_1')$ 上で非負作用素になる．

命題 10.3 によって,不定計量 $(\cdot|\cdot)$ は $\mathscr{F}'$ の半正定値内積を与える.この半正定値内積に関する零空間を

$$\mathscr{N}' := \{\Psi \in \mathscr{F}'|(\Psi|\Psi) = 0\} \tag{10.11}$$

とし,半正定値内積空間 $(\mathscr{F}', (\cdot|\cdot))$ の完備化 (付録 A の (xii) を参照)

$$\mathscr{H}_{\text{phys}} := \overline{\mathscr{F}'/\mathscr{N}'} \tag{10.12}$$

を考える.このヒルベルト空間の内積を $\langle \cdot, \cdot \rangle_{\text{phys}}$ とすれば

$$\langle [\Psi], [\Phi] \rangle_{\text{phys}} = (\Psi|\Phi), \quad \Psi, \Phi \in \mathscr{F}'$$

が成り立つ.

以下で見るように,ヒルベルト空間 $\mathscr{H}_{\text{phys}}$ がローレンツゲージによる量子輻射場の理論における物理的状態のヒルベルト空間を与える.

10.2　ポアンカレ群の表現

固有ポアンカレ群 $\mathscr{P}_+^\uparrow$ の各元 (a, Λ) に対して,写像 $u(a, \Lambda) : \mathscr{H}_1 \to \mathscr{H}_1$ を

$$(u(a, \Lambda)f)_\mu(k) := e^{ika}(\Lambda^{-1})_\mu^\nu f_\nu(\Lambda^{-1}k), \quad \text{a.e.} k \in V_0, f \in \mathscr{H}_1, \mu = 0, 1, 2, 3 \tag{10.13}$$

によって定義する.直接計算により

$$u(a_1, \Lambda_1)u(a_2, \Lambda_2) = u(a_1 + \Lambda_1 a_2, \Lambda_1 \Lambda_2), \quad (a_1, \Lambda_1), (a_2, \Lambda_2) \in \mathscr{P}_+^\uparrow$$

が示される.これから,特に,$u(a, \Lambda)$ は全単射であり

$$u(a, \Lambda)^{-1} = u(-\Lambda^{-1}a, \Lambda^{-1})$$

が成り立つ.したがって,写像 $u : (a, \Lambda) \mapsto u(a, \Lambda)$ は $\mathscr{P}_+^\uparrow$ の $\mathscr{H}_1$ 上での表現である.

補題 10.5 $(a, \Lambda) \in \mathscr{P}_+^\uparrow$ とする.

(i) 写像 $u(a, \Lambda)$ は $\mathscr{H}_1$ 上の有界線形作用素である.

(ii) $u(a, \Lambda)^* \eta_1 u(a, \Lambda) = \eta_1.$ (10.14)

(iii) $(u(a, \Lambda)f|u(a, \Lambda)g)_1 = (f|g)_1, \quad f, g \in \mathscr{H}_1.$

(iv) 写像 : $(a, \Lambda) \mapsto u(a, \Lambda)$ は,$\mathscr{H}_1$ 上で強連続である.

(v) $u(a, \Lambda)$ は (a, Λ) について半正定値内積空間 $\mathscr{H}_1'$ 上で強連続である [67].

(vi) $u(a, I)\mathscr{H}_1' = \mathscr{H}_1'.$

---

[67] $\mathscr{V}$ を半正定値内積空間とし,その半正定値内積を $\langle \cdot, \cdot \rangle$,セミノルムを $\|\cdot\|$ と記す:$\|\psi\| :=$

証明 (i) $u(a,\Lambda)$ の線形性は明らか. $f \in \mathscr{H}_1$ としよう. $u(a,\Lambda)f$ の定義とコーシー・シュヴァルツの不等式により

$$|(u(a,\Lambda)f)_\mu(k)|^2 \leq \left(\sum_{\nu=0}^{3}((\Lambda^{-1})^\nu_\mu)^2\right)\sum_{\nu=0}^{3}|f_\nu(\Lambda^{-1}k)|^2.$$

これと μ_0 の $\mathscr{L}_+^\uparrow$ 不変性を用いると

$$\|u(a,\Lambda)f\|_1^2 \leq C\|f\|_1^2$$

が得られる. ただし, $C := \sum_{\mu,\nu=0}^{3}((\Lambda^{-1})^\nu_\mu)^2$. したがって, $u(a,\Lambda)$ は有界であり, $\|u(a,\Lambda)\|_1 \leq \sqrt{C}$ が成り立つ.

(ii) (10.13) と (10.2) を用いると, 任意の $f,g \in \mathscr{H}_1$ に対して,

$$\langle u(a,\Lambda)f, \eta_1 u(a,\Lambda)g\rangle_1$$
$$= \int_{V_0}(\Lambda^{-1})^\alpha_\mu f_\alpha(\Lambda^{-1}k)^*(-g_{\mu\nu})(\Lambda^{-1})^\beta_\nu g_\beta(\Lambda^{-1}k)d\mu_0(k).$$

一方

$$(\Lambda^{-1})^\alpha_\mu g_{\mu\nu}(\Lambda^{-1})^\beta_\nu = (({}^t\Lambda g\Lambda)^{-1})_{\alpha\beta} = g_{\alpha\beta}.$$

ただし, ${}^t\Lambda$ は Λ の転置行列を表す. これと測度 μ_0 の $\mathscr{L}_+^\uparrow$ 不変性を用いると

$$\langle u(a,\Lambda)f, \eta_1 u(a,\Lambda)g\rangle_1 = \langle f, \eta_1 g\rangle_1$$

を得る. ゆえに (10.14) が成立する.

(iii) (ii) の書き換えである.

(iv) [5, 命題 9.9] における強連続性の証明と同様.

(v) (10.3) と (iii) から導かれる.

(vi) 任意の $f \in \mathscr{H}_1'$ に対して, $k^\mu(u(a,I)f)_\mu(k) = e^{ika}k^\mu f_\mu(k) = 0$ (a.e.k). したがって, $u(a,I)f \in \mathscr{H}_1'$. ゆえに $u(a,I)\mathscr{H}_1' \subset \mathscr{H}_1'$. 逆に, 任意の $g \in \mathscr{H}_1'$ に対して, $f = e^{-ika}g$ とすれば, $f \in \mathscr{H}_1'$ であり, $u(a,I)f = g$. ゆえに, $u(a,I)\mathscr{H}_1' = \mathscr{H}_1'$. ∎

注意 10.6 すべての $a \in \mathbb{R}^4$ に対して, 作用素 $u(a,I)$ はユニタリであるが, 次

$\sqrt{\langle\psi,\psi\rangle}$, $\psi \in \mathscr{V}$. 位相空間 X の各点 p に $\mathscr{V}$ 上の線形作用素 $T(p)$ が対応し, 各 $\psi \in \mathscr{H}$, 任意の点 $q \in X$ および任意の $\varepsilon > 0$ に対して, q の近傍 N が存在し, $p \in N$ ならば $\|T(p)f - T(q)f\| < \varepsilon$ が成り立つとき, $T(p)$ は p について $\mathscr{V}$ 上**強連続**であるという.

に示すように，$(\Lambda^{-1})^0_0 > 1$ ならば，$\|u(a,\Lambda)\| > 1$ となるので $u(a,\Lambda)$ はユニタリではない．

証明 $\lambda_0 := (\Lambda^{-1})^0_0$, $\lambda_j := (\Lambda^{-1})^0_j$ とおく．$f \in \mathscr{H}_1$ として，$f = (f_0, 0, 0, 0)$ ($f_0 \neq 0$) という形のものをとると
$$(u(a,\Lambda)f)_0(k) = e^{ika}\lambda_0 f_0(k), \quad (u(a,\Lambda)f)_j(k) = e^{ika}\lambda_j f_0(k).$$
したがって
$$\|u(a,\Lambda)f\|^2 = \left(\lambda_0^2 + \sum_{j=1}^3 \lambda_j^2\right)\|f\|^2 \geq \lambda_0^2 \|f\|^2.$$
ゆえに $\|u(a,\Lambda)\| \geq \lambda_0 > 1$. ∎

各 $(a,\Lambda) \in \mathscr{P}_+^\uparrow$ に対して，ボソンフォック空間 $\mathscr{F}$ 上の作用素 $U(a,\Lambda)$ を
$$U(a,\Lambda) := \Gamma_{\mathrm{b}}(u(a,\Lambda)) \tag{10.15}$$
によって定義する．

注意 10.6 と一般論 [4, 命題 3.11] によって，$(\Lambda^{-1})^0_0 > 1$ ならば，$U(a,\Lambda)$ は非有界である．したがって，この場合，$U(a,\Lambda)$ は $\mathscr{F}$ 全体では定義されない．そこで，$U(a,\Lambda)$ の定義域に含まれる稠密な部分空間とし，有限粒子部分空間
$$\mathscr{F}_0 := \mathscr{F}_{\mathrm{b},0}(\mathscr{H}_1)$$
を考える．

命題 10.7 (i) $\mathscr{F}_0$ 上で $U(a,\Lambda)^* \eta U(a,\Lambda) = \eta$, $(a,\Lambda) \in \mathscr{P}_+^\uparrow$ が成り立つ．

(ii) すべての $(a_1,\Lambda_1), (a_2,\Lambda_2) \in \mathscr{P}_+^\uparrow$ に対して，$\mathscr{F}_0$ 上で
$$U(a_1,\Lambda_1)U(a_2,\Lambda_2) = U((a_1,\Lambda_1)(a_2,\Lambda_2))$$
が成り立つ．

(iii) $U(a,\Lambda) \upharpoonright \mathscr{F}_0$ は (a,Λ) について強連続である．

証明 補題 10.5 と第二種の第 2 量子化作用素の性質から導かれる． ∎

さて，半正定値内積空間
$$\mathscr{F}_0' := \mathscr{F}' \cap \mathscr{F}_0$$
を導入する．

命題 10.8 $(a,\Lambda) \in \mathscr{P}_+^\uparrow$ を任意にとる．

(i) 任意の $\Psi \in \mathscr{F}_0$ に対して $(U(a,\Lambda)\Psi|U(a,\Lambda)\Psi) = (\Psi|\Psi)$.

(ii) $U(a,\Lambda)$ は (a,Λ) について半正定値内積空間 $\mathscr{F}_0'$ 上で強連続である.

(iii) $U(a,\Lambda)\mathscr{F}_0' = \mathscr{F}_0'$.

(iv) $U(a,I)\mathscr{F}' = \mathscr{F}'$.

証明 (i) 命題 10.7 (i) による.

(ii) (10.8) と命題 10.7 (iii) を利用すればよい.

(iii) 任意の $\Psi \in \mathscr{F}_0'$ に対して, $(\Psi|\Psi) \geq 0$ であるから, (i) により, $U(a,\Lambda)\Psi \in \mathscr{F}_0'$ となる. すなわち, $U(a,\Lambda)\mathscr{F}_0' \subset \mathscr{F}_0'$. ここで, 特に (a,Λ) として, $(a,\Lambda)^{-1}$ をとり, $\mathscr{F}_0$ 上で $U((a,\Lambda)^{-1}) = U(a,\Lambda)^{-1}$ が成り立つことに注意すれば (命題 10.7 (ii) による), $\mathscr{F}_0' \subset U(a,\Lambda)\mathscr{F}_0'$ が得られる. ゆえに求める等式が得られる.

(iv) 補題 10.5 (vi) と作用素 $\Gamma_b(\cdot)$ の性質による. ∎

$\{U(a,\Lambda)|(a,\Lambda) \in \mathscr{P}_+^\uparrow\}$ を物理的状態のヒルベルト空間 $\mathscr{H}_{\text{phys}}$ に持ち上げたい. このために, 次の一般的事実を応用する:

命題 10.9 $\mathscr{V}$ を半正定値内積空間とし, その半正定値内積を $(\cdot|\cdot)$ とする. G を位相群とし, 各 $g \in G$ に対して, $\mathscr{V}$ 上の線形作用素 $U(g)$ が対応し, 次の (i)〜(iii) が成り立つとする:

(i) $U(g)$ は $g \in G$ について $\mathscr{V}$ 上で強連続.

(ii) $(U(g)u|U(g)v) = (u|v), \quad u,v \in \mathscr{V}$.

(iii) 各 $g \in G$ に対して, $U(g)$ は全射.

$N_0 := \{u \in \mathscr{V}|(u|u) = 0\}$ ($\mathscr{V}$ の零空間) とする. このとき, ヒルベルト空間 ($\mathscr{V}$ の完備化) $\overline{\mathscr{V}/N_0}$ 上の強連続ユニタリ表現 $\widetilde{U} : G \ni g \mapsto \widetilde{U}(g)$ で
$$\widetilde{U}(g)[u] = [U(g)u], \quad [u] \in \mathscr{V}/N_0 \tag{10.16}$$
($[u]$ は u の同値類) を満たすものがただ一つ存在する.

証明 写像 $T(g) : \mathscr{V}/N_0 \to \mathscr{V}/N_0$ を $T(g)[u] := [U(g)u], [u] \in \mathscr{V}/N_0$ と定義する (これは well-defined である. すなわち, $[u]$ の代表元の選び方によらない). (ii) によって, $T(g)$ は等距離作用素であることがわかる. (i) により, $T(g)$ は g について強連続である. さらに
$$T(g_1)T(g_2) = T(g_1 g_2), \quad g_1, g_2 \in G$$
も成り立つ. (iii) によって, $T(g)$ は全射であることがわかる. ゆえに, 有界線形作用素の拡大定理により, $\overline{\mathscr{V}/N_0}$ 上のユニタリ作用素 $\widetilde{U}(g)$ がただ一つ存在し,

$\widetilde{U}(g)\psi = T(g)\psi, \psi \in \mathscr{V}/N_0$ が成り立つ. 写像 $\widetilde{U}: g \mapsto \widetilde{U}(g)$ が G の強連続ユニタリ表現であることは容易にわかる. ∎

命題 10.9 を $G = \mathscr{P}_+^\uparrow$, $U(g) = U(a, \Lambda)$, $\mathscr{V} = \mathscr{F}_0'$ の場合に応用することにより, 次の定理を得る [68]:

定理 10.10 固有ポアンカレ群 $\mathscr{P}_+^\uparrow$ の $\mathscr{H}_{\text{phys}}$ 上での強連続ユニタリ表現 $\widetilde{U}: (a, \Lambda) \mapsto \widetilde{U}(a, \Lambda)$ で

$$\widetilde{U}(a, \Lambda)[\Psi] = [U(a, \Lambda)\Psi], \quad \Psi \in \mathscr{F}_0', (a, \Lambda) \in \mathscr{P}_+^\uparrow$$

を満たすものがただ一つ存在する.

ユニタリ作用素の族 $\{\widetilde{U}(a, I) | a \in \mathbb{R}^4\}$ は強連続 4-パラメータユニタリ群であるので, $\mathscr{H}_{\text{phys}}$ 上の強可換な自己共役作用素の組 $\tilde{P} = (\tilde{P}_0, \tilde{P}_1, \tilde{P}_2, \tilde{P}_3)$ で

$$\widetilde{U}(a, I) = e^{ia^0 \tilde{P}_0} e^{ia^1 \tilde{P}_1} e^{ia^2 \tilde{P}_2} e^{ia^3 \tilde{P}_3}, \quad a \in \mathbb{R}^4$$

となるものがただ一つ存在する. 後に構成する量子輻射場との関連も考慮すると, $\tilde{P}$ はローレンツゲージでの**量子輻射場の理論におけるエネルギー・運動量作用素**と解釈されるものであり, $\tilde{P}_0, \tilde{\boldsymbol{P}} := (\tilde{P}_1, \tilde{P}_2, \tilde{P}_3)$ はそれぞれ, ローレンツゲージでの量子輻射場の理論におけるハミルトニアン, 運動量を表す.

エネルギー・運動量作用素 $\tilde{P}$ の具体的な形とスペクトル特性を調べよう. (10.15) によって

$$U(a, I) = \Gamma_{\text{b}}(e^{ia^0 k_0} e^{ia^1 k_1} e^{ia^2 k_2} e^{ia^3 k_3})$$
$$= \Gamma_{\text{b}}(e^{ia^0 k_0}) \Gamma_{\text{b}}(e^{ia^1 k_1}) \Gamma_{\text{b}}(e^{ia^2 k_2}) \Gamma_{\text{b}}(e^{ia^3 k_3})$$

であるから, 定理 7.5(vi) によって

$$U(a, I) = e^{ia^0 P_0} e^{ia^1 P_1} e^{ia^2 P_2} e^{ia^3 P_3} \tag{10.17}$$

となる. ただし,

$$P_0 := d\Gamma_{\text{b}}(\omega), \quad P_j := d\Gamma_{\text{b}}(k_j). \tag{10.18}$$

したがって

$$\widetilde{U}(a, I)[\Psi] = [e^{ia^0 P_0} e^{ia^1 P_1} e^{ia^2 P_2} e^{ia^3 P_3} \Psi], \quad \Psi \in \mathscr{F}'. \tag{10.19}$$

---

[68] $\mathscr{F}_0'$ は $\mathscr{F}'$ で $\mathscr{F}$ の位相で稠密であるので, 半正定値内積空間 $\mathscr{F}_0'$ の完備化は半正定値内積空間 $\mathscr{F}'$ の完備化, すなわち, $\mathscr{H}_{\text{phys}}$ に等しいことに注意.

自己共役作用素 P_μ ($\mu=0,1,2,3$) のスペクトル測度を E_{P_μ} とすれば，命題 10.8(iv) によって，各 $B\in\mathfrak{B}^1$ に対して $E_{P_\mu}(B)\mathscr{F}'\subset\mathscr{F}'$ が成り立つ[69]．また，$\Psi\sim\Phi(\Psi,\Phi\in\mathscr{F}')\Longrightarrow E_{P_\mu}(B)\Psi\sim E_{P_\mu}(B)\Phi,\forall B\in\mathfrak{B}^1$ が成立する．したがって，$\mathscr{F}'/\mathscr{N}'$ 上の線形作用素 $E'_\mu(B)$ を

$$E'_\mu(B)[\Psi]:=[E_{P_\mu}(B)\Psi], \quad \Psi\in\mathscr{F}'$$

によって定義できる．このとき，$E'_\mu(B)$ は有界な対称作用素で，$E'_\mu(B)^2=I$ を満たすことがわかる．したがって，拡大定理により，$\mathscr{H}_{\text{phys}}$ 上の正射影作用素 $\tilde{E}_\mu(B)$ で

$$\tilde{E}_\mu(B)[\Psi]=E'_\mu(B)[\Psi], \quad \Psi\in\mathscr{F}', B\in\mathfrak{B}^1$$

となるものがただ一つ存在する．さらに，$\tilde{E}_\mu(\cdot)$ は 1 次元スペクトル測度であることもわかる．以上をまとめると，任意の $t\in\mathbb{R}$ に対して

$$\left\langle[\Psi],e^{it\tilde{P}_\mu}[\Phi]\right\rangle_{\mathscr{H}_{\text{phys}}} = \int_\mathbb{R} e^{it\lambda}d\left\langle[\Psi],\tilde{E}_\mu(\lambda)[\Phi]\right\rangle_{\mathscr{H}_{\text{phys}}}, \quad \Psi,\Phi\in\mathscr{F}'$$

が示されたことになる．これは，$\tilde{E}_\mu$ が $\tilde{P}_\mu$ のスペクトル測度であることを意味する．

同様の考察により，次の事実が証明される：

定理 10.11 $P=(P_0,P_1,P_2,P_3)$ の結合スペクトル測度を E_P とすれば $\tilde{P}$ の結合スペクトル測度 $E_{\tilde{P}}$ は

$$E_{\tilde{P}}(B)[\Psi]=[E_P(B)\Psi], \quad \Psi\in\mathscr{F}', B\in\mathfrak{B}^4 \tag{10.20}$$

を満たす．

この定理から，$\tilde{P}$ の結合スペクトルに関する次の定理が導かれる：

定理 10.12 エネルギー・運動作用素 $\tilde{P}$ の結合スペクトル $\sigma_J(\tilde{P})$ について

$$\sigma_J(\tilde{P})\subset\overline{V}_+ \tag{10.21}$$

---

[69] 一般に，ヒルベルト空間 $\mathscr{H}$ 上の自己共役作用素 S と $\mathscr{H}$ の閉部分空間 $\mathscr{M}$ について，$e^{itS}\mathscr{M}\subset\mathscr{M},\forall t\in\mathbb{R}$ ならば，$e^{itS}\mathscr{M}=\mathscr{M},\forall t\in\mathbb{R}$ であり，$E_S(B)\mathscr{M}\subset\mathscr{M},\forall B\in\mathfrak{B}^1$ が成り立つ (E_S は S のスペクトル測度)．証明の概略：(i) S のレゾルヴェント $(S-z)^{-1}$ ($z\in\mathbb{C}\setminus\mathbb{R}$) が e^{itS} を用いた強リーマン積分で表されるので (たとえば，[3, p.149] を参照)，$(S-z)^{-1}\mathscr{M}\subset\mathscr{M}$ が導かれる．(ii) ストーンの公式 [3, 定理 4.8] により，$E_S((a,b])\psi$ ($\psi\in\mathscr{H}, a,b\in\mathbb{R}, a<b$) はレゾルヴェント $(S-z)^{-1}$ を用いた強リーマン積分で表されるので，$E_S((a,b])\mathscr{M}\subset\mathscr{M}$ が得られる．これと極限議論により，任意の $B\in\mathfrak{B}^1$ について，$E_S(B)\mathscr{M}\subset\mathscr{M}$ が示される．

が成り立つ.

証明 (10.20) によって
$$\langle [\Phi], E_{\tilde{P}}(B)[\Psi]\rangle = \langle \Phi, E_P(B)\Psi\rangle, \quad B \in \mathfrak{B}^4, \Psi, \Phi \in \mathscr{F}'.$$
クーロンゲージでの量子輻射場の理論におけるエネルギー・運動量作用素の場合と同様にして
$$\sigma_{\mathrm{J}}(E_P) = \overline{V}_+ \tag{10.22}$$
が示される (定理 8.2). したがって, $E_P(\overline{V}_+) = I$ であるので
$$\langle [\Phi], E_{\tilde{P}}(\overline{V}_+)[\Psi]\rangle = \langle [\Phi], [\Psi]\rangle$$
が成り立つ. これと $\mathscr{F}'/\mathscr{N}'$ の $\mathscr{H}_{\mathrm{phys}}$ における稠密性により, $E_{\tilde{P}}(\overline{V}_+) = I$ が結論される. ゆえに (10.21) が成り立つ. ∎

ボソンフォック空間 $\mathscr{F}$ のフォック真空を Ψ_0 とすれば,
$$P_\mu \Psi_0 = 0, \quad \mu = 0, 1, 2, 3$$
である. したがって,
$$\tilde{\Psi}_0 := [\Psi_0]$$
とおけば
$$\tilde{P}_\mu \tilde{\Psi}_0 = 0, \quad \mu = 0, 1, 2, 3$$
が成り立つ. すなわち, ベクトル $\tilde{\Psi}_0$ は $\tilde{P}_\mu$ の固有値 0 に属する固有ベクトルである. 特に, $\tilde{\Psi}_0$ は $\tilde{P}_0$ の基底状態である.

10.3 量子輻射場の構成

ボソンフォック空間 $\mathscr{F}$ における消滅作用素を $A_{\mathscr{H}_1}(\cdot)$ とし, 各 $f \in L^2(V_0, d\mu_0)$ と $\mu = 0, 1, 2, 3$ に対して, $\mathscr{F}$ 上の作用素 $a_\mu(f)$ を
$$a_\mu(f) := A_{\mathscr{H}_1}(f e_\mu) \tag{10.23}$$
によって定義する. このとき, $\mathscr{F}_0$ 上で次の交換関係が成り立つ: $\mu, \nu = 0, 1, 2, 3$ に対して
$$[a_\mu(f), a_\nu(g)^*] = \delta_{\mu\nu} \langle f, g\rangle_{L^2(V_0, d\mu_0)}, \tag{10.24}$$
$$[a_\mu(f), a_\nu(g)] = 0, \quad [a_\mu(f)^*, a_\nu(g)^*] = 0, \quad f, g \in L^2(V_0, d\mu_0). \tag{10.25}$$

ボソンフォック空間 $\mathscr{F}$ 上の稠密に定義された線形作用素 T に対して定義される作用素
$$T^\dagger := \eta T^* \eta$$
を T の η-**共役**という[70]．

$T^\dagger \supset T$ が成り立つとき，T は η-**対称**であるという．また，$T^\dagger = T$ ならば，T は η-**自己共役**であるという．

容易にわかるように，
$$(\Psi|T\Phi) = (T^\dagger\Psi|\Phi), \quad \Psi \in D(T^\dagger), \Phi \in D(T). \tag{10.26}$$
すなわち，$T^\dagger$ は T の不定計量 $(\cdot|\cdot)$ に関する共役である．

(10.26) および偏極恒等式によって，「T が η-対称である」ことと「すべての $\Psi \in D(T)$ に対して $(\Psi|T\Psi) \in \mathbb{R}$」は同値であることがわかる．

補題 10.13 ボソンフォック空間 $\mathscr{F}$ 上の稠密に定義された任意の可閉作用素 T に対して
$$(T^\dagger)^\dagger = \overline{T} \tag{10.27}$$
が成り立つ[71]．ただし，$\overline{T}$ は T の閉包を表す．

証明 $(T^\dagger)^\dagger = \eta(T^\dagger)^*\eta = \eta\eta T^{**}\eta\eta = T^{**} = \overline{T}$. ∎

補題 10.14 任意の $f \in L^2(V_0, d\mu_0)$ に対して次の式が成立する：
$$a_0(f)^\dagger = -a_0(f)^*, \quad a_j(f)^\dagger = a_j(f)^*, \quad j = 1,2,3.$$

証明 定理 7.5(iv) を用いて，次のように式変形を行う：
$$a_0(f)^\dagger = \eta a_0(f)^* \eta = \Gamma_b(\eta_1) A_{\mathscr{H}_1}(f,0,0,0)^* \Gamma_b(\eta_1)$$
$$= A_{\mathscr{H}_1}(\eta_1(f,0,0,0,))^* = A_{\mathscr{H}_1}(-(f,0,0,0))^* = -a_0(f)^*.$$
$a_j(f)^\dagger$ についても同様． ∎

---

[70] この概念は，ボソンフォック空間に限らず，一般的なものである．すなわち，$\mathscr{H}$ を任意のヒルベルト空間，τ を $\mathscr{H}$ 上のユニタリ対合とするとき，$\mathscr{H}$ 上の稠密に定義された線形作用素 T に対して，$T^\dagger := \tau T^* \tau$ を T の τ-共役という．$\mathscr{H}$ 上の準双線形形式 $(\cdot|\cdot)_\tau$ を $(\psi|\phi)_\tau := \langle \psi, \tau\phi \rangle$, $\psi, \phi \in \mathscr{H}$ によって定義すれば，$(\psi|T\phi)_\tau = (T^\dagger\psi|\phi)_\tau$, $\psi \in D(T^\dagger), \phi \in D(T)$ が成り立つ．

[71] これも，任意のヒルベルト空間におけるユニタリ対合に関する共役作用素 (前脚注を参照) について成立する．

補題 10.14 と (10.24), (10.25) によって, $\mathscr{F}_0$ 上で次の交換関係が成り立つ: $\mu, \nu = 0, 1, 2, 3$ に対して

$$[a_\mu(f), a_\nu(g)^\dagger] = -g_{\mu\nu} \langle f, g \rangle_{L^2(V_0, d\mu_0)}, \tag{10.28}$$

$$[a_\mu(f), a_\nu(g)] = 0, \quad [a_\mu(f)^\dagger, a_\nu(g)^\dagger] = 0, \quad f, g \in L^2(V_0, d\mu_0). \tag{10.29}$$

各 $f \in \mathscr{H}_1$ に対して, $\mathscr{F}$ 上の作用素 $a(f)$ を

$$a(f) := a_\mu(f^\mu) \tag{10.30}$$

によって定義する ($f^\mu := g^{\mu\nu} f_\nu$, $\mu = 0, 1, 2, 3$). もともとの消滅作用素を用いると

$$a(f) = A_{\mathscr{H}_1}(f^\mu e_\mu) \quad (\mathscr{F}_0 \text{ 上}) \tag{10.31}$$

と書けることに注意しよう.

補題 10.15 すべての $f \in \mathscr{H}_1$ に対して, $\mathscr{F}_0$ 上で

$$a(f)^\dagger = -a_0(f^0)^* + \sum_{j=1}^{3} a_j(f^j)^*$$

が成り立つ.

証明 $\mathscr{F}_0$ 上で

$$a(f)^\dagger = \eta a(f)^* \eta = A_{\mathscr{H}_1}(\eta_1 f^\mu e_\mu)^* = A_{\mathscr{H}_1}(-f^0, f^1, f^2, f^3)^*$$
$$= -a_0(f^0)^* + \sum_{j=1}^{3} a_j(f^j)^*. \quad \blacksquare$$

命題 10.16 $f, g \in \mathscr{H}_1$ を任意に固定する.
(i) 作用素 $a(f), a(f)^\dagger$ は $\mathscr{F}_0$ を不変にする: $a(f)\mathscr{F}_0 \subset \mathscr{F}_0$, $a(f)^\dagger \mathscr{F}_0 \subset \mathscr{F}_0$.
(ii) $\mathscr{F}_0$ 上で次の交換関係が成り立つ:

$$[a(f), a(g)^\dagger] = (f|g),$$
$$[a(f), a(g)] = 0, \quad [a(f)^\dagger, a(g)^\dagger] = 0.$$

証明 (i) 生成作用素と消滅作用素の一般的特性による.
(ii) (10.28) と (10.29) による. $\blacksquare$

さて,

$$\mathscr{S} := \bigoplus^4 \mathscr{S}(\mathbb{R}^4) = \{f = (f_0, f_1, f_2, f_3) | f_\mu \in \mathscr{S}(\mathbb{R}^4), \mu = 0, 1, 2, 3\} \quad (10.32)$$

とおこう.

各 $g \in \mathscr{S}(\mathbb{R}^4)$ に対して, ミンコフスキー的フーリエ変換 $\tilde{g}$ を

$$\tilde{g}(k) := \frac{1}{(2\pi)^2} \int_{\mathbb{R}^4} g(x) e^{ikx} dx, \quad k \in \mathbb{R}^4 \quad (10.33)$$

によって定義する. ただし, kx はミコフスキー計量である. $f = (f_0, f_1, f_2, f_3) \in \mathscr{S}$ に対しては

$$\tilde{f} := (\tilde{f}_0, \tilde{f}_1, \tilde{f}_2, \tilde{f}_3) \quad (10.34)$$

とおく.

写像 $\chi_0 : \mathscr{S}(\mathbb{R}^4) \to L^2(V_0, d\mu_0)$ を

$$(\chi_0 f)(k) := f(k), \quad f \in \mathscr{S}(\mathbb{R}^4), k \in V_0 \quad (10.35)$$

によって定義し, 直和作用素 $\bigoplus^4 \chi_0 : \mathscr{S} \to \mathscr{H}_1$ を改めて同じ記号 χ_0 で表す:

$$\chi_0 f := (\chi_0 f_0, \chi_0 f_1, \chi_0 f_2, \chi_0 f_3), \quad f = (f_0, f_1, f_2, f_3) \in \mathscr{S}. \quad (10.36)$$

各 $f \in \mathscr{S}$ に対して

$$A(f) := \sqrt{\pi}(a(\chi_0 \tilde{f}^*) + a(\chi_0 \tilde{f})^\dagger) \quad (10.37)$$

によって定まる作用素値超関数 $A(\cdot)$ を**ローレンツゲージにおける量子輻射場**と呼ぶ.

定理 10.17 (i) すべての $f \in \mathscr{S}$ に対して, $A(f)\mathscr{F}_0 \subset \mathscr{F}_0$, $A(f)^\dagger \mathscr{F}_0 \subset \mathscr{F}_0$.

(ii) $f \in \mathscr{S}$ が実ならば, $A(f)$ は η-対称である.

(iii) (場の方程式) すべての $f \in \mathscr{S}$ に対して, $\mathscr{F}_0$ 上で

$$A(\Box f) = 0 \quad (10.38)$$

が成り立つ.

証明 (i) (10.37) と命題 10.16(i) による.

(ii) f が実ならば $f = f^*$ であるから, $A(f) = \sqrt{\pi}(a(\chi_0 \tilde{f})^\dagger + a(\chi_0 \tilde{f}))$. したがって

$$A(f)^\dagger \supset \sqrt{\pi}(a(\chi_0 \tilde{f}) + a(\chi_0 \tilde{f})^\dagger) = A(f).$$

ゆえに, $A(f)$ は η-対称である.

(iii) $g = \Box f$ とおくと, $\tilde{g}(k) = -k^2 \tilde{f}(k), k \in \mathbb{R}^4$. したがって, $\chi_0 \tilde{g}(k) = 0, k \in V_0$. ゆえに, $\mathscr{F}_0$ 上で $a(\chi_0 \tilde{g})^\dagger = 0, a(\chi_0 \tilde{g}^*) = 0$. これは題意を意味する. ∎

命題 10.18 任意の $f, g \in \mathscr{S}$ に対して, $\mathscr{F}_0$ 上で次の交換関係が成り立つ:

$$[A(f), A(g)] = -\pi \int_{V_0} g_{\mu\nu} (\tilde{f}_\mu(-k)\tilde{g}_\nu(k) - \tilde{f}_\mu(k)\tilde{g}_\nu(-k)) d\mu_0(k). \quad (10.39)$$

証明 命題 10.16 (ii) を用いると $\mathscr{F}_0$ 上で次の式変形ができる:

$$[A(f), A(g)] = \pi [a(\chi_0 \tilde{f})^\dagger, a(\chi_0 \tilde{g}^*)] + [a(\chi_0 \tilde{f}^*), a(\chi_0 \tilde{g})^\dagger])$$
$$= \pi(-(\chi_0 \tilde{g}^* | \chi_0 \tilde{f}) + (\chi_0 \tilde{f}^* | \chi_0 \tilde{g}).$$

右辺を具体的に書き下すと, (10.39) の右辺に等しいことがわかる. ∎

(10.39) の右辺を見やすくするために, 写像 $D^{(\pm)} : \mathscr{S}(\mathbb{R}^4) \to \mathbb{C}$ を

$$D^{(+)}(f) := \frac{i}{2(2\pi)} \int_{V_0} \tilde{f}(-k) d\mu_0(k), \quad f \in \mathscr{S}(\mathbb{R}^4)$$

$$D^{(-)}(f) := -\frac{i}{2(2\pi)} \int_{V_0} \tilde{f}(k) d\mu_0(k)$$

によって定義する. これらは $\mathbb{R}^4$ 上の緩増加超関数であることがわかる. 緩増加超関数 $D^{(\pm)}$ の超関数核を $D^{(\pm)}(x)$ $(x \in \mathbb{R}^4)$ は

$$D^{(+)}(x) = \frac{i}{2(2\pi)^3} \int_{V_0} e^{-ikx} d\mu_0(k)$$
$$= \frac{i}{(2\pi)^3} \int_{\mathbb{R}^4} \delta(k^2) \theta(k_0) e^{-ikx} dk,$$
$$D^{(-)}(x) = D^{(+)}(x)^*$$

で与えられる. ただし, $\delta(k^2)$ は $k^2 = 0$ に台をもつデルタ超関数, $\theta(t)$ はヘヴィサイド関数である: $t \geq 0$ ならば $\theta(t) = 1$; $t < 0$ ならば $\theta(t) = 0$. そこで

$$D(x) := D^{(+)}(x) + D^{(-)}(x) \quad (10.40)$$

とすれば, (10.39) は $\mathscr{F}_0$ 上の交換関係として

$$[A(f), A(g)] = i \int_{\mathbb{R}^4 \times \mathbb{R}^4} g_{\mu\nu} D(x-y) f^\mu(x) g^\nu(y) dx\, dy \quad (10.41)$$

と書かれる.

超関数核 $D(x)$ については次の結果が知られている (たとえば, [22, p.213]):

$$D(x) = \frac{1}{2\pi}\varepsilon(x^0)\delta(x^2). \tag{10.42}$$

ただし, $\varepsilon(x^0) := \theta(x^0) - \theta(-x^0)$ は符号関数である. したがって, 次の結果を得る:

定理 10.19 $f, g \in \mathscr{S}$ からつくられる $x, y \in \mathbb{R}^4$ の関数
$F_{f,g}(x,y) := g_{\mu\nu}f^\mu(x)g^\nu(y)$ の台が

$$\mathbb{R}^8_{\neq} := \{(x,y) \in \mathbb{R}^4 \times \mathbb{R}^4 | (x-y)^2 \neq 0\} \tag{10.43}$$

に含まれるならば, $[A(f), A(g)] = 0$ ($\mathscr{F}_0$ 上) が成り立つ.

証明 (10.41) によって

$$[A(f), A(g)] = i\int_{\mathbb{R}^4 \times \mathbb{R}^4} D(x-y)F_{f,g}(x,y)dx\,dy. \tag{10.44}$$

(10.42) は, 超関数 $D(x-y)$ の台が $\{(x,y) \in \mathbb{R}^4 \times \mathbb{R}^4 | (x-y)^2 = 0\}$ に等しいことを語る. したがって, 目下の仮定のもとで, (10.44) の右辺は 0 である. ∎

任意の $x \in \mathrm{supp}\,f$ (f の台) と任意の $y \in \mathrm{supp}\,g$ に対して, $(x-y)^2 < 0$ が成り立つとき, f と g の台は**空間的に離れている**という.

系 10.20 関数 f と g の台が空間的に離れているならば, $[A(f), A(g)] = 0$ ($\mathscr{F}_0$ 上) が成り立つ.

証明 いまの場合, $F_{f,g}$ の台は $\mathbb{R}^8_{\neq}$ に含まれる. したがって, 定理 10.19 によって結論が得られる. ∎

この系にいう性質を量子輻射場の**局所性** (locality) または**微視的因果律** (microscopic causality) という. これは公理論的な相対論的な場の量子論において要請される性質の一つである.

10.4 量子輻射場の作用素値超関数核

各 $f \in \mathscr{S}(\mathbb{R}^4)$ と $\mu = 0, 1, 2, 3$ に対して, $A_\mu(f)$ を

$$A_\mu(f) := A(fe_\mu) \tag{10.45}$$

によって定義すれば

$$A(f) = A_\mu(f^\mu), \quad f = (f_0, f_1, f_2, f_3) \in \mathscr{S} \ (f^\mu := g^{\mu\nu} f_\nu) \tag{10.46}$$

が $\mathscr{F}_0$ 上で成り立つ. 作用素値超関数 $A_\mu(f)$ の作用素値超関数核を $A_\mu(x)$ とすれば, (10.37) により, 象徴的に

$$A_\mu(x) = \frac{1}{\sqrt{2(2\pi)^3}} \int_{V_0} (a_\mu(k) e^{-ikx} + a_\mu(k)^\dagger e^{ikx}) d\mu_0(k) \tag{10.47}$$

と表されることがわかる. ただし, $a_\mu(k)$ は $a_\mu(\chi_0 h)$ ($h \in \mathscr{S}(\mathbb{R}^4)$) の超関数核である:

$$a_\mu(h) = \int_{V_0} a_\mu(k) h(k) d\mu_0(k).$$

特に, 時刻 0 の場の作用素値超関数核は

$$\begin{aligned} A_\mu(\boldsymbol{x}) :&= A_\mu(0, \boldsymbol{x}) \\ &= \frac{1}{\sqrt{2(2\pi)^3}} \int_{V_0} \left(a_\mu(k) e^{i\boldsymbol{k}\cdot\boldsymbol{x}} + a_\mu(k)^\dagger e^{-i\boldsymbol{k}\cdot\boldsymbol{x}} \right) d\mu_0(k), \quad \boldsymbol{x} \in \mathbb{R}^3 \end{aligned} \tag{10.48}$$

で与えられる.

10.5 真空期待値

量子輻射場の n 点真空期待値は

$$W_n(f_1, \ldots, f_n) := \langle \Psi_0, A(f_1) A(f_2) \cdots A(f_n) \Psi_0 \rangle, \quad f_j \in \mathscr{S}, n \in \mathbb{N}$$

で定義される. $n = 2$ の場合, 任意の $f, g \in \mathscr{S}$ に対して, (7.8) と命題 10.16(ii) により

$$\begin{aligned} W_2(f, g) &= \pi \left\langle \Psi_0, a(\chi_0 \tilde{f}^*) a(\chi_0 \tilde{g})^\dagger \Psi_0 \right\rangle = \pi (\chi_0 \tilde{f}^* | \chi_0 \tilde{g}) \\ &= -\pi \int_{V_0} d\mu_0(k) \tilde{f}_\mu(-k) \tilde{g}^\mu(k). \end{aligned}$$

したがって

$$W_2(f, g) = i \int_{\mathbb{R}^4 \times \mathbb{R}^4} D^{(+)}(x - y) g_{\mu\nu} f^\mu(x) g^\nu(y) dx\, dy.$$

計算は省略するが $W_{2n-1}(f_1, \ldots, f_{2n-1}) = 0$, $n \in \mathbb{N}$ であり, $W_{2n}(f_1, \ldots, f_{2n})$ は $W_2(f_i, f_j)$ の n 個の積の和として表される ([4, 定理 4.51] を参照).

10.6　量子輻射場のポアンカレ共変性

ベクトル値関数 $f \in \mathscr{S}$ と固有ポアンカレ変換 $(a, \Lambda) \in \mathscr{P}_+^\uparrow$ に対して, $f_{(a,\Lambda)} \in \mathscr{S}$ を

$$f^\mu_{(a,\Lambda)}(x) := \Lambda^\mu_\nu f^\nu(\Lambda^{-1}(x-a)), \quad x \in \mathbb{M}^4 \tag{10.49}$$

によって定義する. 各 $(a, \Lambda) \in \mathscr{P}_+^\uparrow$ に対して」, 写像 $T(a,\Lambda) : \mathscr{S} \to \mathscr{S}$ を

$$T(a,\Lambda)f := f_{(a,\Lambda)}, \quad f \in \mathscr{S} \tag{10.50}$$

によって定義すれば, 写像 $T : (a,\Lambda) \mapsto T(a,\Lambda)$ は固有ポアンカレ群 $\mathscr{P}_+^\uparrow$ の $\mathscr{S}$ 上での表現を与える.

定理 10.21 任意の $(a,\Lambda) \in \mathscr{P}_+^\uparrow$ と $f \in \mathscr{S}$ に対して, $\mathscr{F}_0$ 上で

$$U(a,\Lambda)A(f)U(a,\Lambda)^{-1} = A(T(a,\Lambda)f) \tag{10.51}$$

が成り立つ.

証明 定理 7.5(iv) によって, $\mathscr{F}_0$ 上で

$$U(a,\Lambda)a(\chi_0 \tilde{f}^*)U(a,\Lambda)^{-1} = A_{\mathscr{H}_1}(u(a,\Lambda)\chi_0 \widetilde{(f^\mu)^*}e_\mu)$$

が成り立つ. 一方, 直接計算により $u(a,\Lambda)\chi_0 \widetilde{(f^\mu)^*}e_\mu = \chi_0 \tilde{g}^{\mu*}e_\mu$ がわかる. ただし, $g := T(a,\Lambda)f$. したがって $U(a,\Lambda)a(\chi_0\tilde{f}^*)U(a,\Lambda)^{-1} = a(\chi_0\tilde{g}^*)$.

同様にして, $U(a,\Lambda)\eta = \Gamma_{\mathrm{b}}(u(a,\Lambda)\eta_1)$ を用いることにより $U(a,\Lambda)a(\chi_0\tilde{f})^\dagger U(a,\Lambda)^{-1} = a(\chi_0\tilde{g})^\dagger$ が示される. よって, (10.51) が得られる. ∎

10.7　閉部分空間 $\mathscr{F}'$ の同定とローレンツ条件

各 $f \in \mathscr{S}(\mathbb{R}^4)$ と $\mu = 0,1,2,3$ に対して

$$A_\mu^{(+)}(f) := \sqrt{\pi}a_\mu(\chi_0\tilde{f}^*), \quad A_\mu^{(-)}(f) := \sqrt{\pi}a_\mu(\chi_0\tilde{f})^\dagger \tag{10.52}$$

を導入すると

$$A_\mu(f) = A_\mu^{(+)}(f) + A_\mu^{(-)}(f) \tag{10.53}$$

と書ける.

容易にわかるように

$$A_\mu^{(-)}(f)^* = \eta A_\mu^{(+)}(f)\eta, \quad f \in \mathscr{S}(\mathbb{R}^4), \mu = 0,1,2,3 \tag{10.54}$$

が成り立つ．

作用素値超関数の偏微分の定義によって

$$\partial^\mu A_\mu(f) = -A_\mu(\partial^\mu f) \tag{10.55}$$

である．したがって，フォック真空 $\Psi_0 \in \mathscr{F}$ に対して

$$\partial^\mu A_\mu(f)\Psi_0 = -A_\mu^{(-)}(\partial^\mu f)\Psi_0 = \{0, g, 0, \ldots\}$$

となる．ただし，$g := \sqrt{\pi}\chi_0(-ik^0\tilde{f}, ik^1\tilde{f}, ik^2\tilde{f}, ik^3\tilde{f})$．したがって，$f \neq 0$ ならば，$\partial^\mu A_\mu(f)\Psi_0 \neq 0$．ゆえに，ローレンツ条件 $\partial^\mu A_\mu(f) = 0$ は Ψ_0 を含む部分空間上の等式としては成立しない．だが，次の事実に注目する：

補題 10.22 $\mathscr{F}' \cap \mathscr{F}_0$ 上で，任意の $f \in \mathscr{S}(\mathbb{R}^4)$ に対して，$\partial^\mu A_\mu^{(+)}(f) = 0$ が成り立つ．

証明 部分空間

$$\mathscr{F}'_{\text{fin}} := \mathscr{L}\{\Psi_0, A_{\mathscr{H}_1}(f_1)^* \cdots A_{\mathscr{H}_1}(f_n)^*\Psi_0 | f_j \in \mathscr{H}'_1, j = 1, \ldots, n\}$$

は $\mathscr{F}'$ で稠密である．明らかに，$\partial^\mu A_\mu^{(+)}(f)\Psi_0 = -A_\mu^{(+)}(\partial^\mu f)\Psi_0 = 0$ である．

$$\Psi := A_{\mathscr{H}_1}(f_1)^* \cdots A_{\mathscr{H}_1}(f_n)^*\Psi_0$$

としよう．このとき，

$$\partial^\mu A_\mu^{(+)}(f)\Psi = -A_\mu^{(+)}(\partial^\mu f)\Psi = -A_{\mathscr{H}_1}(F)\Psi.$$

ただし，$F = -i\chi_0(k^\mu \tilde{f}^*)_{\mu=0,1,2,3}$．生成・消滅作用素の交換関係と (7.8) を用いると

$$A_{\mathscr{H}_1}(F)\Psi = \sum_{j=1}^n \langle F, f_j \rangle_{\mathscr{H}_1} \Psi_j$$

となる．ただし，$\Psi_j := A_{\mathscr{H}_1}(f_1)^* \cdots \widehat{A_{\mathscr{H}_1}(f_j)^*} \cdots A_{\mathscr{H}_1}(f_n)^*\Psi_0$ ($\widehat{A_{\mathscr{H}_1}(f_j)^*}$ は $A_{\mathscr{H}_1}(f_j)^*$ を除くことを表す記法)．一方

$$\langle F, f_j \rangle_{\mathscr{H}_1} = i\int_{V_0} d\mu_0(k) k^\mu \hat{f}(-k)(f_j)_\mu(k) = 0.$$

ここで，$k^\mu(f_j)_\mu(k) = 0$ を用いた．したがって，$A_{\mathscr{H}_1}(F)\Psi = 0$．ゆえに，$\partial^\mu A_\mu^{(+)}(f)\Psi = 0 \cdots (*)$ が成立する．線形性により，これはすべての $\Psi \in \mathscr{F}'_{\text{fin}}$ に対して成立する．消滅作用素は $(n+1)$ 粒子空間から n 粒子空間への有界作用素であり，各 n に対して，$\mathscr{F}'_{\text{fin}} \cap \overset{n}{\underset{s}{\otimes}} \mathscr{H}'_1$ は $\overset{n}{\underset{s}{\otimes}} \mathscr{H}'_1$ で稠密であるので，極限議論に

より，すべての $\Psi \in \mathscr{F}' \cap \mathscr{F}_0$ に対して $(*)$ が成立することになる. ∎

上の補題の逆も成り立つ．

補題 10.23 ベクトル $\Psi \in \mathscr{F}_0$ が $\partial^\mu A_\mu^{(+)}(f)\Psi = 0, \forall f \in \mathscr{S}(\mathbb{R}^4)$ を満たすならば，$\Psi \in \mathscr{F}'$ である.

証明 ボソンフォック空間の理論でよく知られているように，$\overset{n}{\underset{s}{\otimes}} \mathscr{H}_1$ は $W := V_0 \times \{0,1,2,3\} = \{(k,\mu) | k \in V_0, \mu = 0,1,2,3\}$ の n 個の直積空間 W^n 上のボレル可測関数 ψ で

$$\|\psi\|^2 := \sum_{\mu_1,\ldots,\mu_n=0,1,2,3} \int_{V_0^n} |\psi((k_1,\mu_1),(k_2,\mu_2),\ldots,$$
$$(k_n,\mu_n))|^2 d\mu_0(k_1)\cdots d\mu_0(k_n) < \infty$$

および置換対称性

$$\psi((k_{\sigma(1)},\mu_{\sigma(1)}),\ldots,(k_{\sigma(n)},\mu_{\sigma(n)})) = \psi((k_1,\mu_1),\ldots,(k_n,\mu_n)), \quad \sigma \in \mathfrak{S}_n$$

($\mathfrak{S}_n$ は $\{1,2,\ldots,n\}$ の置換群) を満たすものから形成されるヒルベルト空間 $L^2_{\text{sym}}(W^n)$ と自然な仕方で同型であり，したがって，$\mathscr{F}$ は

$$\mathscr{E} := \overset{\infty}{\underset{n=0}{\oplus}} L^2_{\text{sym}}(W^n)$$

($L^2_{\text{syn}}(W^0) := \mathbb{C}$) と同型である ([4, 例 4.1] を参照). この同型のもとで，消滅作用素 $A_{\mathscr{H}_1}(g)$ は次の作用をもつ作用素 (これも同じ記号で書く) とユニタリ同値になる ([4, 例 4.2] を参照)：

$(A_{\mathscr{H}_1}(g)\Psi)^{(n)}((k_1,\mu_1),\ldots,(k_n,\mu_n))$
$= \sum_{\mu=0}^{3} \sqrt{n+1} \int_{V_0} d\mu_0(k) g_\mu(k)^* \Psi^{(n+1)}((k,\mu),(k_1,\mu_1),\ldots,(k_n,\mu_n)),$
$g \in \mathscr{H}_1, \Psi \in D(A_{\mathscr{H}_1}(g)), n \in \mathbb{N}.$

したがって，$\partial^\mu A_\mu^{(+)}(f)\Psi = 0$ は

$$\sqrt{n+1} \int_{V_0} d\mu_0(k) \hat{f}(-k) k^\mu \Psi^{(n+1)}((k,\mu),(k_1,\mu_1),\ldots,(k_n,\mu_n)) = 0$$

と同値になる (Ψ に対応する $\mathscr{E}$ の元も同じ記号で書く). $f \in \mathscr{S}(\mathbb{R}^4)$ は任意であるから

$$k^\mu \Psi^{(n+1)}((k,\mu),(k_1,\mu_1),\ldots,(k_n,\mu_n)) = 0,$$
$$\text{a.e.}(k,k_1,\ldots,k_n),\ \mu_1,\ldots,\mu_n = 0,1,2,3$$

がしたがう．置換対称性により，これは $\Psi^{(n+1)} \in \overset{n+1}{\underset{s}{\otimes}} \mathscr{H}_1'$ を意味する．したがって，$\Psi \in \mathscr{F}'$. ∎

以上，二つの補題から次の定理を得る：

定理 10.24 $\mathscr{F}' \cap \mathscr{F}_0 = \{\Psi \in \mathscr{F}_0 | \partial^\mu A_\mu^{(+)}(f)\Psi = 0, \forall f \in \mathscr{S}(\mathbb{R}^4)\}$.

$\mathscr{F}' \cap \mathscr{F}_0$ は $\mathscr{F}'$ で稠密であるので次の結果と得る．

系 10.25 $\mathscr{F}' = \overline{\{\Psi \in \mathscr{F}_0 | \partial^\mu A_\mu^{(+)}(f)\Psi = 0, \forall f \in \mathscr{S}(\mathbb{R}^4)\}}$.

ローレンツ条件は不定計量 $(\cdot|\cdot)$ に関して弱い意味で成立する：

定理 10.26 (ローレンツ条件) 任意の $\Psi, \Phi \in \mathscr{F}' \cap \mathscr{F}_0$ とすべての $f \in \mathscr{S}(\mathbb{R}^4)$ に対して $(\Psi|\partial^\mu A_\mu(f)\Phi) = 0$.

証明 定理 10.24 と (10.54) を用いればよい． ∎

10.8 量子電磁場

古典電磁場の理論における電磁場テンソルの成分に相当する作用素が

$$F_{\mu\nu}(f) := \partial_\mu A_\nu(f) - \partial_\nu A_\mu(f), \quad f \in \mathscr{S}(\mathbb{R}^4) \tag{10.56}$$

によって定義される．作用素の組 $(F_{\mu\nu}(f))_{\mu<\nu}$ を**量子電磁場**と呼ぶ．

定理 10.27 関数 $f \in \mathscr{S}(\mathbb{R}^4)$ を任意に固定する：

(i) (マクスウェル方程式) $\mathscr{F}_0$ 上で
$$\partial^\mu F_{\mu\nu}(f) + \partial_\nu \partial^\mu A_\mu(f) = 0$$
が成り立つ．

(ii) (半正定値性保存) $F_{\mu\nu}(f)\mathscr{F}' \cap \mathscr{F}_0 \subset \mathscr{F}' \cap \mathscr{F}_0$ $(\mu,\nu = 0,1,2,3)$.

(iii) $F_{\mu\nu}(f)\mathscr{N}' \cap \mathscr{F}_0 \subset \mathscr{N}' \cap \mathscr{F}_0$.

証明 (i) $\mathscr{F}_0$ 上で次の式変形が可能である：
$$\partial^\mu F_{\mu\nu}(f) = -F_{\mu\nu}(\partial^\mu f) = A_\nu(\Box f) - A_\mu(\partial_\nu \partial^\mu f).$$
定理 10.17 (iii) によって，$A_\nu(\Box f) = 0$ ($\mathscr{F}_0$ 上) であるから，
$$\partial^\mu F_{\mu\nu}(f) = -A_\mu(\partial_\nu \partial^\mu f) = -\partial_\nu \partial^\mu A_\mu(f)$$
となる．したがって，求める結果を得る．

(ii) $F_{\mu\nu}(f)\mathscr{F}_0 \subset \mathscr{F}_0$ は明らか．$\Psi \in \mathscr{F}' \cap \mathscr{F}_0$ とすれば，任意の $g \in \mathscr{S}(\mathbb{R}^4)$ に対して，定理 10.24 により，$\partial^\alpha A_\alpha^{(+)}(g) F_{\mu\nu}(f)\Psi = -[A_\alpha^{(+)}(\partial^\alpha g), F_{\mu\nu}(f)]\Psi$．一方，交換関係 (10.28), (10.29) を用いると $[A_\alpha^{(+)}(\partial^\alpha g), F_{\mu\nu}(f)]\Psi = 0$ が示される．したがって，定理 10.24 によって，$F_{\mu\nu}(f)\Psi \in \mathscr{F}'$．

(iii) 任意の $\Psi \in \mathscr{N}' \cap \mathscr{F}_0$ に対して，(ii) により，$F_{\mu\nu}(f)\Psi \in \mathscr{F}' \cap \mathscr{F}_0$．したがって，$F_{\mu\nu}(f)\Psi \in D(F_{\mu\nu}(f)^\dagger)$ であるので
$$0 \leq (F_{\mu\nu}(f)\Psi|F_{\mu\nu}(f)\Psi) = (\Psi|F_{\mu\nu}(f)^\dagger F_{\mu\nu}(f)\Psi)$$
$$\leq (\Psi|\Psi)^{1/2}(F_{\mu\nu}(f)^\dagger F_{\mu\nu}(f)\Psi|F_{\mu\nu}(f)^\dagger F_{\mu\nu}(f)\Psi)^{1/2}$$
$$= 0.$$
ここで，不等号は半正定値内積に関するシュヴァルツの不等式による．したがって，$F_{\mu\nu}(f)\Psi \in \mathscr{N}'$. ∎

定理 10.27 (ii), (iii) によって，$\mathscr{H}_{\text{phys}}$ 上の作用素 $\widetilde{F}_{\mu\nu}(f)$ を
$$\widetilde{F}_{\mu\nu}(f)[\Psi] := [F_{\mu\nu}(f)\Psi], \quad \Psi \in \mathscr{F}' \cap \mathscr{F}_0 \tag{10.57}$$
によって定義できる ((iii) のおかげで右辺は $[\Psi]$ の代表元の選び方によらず定まる)．すなわち，量子電磁場は物理的状態空間 $\mathscr{H}_{\text{phys}}$ 上の稠密に定義された作用素へともちあがる．この意味で，量子電磁場は物理的な量であると解釈される．

注意 10.28 ローレンツゲージでの量子輻射場の理論は不定計量を伴う相対論的量子場の理論の例の一つを与える．そこで，不定計量を伴う相対論的量子場の理論とはそもそも何であるのかという問いが浮上する．この問いに答えるために，公理論的な定式化が提出されてきた (たとえば，[31, 36, 46, 47, 48] を参照)．しかしながら，4 次元ミンコフスキー時空上の非自明な量子場モデル——自由場と同等でないモデル——でそのような公理系を満たすものの存在を証明する問題は未解決である．ちなみに，この問題は，いわゆるミレニアム賞金問題 ([30, 第 6 章] や [33] を参照) と深く関わる．

11 相互作用モデル

11.1 クーロンゲージにおけるモデル

量子ディラック場と量子輻射場の相互作用を考慮した本来の相対論的 QED を構成するにあたっては，すでに述べたように，相互作用項に関してある種の正則化が必要である．この項では，クーロンゲージでの正則化されたモデルの一つを記述する．

モデルのハミルトニアンは，すでに発見法的に見たように，CCR や CAR の表現からつくるのが自然である．他方，それらの基本的な例は，クーロンゲージにおける自由な量子輻射場のためのボソンフォック空間 $\mathscr{F}_{\mathrm{b}}(\mathscr{H}_{\mathrm{ph}})$ と自由な量子ディラック場のためのフェルミオンフォック空間 $\mathscr{F}_{\mathrm{f}}$ に時刻 0 の量子場として実現している (フォック表現). ゆえに，最初の試みとして，これらのフォック表現を用いてみる．そこで，モデル構成のためのヒルベルト空間として $\mathscr{F}_{\mathrm{b}}(\mathscr{H}_{\mathrm{ph}})$ と $\mathscr{F}_{\mathrm{f}}$ のテンソル積

$$\mathscr{F}_{\mathrm{QED,C}} := \mathscr{F}_{\mathrm{b}}(\mathscr{H}_{\mathrm{ph}}) \otimes \mathscr{F}_{\mathrm{f}} \tag{11.1}$$

をとる．

モデルの無摂動ハミルトニアン H_0 は自由場の場合と同じものでなければならない：

$$H_0 := H_{\mathrm{EM}} \otimes I + I \otimes H_{\mathrm{D}} = d\Gamma_{\mathrm{b}}(\omega) \otimes I + I \otimes d\Gamma_{\mathrm{f}}(E). \tag{11.2}$$

次に量子輻射場と量子ディラック場の相互作用を記述する作用素を定義しよう．だが，これは，古典場の理論のようにすんなりとはいかない．

ボレル可測関数 $\chi: \mathbb{R}^3 \to \mathbb{R}$ で $\chi/\sqrt{\omega}, \chi/\omega \in L^2(\mathbb{R}^3)$ を満たすものを任意に固定し，各 $\boldsymbol{x} \in \mathbb{R}^3$ と $j = 1, 2, 3, r = 1, 2$, に対して，$g_j^{(r)}(\boldsymbol{x}) : \mathbb{R}^3 \to \mathbb{C}$ を

$$g_j^{(r)}(\boldsymbol{x})(\boldsymbol{k}) := \frac{\chi(\boldsymbol{k})}{\sqrt{(2\pi)^3 \omega(\boldsymbol{k})}} e_j^{(r)}(\boldsymbol{k}) e^{-i\boldsymbol{k}\cdot\boldsymbol{x}} \tag{11.3}$$

によって定義する．$g_j^{(r)}(\boldsymbol{x}) \in L^2(\mathbb{R}^3)$ であるので

$$A_j^{\chi}(\boldsymbol{x}) := \frac{1}{\sqrt{2}} \sum_{r=1}^{2} \left\{ a^{(r)}(g_j^{(r)}(\boldsymbol{x})) + a^{(r)}(g_j^{(r)}(\boldsymbol{x}))^* \right\} \tag{11.4}$$

は $\mathscr{F}_{\mathrm{b}}(\mathscr{H}_{\mathrm{ph}})$ 上の対称作用素として意味をもつ．関数 χ は，物理的には，光子の運動量切断を表す．

象徴的記法では

$$A_j^\chi(\bm{x}) = \sum_{r=1}^2 \int_{\mathbb{R}^3} \frac{1}{\sqrt{2(2\pi)^3\omega(\bm{k})}} \chi(\bm{k}) \left\{ a^{(r)}(\bm{k})e_j^{(r)}(\bm{k})e^{i\bm{k}\cdot\bm{x}} \right.$$
$$\left. + a^{(r)}(\bm{k})^* e_j^{(r)}(\bm{k})e^{-i\bm{k}\cdot\bm{x}} \right\} \quad (11.5)$$

である.

注意 11.1 形式的に $\chi(\bm{k}) = 1$ とした場合が, QED の物理的議論で使用される量子電磁ポテンシャル $A_j(\bm{x})$ である. だが, この場合, $g_j^{(r)}(\bm{x}) \notin L^2(\mathbb{R}^3)$ であるので, $A_j(\bm{x})$ は $\mathscr{F}_b(\mathscr{H}_{ph})$ 上の作用素としては定義されない. CCR のフォック表現とは異なる表現を用いて $a^{(r)}(\cdot)$ を定義する場合でも, $a^{(r)}(\bm{k})\Omega = 0$, $r = 1, 2$, a.e.$\bm{k}$ を満たす単位ベクトル Ω (真空ベクトル) の存在を要請すると, $A_j(\bm{x})$ は当該のヒルベルト空間上の作用素にはなり得ないことが示される. 実際, この場合, 仮に $A_j(\bm{x})$ が「自然な特性」を有する作用素であると仮定すると (そのひとつは, $\Omega \in D(A_j(\bm{x}))$)

$$\sum_{j=1}^3 \|A_j(\bm{x})\Omega\|^2 = \int_{\mathbb{R}^3} \frac{1}{(2\pi)^3\omega(\bm{k})} d\bm{k} = \infty$$

となり, 矛盾が生じる. QED の物理学的な議論で「発散の困難」が生じる要因のひとつは, $A_j(\bm{x})$ をそのまま形式的に使用することによる (いまの計算がその一例). このような理由により, 従来の QED の発見法的形式を踏まえつつ, 数学的に意味のある理論を構築しようするならば, どうしても運動量切断を入れた理論から出発する必要があるのである. もちろん, 従来の QED の形式にこだわらないで別の形式を探るという道もありうる.

定理 7.2 を $\mathscr{H} = \mathscr{H}_{ph}$, $T = \omega$ の場合に応用することにより, 次の不等式が得られる: すべての $\Psi \in D(H_{EM}^{1/2})$ に対して

$$\|a^{(r)}(g_j^{(r)}(\bm{x}))\Psi\| \leq \frac{1}{\sqrt{(2\pi)^3}} \|\chi/\omega\|_{L^2(\mathbb{R}^3)} \|H_{EM}^{1/2}\Psi\|, \quad (11.6)$$

$$\|a^{(r)}(g_j^{(r)}(\bm{x}))^*\Psi\| \leq \frac{1}{\sqrt{(2\pi)^3}} \left(\|\chi/\omega\|_{L^2(\mathbb{R}^3)} \|H_{EM}^{1/2}\Psi\| + \|\chi/\sqrt{\omega}\|_{L^2(\mathbb{R}^3)} \|\Psi\| \right). \quad (11.7)$$

したがって

$$\|A_j^\chi(\bm{x})\Psi\| \leq \frac{2}{\sqrt{2(2\pi)^3}} \left(2\|\chi/\omega\|_{L^2(\mathbb{R}^3)} \|H_{EM}^{1/2}\Psi\| + \|\chi/\sqrt{\omega}\|_{L^2(\mathbb{R}^3)} \|\Psi\| \right),$$

$$\Psi \in D(H_{\text{EM}}^{1/2}). \tag{11.8}$$

不等式 (11.6) と (11.7) を用いると，次の補題が証明される：

補題 11.2 任意の $\Psi \in D(H_{\text{EM}}^{1/2})$ に対して，写像 : $\mathbb{R}^3 \ni \boldsymbol{x} \to a^{(r)}(g_j^{(r)}(\boldsymbol{x}))^{\#}\Psi$ ($r = 1, 2, j = 1, 2, 3$) は強連続である．

同様に，ディラック粒子の運動量切断のための実数値関数 $\xi \in L^2(\mathbb{R}^3)$ を任意に一つ固定し，各 $\boldsymbol{x} \in \mathbb{R}^3$ と $s = \pm 1/2$ に対して，$F(\boldsymbol{x}, s), G(\boldsymbol{x}, s) : \mathbb{R}^3 \to \mathbb{C}^4$ を

$$F(\boldsymbol{x}, s)(\boldsymbol{k}) := \xi(\boldsymbol{k})u(\boldsymbol{k}, s)e^{-i\boldsymbol{k}\cdot\boldsymbol{x}}, \quad G(\boldsymbol{x}, s)(\boldsymbol{k}) := \xi(\boldsymbol{k})v(-\boldsymbol{k}, s)e^{-i\boldsymbol{k}\cdot\boldsymbol{x}} \tag{11.9}$$

によって定義する．性質 $\|u(\boldsymbol{k}, s)\|_{\mathbb{C}^4} = 1$, $\|v(-\boldsymbol{k}, s)\|_{\mathbb{C}^4} = 1$ によって，各 $(\boldsymbol{x}, s)$ に対して，$F(\boldsymbol{x}, s), G(\boldsymbol{x}, s) \in L^2(\mathbb{R}^3; \mathbb{C}^4)$ であり

$$\|F(\boldsymbol{x}, s)\|_{L^2(\mathbb{R}^3;\mathbb{C}^4)} = \|\xi\|_{L^2(\mathbb{R}^3)}, \quad \|G(\boldsymbol{x}, s)\|_{L^2(\mathbb{R}^3;\mathbb{C}^4)} = \|\xi\|_{L^2(\mathbb{R}^3)} \tag{11.10}$$

がわかる．したがって

$$\psi_a^\xi(\boldsymbol{x}) := b(F_a(\boldsymbol{x}, s)^*) + d(G_a(\boldsymbol{x}, s))^* \tag{11.11}$$

は $\mathscr{F}_{\text{f}}$ 上の有界作用素として意味をもち

$$\|\psi_a^\xi(\boldsymbol{x})\| \le 2\|\xi\|_{L^2(\mathbb{R}^3)}$$

が成り立つ．

(6.30) を用いることにより，次の補題が証明される：

補題 11.3 写像 $\mathbb{R}^3 \ni \boldsymbol{x} \to b(F_a(\boldsymbol{x}, s)^*)^{\#}, d(G_a(\boldsymbol{x}, s))^{\#}$ ($a = 1, 2, 3, 4, s = \pm 1/2$) は作用素ノルムの位相で連続である．

単純な計算により

$$\psi_a^\xi(\boldsymbol{x})^*\psi_b^\xi(\boldsymbol{x}) = \Big\{ b(F_a(\boldsymbol{x}, s)^*)^*b(F_b(\boldsymbol{x}, s)) + b(F_a(\boldsymbol{x}, s)^*)^*d(G_b(\boldsymbol{x}, s))^* $$
$$+ d(G_a(\boldsymbol{x}, s))b(F_b(\boldsymbol{x}, s)) + d(G_a(\boldsymbol{x}, s))d(G_b(\boldsymbol{x}, s))^* \Big\}.$$

ここで，CAR を使うと $\{\cdots\}$ の中の最後の項は

$$d(G_a(\boldsymbol{x}, s))d(G_b(\boldsymbol{x}, s))^* = -d(G_b(\boldsymbol{x}, s))^*d(G_a(\boldsymbol{x}, s)) + \langle G_a(\boldsymbol{x}, s), G_b(\boldsymbol{x}, s)\rangle.$$

ところが

$$\langle G_a(\boldsymbol{x}, s), G_b(\boldsymbol{x}, s)\rangle = \int_{\mathbb{R}^3} |\xi(\boldsymbol{k})|^2 v_a(-\boldsymbol{k}, s)^* v_b(-\boldsymbol{k}, s) d\boldsymbol{k}$$

であるから，これは $|\xi(\boldsymbol{k})| \to 1$ の極限で発散し得る[72]．そこで，この項を落としたものを考え，これを $:\psi_a^\xi(\boldsymbol{x})^*\psi_b^\xi(\boldsymbol{x}):$ と記す：

$$:\psi_a^\xi(\boldsymbol{x})^*\psi_b^\xi(\boldsymbol{x}): \stackrel{\text{def}}{=} b(F_a(\boldsymbol{x},s)^*)^*b(F_b(\boldsymbol{x},s)) + b(F_a(\boldsymbol{x},s)^*)^*d(G_b(\boldsymbol{x},s))^*$$
$$+ d(G_a(\boldsymbol{x},s))b(F_b(\boldsymbol{x},s)) - d(G_b(\boldsymbol{x},s))^*d(G_a(\boldsymbol{x},s)). \tag{11.12}$$

これを $\psi_a^\xi(\boldsymbol{x})^*\psi_b^\xi(\boldsymbol{x})$ の**ウィック積**という．これは，要するに，二つの量子ディラック場の積 $\psi_a^\xi(\boldsymbol{x})^*\psi_b^\xi(\boldsymbol{x})$ を生成作用素と消滅作用素の積に展開したとき，消滅作用素を生成作用素の右側にもってくる操作によって得られる作用素である．ただし，その交換回数が奇数回ならばマイナス符号をつける．

(11.10) によって

$$\|:\psi_a^\xi(\boldsymbol{x})^*\psi_b^\xi(\boldsymbol{x}):\| \leq 4\|\xi\|_{L^2(\mathbb{R}^3)}^2 \tag{11.13}$$

が成り立つ．

量子ディラック場の任意個の積に関するウィック積は一般には次のように定義される．

$$\phi_j = \phi_j^{(-)} + \phi_j^{(+)}, \quad j = 1,\ldots,n$$

という形の作用素があったとしよう．ただし，$\phi_j^{(-)}$ は消滅作用素 $(b(\cdot)$ または $d(\cdot))$ を一個だけ含む作用素であり，$\phi_j^{(+)}$ は生成作用素 $(b(\cdot)^*$ または $d(\cdot)^*)$ を一個だけ含む作用素である．このとき

$$:\phi_1\cdots\phi_n: \stackrel{\text{def}}{=} {\sum_k}' \epsilon_k \phi_{i_1}^{(+)}\cdots\phi_{i_k}^{(+)}\phi_{j_1}^{(-)}\cdots\phi_{j_{n-k}}^{(-)}. \tag{11.14}$$

ただし，和 ${\sum_k}'$ は，$i_1 < \cdots < i_n, j_1 < \cdots < j_{n-k}, \{i_1,\ldots,i_k\} \cap \{j_1,\ldots,j_{n-k}\} = \emptyset, \{i_1,\ldots,i_k\} \cup \{j_1,\ldots,j_{n-k}\} = \{1,\ldots,n\}$ を満たす $i_1,\ldots,i_k, j_1,\ldots,j_{n-k}$ にわたる和を表す．ϵ_k は置換 $(1,\ldots,n) \mapsto (i_1,\ldots,i_k,j_1,\ldots,j_{n-k})$ の符号である．

各 $j = 1,2,3$ に対して

$$:\psi^\xi(\boldsymbol{x})\alpha^j\psi^\xi(\boldsymbol{x}): \stackrel{\text{def}}{=} \sum_{a,b=1}^4 (\alpha^j)_{ab} :\psi_a^\xi(\boldsymbol{x})\psi_b^\xi(\boldsymbol{x}): \tag{11.15}$$

とする．(11.13) によって $\|:\psi^\xi(\boldsymbol{x})\alpha^j\psi^\xi(\boldsymbol{x}):\| \leq 4\|\xi\|_{L^2(\mathbb{R}^3)}^2 \sum_{a,b=1}^4 |(\alpha^j)_{ab}|$．$\alpha^j$

---

[72] たとえば，$\sum_{a=1}^4 \|G_a(\boldsymbol{x},s)\|^2 = \int_{\mathbb{R}^3} |\xi(\boldsymbol{k})|^2 d\boldsymbol{k} \to \infty \, (\xi \to 1)$．

のエルミート性と $(\alpha^j)^2 = 1_4$ を用いると $\sum_{b=1}^{4} |(\alpha^j)_{ab}|^2 = 1, a = 1, 2, 3, 4$ が導かれる．したがって，コーシー・シュヴァルツの不等式により $\sum_{b=1}^{4} |(\alpha^j)_{ab}| \leq 2$. ゆえに

$$\| :\psi^\xi(\boldsymbol{x})\alpha^j\psi^\xi(\boldsymbol{x}): \| \leq 32\|\xi\|_{L^2(\mathbb{R}^3)}^2 \tag{11.16}$$

という評価が得られる．

以下，記法上の簡潔さのため，テンソル積 $X \otimes I, I \otimes Y$ をそれぞれ，単に X, Y と表す場合がある．実数値関数 $\chi_{\mathrm{sp}} \in L^1(\mathbb{R}^3)$ ($\mathbb{R}^3$ 上の可積分なボレル可測関数の全体) に対して，$\mathscr{F}_{\mathrm{QED,C}}$ 上の線形作用素 H_I を次のように定義できる：

$$D(H_\mathrm{I}) := D(H_{\mathrm{EM}}^{1/2}), \tag{11.17}$$

$$H_\mathrm{I}\Psi := \sum_{j=1}^{3}\int_{\mathbb{R}^3} \chi_{\mathrm{sp}}(\boldsymbol{x}) :\psi^\xi(\boldsymbol{x})^*\alpha^j\psi^\xi(\boldsymbol{x}): A_j^\chi(\boldsymbol{x})\Psi d\boldsymbol{x}. \tag{11.18}$$

右辺の積分はボッホナー積分[73]の意味でとる．実際，(11.8) と (11.16) により

$$\|\chi_{\mathrm{sp}}(\boldsymbol{x}) :\psi^\xi(\boldsymbol{x})^*\alpha^j\psi^\xi(\boldsymbol{x}): A_j^\chi(\boldsymbol{x})\Psi\| \leq C_{\xi,\Psi}|\chi_{\mathrm{sp}}(\boldsymbol{x})|$$

が成り立つ．ただし，

$$C_{\xi,\Psi} := \frac{64}{\sqrt{2(2\pi)^3}}\|\xi\|_{L^2(\mathbb{R}^3)}^2 \left(2\|\chi/\omega\|_{L^2(\mathbb{R}^3)}\|H_{\mathrm{EM}}^{1/2}\Psi\| + \|\chi/\sqrt{\omega}\|_{L^2(\mathbb{R}^3)}\|\Psi\|\right).$$

したがって

$$\int_{\mathbb{R}^3} \|\chi_{\mathrm{sp}}(\boldsymbol{x}) :\psi^\xi(\boldsymbol{x})^*\alpha^j\psi^\xi(\boldsymbol{x}): A_j^\chi(\boldsymbol{x})\Psi\|d\boldsymbol{x} \leq C_{\xi,\Psi}\int_{\mathbb{R}^3} |\chi_{\mathrm{sp}}(\boldsymbol{x})|d\boldsymbol{x} < \infty. \tag{11.19}$$

関数 χ_{sp} は相互作用の空間切断を表す (いまの評価から示唆されるように，χ を導入しないと H_I は $\mathscr{F}_{\mathrm{QED,C}}$ 上の作用素として定義されない)．作用素 H_I は，運動量切断と空間切断によって正則化された意味における，量子ディラック場とクーロンゲージでの量子輻射場の相互作用を表す (発見法的な式 (3.15) の第一項における $\int_{\mathbb{R}^3} \psi^*(\boldsymbol{x})\alpha^j\psi(\boldsymbol{x})A_j(\boldsymbol{x})d\boldsymbol{x}$ の部分の正則化).

次に (3.15) の第二項 (量子ディラック場の自己相互作用項) の正則化を行う．関数 $\chi_\mathrm{D} \in L^2(\mathbb{R}^3)$ は非負の関数で $\hat{\chi}_\mathrm{D}/|\boldsymbol{k}| \in L^2(\mathbb{R}^3)$ を満たすものとしよう．このとき，量子ディラック場の自己相互作用項の正則化の一つ H_II は次のように定

---

[73] [5, 付録 E] を参照．

義される：

$$D(H_{\mathrm{II}}) := \mathscr{F}_{\mathrm{QED,C}}, \tag{11.20}$$

$$H_{\mathrm{II}}\Psi := \frac{1}{8\pi}\int_{\mathbb{R}^3\times\mathbb{R}^3}\chi_{\mathrm{D}}(\boldsymbol{x})\chi_{\mathrm{D}}(\boldsymbol{y})\frac{:\psi^\xi(\boldsymbol{x})^*\psi^\xi(\boldsymbol{x})\psi^\xi(\boldsymbol{y})^*\psi^\xi(\boldsymbol{y}):}{|\boldsymbol{x}-\boldsymbol{y}|}\Psi d\boldsymbol{x}d\boldsymbol{y},$$

$$\Psi \in \mathscr{F}_{\mathrm{QED,C}}. \tag{11.21}$$

実際，

$$\|\chi_{\mathrm{D}}(\boldsymbol{x})\chi_{\mathrm{D}}(\boldsymbol{y})\frac{:\psi^\xi(\boldsymbol{x})^*\psi^\xi(\boldsymbol{x})\psi^\xi(\boldsymbol{y})^*\psi^\xi(\boldsymbol{y}):}{|\boldsymbol{x}-\boldsymbol{y}|}\Psi\| \le C_\xi \frac{\chi_{\mathrm{D}}(\boldsymbol{x})\chi_{\mathrm{D}}(\boldsymbol{y})}{|\boldsymbol{x}-\boldsymbol{y}|}\|\Psi\|$$

(C_ξ は ξ に依存する定数) であり，(2.77) により

$$\int_{\mathbb{R}^3\times\mathbb{R}^3}\frac{\chi_{\mathrm{D}}(\boldsymbol{x})\chi_{\mathrm{D}}(\boldsymbol{y})}{|\boldsymbol{x}-\boldsymbol{y}|}d\boldsymbol{x}d\boldsymbol{y} = 4\pi\int_{\mathbb{R}^3}\frac{|\hat{\chi}_{\mathrm{D}}(\boldsymbol{k})|^2}{|\boldsymbol{k}|^2}d\boldsymbol{k} < \infty$$

となるので，H_{II} は有界作用素として定義されることがわかる．容易にわかるように，$H_{\mathrm{II}}^* = H_{\mathrm{II}}$．したがって，$H_{\mathrm{II}}$ は有界な自己共役作用素である．

以上から，(3.15) によって与えられる，クーロンゲージでの形式的ハミルトニアン H_{C} の正則化として

$$H_{\xi,\chi} := H_0 + qH_{\mathrm{I}} + q^2 H_{\mathrm{II}} \quad (q\in\mathbb{R}) \tag{11.22}$$

が定義される ((3.15) の第一項の中に $\int_{\mathbb{R}^3}\psi(\boldsymbol{x})^*(\alpha^i(-i\partial_j)+m\beta)\psi(\boldsymbol{x})d\boldsymbol{x}$ の正則化は H_{D} であり，(3.15) の第三項+四項の正則化は H_{EM} である)．

定理 11.4 (Takaesu [50]) すべての $q\in\mathbb{R}$ に対して，$D(H_{\xi,\chi}) = D(H_0)$ であり，$H_{\xi,\chi}$ は下に有界な自己共役作用素である．

証明 すでに論じた事柄により，作用素 qH_{I} は対称作用素であり，$D(H_{\mathrm{I}}) \supset D(H_{\mathrm{EM}}^{1/2})$ が成り立つことがわかる．上述したように，H_{II} は有界な自己共役作用素である．したがって，$H_{\xi,\chi}$ は対称作用素である．(11.19) によって，すべての $\Psi\in D(H_0)$ に対して，$\Psi\in D(H_{\mathrm{I}})$ であり，

$$\|H_{\mathrm{I}}\Psi\| \le C(\|H_{\mathrm{EM}}^{1/2}\Psi\| + \|\Psi\|)$$

が成り立つ．ただし，$C>0$ は Ψ に依存しない定数である．任意の $\varepsilon > 0$ に対して

$$\|H_{\mathrm{EM}}^{1/2}\Psi\| \le \|\Psi\|^{1/2}\|H_{\mathrm{EM}}\Psi\|^{1/2} \quad (シュヴァルツの不等式)$$

$$\leq \varepsilon \|H_{\mathrm{EM}}\Psi\| + \frac{1}{4\varepsilon}\|\Psi\|$$
$$\leq \varepsilon \|H_0\Psi\| + \frac{1}{4\varepsilon}\|\Psi\|.$$

したがって, qH_{I} は H_0 に関して無限小である. ゆえに, 加藤–レリッヒの定理 (たとえば, [8, 定理 2.7] を参照) により, $H' := H_0 + qH_{\mathrm{I}}$ は $D(H_0)$ 上で自己共役である. また, $H_0 \geq 0$ であるでの, H' は下に有界である. すでに見たように, $q^2 H_{\mathrm{II}}$ は有界作用素であるので, 再び, 加藤–レリッヒの定理により, $H' + q^2 H_{\mathrm{II}}$ は $D(H') = D(H_0)$ 上で自己共役であり, 下に有界である. 一方, $H' + q^2 H_{\mathrm{II}} = H_{\xi,\chi}$ である. ∎

ハミルトニアン $H_{\xi,\chi}$ のスペクトル解析ならびに関連する研究については [18, 19, 20, 50, 51] などを参照されたい.

真に相対論的な QED を得るには, 上のモデルで空間切断と運動量切断を除去しなければならない. しかし, この操作を行う際に「発散」の困難に出会う. いわゆる「くりこみ理論」は, この困難を回避し, 物理現象と比べられる結果を摂動的に得るための処方 (アルゴリズム) を提供する. だが, 数学的な観点からは, 依然として, 無限大の発散の困難は残っていると言わざる得ない. 相対論的 QED の真の姿を見出すことは極度に難しい未解決問題として残されている.

11.2 ローレンツゲージにおけるモデル

ローレンツゲージの場合の量子輻射場と量子ディラック場の合成系の状態のヒルベルト空間は

$$\mathscr{H}_{\mathrm{QED,L}} := \mathscr{F} \otimes \mathscr{F}_{\mathrm{f}}$$

となる. ただし, $\mathscr{F}$ は (10.6) で定義されるボソンフォック空間である.

無摂動ハミルトニアンは

$$H_0^{(\mathrm{L})} := P_0 \otimes I + I \otimes H_{\mathrm{D}}$$

である. ただし, 作用素 P_0 は (10.18) によって定義される.

相互作用項を定義するために, 時刻 0 の量子輻射場 $A_\mu(\boldsymbol{x})$ ((10.48) を参照) の右辺に運動量切断 $\chi \in L^2(V_0, d\mu_0)$ を入れたもの

$$A_\mu^\chi(\boldsymbol{x}) := \frac{1}{\sqrt{2(2\pi)^3}} \left(a_\mu(\chi e^{-i\boldsymbol{k}\cdot\boldsymbol{x}}) + a_\mu(\chi e^{-i\boldsymbol{k}\cdot\boldsymbol{x}})^\dagger\right) \tag{11.23}$$
$$= \frac{1}{\sqrt{2(2\pi)^3}} \int_{\mathbb{R}^3} \left(a_\mu(k)\chi(k)e^{i\boldsymbol{k}\cdot\boldsymbol{x}} + a_\mu(k)^\dagger \chi(k) e^{-i\boldsymbol{k}\cdot\boldsymbol{x}}\right) d\mu_0(k)$$

を考える.そして,ローレンツゲージでの (運動量切断と空間切断の入った) 相互作用項を

$$H_{\mathrm{I}}^{(\mathrm{L})} := \int_{\mathbb{R}^3} \chi_{\mathrm{sp}}(\boldsymbol{x}) : \psi^\xi(\boldsymbol{x})^* \alpha^\mu \psi^\xi(\boldsymbol{x}) : A_\mu^\chi(\boldsymbol{x}) d\boldsymbol{x}$$

によって定義する.ただし,$\alpha^0 := 1_4$ である.したがって,全ハミルトニアンは

$$H_{\mathrm{QED,L}} := H_0^{(\mathrm{L})} + qH_{\mathrm{I}}^{(\mathrm{L})} \tag{11.24}$$

となる.

ハミルトニアン $H_{\mathrm{QED,L}}$ の数学的解析は,原理的には,このままでも可能であるが,ある自然なユニタリ変換を用いて,別のヒルベルト空間に移動して行う方がより容易になりうることが結果的にわかる.読者の便宜のために,このユニタリ変換について簡単にふれておこう.

1 光子のヒルベルト空間 $\mathscr{H}_1$ から,$L^2(\mathbb{R}^3)$ の 4 個の直和ヒルベルト空間

$$\mathscr{K}_1 := \overset{4}{\oplus} L^2(\mathbb{R}^3)$$

への自然なユニタリ変換 $\hat{u}$ が

$$(\hat{u}f)_\mu(\boldsymbol{k}) := \frac{f_\mu(\omega(\boldsymbol{k}), \boldsymbol{k})}{\sqrt{\omega(\boldsymbol{k})}}, \quad f \in \mathscr{H}_1, \mu = 0, 1, 2, 3$$

によって定まる.このユニタリ変換の第二種の第 2 量子化作用素

$$U := \Gamma_{\mathrm{b}}(\hat{u}) := \overset{\infty}{\underset{n=0}{\oplus}} \overset{n}{\otimes} \hat{u}$$

は $\mathscr{F}$ から,$\mathscr{K}_1$ 上のボソンフォック空間 $\mathscr{F}_{\mathrm{b}}(\mathscr{K}_1)$ へのユニタリ変換である.したがって

$$W := U \otimes I$$

は $\mathscr{H}_{\mathrm{QED,L}}$ から

$$\mathscr{H}_L := \mathscr{F}_{\mathrm{b}}(\mathscr{K}_1) \otimes \mathscr{F}_{\mathrm{f}}$$

へのユニタリ変換である.そこで,W による $H_{\mathrm{QED,L}}$ のユニタリ変換

$$H := W H_{\mathrm{QED,L}} W^{-1} \tag{11.25}$$

がいかなる形になるかを調べる.

ローレンツゲージでの量子輻射場の自由ハミルトニアン P_0 のユニタリ変換を

$$H_{\mathrm{L},0} = U P_0 U^{-1}$$

とおくと,一般公式 [4, 定理 4.47] により

$$H_{\mathrm{L},0} = d\Gamma_{\mathscr{K}_1}(\omega)$$

となることがわかる．ただし，$\mathscr{K}_1$ 上の稠密に定義された閉作用素 T に対して，$d\Gamma_{\mathscr{K}_1}(T)$ は，T の $\mathscr{F}_{\mathrm{b}}(\mathscr{K}_1)$ における第 2 量子化作用素を表し，ここでの ω は $\mathscr{K}_1$ 上の掛け算作用素として考える．

消滅作用素と生成作用素は次のように変換する（[4, 命題 4.46] の応用）：

$$UA_{\mathscr{H}_1}(f)U^{-1} = A_{\mathscr{K}_1}(Sf/\sqrt{\omega}), \quad UA_{\mathscr{H}_1}(f)^*U^{-1} = A_{\mathscr{K}_1}(Sf/\sqrt{\omega})^*, \quad f \in \mathscr{H}_1.$$

ただし，$(Sf)(\boldsymbol{k}) := f(\omega(\boldsymbol{k}),\boldsymbol{k})$, $\boldsymbol{k} \in \mathbb{R}^3$. したがって，$\mu = 0,1,2,3$ と $f \in L^2(V_0, d\mu_0)$ に対して

$$Ua_\mu(f)U^{-1} = A_{\mathscr{K}_1}(Sfe_\mu/\sqrt{\omega}) = a'_\mu(Sf/\sqrt{\omega}).$$

ただし

$$a'_\mu(h) := A_{\mathscr{K}_1}(he_\mu), \quad h \in L^2(\mathbb{R}^3).$$

また $\eta' := U\eta U^{-1}$ とおくと

$$\eta' = \Gamma_{\mathrm{b}}(\eta'_1)$$

が成り立つ．ただし，$\eta'_1 : \mathscr{K}_1 \to \mathscr{K}_1$, $\eta'_1 g = (-g_0, g_1, g_2, g_3)$, $g \in \mathscr{K}_1$. ゆえに，任意の $f \in \mathscr{S}(\mathbb{R}^4)$ に対して

$$A'_\mu(f) := UA_\mu(f)U^{-1}$$

とすれば

$$A'_\mu(f) = \sqrt{\pi}(a'_\mu(Sf/\sqrt{\omega}) + a'_\mu(Sf/\sqrt{\omega})^\dagger).$$

ただし，$\mathscr{F}_{\mathrm{b}}(\mathscr{K}_1)$ 上の稠密に定義された線型作用素 X に対して，$X^\dagger := \eta' X^* \eta'$. したがって，$a'_\mu(\boldsymbol{k})$ ($\boldsymbol{k} \in \mathbb{R}^3$) を作用素値超関数 $a'_\mu : \mathscr{S}(\mathbb{R}^3) \ni h \mapsto a'_\mu(h)$ の核とすれば $A'_\mu(\cdot)$ の作用素値超関数核は

$$A'_\mu(x) = \frac{1}{\sqrt{2(2\pi)^3}} \int_{\mathbb{R}^3} \frac{1}{\sqrt{\omega(\boldsymbol{k})}} (a'_\mu(\boldsymbol{k})e^{-i\omega(\boldsymbol{k})x^0 + i\boldsymbol{k}\cdot\boldsymbol{x}} + a'_\mu(\boldsymbol{k})^\dagger e^{i\omega(\boldsymbol{k})x^0 - i\boldsymbol{k}\cdot\boldsymbol{x}})$$

$$(x \in \mathbb{M}^4)$$

となる．これが $\mathscr{F}_{\mathrm{b}}(\mathscr{K}_1)$ 上での量子輻射場の形である．

(11.23) によって

$$UA_\mu^\chi(\boldsymbol{x})U^{-1} = A'_\mu(\boldsymbol{x}; S\chi)$$

が成り立つ．ただし，ボレル可測関数 $\rho : \mathbb{R}^3 \to \mathbb{R}$ で $\rho/\sqrt{\omega} \in L^2(\mathbb{R}^3)$ を満たすものに対して，作用素 $A'_\mu(\boldsymbol{x}; \rho)$ を

$$A'_\mu(\boldsymbol{x};\rho) := \frac{1}{\sqrt{2(2\pi)^3}} \left(a'_\mu(\rho e^{-i\boldsymbol{k}\cdot\boldsymbol{x}}/\sqrt{\omega}) + a'_\mu(\rho e^{-i\boldsymbol{k}\cdot\boldsymbol{x}}/\sqrt{\omega})^\dagger \right).$$

によって定義する．

以上から
$$H = H_{\mathrm{L},0} \otimes I + I \otimes H_{\mathrm{D}} + q \int_{\mathbb{R}^3} \chi_{\mathrm{sp}}(\boldsymbol{x}) : \psi^\xi(\boldsymbol{x})^* \alpha^\mu \psi^\xi(\boldsymbol{x}) : A'_\mu(\boldsymbol{x}; S\chi) d\boldsymbol{x} \tag{11.26}$$

となる．この型の作用素の詳しい数学的解析については [26] を参照されたい．

注意 11.5 ローレンツゲージでの量子輻射場と静的な外場 (時間に依らない，古典的な 4 次元電流密度) との相互作用を記述するモデルの研究が [49] に見られる．また，非相対論的 QED のモデルにおいて量子輻射場をローレンツゲージで扱う研究もなされている [29]．

11.3 ディラック粒子と量子輻射場の相互作用モデル

本稿の序で少しふれたように，量子輻射場と相互作用を行う非相対論的な量子場も考えられる．実際，量子ディラック場の非相対論的な対応物として，**量子ド・ブロイ場** [53] と呼ばれるものがある．量子ド・ブロイ場にはフェルミ場だけでなく，ボース場も存在する [5, 8 章]．非相対論的な電子の量子場——非相対論的量子電子場——は，量子ド・ブロイ場の基本的な例である．この項では，簡単のため，電荷をもつ量子ド・ブロイ場と量子輻射場の相互作用を扱う理論を総称的に非相対論的 QED と呼ぶことにする．この理論では，量子ド・ブロイ場によって記述される量子的粒子の個数は保存されるので，状態のヒルベルト空間は，Z 粒子空間 $\mathscr{H}_Z$ ($Z = 0, 1, 2, \ldots$) の無限直和 $\bigoplus_{Z=0}^\infty \mathscr{H}_Z$ に分解される (詳しくは，[1] を参照)．この場合，$\mathscr{H}_Z$ におけるハミルトニアンは，クーロンゲージでの量子輻射場の無摂動ハミルトニアン H_{EM} と [Z 体のシュレーディンガー作用素に量子輻射場との相互作用を取り入れたもの] の和として与えられる．

非相対論的 QED の前述の構造との関連において，ディラック粒子と量子輻射場の相互作用を考察するのはそれなりの意味がありうる．実際，物理的な議論ではあるが，相対論的 QED における 1 電子問題では，1 個の相対論的電子と量子輻射場の相互作用モデルを用いて，比較的よい精度で実験結果を説明できる場合がある (たとえば，[39] を参照)．他方，ディラック作用素の非相対論的極限がシュレーディンガー作用素を与えることに注目するならば，そのようなモデルは数学

的にも興味がありうる．

1個のディラック粒子とクーロンゲージでの量子輻射場との相互作用モデルのための状態のヒルベルト空間は，クーロンゲージにおける量子輻射場のヒルベルト空間 $\mathscr{F}_{\mathrm{b}}(\mathscr{H}_{\mathrm{ph}})$ と1個のディラック粒子の状態のヒルベルト空間 $L^2(\mathbb{R}^3;\mathbb{C}^4)$ のテンソル積

$$\mathscr{F}_{\mathrm{DM}} := \mathscr{F}_{\mathrm{b}}(\mathscr{H}_{\mathrm{ph}}) \otimes L^2(\mathbb{R}^3;\mathbb{C}^4) \tag{11.27}$$

にとるのが自然である．ハミルトニアンは

$$H_{\mathrm{DM}} := H_{\mathrm{EM}} + h_{\mathrm{D}} + V + q\sum_{j=1}^{3} \alpha^j A_j^\chi(\boldsymbol{x}) \tag{11.28}$$

によって定義される．ただし，h_{D} は自由ディラック作用素 ((2.22) を参照)，V は $\mathbb{R}^3$ 上の，4次のエルミート行列に値をとるボレル可測関数である (外場としての電磁ポテンシャルを含む)．作用素 H_{DM} をディラック–マクスウェル作用素またはディラック–マクスウェルハミルトニアンと呼ぶ．この作用素の解析は [6, 7, 10, 14, 27, 41, 42] においてなされてきた．ハミルトニアン H_{DM} は，形式的・発見法的な摂動論においては，コンプトン散乱 (1光子と1自由電子の散乱)，ラムシフト (水素原子の第一励起エネルギー準位の微細構造に現れる超微細な準位シフト) などの現象をそれなりに「説明」できる [39]．だが，これらの発見法的結果を数学的に厳密な仕方で基礎づけ，その背後に存在するであろう真の数理物理学的構造を明らかにすることは今後の研究にまたねばならない．

ローレンツゲージの量子輻射場を用いたディラック–マクスウェル型ハミルトニアンも研究されている [28]．

12　結語

本稿では，相対論的 QED の発見法的・形式的な図式とこれを数学的に基礎づけるための数学的・数理物理学的研究のいくつかを概観した．しかしながら，相対論的 QED に関わる最も根本的な問題，すなわち，相互作用を記述する完全に相対論的な非摂動的 QED — 非自明な QED — は存在するかという問題は未解決のままである．この問題の「特異性」の一つは，序文でも言及したように，非摂動的な相対論的 QED の数学的に厳密な定義がそもそもないという点にある[74]．し

---

[74] 摂動的な相対論的 QED は基本的にできあがっている．たとえば，[43, 44] を参照．だが，これは量子場の理論というよりも，超関数列を定義し，これを用いて，観測結果を説明する，ある種の対応規則的アルゴリズム理論であろう．

がって，じつは，問題を明確な形で言明することができないのである．最も素朴で直接的なアプローチの一つは，本稿で定義した，切断の入った QED のモデルにおいて，すべての切断を除く極限が適切な意味で存在し，その極限理論が相対論的な要請を満たすか否かを問うことである．そして，もし，そのような極限理論が存在すれば，これを非摂動的な相対論的 QED の定義の一つとするのである．だが，この場合，極限理論は極限の取り方に依存しうるので，この方法で非摂動的な相対論的 QED が一意的に定義されるかどうかは自明ではない．したがって，存在しうる極限理論の同値性または非同値性を考察する必要がある．いま言及したアプローチでは，切断を除く際に，無限大に発散する量の非摂動的「くりこみ」を行う必要があるのだが，これが極度に困難な問題を提示する．より一般的な観点からは，公理論的に厳密な仕方で非摂動的な相対論的 QED を特徴づけて，その公理系を満たすモデルが存在するかどうかを検証することが考えられる．いずれにしても，非摂動的な相対論的 QED の数学的構成の問題には，それをいかに定義するかという基礎的問題も含まれていることを強調しておきたい．

ところで，じつは，4 次元時空上の非自明な φ^4 モデル —— これは量子スカラー場のモデルの一つ —— が存在しないかもしれないという予想 ([25, 10 章] や本書，原隆氏の論説を参照) と並行して，非自明な QED の存在に関しても否定的な推測がある ([25, p.40] や [34] を参照)．もし，非自明な QED の非存在が真に証明できれば，それは数理物理学的研究の重要な成果の一つとなるであろうし，非摂動的相対論的 QED に対して，別の形式の理論を探求する道が開かれうる．筆者は，目下，この方向で研究を進めている．というのも，相対論的 QED および従来の量子場理論の形式は，次に述べる (自然哲学的) 理由により，最終的なものとは考えにくいからである：

(1) ミンコフスキー時空は，そもそも，古典物理学的・マクロ的な概念であるので，真の量子場を，素粒子現象を基礎として物質的宇宙を現成させる根源的理念(イデア)のひとつとして捉えようとするのであれば，それは通常の時空概念を超えた位置に存在する，より上位の概念・理念層に探求されなければならない．

(2) 従来の量子場理論では，まず，相互作用を行わない自由場を考え，これは「裸の質量」(bare mass) や「裸の電荷」(bare charge) をもつと仮定する．そして，他の量子場との相互作用や自己相互作用により，それらは変化し，

観測される質量や電荷が現れるという描像を採用する[75]．したがって，この図式では，観測結果と理論を比較するには，じつは，理論の中に無限大の発散があろうとなかろうと — 現形式では観測質量および観測電荷はいずれも発散するが (たとえば，[54] を参照) — ，質量と電荷の「くりこみ」(理論的予測を観測質量と観測電荷を用いて表すこと) は必要なのである[76]．だが，こうした二重構造は，理論的にぎこちなく，不自然に見える．

上記 (1), (2) をより包括的な観点から短く言い換えるならば，従来の量子場理論のもとにある描像は古典物理学的であるということである．それは，通常の物理の教科書で使われる「古典場の量子化」という言葉にも表れている．だが，アインシュタインの相対性理論がニュートン力学とは独立に存在するように，真の量子場は，存在するとすれば，古典場を参照せずに，それとは独立な理念として捉えられるはずである．量子場理論の現存の形式の困難は，まさに，古典物理学的な描像を「引きずっている」ことによると思われる．ゆえに，真の量子場の理論があるとすれば，それは時空概念も含めて古典物理学的描像を超越した位置から構成されるものでなければならない．古典的な時空概念やマクロ的描像は，いま述べた意味での真の量子場の理論から，一定の概念水準において — たとえば，真の量子場の理論に内在する構造の何らかの意味での「表現」として — 導かれるべきものである．

最後に，相対論的 QED の研究においてまったく新しい飛躍がもたらされることを期待しつつ，相対論的量子力学の創始者で QED の発展にも大きな貢献をした — だが，QED の現形式には満足しなかった — 天才的物理学者ディラックの言葉とともに本論を閉じることにしたい．

One must seek a new relativistic quantum mechanics and one's prime concern must be to base it on sound mathematics [37, p.5].

One should put one's trust in a mathematical scheme, even if

---

[75] 相互作用を記述するハミルトニアンにおける無摂動ハミルトニアンのディラック場の質量 m は裸の質量であり，相互作用項の係数 (結合定数) に現れる電荷 q は裸の電荷である．たとえば，(11.22) によって定義される，クーロンゲージでのハミルトニアン $H_{\xi,\chi}$ における m と q はそれぞれ，裸の質量，裸の電荷である．

[76] 運動量切断の入った非相対論的 QED — 無限大の発散の無い非相対論的 QED — において，実験結果と合致する，コンプトン散乱の断面積とラムシフトを導出するには，質量の「くりこみ」が必要であることが示されている [2, 13].

*the scheme does not appear at first sight to be connected
with physics* [37, p.2].

*The research worker, in his efforts to express the fundamental laws
of Nature in mathematical form, should strive mainly for
mathematical beauty* [24].

A 付録 ヒルベルト空間上の線形作用素に関わるいくつかの概念

$\mathscr{H}$ を複素ヒルベルト空間とし，T を $\mathscr{H}$ 上の線形作用素とする．

(i) $\mathscr{H}$ の部分集合 $\ker T := \{\Psi \in D(T) | T\Psi = 0\}$ ($D(T)$ は T の定義域) は部分空間であり，T の**核** (kernel) と呼ばれる．T が単射 (1 対 1) であることと $\ker T = \{0\}$ は同値である．

(ii) T の値域を $\mathrm{Ran}(T)$ と記す：$\mathrm{Ran}(T) := \{T\Psi | \Psi \in D(T)\}$．

(iii) T が単射であるとき，その逆作用素 $T^{-1} : \mathrm{Ran}(T) \to D(T)$ が存在する ($T^{-1}T\Psi = \Psi, \Psi \in D(T), TT^{-1}\Phi = \Phi, \Phi \in \mathrm{Ran}(T)$)．

(iv) 線形作用素 T の定義域 $D(T)$ が

$$\langle \Psi, \Phi \rangle_{D(T)} := \langle \Psi, \Phi \rangle + \langle T\Psi, T\Phi \rangle, \quad \Psi, \Phi \in D(T)$$

によって定義される内積に関して完備であるとき (すなわち，ヒルベルト空間であるとき)，T を**閉作用素**という．

(v) 線形作用素 T が閉作用素の拡大 (閉拡大) をもつとき，T は**可閉**であるという．この場合，次の式を満たす閉作用素 $\overline{T}$ が存在する：

$$D(\overline{T}) = \{\Psi \in \mathscr{H} | \text{ベクトル列 } \Psi_n \in D(T), n \in \mathbb{N} \text{ があって}$$
$$\lim_{n \to \infty} \Psi_n = \Psi \text{ かつ } \lim_{n \to \infty} T\Psi_n \text{ が存在}\}, \tag{A.1}$$

$$\overline{T}\Psi = \lim_{n \to \infty} T\Psi_n, \Psi \in D(\overline{T}). \tag{A.2}$$

$\overline{T}$ を T の**閉包**という．

(vi) 対称作用素 T (3.1 項を参照) は可閉である．もし，その閉包 $\overline{T}$ が自己共役であるならば，T は**本質的に自己共役**であるという．

(vii) 複素数体 $\mathbb{C}$ の部分集合 $\sigma_{\mathrm{p}}(T), \rho(T), \sigma_{\mathrm{c}}(T), \sigma_{\mathrm{r}}(T)$ を次のように定義する：

$$\sigma_{\mathrm{p}}(T) := \{z \in \mathbb{C} | \ker(T-z) \neq \{0\}\}, \tag{A.3}$$

$$\rho(T) := \{z \in \mathbb{C} | T-z \text{ は単射}, \ \mathrm{Ran}(T) \text{ は } \mathscr{H} \text{ で稠密}$$
$$\text{かつ } (T-z)^{-1} \text{ は有界}\}, \tag{A.4}$$

$$\sigma_{\mathrm{c}}(T) := \{z \in \mathbb{C} | T-z \text{ は単射}, \ \mathrm{Ran}(T) \text{ は } \mathscr{H} \text{ で稠密}$$
$$\text{かつ } (T-z)^{-1} \text{ は非有界}\}, \tag{A.5}$$

$$\sigma_{\mathrm{r}}(T) := \{z \in \mathbb{C} | T-z \text{ は単射}, \ \mathrm{Ran}(T) \text{ は } \mathscr{H} \text{ で非稠密}\}. \tag{A.6}$$

$\sigma_{\mathrm{p}}(T)$ は T の固有値全体の集合であり，T の**点スペクトル** (point spectrum) と呼ばれる[77]．$\rho(T)$ は T の**レゾルヴェント集合** (resolvent set) と呼ばれる．$z \in \rho(T)$ に対して，$(T-z)^{-1}$ を T の z における**レゾルヴェント**という．$\sigma_{\mathrm{c}}(T), \sigma_{\mathrm{r}}(T)$ をそれぞれ，T の**連続スペクトル** (continuous spectrum), **剰余スペクトル** (residual spectrum) という．4 つの集合 $\sigma_{\mathrm{p}}(T), \rho(T), \sigma_{\mathrm{c}}(T), \sigma_{\mathrm{r}}(T)$ は互いに素であり

$$\sigma_{\mathrm{p}}(T) \cup \rho(T) \cup \sigma_{\mathrm{c}}(T) \cup \sigma_{\mathrm{r}}(T) = \mathbb{C}$$

が成り立つ．特に

$$\sigma(T) := \sigma_{\mathrm{p}}(T) \cup \sigma_{\mathrm{r}}(T) \cup \sigma_{\mathrm{c}}(T) = \mathbb{C} \setminus \rho(T)$$

を T の**スペクトル**という．

(viii) T が対称作用素のとき，任意の $\Psi \in D(T)$ に対して，$\langle \Psi, T\Psi \rangle$ は実数である．定数 $\gamma \in \mathbb{R}$ があって，$\langle \Psi, T\Psi \rangle \geq \gamma \|\Psi\|^2, \Psi \in D(T)$ が成り立つとき，T は下に有界であるといい，このことを $T \geq \gamma$ と記す．特に，$\gamma = 0$ であるとき，T は**非負**であるという．

(ix) T を自己共役作用素とすると，$\sigma(T)$ は $\mathbb{R}$ の閉部分集合である．

$$E_0(T) := \inf \sigma(T) \tag{A.7}$$

が有限であることと T が下に有界であることは同値であり，この場合，$T \geq E_0(T)$ が成り立つ．

$E_0(T)$ が有限のとき，$E_0(T)$ を T の**最低エネルギー**という．

---

[77] $T\Psi = z\Psi$ を満たす $z \in \mathbb{C}$ と $\Psi \in D(T) \setminus \{0\}$ が存在するとき，z を T の**固有値**，Ψ を固有値 z に属する，T の**固有ベクトル**という．$\ker(T-z)$ の次元を固有値 z の**多重度**という．

もし，$E_0(T)$ が T の固有値ならば，T は**基底状態** (ground state) をもつといい，その固有ベクトル，すなわち，$[\ker(T - E_0(T))] \setminus \{0\}$ の元を T の**基底状態**という．この場合，$E_0(T)$ は**基底状態エネルギー**とも呼ばれる．$\dim \ker(T - E_0(T)) = 1$ のとき，基底状態は**一意的**または**縮退していない**という．$\dim \ker(T - E_0(T)) \geq 2$ のときは，基底状態は**縮退している**という．

(x) ヒルベルト空間 $\mathscr{H}$ 上の自己共役作用素の組 $T = (T_1, \ldots, T_n)$ ($n \geq 2$) について，任意の $j, k = 1, \ldots, n$ に対して，T_j と T_k のスペクトル測度が可換なとき，すなわち，T_j のスペクトル測度を $E_j(\cdot)$ とすれば，すべてのボレル集合 $B, C \in \mathfrak{B}^1$ (1 次元ボレル集合体) に対して，$E_j(B) E_k(C) = E_k(C) E_j(B)$ が成立するとき，$T_1, \ldots, T_n$ は**強可換**であるという．この場合，n 次元のスペクトル測度 E で

$$E(B_1 \times \cdots \times B_n) = E_1(B_1) \cdots E_n(B_n), \ B_1, \ldots, B_n \in \mathfrak{B}^1$$

を満たすものがただ一つ存在する．この E を $E_1, \ldots, E_n$ の**結合スペクトル測度** (joint spectral measure) という．結合スペクトル測度 E の台を T の**結合スペクトル** (joint spectrum) と呼び，これを $\sigma_J(T)$ と記す．詳しくは，[4, 2.3 節] を参照されたい．

(xi) (**商ベクトル空間**) $\mathbb{K} = \mathbb{R}$ または $\mathbb{C}$ とし，$\mathscr{V}$ を $\mathbb{K}$ 上のベクトル空間，$\mathscr{M}$ を $\mathscr{V}$ の部分空間とする．二つのベクトル $u, v \in \mathscr{V}$ に対して，関係 $u \sim v$ を $u - v \in \mathscr{M}$ によって定義すれば，この $\sim$ は同値関係になる．同値関係 $\sim$ による $u \in \mathscr{V}$ の同値類を $[u]$ と記す:

$$[u] := \{v \in \mathscr{V} | v \sim u\} = \{v \in \mathscr{V} | v - u \in \mathscr{M}\}.$$

これは $\mathscr{M}$ に関する u の**同値類**とも呼ばれる．
考察下の同値類の全体を $\mathscr{V}/\mathscr{M}$ で表す:

$$\mathscr{V}/\mathscr{M} := \{[u] | u \in \mathscr{V}\}.$$

任意の $u, v \in \mathscr{V}$ と $\alpha \in \mathbb{K}$ に対して，和 $[u] + [v]$ とスカラー倍 $\alpha[u]$ を

$$[u] + [v] := [u + v], \quad \alpha[u] := [\alpha u]$$

によって定義すれば，$\mathscr{V}/\mathscr{M}$ はこれらの和とスカラー倍に関して $\mathbb{K}$ 上のベクトル空間になる．この場合，零ベクトルは $[0] = \mathscr{M}$ である．ベクトル空間 $\mathscr{V}/\mathscr{M}$ を $\mathscr{V}$ の $\mathscr{M}$ に関する**商ベクトル空間**という．

(xii) (半正定値内積空間の完備化) $\mathscr{H}$ を $\mathbb{K}$ 上のベクトル空間とし，$\langle\cdot,\cdot\rangle$ を $\mathscr{H}$ 上の半正定値内積 — 内積の性質のうち，正定値性「$\langle\psi,\psi\rangle = 0$ ($\psi \in \mathscr{H}$) $\implies \psi = 0$」を要請しない，$\mathscr{H}$ 上の双線形形式 ($\mathbb{K} = \mathbb{R}$ の場合) または準双線形形式 ($\mathbb{K} = \mathbb{C}$ の場合) — とし，

$$\mathscr{N} := \{\psi \in \mathscr{H} \mid \langle\psi,\psi\rangle = 0\}$$

とする．このとき，$\mathscr{N}$ は部分空間になる (半正定値内積に対してもシュヴァルツの不等式が成立することを用いる)．部分空間 $\mathscr{N}$ を**半正定値内積** $\langle\cdot,\cdot\rangle$ **に関する零空間**という．前項により，商ベクトル空間 $\mathscr{V}/\mathscr{N} = \{[\psi] \mid \psi \in \mathscr{H}\}$ がつくれる．任意の $[\psi],[\phi] \in \mathscr{V}/\mathscr{N}$ に対して

$$\langle[\psi],[\phi]\rangle' := \langle\psi,\phi\rangle$$

とすれば，$\langle\cdot,\cdot\rangle'$ は $\mathscr{H}/\mathscr{N}$ の内積になる．したがって，$(\mathscr{H}/\mathscr{N}, \langle\cdot,\cdot\rangle')$ は $\mathbb{K}$ 上の内積空間である．この内積空間の完備化を $\overline{\mathscr{H}/\mathscr{N}}$ と記し，このヒルベルト空間を半正定値内積空間 $\mathscr{H}$ の**完備化**という．

参考文献

[1] 新井朝雄，Lamb シフトの数学的基礎について，数理解析研究所講究録 第 464 巻，1982 年，96-137. http://www.kurims.kyoto-u.ac.jp/~kyodo/kokyuroku/contents/464.html

[2] A. Arai, A note on scattering theory in non-relativistic quantum electrodynamics, J. Phys. A: Math. Gen. **16** (1983), 49–69.

[3] 新井朝雄『ヒルベルト空間と量子力学』(改訂増補版)，共立出版，2014.

[4] 新井朝雄『フォック空間と量子場 上』，日本評論社，2000.

[5] 新井朝雄『フォック空間と量子場 下』，日本評論社，2000.

[6] A. Arai, A particle-field Hamiltonian in relativistic quantum electrodynamics, J. Math. Phys. **41** (2000), 4271–4283.

[7] A. Arai, Non-relativistic limit of a Dirac-Maxwell operator in relativistic quantum electrodynamics, Rev. Math. Phys. **15** (2003), 245–270.

[8] 新井朝雄『量子現象の数理』，朝倉書店，2006.

[9] 新井朝雄『現代ベクトル解析の原理と応用』，共立出版，2006.

[10] A. Arai, Non-relativistic limit of a Dirac polaron in relativistic quantum electrodynamics, Lett. Math. Phys. **77** (2006), 283–290.

[11] A. Arai, Heisenberg operators, invariant domains and Heisenberg equations of motion, Rev. Math. Phys. **19** (2007), 1045–1069.

[12] 新井朝雄『物理の中の対称性 現代数理物理学の観点から』, 日本評論社, 2008.
[13] A. Arai, Spectral analysis of an effective Hamiltonian in nonrelativistic quantum electrodynamics, Ann. Henri Poincaré **12** (2011), 119–152.
[14] A. Arai, Heisenberg operators of a Dirac particle interacting with the quantum radiation field, J. Math. Anal. Appl. **382** (2011), 714–730.
[15] 新井朝雄『物理学の数理 ニュートン力学から量子力学まで』, 丸善出版, 2012.
[16] 新井朝雄・江沢 洋『量子力学の数学的構造 I』, 朝倉書店, 1999.
[17] 新井朝雄・江沢 洋『量子力学の数学的構造 II』, 朝倉書店, 1999.
[18] W. H. Aschbacher, J. M. Barbaroux, J. Faupin and J. C. Guillot, Spectral theory for a mathematical model of the weak interaction: the decay of the intermediate vector bosons $W_\pm$ II, Ann. Henri Poincaré **12** (2011), 1539–1570.
[19] J. M. Barbaroux, M. Dimassi, and J. C. Guillot, Quantum electrodynamics of relativistic bound states with cutoffs, J. Hyper. Differ. Equa. **1**(2004), 271–314.
[20] J. M. Barbaroux abd J. C. Guillot, Spectral theory for a mathematical model of the weak interaction I. The decay of the intermediate vector bosons $W_\pm$, Adv. Math. Phys. 2009, Art.ID 978903.
[21] J. D. Bjorken and S. D. Drell, Relativistic Quantum Fields, McGraw-Hill, 1965.
[22] ボゴリューボフ他『場の量子論の数学的方法』(江沢 洋・亀井 理・関根克彦 他訳), 東京図書, 1972.
[23] C. Cohen-Tannoudji, J. Dupont-Roc and G. Grynberg, Photons and Atoms, John Wiley & Sons, 1989.
[24] P. A. M. Dirac, The relation between mathematics and physics, Proc. Roy. Soc. Edinburgh **59**(1939), 122–129.
http://www.damtp.cam.ac.uk/events/strings02/dirac/speach.html
[25] 江沢 洋・新井朝雄『場の量子論と統計力学』, 日本評論社, 1988.
[26] S. Futakuchi and K. Usui, Construction of dynamics and time-ordered exponential for unbounded non-symmetric Hamiltonians, J. Math. Phys. **55** (2014), 062303.
[27] S. Futakuchi and K. Usui, New criteria for self-adjointness and its application to Dirac-Maxwell Hamiltonian, Lett. Math. Phys. **104** (2014), 1107–1119.
[28] S. Futakuchi and K. Usui, Eliminating unphysical photon components from Dirac-Maxwell Hamiltonian quantized in Lorenz gauge, 2015, arxiv: 1504.00462.
[29] F. Hiroshima and A. Suzuki, Physical state for nonrelativistic quantum elec-

trodynamics, Ann. Henri Poincaré **10** (2009), 913–953.

[30] 一松 信 他『数学七つの未解決問題』, 森北出版, 2002.

[31] G. Hofmann, The Hilbert space structure condition for quantum field theories with indefinite metric and transformations with linear functionals, Lett. Math. Phys. **42** (1997), 281–295.

[32] C. Itzykson and J. B. Zuber, Quantum Field Theory, McGraw-Hill, 1980.

[33] A. Jaffe and E. Witten, Quantum Yang-Mills Theory, http://www.claymath.org/sites/default/files/yangmills.pdf; http://www.claymath.org/millenium-problems/yang-mills-and-mass-gap.

[34] G. Källen, Quantum Electrodynamics, Springer-Verlag, 1972.

[35] 木下東一郎, 量子電磁力学の現状,『量子物理学の展望 上』(江沢 洋・恒藤敏彦 編, 岩波書店, 1977), 12 章.

[36] T. Kugo and I. Ojima, Local covariant formalism of non-Abelian gauge theories and quark confinement problem, Supplement of the Prog. Theor. Phys. no.66 (1979).

[37] A. R. Marlow (Ed.), Mathematical Foundations of Quantum Theory, Academic Press, 1978.

[38] 中西 襄『場の量子論』, 培風館, 1975.

[39] 西島和彦『相対論的量子力学』, 培風館, 1973.

[40] M. Reed and B. Simon, Methods of Modern Mathematical Physics II: Fourier Analysis, Self-Adjointness, Academic Press, 1975.

[41] I. Sasaki, Ground state energy of the polaron in the relativistic quantum electrodynamnics, J. Math. Phys. **46** (2005), 102307.

[42] I. Sasaki, Spectral analysis of the Dirac polaron, Publ. Res. Inst. Math. Sci. **50** (2014), 307–339.

[43] G. Scharf, Finite Quantum Electrodynamics, Springer, 1989.

[44] O. Steinmann, Perturbative Quantum Electrodynamics and Axiomatic Field Theory, Springer, 2000.

[45] R. F. Streater and A. S. Wightman, PCT, Spin and Statistics, and all That, Benjamin, 1964.

[46] F. Strocchi, Selected Topics on the General Properties of Quantum Field Theory, Lecture Notes in Physics Vol.51, World Scientific, 1993.

[47] F. Strocchi and A. S. Wightman, Proof of the charge superselection rule in local relativistic quantum field theory, J. Math. Phys. **15** (1974), 2198–2224.

[48] F. Strocchi and A. S. Wightman, Erratum: "Proof of the charge superselection

rule in local relativistic quantum field theory", (J. Mathematical Phys. 15 (1974), 2198–2224). J. Mathematical Phys. **17** (1976), 1930–1931.

[49] A. Suzuki, Physical subspace in a model of the quantized electromagnetic field coupled to an external field with an indefinite metric, J. Math. Phys. **49** (2008), 042301.

[50] T. Takaesu, On the spectral analysis of quantum electrodynamics with spatial cutoffs. I, J. Math. Phys. **50** (2009), 062302.

[51] T. Takaesu, Scaling limit of quantum electrodynamics with spatial cutoffs, J. Math. Phys. **52** (2011), 022305.

[52] B. Thaller, The Dirac Equation, Springer, 1992.

[53] 朝永振一郎『量子力学 II』, みすず書房, 1952.

[54] 朝永振一郎, 無限大の困難をめぐって, 『量子物理学の展望 上』(江沢 洋・恒藤敏彦 編, 岩波書店, 1977), 11 章.

[55] 山内恭彦・杉浦光夫『連続群論入門』, 培風館, 1960.

[56] A. S. Wightman and L. Gårding, Fields as operator-valued distributions in quantum field theory, Ark. f. Phys. **28** (1964), 129–184.

共形場理論と作用素環

河東泰之

1 代数的量子場の理論

　場の量子論はもちろん物理の重要な理論であるが，様々な現代数学の理論と深く関係している．その中で，数学的に厳密な形で公理系から出発して種々の基本性質を調べたい，という流儀がある．特に Wightman 公理系が古くから有名である．ここでは，Wightman 公理系と密接に関係してはいるがそれとは別の公理系として，作用素環論を用いる方法を解説する．これは作用素 (演算子) のなす代数系を中心に考えるという意味で，代数的場の量子論と呼ばれている．どの場の量子論についても形式的には同様の考察が可能であり，歴史的には 4 次元 Minkowski 空間での相対論的な場合が重要であるが，この場合には自由場と呼ばれる物理的に自明な例しか作れていないという根本的な困難がある．これに対し 2 次元共形場理論，およびその分解として現れるカイラル共形場理論の場合は豊富な実例が詳しく研究されているという利点があり，数学的に大変興味深い．そこでこの解説では 2 次元共形場理論 (カイラルな場合，2 次元 Minkowski 空間全体で考える場合，2 次元 Minkowski 半空間で考える境界付きの場合) に話を限ることにする．またしかるべき $\mathbb{Z}/2\mathbb{Z}$-grading を持つ超共形場理論と非可換幾何学の関係についても触れる．さらに，カイラル共形場理論の数学的構造を別の形で公理化したものである頂点作用素代数との関係についてもふれる．[49] が少し前の時点での解説論文であり，本稿の前半もこれに基づいている．

　まず Wightman 公理系の概略について説明しよう．(詳しくは [74] を見よ．) 考える時空は Minkowski 空間 $\mathbb{R}^4$ である．$x = (x_0, x_1, x_2, x_3)$ と $y = (y_0, y_1, y_2, y_3)$ に対し，これらの Minkowski 内積を $x_0 y_0 - x_1 y_1 - x_2 y_2 - x_3 y_3$ で定める．$\mathbb{R}^4$ 上の線形変換 Λ が Minkowski 内積を保つ時，Lorentz 変換と呼ぶ．そのような Λ でさらに $\Lambda_{00} > 0$, $\det \Lambda = 1$ を満たすものは群をなし，その群を制限 Lorentz 群と呼ぶ．その普遍被覆は自然に $SL(2, \mathbb{C})$ と同一視できる．Λ が制限 Lorentz 群を動くとき，$x \mapsto \Lambda x + a$ という形の変換全体のなす群を制限 Poincaré 群と呼ぶ．その普遍被覆は

$$\{(A,a) \mid A \in SL(2,\mathbb{C}), a \in \mathbb{R}^4\}$$

と書かれる．領域 $O_1, O_2 \subset \mathbb{R}^4$ が空間的であるとは任意の $x = (x_0, x_1, x_2, x_3) \in O_1$ と $y = (y_0, y_1, y_2, y_3) \in O_2$ に対し，

$$(x_0 - y_0)^2 - (x_1 - y_1)^2 - (x_2 - y_2) - (x_3 - y_3)^2 < 0$$

となることである．

古典的な「場」は時空の上の適当な関数であることを思い出そう．次に「量子場」を考えたいが，量子力学では数を作用素 (演算子) で置き換えるので，時空の上の作用素値関数を考えればよいのではないかと考えられる．しかし，Dirac の δ 関数のようなものも必要なので，実際には「作用素値超関数」が必要である．(普通の超関数は試験関数に対して数を対応させるが，作用素値超関数は試験関数に対して作用素を対応させる．) すなわち「量子場」の数学的な定義は，時空上の (ある種の条件を満たす) 作用素値超関数である．Wightman 公理系は Minkowski 空間上の作用素値超関数 ϕ_i を用いて次のように述べられる．

(1) $\mathbb{R}^4$ 上の急減少関数 f に対し，Hilbert 空間 H 上の閉作用素 $\phi_1(f), \phi_2(f), \ldots, \phi_n(f)$ が定まる．

(2) H の稠密な部分空間 D で，すべての $\phi_i(f), \phi_i(f)^*$ の定義域に含まれ，$\phi_i(f)D \subset D, \phi_i(f)^* D \subset D$ がすべての i について成り立つものが存在する．$\Phi, \Psi \in D$ に対し，$f \mapsto (\phi_i(f)\Phi, \Psi)$ は緩増加超関数である．

(3) 制限 Poincaré 群の普遍被覆のユニタリ表現 U で，

$$U(A,a)D = D,$$
$$U(A,a)\phi_i(f)U(A,a)^* = \sum_j S(A^{-1})_{ij}\phi_j(f_{(A,a)}),$$
$$f_{(A,a)} = f(\Lambda(A)^{-1}(x-a))$$

を満たすものが存在する．ここで S は $SL(2,\mathbb{C})$ の n 次元表現で，$\Lambda(A)$ は $A \in SL(2,\mathbb{C})$ の制限 Lorentz 群における像である．また上式の 2 行目は D 上における等式である．

(4) 試験関数 f, g の台がコンパクトで空間的なとき，$[\phi_i(f), \phi_j(g)]_\pm = 0$ が D 上で成り立つ．ここで，$[\ ,\ ]_-, [\ ,\ ]_+$ は交換子および反交換子であり，どちらをとるかは i, j によって決まる．さらに $[\phi_i(f), \phi_j(g)^*]_\pm = 0$ も同様に成り立つ．

(5) 真空ベクトルと呼ばれる単位ベクトル $\Omega \in D$ があってスカラー倍を除いて一意であり，次の条件を満たす．常に $U(A, a)\Omega = \Omega$ であり 4 径数ユニタリ群 $U(I, a), a \in \mathbb{R}^4$ のスペクトルは閉凸錐
$$\{(p_0, p_1, p_2, p_3) \mid p_0 \geq 0, p_0^2 - p_1^2 - p_2^2 - p_3^2 \geq 0\}$$
である．$\phi_i(f)$ と $\phi_j(g)^*$ は Ω に有限回ほどこすことができるが，そのようなベクトルは H の稠密な部分空間を張る．

この公理系は古くから研究されているものだが，作用素値「超」関数であることがいろいろと技術的な困難を呼ぶ．また試験関数 f に対する値 $\phi_i(f)$ はしばしば非有界作用素となり，このことも技術的困難を生じる．そこでこのような超関数や非有界作用素を避けて，有界線形作用素だけを用いて同等と信じられる公理系を研究するのが代数的場の量子論である．

その基本的な考え方は次の通りである．上の Wightman 公理系で，試験関数 f の台が時空の有界領域 O に含まれているとき，$\phi_i(f)$ は (自己共役であれば) O における「観測可能量」(observable) を表していると考える．今光速が 1 であるような座標系を取っているので，試験関数 f, g の台がそれぞれ O_1, O_2 に含まれていて，O_1, O_2 が空間的であれば，$\phi_i(f), \phi_j(g)$ は光速でも互いに情報をやり取りできないので可換であると考える．(上の公理系で交換子を取った場合を考えている．) O を固定したとき，そこに台が含まれるような試験関数 f はいくらでもある．よって，$\phi_i(f)$ もいくらでもあるが，自己共役なものを考えて exp をほどこせばユニタリ作用素になるので有界である．これらの有界作用素のなす von Neumann 環 $A(O)$ を考えるのである．

ここで von Neumann 環とは H 上の有界線形作用素の環であって，恒等作用素を含み $*$ 演算で閉じていて，作用素の強収束の位相 (Hilbert 空間における各点収束の位相) で閉じているもののことである．(これに対しノルム位相，すなわち Hilbert 空間のノルム単位球上での一様収束の位相で閉じていることを要請する方が弱い条件であり，これに対応する作用素の環を C^* 環という．) ヒルベルト空間が有限次元のときは von Neumann 環も C^* 環も同じものであり，$n \times n$ 行列全体のなす環 $M_n(\mathbb{C})$ をいくつか (一般には異なる n の値について) 直和したものに同型である．

さて元に戻って，代数的場の量子論の話である．有界な時空領域 O と言ったが double cone と呼ばれる $(x + V_+) \cap (y + V_-), x, y \in \mathbb{R}^4$,
$$V_\pm = \{z = (z_0, z_1, \ldots, z_3) \in \mathbb{R}^4 \mid z_0^2 - z_1^2 - z_2^2 - z_3^2 > 0, \pm z_0 > 0\}.$$

の形のものだけを考えればよいことがわかっている．そこでこのような形の O に対し，上述のように対応する von Neumann 環 $A(O)$ を考える．これによって，double cone でパラメータ付けされた von Neumann 環の族 $\{A(O)\}_O$ ができる．これに対して「期待される性質」を書きくだし，それを公理系として要請するのである．

(1) (単調性) Double cone O_2 が double cone O_1 を含むとき，$A(O_1) \subset A(O_2)$ となる．

(2) (局所性) Double cone O_1, O_2 が空間的なとき，$A(O_1)$ の元と $A(O_2)$ の元は交換する．

(3) (Poincaré 共変性) 制限 Poincaré 群の普遍被覆のユニタリ表現 U で $A(gO) = U_g A(O) U_g^*$ を満たすものが存在する．ここで，gO とは O を g の制限 Poincaré 群における像で移したものである．

(4) (真空ベクトル) 単位ベクトル $\Omega \in H$ で，すべての制限 Poincaré 群の元 g に対して $U_g \Omega = \Omega$ となるものがスカラー倍を除いて一意に定まる．

(5) (生成条件) $\bigcup_O A(O) \Omega$ は H で稠密である．

(6) (スペクトル条件) 表現 U を並進部分群に制限したとき，そのスペクトルは V_+ の閉包に含まれる．

これらは荒木，Haag, Kastler らによって導入，推進された．Double cone たちは包含関係について有向系をなすので，$\{A(O)\}_O$ を作用素環のネットと呼ぶ．基本的な教科書は [41] である．Wightman 公理系と代数的場の量子論の公理系は同等と信じられており，すなわち片方の例からもう片方の例が自然に作れてその対応は全単射になると信じられているが，このことは数学的に証明されてはいない．頂点作用素代数の話のところでこのことは再度触れる．

上の設定では 4 次元 Minkowski 空間と制限 Poincaré 群 (の普遍被覆) を用いたが，この考え方は任意の時空とその対称性を表す群ごとに適用できる．

2 カイラル共形場の理論

さて共形場理論においては，時空として $1+1$ 次元の Minkowski 空間を取り，対称性としては $\mathrm{Diff}(S^1)$ から来る極めて高い無限次元のものを取る．共形場理論の一般論は [3], [20] に譲り，ここでは二つの light ray $\{(x,t) \mid x = \pm t\}$ に理論を制限して，そのコンパクト化から得られる片方の S^1 上の理論，いわゆるカ

イラル共形場理論について考える．ここでは S^1 を「時空」(時間と空間は混ざって 1 次元になってしまっているが)，その上の向きを保つ diffeomorphism 全体 $\mathrm{Diff}(S^1)$ を時空対称性の群と思っている．$1+1$ 次元の Minkowski 空間全体で考えるのはフル共形場理論であり，これについては後ほど説明する．

さて S^1 を時空と思った代数的場の量子論では，時空領域にあたるものは S^1 の開弧，すなわち空でも稠密でもない連結開集合 I である．これを区間と呼ぶ．定義により，S^1 から 1 点を除いたものは区間ではないことに注意する．また $PSL(2,\mathbb{R})$ は $\mathbb{R}$ 上の一次分数変換を通じて S^1 に作用することに注意する．この群を Möbius 群と呼ぶ．これはもちろん $\mathrm{Diff}(S^1)$ の部分群である．

代数的場の量子論における公理化ではカイラル共形場理論は各区間 I でパラメータ付けされた von Neumann 環 $A(I)$ の族 $\{A(I)\}_I$ で表される．ここで各 $A(I)$ は共通の無限次元可分 Hilbert 空間 H に作用する．その公理系は次のとおりである．

(1) (単調性) 二つの区間 $I_1 \subset I_2$ に対し $A(I_1) \subset A(I_2)$ が成り立つ．

(2) (局所性) 二つの区間 I_1, I_2 が $I_1 \cap I_2 = \varnothing$ を満たすとき，$[A(I_1), A(I_2)] = 0$ が成り立つ．

(3) (Möbius 共変性) $PSL(2,\mathbb{R})$ の H 上のユニタリ表現 U ですべての $g \in PSL(2,\mathbb{R})$ に対して $U(g)A(I)U(g)^* = A(gI)$ を満たすものが存在する．

(4) (正エネルギー条件) U の回転部分群への制限の生成元 (共形 Hamiltonian と呼ぶ) は正である．

(5) (共形共変性) $PSL(2,\mathbb{R})$ のユニタリ表現 U を $\mathrm{Diff}(S^1)$ の射影的ユニタリ表現に拡張したもの (やはり U と書く) が存在して任意の区間 I に対して
$$U(g)A(I)U(g)^* = A(gI), \quad g \in \mathrm{Diff}(S^1),$$
$$U(g)xU(g)^* = x, \quad x \in A(I),\ g \in \mathrm{Diff}(I')$$
が成り立つ．ここで I' は I の補集合の内部，$\mathrm{Diff}(I')$ は I 上で恒等写像となるような $\mathrm{Diff}(S^1)$ の元全体を表す．

(6) (真空ベクトル) 真空ベクトルと呼ばれる H の単位ベクトルで，$PSL(2,\mathbb{R})$ の表現 U で不変で，$(\bigcup_I A(I))\Omega$ が H で稠密となるものが存在する．

(7) (既約性) $A(I)$ たちで生成される von Neumann 環 $\bigvee_{I \subset S^1} A(I)$ は $B(H)$ である．

これらの公理を満たす von Neumann 環の族 $\{A(I)\}_I$ を局所共形ネットと呼ぶ．ネットという名前は Minkowski 空間のときから引き継がれているものだが，S^1 内の区間たちは包含関係について有向系をなしていないので本当はこの名前は適切ではない．しかし広く使われており，もはや変えられないであろう．一つの局所共形ネットが一つのカイラル共形場理論を記述すると考える．

一般に $B(H)$ の部分集合 X について，
$$X' = \{y \in B(H) \mid xy = yx \text{ for all} x \in X\}$$
とおく．局所性の公理は $A(I') \subset A(I)'$ と書けることに注意する．単位元を持ち $*$-演算で閉じている $B(H)$ の部分環 M が von Neumann 環であるための必要十分条件は $M = M''$ である．また von Neumann 環は中心が $\mathbb{C}I$ の時 factor (因子環) であるという．これは作用素の強収束の位相で閉じた両側イデアルが自明なものしかないことと言ってもよい．$B(H)$ は factor である．有限次元 von Neumann 環で factor となるものは $M_n(\mathbb{C})$ に同型である．

本当は $PSL(2,\mathbb{R})$ の普遍被覆を考えるべきであるが，それは不要であることが [40] によって示されている．

以上の公理のもとで次の性質が自動的に成り立つことが知られている．(黙って認めるのが嫌なら最初からこれらを公理だと思ってもよい．)

(1) (Reeh-Schlieder の定理) 各区間 $I \subset S^1$ に対し，$A(I)\Omega$ も $A(I)'\Omega$ も H で稠密である．

(2) (Bisognano-Wichmann の性質) S^1 を複素平面内の単位円とし，I_1 を上半円とする．$C: S^1 \to \mathbb{R} \cup \{\infty\}$ を Cayley 変換 $C(z) = -i(z-1)(z+1)^{-1}$ とする．一径数 diffeomorphism 群 $\Lambda_{I_1}(s)$ を $C\Lambda_{I_1}(s)C^{-1}x = e^s x$ で定める．また r_{I_1} を $r_{I_1}(z) = \bar{z}, z \in S^1$ と定める．さらに一般の区間 I に対し $g \in PSL(2,\mathbb{R})$ を $I = gI_1$ となるように選び，$\Lambda_I = g\Lambda_{I_1}g^{-1}, r_I = gr_{I_1}g^{-1}$ とおく．(これらは g の取り方によらず定まる．) r_{I_1} の $PSL(2,\mathbb{R})$ への作用は半直積 $PSL(2,\mathbb{R}) \rtimes \mathbb{Z}_2$ を定める．Δ_I, J_I を $(A(I), \Omega)$ に対する冨田－竹崎理論のモジュラー作用素とモジュラー共役作用素とする．([75].) このとき，Möbius 共変性の定義に現れる U の拡張で，g が向きを保つか逆にするかによって，$U(g)$ がユニタリか反ユニタリになるものがある．ここで拡張したものも再び U と書いている．この U は $U(\Lambda_I(2\pi t)) = \Delta_I^{it}, U(r_I) = J_I$ を満たす．([9, 33].)

(3) (Haag duality) 上の性質からただちに $A(I)' = A(I')$ が従う．

（4） (Factoriality) 各 $A(I)$ は factor である.
（5） (加法性) 区間の族 $\{I_i\}$ と区間 I が $I \subset \bigcup_i I_i$ を満たすなら，$A(I)$ は $\{A(I_i)\}_i$ の生成する von Neumann 環に等しい. ([29].)
（6） 各 $A(I)$ は自動的に III_1 型と呼ばれるものになる. ([75].)

上記に加えて以下の性質も考える.

区間 I から 1 点を除くと二つの区間の disjoint union に分かれるのでその二つの区間を I_1, I_2 と書く. $A(I)$ がいつでも $A(I_1), A(I_2)$ の生成する von Neumann 環になっているとき，局所共形ネットは強加法性を持つという. 多くの重要な例は強加法性を満たしているが，満たさない例も知られている.

また，$\bar{I}_1 \cap \bar{I}_2 = \varnothing$ を満たす二つの区間 I_1, I_2 についていつでも，$x \in A(I_1)$, $y \in A(I_2)$ に対して $x \otimes y \mapsto xy$ が定める $A(I_1)$ と $A(I_2)$ の代数的テンソル積から，$A(I_1)$ と $A(I_2)$ の生成する von Neumann 環への写像が，$A(I_1) \otimes A(I_2)$ からの同型写像に延びるとき，局所共形ネットは split property を持つという. この性質を満たさない局所共形ネットの例は知られていないと思う. (共形共変性を弱めて Möbius 共変性にすればこの性質を満たさない例は知られている.) この性質があれば自動的に各 $A(I)$ は injective と呼ばれるものになる. Injective な III_1 型 factor は Araki-Woods の構成したものにすべて同型であることが Haagerup によって示されている. ([75].) したがって，局所共形ネット $\{A(I)\}_I$ を考えるとき，一つの $A(I)$ だけを見ても何の情報も得られない. 族としての $A(I)$ たちの相対的な位置関係が共形場理論の情報を担っているのである.

このことは Jones の subfactor 理論 [46] に形式的類似性がある. Jones の理論では factor M に factor N が含まれているという状況を考える. このとき N を M の subfactor というわけである. どのような factor を考えてもいいのだが，多くの人が興味を持っていてもっともよく研究されているのは M が hyperfinite II_1 factor と呼ばれるものの場合である. これは同型を除いて一つしか存在しないことが古くからわかっている. ([75].) このとき N は (有限次元でなければ) 自動的に M に同型になる. つまり，M と N をバラバラに見たのでは何の情報も得られないが，M 内における N の相対的位置関係が興味深い情報を担っているのである. 体と拡大体の関係を調べるのが Galois 理論だが，この状況でも環 N とその拡大環 M について Galois 理論の類似を考えることができ，3 次元トポロジーにも多くの応用がある. 詳しくは [28] を見よ.

なお共形場理論は統計力学のスケール極限として現れるということになってい

る．統計力学の模型を作用素環の言葉で研究することも古くから行われているので，そのような作用素環的模型 (たとえば量子 spin chain) の何らかの極限として局所共形ネットが作れるはずだがそのようなことはまだ確立されていない．

3 例

さて公理系を挙げた後にはできるだけ易しい例を挙げたいところだが，残念ながらごく簡単に作れる例は一つもない．(Hilbert 空間が無限次元というのをやめれば，H が 1 次元，$A(I)$ はすべて $\mathbb{C}$ に同型，というのが例になるがこれはあまりにも trivial である．) そもそも各 $A(I)$ は自動的に III_1 型 factor になるのであったが，そのようなものを 1 個作るのでさえそれほど自明ではない．

現在，興味深い例の組織的な作り方は二つ知られている．

一つの作り方は Kac–Moody Lie 環に関係したものだが，作用素環の方からは Lie 群と loop group を使う方が見やすい．すなわち適当な Lie 群 (たとえば $SU(N)$ としよう) を一つ決める．次に S^1 から $SU(N)$ への C^∞-写像全体を $L(SU(N))$ と書く．これについて level と呼ばれる正の整数 k を一つ決めるごとに，$L(SU(N))$ の正エネルギー表現と呼ばれる有限個の既約な射影的ユニタリ表現が作れる．([72].) このうち真空ベクトルと呼ばれる特別のベクトルを持った表現が一つだけあり，それを真空表現という．さらに各区間 $I \subset S^1$ に対し，S^1 から $SU(N)$ への C^∞-写像であって，I の外では単位行列に写されているもの全体を $L_I(SU(N))$ と書くと，各区間 I に対し $L_I(SU(N))$ の真空表現による像が生成する von Neumann 環を $A(I)$ と書くことにより，局所共形ネットが生じる．([78], [33].) この例を $SU(N)_k$ と書いたりする．他の様々な Lie 群についても同様の構成が [76] で行われている．これらは Wess–Zumino–Witten model と呼ばれるものに対応しているので局所共形ネットに対してもこの名前をそのまま使うことがある．

もう一つの方法は，Euclid 空間 $\mathbb{R}^n$ 内の lattice Λ すなわち，$\mathbb{Z}^n$ に同型で $\mathbb{R}^n$ を張るような加法部分群から出発するものである．さらに $x, y \in \Lambda$ に対し，$(x, y) \in 2\mathbb{Z}$ を要請したものを even lattice という．これから局所共形ネットを作ることができる．([53], [24].)

次に，すでにある例から別の局所共形ネットの例を作る方法について解説する．

まず，局所共形ネットが $\{A(I)\}$, $\{B(I)\}$ の二つあるとき，$\{A(I) \otimes B(I)\}$ も自然に局所共形ネットになる．これを局所共形ネットのテンソル積という．(真空

ベクトルもそれが入っている Hilbert 空間も二つのテンソル積になる.)

次に simple current extension と呼ばれるものについて触れる. これは, 局所共形ネット $\{A(I)\}$ について群による半直積のような操作を行って拡大するというものである. どのような群が使えるかは表現論のところで述べるが, そこでの制約から離散アーベル群しか現れないとことを述べておく.

その次は orbifold construction である. 局所共形ネット $\{A(I)\}$ の自己同型とは, Hilbert 空間上のユニタリ作用素 U であって, $UA(I)U^* = A(I), U\Omega = \Omega$ となるもののことである. (このとき U は自動的に $\mathrm{Diff}(S^1)$ の作用と交換する. [16].) このとき自己同型のなす群 G を考えて, $B(I) = \{x \in A(I) \mid UxU^* = x, U \in G\}$ とおいて, H を $B(I)\Omega$ の閉包で置きかえれば新たな局所共形ネット $\{B(I)\}$ ができる. これを orbifold construction という. 自己同型群全体は自動的に compact となるが, その有限部分群を考えることが多い. ([82].)

さらに coset construction について述べる. 局所共形ネットが $\{A(I)\}, \{B(I)\}$ と二つあり, $A(I) \subset B(I)$ となっているとする. (ただし正確には $A(I)$ に対応する Hilbert 空間は $B(I)$ の真空ベクトル $\Omega \in H$ に対し, $\overline{A(I)\Omega}$ である.) このとき, $A(I)' \cap B(I)$ を, Hilbert 空間 $\overline{(A(I)' \cap B(I))\Omega}$ 上で考えることにより, 新しい局所共形ネットができる. (この Hilbert 空間は I の取り方によらない.) これを coset construction と言う. ([81].)

なお, すべての共形場理論は上述の構成法の組み合わせで作られる, という予想 (あるいは期待) があるようだが, 私はそれは正しくないと信じている. その根拠については表現論, および分類理論のところで触れる.

4 表現論

さて次に局所共形ネットの表現論を考えよう. $\{A(I)\}_I$ に対し, 各 $A(I)$ は最初から Hilbert 空間 H に作用しているわけだが, ここでは別の (I によらない可分な) Hilbert 空間 K への作用を考える. つまり $\pi_I : A(I) \to B(K)$ という表現の族で, $I_1 \subset I_2$ のとき π_{I_2} の $A(I_1)$ への表現が π_{I_1} に等しいようなものを考える. (K は一般に真空ベクトルを持たないことに注意する.) 本当は, $\mathrm{Diff}(S^1)$ の射影的表現も同時に考えるべきだが, 今考えたいようなたちの良い状況 (あとで考える完全有理的な場合) ではこれは自動的に従うことがわかっているので考えないことにする. ([39], [50].)

この表現について既約性の概念, 二つの表現の直和は問題なく定義できる. ま

たユニタリ同値という概念も自然に定義できる．このユニタリ同値類のことを superselection sector と呼ぶ．

次に二つの表現の「テンソル積」を定義したい．群の表現のテンソル積の定義は容易だが，今考えているのは環の族の表現なので素直に考えてもうまくいかない．そこで次のように考えるというのが 1970 年代からある Doplicher–Haag–Roberts 理論 [25] である．(もともとの理論は 4 次元 Minkowski 空間で考えるものであった．)

まず一つの区間 I を任意に一つ取って固定する．次に $A(I')$ の表現 $\pi_{I'}$ を考える．ここで K が可分であることと，$A(I')$ が III 型 factor であることより，$A(I')$ の表現はすべて互いにユニタリ同値となる．特に恒等表現 $A(I') \hookrightarrow B(H)$ と $\pi_{I'}$ はユニタリ同値である．したがって表現をユニタリ同値類の中で取り替えることによりこの両者は完全に同じものであると仮定してよい．

さて閉包が I に含まれるような区間 I_0 を取る．I_0 と I' を共に含む区間 I_1 が存在するので，$x \in A(I_0)$ について π_{I_1} を考えることにより，任意の $y \in A(I')$ に対し，$\pi_{I_1}(xy) = \pi_{I_1}(yx)$ から $\pi_{I_0}(x)y = y\pi_{I_0}(x)$ を得る．つまり π_I を考えると，$A(I_0)$ 上ではその像は $A(I')' = A(I)$ に入ることになる．($A(I)$ は von Neumann 環なので $A(I)'' = A(I)$ となることを用いた．) 加法性よりこのような $A(I_0)$ たちが $A(I)$ を生成するので，$A(I)$ 全体で π_I の像は $A(I)$ に入ること，すなわち π_I は $A(I)$ の自己準同型を与えることがわかった．π_I は自動的に作用素の強収束の位相で連続になることが知られている．(これを使いたくなければ最初から連続性は仮定してよい．) このことと，$A(I)$ は作用素の強収束の位相で閉じた両側イデアルは自明なものしか持たないことより，π_I は自動的に単射となる．π_I は全射になることもあり，そうでないこともあるが，後者の場合は $A(I)$ で像は $A(I)$ 全体と同型な真の部分環になっていることになる．($A(I)$ は無限次元なのでそのようなことは容易に起こりうる．簡単に言えば無限次元可分 Hilbert 空間がそれ自身と同型な真部分空間を持つことの類似である．) きちんとした定義を書いていないが，このような自己準同型のことを transportable localized endomorphism という．この自己準同型に表現の情報はすべて含まれているのである．

ここで一般の factor M の自己準同型に関する記号を導入しておく．一般に M の自己準同型 λ, μ に対しその間の intertwiner の集合を

$$\{a \in M \mid a\lambda(x) = \mu(x)a \text{ for all } x \in M\}$$

とおき，この空間を $\mathrm{Hom}(\lambda, \mu)$ と書く．これは表現の間の intertwiner の空間と

よく似た性質を持つ.

そこでテンソル積の話に戻る．局所共形ネット $\{A(I)\}_I$ の表現 π, σ が与えられとする．区間 I を一つ固定して両者を $A(I)$ の自己準同型とする．すると自己準同型は合成できるので $\pi_I \circ \sigma_I$ も $A(I)$ の自己準同型である．これが再び表現から来る自己準同型であることが証明できるので，その表現を $\pi \otimes \sigma$ の「定義」とする．$\sigma \otimes \pi$ は合成の順番が違うので $\pi \otimes \sigma$ と無関係なように見えるがじつは $\pi \otimes \sigma$ とユニタリ同値であることが証明できる．もともとの Doplicher-Haag-Roberts の設定である 4 次元 Minkowski 空間ではこれが適当な意味で「トリビアルにユニタリ同値」になり，群の表現のテンソル積と本質的に同じ状況になるのだが，今考えているカイラル共形場理論の状況では，$\pi \otimes \sigma$ と $\sigma \otimes \pi$ のユニタリ同値を与えるユニタリ作用素は「適度にノントリビアル」であり，π と σ の間の "braiding" を与えるのである．これは $\mathrm{Hom}(\pi\sigma, \sigma\pi)$ の元である．([30].) これによって，局所共形ネット $\{A(I)\}_I$ の表現たちは braided tensor category をなす．π と σ の braiding なので，π が「上」の場合と「下」の場合があることに注意する．ここで tensor category の正確な定義は述べてもあまり役に立たないので書かない．コンパクト群のユニタリ表現全体のようなものだと思っていれば大丈夫である．なお，contragredient 表現に対応して，π に対する $\bar{\pi}$ も定義できる．これには冨田-竹崎理論に基く Longo の "canonical endomorphism" を用いる．([60].)

局所共形ネット $\{A(I)\}_I$ の表現 π は $A(I)$ の自己準同型 π_I を与えるので，それによって factor $A(I)$ の subfactor $\pi_I(A(I))$ が定まる．これの Jones-Kosaki index $[A(I) : \pi_I(A(I))]$ を考えることができ，この平方根を π の「次元」と定める．これはもともと Doplicher–Haag–Roberts の理論では統計次元と呼ばれていたもので，量子群の表現論における量子次元とよく似たものである．(Jones-Kosaki index とは Jones index [46] の幸崎 [57] による拡張である．統計次元と Jones-Kosaki index の関係は [60] による．) この設定では次元は 1 以上の実数か無限大になる．表現の直和，テンソル積についてこの次元は，それぞれ加法的，乗法的になっている．次元が 1 ということが自己準同型が自己同型であるということと同値である．このとき，$\bar{\pi}$ は自己同型の逆に対応する．よって自己同型に対応する表現のユニタリ同値類たちを考えればそれらはアーベル群をなしていることがわかる．このアーベル群の部分群がさらに良い性質を満たすとき，それによって「半直積」にあたる $\{A(I)\}_I$ の拡大を作ることができ，これが simple current extension である．半直積の構成に使える群がアーベル群に限るのはこのためである．なお，物理の方でこのような自己同型にあたる表現のこと

を simple current と呼ぶことがこの名前の由来である．

これを使うと even lattice から作られた局所共形ネットの例も次のように説明できる．Free boson と呼ばれる重要な例があり，これに対応する局所共形ネットの例 $\{A(I)\}_I$ が作れる．これの表現論はテンソル積までこめて加法群 $\mathbb{R}$ と同一視できる．$\{A(I)\}_I$ を n 個テンソルするとその表現論は加法群 $\mathbb{R}^n$ と同一視できる．このとき，even lattice Λ についてはちょうど Λ による，$\{A(I)\}_I$ の n 個のテンソル積の simple current extension が作れることがわかる．これが even lattice Λ から作った局所共形ネットである．

上記の，局所共形ネットの表現のなす braided tensor category は，量子群の 1 のべき根における表現のなす tensor category とよく似たものである．そこでは既約表現 (の同値類) が有限個しかない，という有限群の表現によく似た状況がしばしば現れる．そのような状況を「有理的」と呼んでいる．(この名前は実数値を取る各種パラメータの値が有理数値になることから来ている．) この条件の類似を局所共形ネットで考えたのが次のものである．

定義 4.1 局所共形ネットが split property を満たし，既約表現のユニタリ同値類が有限個しかなく，そのすべての次元が有限であるとき，局所共形ネットは完全有理的であるという．

ここで「完全」という言葉がついているのは，単に既約表現が有限個と言うだけでなく，それらが有限次元を持つということまで要請しているからである．文字通りにこの条件をチェックするには全ての表現を見ないといけないわけだが，表現を調べなくても次の条件で特徴づけられることが [54] で示された．

定理 4.2 Split property を持つ局所共形ネット $\{A(I)\}_I$ を取る．円周を 4 つの区間に分割し，時計回りに I_1, I_2, I_3, I_4 とする．$A(I_1) \vee A(I_3) \subset (A(I_2) \vee A(I_4))'$ は subfactor を与えるがこの Jones-Kosaki index が有限になることが局所共形ネット $\{A(I)\}_I$ が完全有理的となるための必要十分条件である．またこの条件が成り立つとき，局所共形ネット $\{A(I)\}_I$ の有限次元表現全体は modular tensor category をなし，既約表現の次元の 2 乗の和が上記の Jones-Kosaki index に等しくなる．

上記の Jones-Kosaki index を局所共形ネット $\{A(I)\}_I$ の μ-index と言う．

ここで modular tensor category とは，既約な object (の同値類) が有限個しかない braided tensor category であってその braiding が「非退化」なものであ

る．このとき Reshetikhin–Turaev の 3 次元 topological quantum field theory
が作れることが知られている．([2], [77].)

各 $A(I)$ がもともとの Hilbert 空間 H にそのまま作用しているという表現を
真空表現という．この次元は 1 である．上の定理より，split property を持つ局
所共形ネット $\{A(I)\}_I$ については，その既約表現がすべて真空表現にユニタリ同
値になるための必要十分条件は μ-index が 1 となることである．このような局所
共形ネットを holomorphic であるという．この名前はフル共形場理論の分配関数
が正則になることから来ている．

ここで元々の [54] における完全有理性の定義には強加法性も入っていたが，そ
れは共形共変性のもとでは他の条件から自動的に従うことが [63] で示されている
ことに注意する．このため上では強加法性を定義の中に入れなかった．

この完全有理性が局所共形ネットの中で特に「よい」ものを特徴づける条件で
ある．後述の頂点作用素代数の C_2-cofiniteness と密接な関係があると信じられ
ているが詳細は不明である．

局所共形ネットの inclusion $\{A(I) \subset B(I)\}_I$ を考える．本当は $A(I)$ の方に
付随する Hilbert 空間は $\overline{A(I)\Omega}$ であるが，ここでは $A(I)$ も $B(I)$ に付随する
Hilbert 空間 H に作用すると考える．すると Jones-Kosaki index $[B(I) : A(I)]$
は I によらずに定まる．これが有限で，$\{A(I)\}_I$, $\{B(I)\}_I$ の片方が完全有理的で
あるときもう片方も完全有理的であることが簡単にわかる．特に，$\{B(I)\}_I$ が完
全有理的で，$\{A(I)\}_I$ がその有限群 G による orbifold であるとき，Jones-Kosaki
index は G の位数なので，$\{A(I)\}_I$ も完全有理的である．対応する命題は頂点作
用素代数でも考えられているが，有名な未解決問題である．(なおこのことは最初
[82] で証明されたが，[63] のあとでは，[54] からただちに従う．)

$\{A(I) \subset B(I)\}_I$ から coset construction を行うときも，$\{B(I)\}_I$ が完
全有理的で，Jones-Kosaki index $[B(I) : A(I) \vee (A(I)' \cap B(I))]$ が有限であれば
$\{A(I)' \cap B(I)\}_I$ も完全有理的となる．

$SU(N)_k$ に対応する局所共形ネットは [80] により完全有理的である．Even
lattice から作った局所共形ネットも [24] により完全有理的である．これらから
多くの例の完全有理性が従う．(しかし他の Lie 群から作った [76] などの例の完
全有理性は示されていない．これは重要な未解決問題である．)

さて上で，完全有理的な局所共形ネットの有限次元表現たちは modular tensor
category をなすといった．それでは逆に modular tensor category が任意に与
えられたときにそれを有限次元表現のテンソル圏として実現するような (完全有理

的な) 局所共形ネットがあるか，という問題を考えている．これは未解決問題であるが，私は答えはイエスであると強く信じている．その理由はこれまでの作用素環の理論では「従順性」という解析的条件があれば，そこから生じる表現論的不変量はすべて代数的かつ簡単な条件で特徴づけられて来たからである．(たとえば subfactor については [71] を見よ．) 局所共形ネット (特に完全有理的なもの) はどこからどう見ても従順な世界に入っているので，"modular tensor category" という単純な条件が現れうる表現論を特徴づけていると信じられるのである．

この問題を意味があるものにするには，modular tensor category としてどのようなものがあるかと考える必要がある．そこで重要なのが "quantum double" と呼ばれる構成法である．もともとは量子群の設定 [21] で考えられたものだが，作用素環の設定では当初 asymptotic inclusion [69] の名前で導入された．これは simple object が有限個しかない C^*-tensor category からその quantum double として modular tensor category を作るものである．その後 [64] でより見やすい定式化が導入され，その一般論は [43] によって詳しく調べられた．後者の構成は現在では Longo-Rehren subfactor と呼ばれている．Simple object が有限個しかない C^*-tensor category としては subfactor 理論から生じるものが [1], [4] などいくつか知られており，かなりたくさん変わった例があると信じられている．(ただし subfactor が simple object が有限個しかない tensor category を生成するときは その Jones index が cyclotomic integer になるという結果 [26] により大幅な制限がつく．) これらの quantum double は自動的に modular tensor category になるのでこれらが局所共形ネットの表現から生じるかが問題となる．もしこれが可能だとすると，その局所共形ネットは Longo-Rehren Q-system の dual を用いて，後述の Q-system による延長を作り出す．この延長は μ-index が 1 であることがただちにわかるので holomorphic である．よって，このような例は holomorphic なものの部分ネットして作られることになる．Holomorphic な例はたくさん知られているので，それらを用いて「一般の subfactor による orbifold construction」を行うべきだと思われるがそのような構成は知られていない．([27] はこの方向に向けての一歩である．)

さて次に局所共形ネットの inclusion $\{A(I) \subset B(I)\}_I$ を考える．Index $[B(I) : A(I)]$ は有限であると仮定しよう．実際に以下の話を応用するときはたいてい $\{A(I)\}_I$ は完全有理的であるが，それは最初は仮定しなくてよい．

古典的な群の表現論では部分群 $H \subset G$ とその表現があるときに，H の表現から G の表現を作る誘導表現と呼ばれる構成がある．この類似を考えたい．区

間 $I \subset S^1$ を固定する．$\{A(I)\}_I$ の表現は $A(I)$ の自己準同型で表されるのでそれを λ とおく．λ を $B(I)$ の自己準同型に拡大することを考える．これは λ と $A(I) \subset B(I)$ から生じるいわゆる dual canonical endomorphism θ ($A(I)$ の自己準同型) との braiding を使って $B(I)$ の自己準同型に拡張できる．Braiding に上下の交差の違いがあるのでそれを区別するため $\pm$ をつけて $\alpha_\lambda^\pm$ と書く．これは一般に $\{B(I)\}_I$ の表現からは来ていないが，それにかなり近いもので soliton sector と呼ばれるものを定めていることがわかる．この構成を (普通の群の誘導表現と区別して) α-induction と呼ぶ．この構成は [64] で初めて行われたがそこではほぼ定義されたというだけであった．これに関する実質的な議論は [79] で (これとは双対な形で) 初めて行われた．その後 [5] によって基礎が整理され，Ocneanu による Dynkin 図形に関する理論 [70] との統合が [6], [7] で行われた．

以下，局所共形ネット $\{A(I)\}_I$ の完全有理性を仮定する．すると，α^+-induction から生じる「表現もどき」の既約分解と α^--induction から生じる「表現もどき」の既約分解の共通部分を見ると，そこに現れるものがちょうど共形ネット $\{B(I)\}_I$ の既約表現になっていることがわかる．この際，$\{B(I)\}_I$ の表現のなす tensor category は $\{A(I)\}_I$ のものより「小さく」なっていることに注意する．これは通常の誘導表現の理論とは反対である．そのため induction という名前はついているがむしろ表現の制限の理論の方に近いことに注意しておく．

さて完全有理性を仮定したまま話を続ける．$SL(2,\mathbb{Z})$ の生成元 $S = \begin{pmatrix} 0 & -1 \\ 1 & 0 \end{pmatrix}$, $T = \begin{pmatrix} 1 & 1 \\ 0 & 1 \end{pmatrix}$ を取る．有限次元表現たちが modular tensor category をなしているので，Hopf link と twist を使うことにより，$SL(2,\mathbb{Z})$ の有限次元ユニタリ表現を作ることができる．([73].) この表現の次元は元の局所共形ネット $\{A(I)\}_I$ の既約表現の同値類の数である．ここで表現の記号を略して，S, T の像をそのまま S, T と書く．さて局所共形ネット $\{A(I)\}_I$ の既約表現 (に対応する自己準同型) を λ, μ とするとき，$Z_{\lambda,\mu} = \dim \mathrm{Hom}(\alpha_\lambda^+, \alpha_\mu^-)$ と置くと次の定理が成り立つ．([6].)

定理 4.3 上記行列 $(Z_{\lambda,\mu})_{\lambda,\mu}$ は次の性質を持つ．
（1） $Z_{\lambda,\mu} \in \mathbb{N} = \{0,1,2,\ldots\}$.
（2） 真空表現を 0 で表すと $Z_{00} = 1$.
（3） $ZS = SZ$.

（4） $ZT = TZ$.

上記 4 条件を満たすような行列 Z を一般に modular invariant と呼ぶ．Modular tensor category ごとに，modular invariant は有限個しかないことが簡単にわかる．$SU(2)_k$, $SU(3)_k$ などから生じる modular tensor category の場合は modular invariant は完全に分類されている．(それぞれ [11], [35].) 上記定理は，完全有理的な局所共形ネット $\{A(I)\}_I$ が与えられたとき，その任意の既約な延長 $\{B(I)\}_I$，すなわち $A(I)' \cap B(I) = \mathbb{C}$ を満たすものから modular invariant が生じることをいっている．(Jones-Kosaki index $[B(I) : A(I)]$ は完全有理性と既約性の仮定の下では自動的に有限になる．[44] と [50] による．)

さてこのセクションの最後に一般に局所共形ネットの延長を調べるために Q-system [61] について述べる．局所共形ネット $\{A(I)\}_I$ とその既約な延長 $\{B(I)\}_I$ が与えられたとき，$\{B(I)\}_I$ の真空表現を $\{A(I)\}_I$ の表現に制限するとそれは $\{A(I)\}_I$ の表現であるから，既約分解 $\bigoplus_\lambda n_\lambda \lambda$ ができる．ここで n_λ は多重度を表す自然数である．既約性より $\{A(I)\}_I$ の真空表現は多重度 1 で現れることがわかる．逆に自己準同型 $\bigoplus_\lambda n_\lambda \lambda$ で $n_0 = 1$ となっているものがいつ局所共形ネットの延長から来ているかを特徴づけたものが Q-system であり，自己準同型 $\bigoplus_\lambda n_\lambda \lambda$ としかるべき条件を満たす intertwiner 二つの組からなる．これは special symmetric $*$-Frobenius algebra と呼ばれるものと同じである．作用素環の言葉でいえば，factor N と N-N bimodule の族で，テンソル積と既約分解，共役演算で閉じているものから $N \subset M$ となる M を作る話と同じことである．それには N-N bimodule の直和に積構造をどうやって入れるかという問題になり，これがもっと一般的な状況で Q-system を考えることと実質的に同じことである．この文脈では algebra in a tensor category と呼ばれるものとも本質的に同じである．

5 局所共形ネットと頂点作用素代数

さて局所共形ネットとは別に，カイラル共形場理論の数学的公理付けはもう一つある．それは S^1 上の Wightman 場を直接公理化したもので，頂点作用素代数という．ある種の作用素値超関数を頂点作用素と呼ぶので，それらのなす代数系という意味である．

この理論のかなりの部分はムーンシャイン頂点作用素代数と呼ばれる一つの特別な例を調べるために発展した．そこでムーンシャイン予想について説明しよう．([36] が背景も含めて大変詳しい．) まず次の極めて一般的な問題設定から始める．

問題 5.1 有限群 G が与えられたとする．このときそれをある興味深い代数構造の自己同型群として実現せよ．

もちろん「興味深い代数構造」の部分があいまいなのでこれでは数学的問題になっていない．一つの例は次の問題である．

問題 5.2 有限群 G が与えられたとする．このときそれを有理数体上の Galois 拡大の Galois 群として実現せよ．

これは Galois の逆問題といわれ，現在も未解決である．これの作用素環的類似も考えることができるが，それは任意の有限群に対して一律かつ簡単に解けてしまうので面白くない．

「興味深い代数構造」として頂点作用素代数を考えるのが以下の状況である．ここで出てくる頂点作用素代数は無限次元なので，有限群から出発したにもかかわらず無限次元の代数構造が「自然に」現れるということが興味深いのである．

有限群の中で基本的な対象は明らかに有限単純群である．今日有限単純群は完全に分類されており，それは次のリストで記述できる．(詳しくは [31], [36] およびそこでの引用文献を見よ．)

（1） 素数位数の巡回群．
（2） 次数 5 次以上の交代群．
（3） 有限体上の Lie 型の群 16 系列．
（4） 26 個の散在型有限単純群．

ここで 3 番目のものは $PSL(n, \mathbb{F}_q)$ などの行列群である．一番最後の 26 個が分類リストにおける例外型構造であり，その最初のものは Mathieu によって 19 世紀に発見された．26 個の中で位数が最大のものがモンスターと呼ばれるもので，その位数は

$$2^{46} \cdot 3^{20} \cdot 5^9 \cdot 7^6 \cdot 11^2 \cdot 13^3 \cdot 17 \cdot 19 \cdot 23 \cdot 29 \cdot 31 \cdot 41 \cdot 47 \cdot 59 \cdot 71$$

である．これはだいたい 8×10^{53} 程度の大きさである．これは最初 Griess [38] によって，196884 次元の可換非結合的代数の自己同型群として構成された．モンスターの非自明な既約表現の最小の次元は 196883 であることが当初から知られ

ていた.

さて話を変えて古典的な j-function について述べる. これは上半平面の複素数 τ の関数であり,

$$j(\tau) = \frac{(1 + 240 \sum_{n>0} \sigma_3(n) q^n)^3}{q \prod_{n>0} (1-q^n)^{24}}$$

$$= q^{-1} + 744 + 196884 q + 21493760 q^2 + 864299970 q^3 + \cdots,$$

と表される. ここで $\sigma_3(n)$ は n の約数の 3 乗和であり, $q = \exp(2\pi i \tau)$ とおいた.

この関数はモジュラー不変性

$$j(\tau) = j\left(\frac{a\tau + b}{c\tau + d}\right),$$

を $\begin{pmatrix} a & b \\ c & d \end{pmatrix} \in SL(2, \mathbb{Z})$ に対して持ち, この条件と q に関する Laurent 展開が q^{-1} から始まるという条件で定数項を除いて一意的に決まること知られている. 定数項 744 は歴史的理由によって選ばれたもので特に意味はない. そこで, $J(\tau) = j(\tau) - 744$ とおいてこちらを以下使うことにする.

McKay は J-関数の Laurent 展開の最初の非自明な係数について $196884 = 196883 + 1$ ということに気づいた. ここで 1 はモンスターの自明表現の次数, 196883 はその非自明な既約表現の最小の次元である. これは無意味な偶然と当初思われたが, J-関数の係数を次々見ていくとそれらはみな, モンスターの既約表現の次元の「小さな係数付きの和」であることがわかったのである. (自明表現の次元 1 があるので任意の自然数は表現の次元の「係数付きの和」で表せることは当たり前である. しかしその係数が「小さい」のは大変不思議なことである.)

Conway–Norton [18] はこれに基づき, ムーンシャイン予想と呼ばれるものを次のように提唱した. (今日ではこれは Borcherds [8] によって証明されているので予想ではなく定理である.)

(1) 何かある自然な次数付き無限次元ベクトル空間 $V = \bigoplus_{n=0}^{\infty} V_n$ ($\dim V_n < \infty$) があって, ある自然な代数構造を持ち, その自己同型群がモンスターである.

(2) モンスターの各元 g は次数を保ち各 V_n に線形に作用する. その Trace を用いて Laurent 級数

$$\sum_{n=0}^{\infty}(\text{Tr } g|_{V_n})q^{n-1}$$

を作るとそれはいつも $SL(2,\mathbb{R})$ の離散部分群に関する genus 0 の Hauptmodul と呼ばれる古典的な関数になっている．特に g が単位元の時が上の J-関数である．

上記の Laurent 級数を McKay-Thompson 級数という．もちろんこのままでは「自然な代数構造」が何を意味しているか不明のため数学的な予想になっていない．しかしこの部分については Frenkel-Lepowsky-Meurman [31] が頂点作用素代数の公理系を与え，さらに上記 (1) の実例となるムーンシャイン頂点作用素代数 $V^\natural$ を構成した．

その構成はだいたいは次の方針による．24 次元ユークリッド空間には例外型 even lattice で Leech Lattice と呼ばれるものがある．以下これを単に Λ と書く．(詳しくは [19] を見よ．) 一般に even lattice から頂点作用素代数を作る方法があり，それによって V_Λ という頂点作用素代数を作る．これは $\mathbb{R}^{24}/\Lambda$ に住む string を記述するものである．Λ 上の involution $x \to -x$ は，V_Λ 上の位数 2 の自己同型を導く．この作用で動かない頂点作用素部分代数を取るとそれは非自明な simple current extension による拡張を持つことが示される．この拡張を取る操作を twisted orbifold construction と呼び，これによって $V^\natural$ が作られる．

宮本 [67] は $V^\natural$ の新しい構成法を与えた．後述の Virasoro 代数から Virasoro 頂点作用素代数というものが作れる．その中で最も基本的なものが $L(1/2,0)$ と書かれるものである．ムーンシャイン頂点作用素代数は $L(1/2,0)$ の 48 個のテンソル積を含んでいることが [23] によって示されている．そこで逆に，$L(1/2,0)$ の 48 個のテンソル積から出発し，その延長としてムーンシャイン頂点代数を構成するのである．一般に lattice の理論からの類似により，$L(1/2,0)$ の有限個のテンソル積を Virasoro 枠といい，その延長を枠付き頂点作用素代数という．

以下頂点作用素代数は複素係数のベクトル空間とする．一般の頂点作用素代数には正定値内積は入っていないが，ここでは適切な正定値内積が入っているもの (ユニタリと呼ばれるもの) だけを考える．V をこの正定値内積で完備化したものが作用素環からのアプローチでは局所共形ネットの作用する Hilbert 空間のはずだからである．頂点作用素代数の理論では state-field 対応と呼ばれるものがあり，ベクトル $v \in V$ を state と呼んでいるがこれが頂点作用素，すなわち S^1 上の Wightman 場を与えるというものである．その作用素値超関数を Fourier 級数展開すると作用素係数による展開が得られる．それを最初から書いたものを公

理として $\sum_{n\in\mathbb{Z}} v_n z^{-n-1}, v_n \in \mathrm{End}(V)$ の形のものが得られると要請する．(ここで z の指数が n でなく $-n-1$ になっているのはとりあえず単なる取り決めと思ってよい．) この v_n が $w \in V$ に作用したものを $v_n w$ と書く．これは別の見方をすれば V には整数でパラメータ付けされた可算個の (可換でも結合的でもない) 積演算が入っているとも考えられる．これらの積演算についてさまざまな条件を課したものが頂点作用素代数の公理系である．(詳しくは [31] を見よ．あるいは [48] を見よ．)

なお少し脱線するが，subfactor から生じる代数系として Jones の planar algebra [47] というものがある．これは抽象的には可算個の有限次元ベクトル空間があり，それらの間に複雑な n 項演算があり，さらに複雑な両立性条件を満たしているものである．そう思うと頂点作用素代数と形式的な類似性があるが，これに何か意味があるのかどうかわかっていない．

さて次に局所共形ネットとの関係を考えよう．局所共形ネットと頂点作用素代数は両方ともカイラル共形場理論という物理理論の数学的公理付けなのであるから数学的に等価なはずである．ただし正確には，局所共形ネット一般と頂点作用素代数一般にすると両者とも広すぎて，等価ではないと考えられる．つまり両者とも「良い」ものに限定した時に等価になると考えられる．これをもう少し詳しく見よう．

まず頂点作用素代数もやはり，Kac–Moody Lie 環や even lattice から作れることが知られている．(これは局所共形ネットより先に知られていた．) また頂点作用素代数についてもテンソル積, simple current extension, orbifold construction, coset construction がある．(あとの二つは局所共形ネットでの構成より先に知られていた．) ただし Q-system による延長については頂点作用素代数における同様の構成ができるとだいぶ前からアナウンスされているが，証明を書いた文献は私の知る限り存在していない．

基本的には，局所共形ネットと頂点作用素代数の片方で，ある例，アイディア，構成法などがあればしばしばもう片方に「翻訳」できる．たとえばムーンシャイン頂点作用素代数の局所共形ネットにおける対応物は [53] で作られており，作用素環の意味での自己同型群がちょうどモンスターになることが示されている．また最近の例でいえば，[59] における holomorphic な枠付き頂点作用素代数の局所共形ネットにおける対応物は [56] で構成されている．しかしこのような「翻訳」は個別のケースごとに行われているため，ある場合には簡単であり，ある場合には難しく，ある場合には未解決である．

頂点作用素代数においては $V/\{v_2w \mid v,w \in V\}$ の次元が有限であることを C_2-cofinite であると言い，これが重要な条件であることが知られている．これが局所共形ネットの完全有理性と形式的に似た点があるので，頂点作用素代数にユニタリ性を課した後では，これら二つの条件に完全に対応しているのではないかと予想 (あるいは期待) されている．

なお，局所共形ネットと頂点作用素代数の関係は Lie 群と Lie 環の関係に似たところがある．$SU(N)$ などの場合は Lie 群と Lie 環の対応を「一段階上げた」ものが loop 群 $LSU(N)$ と対応する Kac-Moody Lie 環であり，さらにもう「一段階上げた」ものが $SU(N)_k$ に対応する局所共形ネットと，これに対応する頂点作用素代数であると考えられる．

頂点作用素代数の表現 (module と呼ばれる) も自然に定義できる．だいたい環の module を定義するのと同様の考え方に立てばよい．これらは (適当に強い仮定の下で) modular tensor category をなす．これは [84] に基づき [42] で示された．局所共形ネットと頂点作用素代数がきちんと対応させられたとき，表現のなす modular tensor category 同士も当然同一視されるべきであるが，これも一般論はよくわかっていない．いくつかの基本的具体例ではちゃんと期待通り一致していることがわかっている．

頂点作用素代数でも holomorphic と呼ばれる概念があり，既約表現が一つしかないことをいう．(これも局所共形ネットの方より前からあった．)

6 分類理論

次に局所共形ネットの分類理論を述べる．すべての局所共形ネットが列挙できればめでたいがそのようなことは不可能と考えられる．これまでの作用素環の分類理論の歴史に照らせば，何か扱いやすい完全不変量を得るというのはできてもいいような気がするが，後述の holomorphic な例の様子を見るとそれも困難なようである．もしかすると，C_2-cofinite かつユニタリな頂点作用素代数が対応する「完全不変量」なのかもしれないが，それでは分類定理とは呼び難いであろう．ここではすでにできている結果について述べる

まず，Virasoro 代数とは無限次元の Lie 環であり，可算個の生成元 L_n $n \in \mathbb{Z}$ と 1 個の中心的な元 c から関係式 $[L_n, c] = 0$ および

$$[L_m, L_n] = (m-n)L_{m+n} + \frac{(m^3-m)\delta_{m,-n}}{12}c \tag{6.1}$$

によって生成される．ここに δ は Kronecker δ である．これは，無限次元 Lie 群 $\text{Diff}(S^1)$ に対応する Lie 環の複素化の一意的な中心拡大である．この c を central charge という．

今局所共形ネットがあれば $\text{Diff}(S^1)$ の射影的ユニタリ表現があるので，Virasoro 代数のユニタリ表現がある．(ユニタリとは $L_n^* = L_{-n}$ となっていることである．) この表現が既約であれば，c の像は正の実数であり，$1 - 6/m(m+1)$, $(m = 3, 4, 5, \ldots)$ かまたは $c \in [1, \infty)$ でありこれらのすべての値を実際に取りうることが [32], [37] によって示されている．この値のことも central charge という．(このようにとりうる値が離散的な部分と連続的な部分に分かれることが形式的に Jones index [46] と似ているということは当初から指摘されていた．) 局所共形ネットから出発した場合，現れる Virasoro 代数の表現は一般に既約ではないがそれでも c の像はスカラーであることがわかる．この値は局所共形ネットの不変量であるのでこれを局所共形ネットの central charge といい，同じ記号 c で表す．

次に局所共形ネット $\{A(I)\}_I$ を取り，付随する $\text{Diff}(S^1)$ の射影的ユニタリ表現 U を取る．区間 $I \subset S^1$ に対し，$\text{Diff}(I)$ の U による像が生成する von Neumann 環を $B(I)$ とおく．これは $\overline{B(I)\Omega}$ に Hilbert 空間を制限すればやはり局所共形ネットをなしていて，しかもそれは central charge の値 c にのみ依存することがわかる．これを Virasoro ネットと呼び，$\{\text{Vir}_c(I)\}_I$ と書く．

この Virasoro ネットは次のように作ったと思うこともできる．Virasoro 代数のユニタリ表現における L_n の像をそのまま L_n と書くことにする．これは閉作用素 (あるいは設定によっては可閉作用素) であり，たいてい非有界である．これを係数に持つ Fourier 級数 $\sum_{n \in \mathbb{Z}} L_n z^{-n-2}$ は S^1 上の作用素値超関数として意味を持たせることができ，stress-energy tensor と呼ばれる．(z の指数が $-n-2$ になっているのもとりあえず単に取り決めと思っていればよい．) これと区間 $I \subset S^1$ に台を持つ試験関数を使って，一番最初に述べたような方法で "observable" を作ればそれによって生成される von Neumann 環が $\text{Vir}_c(I)$ である．

$c < 1$ の場合は，[37] の coset construction を作用素環的に解釈したものを使うことにより，$SU(2)_k$ の完全有理性から，$\{\text{Vir}_c(I)\}_I$ の完全有理性が従う．(Coset construction の完全有理性は [81] により，それが Virasoro ネットと等しいことは [50] による．)

さてそうすると一般の局所共形ネット $\{A(I)\}_I$ で $c < 1$ であれば，$\{A(I)\}_I$ は Virasoro ネット $\{\text{Vir}_c(I)\}_I$ の延長とみなせることになる．延長があれば modular invariant が生じるのであった．$\{\text{Vir}_c(I)\}_I$ の表現のなす modular tensor category は別の文脈で計算されており，その modular invariant も完全に分類されている．([11].) ここに出てくる $SL(2,\mathbb{Z})$ のユニタリ表現が，$\{\text{Vir}_c(I)\}_I$ の表現のなす modular tensor category から生じるものと同じだということは確認できるので，一般の $c < 1$ となる局所共形ネット $\{A(I)\}_I$ は [11] のリストにある modular invariant が生じることになる．さらにリストの modular invariant のうち，type I と呼ばれるものしか生じないこともすぐにわかる．[11] のリストにある modular invariant は Coxeter 数の差が 1 であるような A-D-E Dynkin 図形のペアでラベル付けされており，さらに type I というのは A_n, D_{2n}, E_6, E_8 だけを使うものである．あとはそれらの例を個別にみていくと，[11] のリストにある type I modular invariant はすべて $c < 1$ となる局所共形ネット $\{A(I)\}_I$ と 1 対 1 対応していることがわかる．([50], [51].) これらを具体的に書くと $c < 1$ となる局所共形ネット $\{A(I)\}_I$ の分類リストは次のようになる．

（1） Virasoro ネット Vir_c $(c < 1)$．

（2） Virasoro ネットの $\mathbb{Z}/2\mathbb{Z}$ による simple current extension．

（3） $c = 21/22, 25/26, 144/145, 154/155$ における例外 4 個．

ここで 1 番めと 2 番めは何も面白くない．3 番めのうち 2 個は coset construction で簡単に作れることが前から予想されており，その通りであることが [50] で確認された．$c = 21/22$ はもっと複雑な coset であることが [58] で示された．残りの $c = 144/145$ は前に述べた「Q-system による延長」であり，これまで他の方法によっては構成されておらず，頂点作用素代数の対応物も (Q-system による延長ができるという主張を除いては) 知られていない．なお，この構成法は [83] によって無限系列に拡張されている．(これは subfactor が index 4 未満であるときの分類 [68], [28] と形式的な類似がある．)

ここで modular invariant の分類を用いたが，もともと modular invariant partition function は共形場理論の設定ではフル共形場理論に分解の係数として現れたもので，ここではその現れ方が違うものであることに注意する．これによっていわゆる type I のものしか現れなくなるのである．

さて最初の方で，完全有理的な局所共形ネットは分類できてしかるべきだと述べた．これまでの作用素環の分類理論，特に subfactor の分類理論との対比で言えば，これは finite depth を持つ hyperfinite subfactor の類似物であり，表現論的不変量によって完全に分類されることが期待される．そこでその直接的な類似を考えると，(有限次元) 表現のなす modular tensor category が完全不変量なのではないか，となるがそれは全く成り立たない．その典型的な例は holomorphic

な場合である.このとき modular tensor category は自明なもの (simple object が 1 個) になってしまうので全く区別できないが,相異なるものがたくさんあることが知られている.たとえば central charge が異なる例がたくさんある. (頂点作用素代数の場合は [84] により holomorphic なら c は 8 の倍数であることが知られている.局所共形ネットでも当然これは成り立つべきことだが証明されていないと思う.)

さらに holomorphic で central charge も同じ場合でも,vacuum character $\mathrm{Tr}(q^{L_0-c/24})$ で区別できる場合がある.頂点作用素代数ではこれでも区別できない場合が知られており,頂点作用素の 2 項演算 $v_n w$ (の一部) を見ることによって区別される.そのような例の一部は [59] によって作られているので対応する局所共形ネットは [56] によって構成されている.しかしその分類理論はわかっておらず,局所共形ネットの枠組みでこれらをどう区別するかは不明である.これを突き詰めていくと最初に書いたように,「対応する頂点作用素代数自体が完全不変量」といったことになる可能性がある.

7 カイラル共形場理論からフル共形場理論へ

次にフル共形場理論の作用素環的フォーミュレーションについて説明し,カイラル共形場理論との関係を説明する.

基本的には 2 次元 Minkowski 空間内の double cone (すなわち長方形) でパラメータ付された von Neumann 環の族を考えるのだが無限遠点の扱いが少し微妙である.その点について詳しくは [51] を見てもらうことにして本質的な点だけを説明する.

2 次元 Minkowski 空間を考え空間座標を x,時間座標を t とする.すべての辺が $x = t$ または $x = -t$ に平行な長方形を考え,以下単に長方形と呼ぶ.長方形を $x = t$ に射影した線分を I,$x = -t$ に射影した線分を J と書き,この長方形を $I \times J$ と書き,対応する von Neumann 環を $A(I \times J)$ と書く.これらは共通の Hilbert 空間 H に作用するとする.族 $\{A(I \times J)\}_{I \times J}$ が次の条件を満たす時 2 次元局所共形ネットという.

(1) 単調性

(2) (局所性) $I_1 \times J_1$ と $I_2 \times J_2$ が空間的なとき,$[A(I_1 \times J_1), A(I_2 \times J_2)] = 0$.

(3) (共形共変性) $\mathrm{Diff}(S^1) \times \mathrm{Diff}(S^1)$ の射影的ユニタリ表現を考えて S^1 上の場合と同様の要請を行うが，無限遠点が動く場合の扱いについては省略する．

(4) (真空ベクトル) 単位ベクトル $\Omega \in H$ で，$PSL(2,\mathbb{R}) \times PSL(2,\mathbb{R})$ の作用で不変となるものがスカラー倍を除いて一意に定まる．

(5) (生成条件) $\bigcup_{I \times J} A(I \times J)\Omega$ は H で稠密である．

(6) (正エネルギー条件) 表現 U を $x = \pm t$ の回転部分群に制限したとき，その生成元は正の作用素となる．

このとき [51] のように次の性質が成り立つ．(再び無限遠点の処理について微妙な点があるが気にしないことにする．) だいたい S^1 の場合と同様なので詳しくは書かない．知らない言葉があってもあまり気にしなくてよい．

(1) Double cone KMS の性質

(2) Haag duality

(3) Modular PCT 対称性

(4) 加法性

(5) 既約性

さて S^1 上の局所共形ネットを二つ $\{A_L(I)\}_I, \{A_R(I)\}_I$ と取る．このとき $A(I \times J) = A_L(I) \otimes A_R(J)$ とおけばこれは 2 次元局所共形ネットである．($\{x = \pm t\}$ を $S^1 \setminus \{\infty\}$ と同一視した．) 一般の 2 次元局所共形ネットはこれの延長で $B(I \times J) \supset A_L(I) \otimes A_R(J)$ の形をしていることがわかる．以下簡単のため $\{A_L(I)\}_I, \{A_R(I)\}_I$ はいずれも完全有理的であるとする．

$A_L(I) \otimes A_R(J) \hookrightarrow B(I \times J)$ は $\{A_L(I) \otimes A_R(J)\}_{I \times J}$ の表現で，$\{A_L(I) \otimes A_R(J)\}_{I \times J}$ の表現論は $\{A_L(I)\}_I$ の表現論と $\{A_R(I)\}_I$ の表現論のテンソル積なので，上記表現は $\bigoplus_{\lambda,\mu} Z_{\lambda,\mu} \lambda \otimes \mu$ と既約分解する．ただしここで，λ, μ はそれぞれ $\{A_L(I)\}_I, \{A_R(I)\}_I$ の既約表現であり，完全有理性の仮定よりこれは有限和である．$\{B(I \times J)\}_{I \times J}$ についても同様に表現論が定義され，μ-index が定義できる．([51].) さらに簡単のため $A_L = A_R$ としよう．このとき次の定理が成り立つ．

定理 7.1 次の条件は同値である．

(1) 2 次元局所共形ネット $\{B(I \times J)\}_{I \times J}$ は包含関係について極大である．

（2） 2次元局所共形ネット $\{B(I \times J)\}_{I \times J}$ の既約表現は真空表現に限る.

（3） 2次元局所共形ネット $\{B(I \times J)\}_{I \times J}$ の μ-index は 1 である.

（4） $(Z_{\lambda,\mu})_{\lambda,\mu}$ は modular invariant である.

これを用いて，$A_L = A_R$ が与えられたとき，極大な 2 次元局所共形ネット $\{B(I \times J)\}_{I \times J}$ の分類が原理的には可能である．$A_L = A_R = \mathrm{Vir}_c, c < 1$ の場合は次の分類定理が得られている.

定理 7.2 上記のような 2 次元局所共形ネットは Coxeter 数の差が 1 であるような A-D-E Dynkin 図形のペアでラベル付けされる.

Dynkin 図形のペアが現れるのは modular invariant が [11] によってそのように分類されているからで，今度は type I という制限はない．ここでの modular invariant の現れ方は [11] で想定されていたものであるが，上記定理は [11] からすぐに従うわけでは全くなく，各 modular invariant が本当に 2 次元局所共形ネットに一意的に対応することを示さなくてはならない．この一意性の証明が特に厄介で [51] ではページ数の大半はこの一意性の証明に費やされている．さらに $A_L = A_R = \mathrm{Vir}_c$ の場合は極大ではない 2 次元局所共形ネットの分類も可能であり，[51] では完全なリストが得られている.

一般に $A_L = A_R$ という設定から始めたとき (完全有理性を仮定しておけば) $\{A_L(I) \otimes A_R(J)\}_{I \times J}$ の延長 $\{B(I \times J)\}_{I \times J}$ で極大なものが構成できる．これは Longo-Rehren subfactor [64] と呼ばれる構成法である.

8 カイラル共形場理論から境界共形場理論へ

次に境界共形場理論の作用素環的フォーミュレーションについて説明し，カイラル共形場理論との関係を説明する.

今度は考える「時空」が Minkowski 半空間 $\{(x, t) \mid x > 0\}$ である．基本的にはフル共形場理論で「長方形」がこの半空間に含まれている場合だけを考えたものと言ってよい．ただし境界 $x = 0$ での振る舞いに注意が必要である．境界共形場理論の作用素環的扱いは [65] で最初になされた．フル共形場理論との大きな違いは，境界 $x = 0$ 上にカイラル共形場理論 $\{A(I)\}_I$ があるということである．(今 $x = 0$ を $S^1 \setminus \{\infty\}$ と同一視している.) この $\{A(I)\}_I$ は今考えている Hilbert 空間に表現されている．共形共変性は $\{A(I)\}_I$ について考えればよい.

既約性についても $\{A(I)\}_I$ を含んだ形で定義するが細かいことはあまり気にしなくてよい．正確な形については [65] を見よ．長方形でパラメータ付けされた von Neumann 環のこの族のことをまた局所共形ネットという．

一般の開集合 O に対し，$B(O)$ とは O 内に含まれる長方形 R たちについて $B(R)$ 全体が生成する von Neumann 環のことと定める．O' で O のすべての点と空間的な点全体のなす集合の内点の集合を表す．(O' を O の causal complement という．) 辺が $x = \pm t$ に平行な半空間内の長方形について，$x = \pm t$ に沿って $x = 0$ に射影して得られる区間を I, J とおき，この長方形のことを $I \times J$ と書く．(フル共形場の理論の時とは違う取り決めであることに注意する．)

[65] において，局所共形ネット $\{B(I \times J)\}_{I \times J}$ が包含関係について極大であることと，長方形 O について Haag duality $B(O') = B(O)'$ が成り立つことが同値であることが示された．(ここで O' は連結ではないことに注意する．)

一般に半空間における局所共形ネット $\{B(I \times J)\}_{I \times J}$ に対し，$x = 0$ 内の区間 I を取る．$x = \pm$ に沿った $x = 0$ への射影が共に I 内に入るような点の集合を O とおく．(これは三角形をなしている．) $\{B(I \times J)\}_{I \times J}$ の境界への制限 $B^{\text{gen}}(I)$ を $B^{\text{gen}}(I) = B(O)$ で定義する．これは $x = 0$ 上で定義された von Neumann 環のネットである．

また，$x = 0$ 上の von Neumann 環のネット $\{B(I)\}_I$ に対し，半空間内の長方形 $I \times J$ を取る．$x = 0$ 内の区間 $K \subset L$ を，$L \setminus \bar{K} = I \cup J$ となるように取る．このとき $B_+^{\text{ind}}(I \times J) = B(K)' \cap B(L)$ とおくことにより，半空間内の局所共形ネット $\{B(I \times J)\}_{I \times J}$ が得られる．

一般に最初に与えられた $\{A(I)\}_I$ の拡張 $\{B(I)\}_I$ で局所性の代わりに「$I \cap J = \emptyset$ ならば $[A(I), B(J)] = 0$」を考えたものを取る．(これを $\{A(I)\}_I$ に関する相対局所性と呼ぶ．) このとき $(B_+^{\text{ind}})^{\text{gen}} = B$ であることが [65] で示された．また半空間の局所共形ネット $\{B(I \times J)\}_{I \times J}$ が極大性 (したがって Haag duality) を満たしているとき，$(B^{\text{gen}})_+^{\text{ind}} = B$ であることも示された．これより極大性 (したがって Haag duality) を満たしている局所共形ネット $\{B(I \times J)\}_{I \times J}$ を考えることは，$\{A(I)\}_I$ に関する相対局所性を持った $\{A(I)\}_I$ の延長を考えることと同じである．

これによって，$\{A(I)\}_I$ が Virasoro ネット $\{\text{Vir}_c(I)\}_I, c < 1$ であるとき，その相対局所性を持った延長を考えることが，$c < 1$ である半空間内の極大な局所共形ネットを考えることと同じことになる．この分類は [55] で実現された．

さらに境界共形場理論があるときに境界を「無限遠にずらす」操作によりフル

共形場理論が作れることが [66] で示された．逆にフル共形場理論があるときに，「境界を作る」操作により境界共形場理論が作れることが [15] で示された．これによって境界共形場理論とフル共形場理論の関係が明らかになった．

なお境界共形場理論に関連して tensor category の観点からも多くの研究がなされている．[34] およびそこでの引用文献を見よ．これらの研究も作用素環の見地から見直すことができ，抽象的な tensor category におけるさまざまな構成はすべて作用素環的に具体的に実現できることがわかる．

9　超対称性と非可換幾何学

古典的な Riemann 幾何において Weyl の結果は，$t \to 0+$ のとき

$$\mathrm{Tr}(e^{-t\Delta}) \sim \frac{1}{(4\pi t)^{n/2}}(a_0 + a_1 t + \cdots)$$

という漸近展開である．ここで Δ は多様体の Laplacian，n は多様体の次元で a_k は幾何学的な意味を持つ．たとえば a_0 は Riemann 多様体の体積であり，a_1 は $n = 2$ の時は Euler 数 (の適当な定数倍) である．

さて一方，局所共形ネットが特に「よい」ものであれば $t \to 0+$ のとき，

$$\log \mathrm{Tr}(e^{-tL_0}) \sim \frac{1}{t}(a_0 + a_1 t + \cdots),$$

という漸近展開が成り立ち，a_0, a_1, a_2 はネットの表現論から定まる．([52] で指摘されたがこれ自体は単純な modular invariance の帰結である．これはすべての完全有理的な局所共形ネットで成り立つと信じられているが証明されていない．)

両式を比べると明らかな類似があるが違いは後者には log がついていることである．前者の n が次元なので，log をつけなければ局所共形ネットは「無限次元多様体」のようにふるまい，「log による正規化」のあとでは 2 次元多様体のようにふるまうということである．このことをより詳しく調べるため，Connes の非可換幾何学 [17] について考える．

M を閉 Riemann 多様体とする．可換 C^*-環 $C(M)$ は位相空間としての M しか覚えておらず，多様体としての構造を見るには不足である．もし M がさらに spin 構造と呼ばれるものを持てば，M 上の spinor bundle と呼ばれるものが定義でき，その L^2-section が Hilbert 空間 H を定める．M 上の C^∞-関数全体 $C^\infty(M)$ は H に掛け算で作用する *-algebra である．このとき H 上には Dirac 作用素と呼ばれる非有界自己共役作用素 D が存在する．これは Laplacian

Δ の「平方根」のようなものである. $(C^\infty(M), H, D)$ からは M の多様体としての構造が復元できる. これに基づき, Connes は「非可換多様体」の定義として $(\mathcal{A}, H, D)$ に次の条件を課したものを採用し, spectral triple と名付けた. ここで H は Hilbert 空間, $\mathcal{A}$ は $B(H)$ の $*$-部分環, D は H 上の (有界とは限らない) 自己共役作用素であり, 次の条件を満たすものとする.

(1) D のレゾルベントはすべてコンパクトである.

(2) 任意の $a \in \mathcal{A}$ について $[D, a] \in B(H)$ となる.

ここで $[D, a]$ は本来 Hilbert 空間 H 全体では定義されていない. 上の条件は H 全体の有界線形作用素に拡張されるという意味である.

上述の Δ と L_0 の類似に基づき, L_0 の何らかの「平方根」があればそれを Dirac 作用素と思うことにより, 局所共形ネットから非可換多様体が作れるのではないかと考えられる. これを実現するものが 超 Virasoro 代数である.

まず $N = 1$ 超 Virasoro 代数という超 Lie 代数があり, それは可算個の生成元 c, L_n ($n \in \mathbb{Z}$) (以上は even) と G_r (こちらは odd) によって生成され, G_r の r の動く範囲は二つの可能性がある. 一つは $r \in \mathbb{Z}$ を動き, そのときできる無限次元超 Lie 代数を Ramond 代数と呼ぶ. もう一つは $r \in \mathbb{Z} + 1/2$ を動き, そのときできる無限次元超 Lie 代数を Neveu-Schwarz 代数と呼ぶ. この二つを総称して $N = 1$ 超 Virasoro 代数と呼ぶ. どちらの場合でも関係式は同じ式で書けて次のとおりである.

$$[L_m, L_n] = (m-n) L_{m+n} + \frac{c}{12}(m^3 - m)\delta_{m+n,0}, \tag{9.1}$$

$$[L_m, G_r] = \left(\frac{m}{2} - r\right) G_{m+r}, \tag{9.2}$$

$$[G_r, G_s] = 2L_{r+s} + \frac{c}{3}\left(r^2 - \frac{1}{4}\right)\delta_{r+s,0}. \tag{9.3}$$

ここで Ramond 代数の場合, $[G_0, G_0]$ は表現においては反交換子なので, $G_0^2 = L_0 - c/24$ となる. これは G_0 が L_0 の「自然な平方根」であることを意味している. ($-c/24$ の項は無視してかまわない. 古典的な Dirac 作用素の場合もこのような項がある.)

さて $N = 1$ 超 Virasoro 代数においても自然なユニタリ表現がある. 再び表現の記号を略して像のことを単に L_n, G_r と書く. Central charge c はスカラーに移っている. このとき, $L(z) = \sum_{n \in \mathbb{Z}} L_n z^{-n-2}$, $G_r(z) = \sum_r G_r z^{-r-3/2}$ が再び S^1 上の作用素値超関数の Fourier 展開として意味を持つ. (Ramond 代数のときは

$z^{1/2}$ が出てくるが, S^1 の2重被覆を考えるなり, -1 を除くなりすれば問題ない.)
そこでこれから試験関数を使って, von Neumann 環のネット $\{A(I)\}_I$ ができる. これは局所共形ネットとほぼ同様の公理を満たすが, 大きな違いは, 局所性公理の $[x,y]$ が graded commutator を意味するということである. こうしてできるものを super Virasoro ネットと呼ぶ. さらにその延長を一般に superconformal ネットと呼ぶ. c の取りうる値は

$$\left\{\frac{3}{2}\left(1 - \frac{8}{m(m+2)}\right)\middle| m = 3, 4, 5, \ldots\right\} \cup \left[\frac{3}{2}, \infty\right)$$

であることが [32] によって知られている. $c < 3/2$ の superconformal ネットについては, 前と同様の分類定理が成り立ち, 次のような分類リストが得られる. ([14].)

(1) 超 Virasoro ネットで $c = \frac{3}{2}\left(1 - \frac{8}{m(m+2)}\right)$ となるもの. これは (A_{m-1}, A_{m+1}) とラベルを付ける.

(2) 上記の $\mathbb{Z}/2\mathbb{Z}$ による simple current extension. (A_{4m-1}, D_{2m+2}), (D_{2m+2}, A_{4m+3}) とラベルを付ける.

(3) 6つの例外型. (A_9, E_6), (E_6, A_{13}), (A_{27}, E_8), (E_8, A_{31}), (D_6, E_6), (E_6, D_8) とラベルを付ける.

ただしここでは modular invariant の [10] による分類を用いる. (より一般に super Virasoro 代数を考えずに $\mathbb{Z}/2\mathbb{Z}$-grading だけを考えたときの一般論は [14] にある.)

次に $c < 3/2$ の Ramond 代数から生じるネット $\{A(I)\}_I$ について考える. これは真空ベクトルを持たないことに注意する. 考えている Hilbert 空間を H と書き, G_0 の像を D とおく. これが spectral triple の H と D なので, あと $\mathcal{A}$ を決める必要がある. このため,

$$\mathcal{A}(I) = \{a \in A(I) \mid \delta^n(a) \in B(H) \text{ for all } n \in \mathbb{N}\}$$

とおく. ここで $\delta(a) = [D, a]$ とおいた. 定義によってこれは明らかに spectral triple だが $\mathcal{A}(I)$ が小さすぎる危険がある. たとえば極端な話 $\mathcal{A}(I) = \mathbb{C}$ かもしれない. しかしレゾルベントを使った計算により, [12] において, $\mathcal{A}(I)$ は $A(I)$ において作用素の強収束の位相で稠密なことが示された.

また, $t > 0$ のとき $\mathrm{Tr}(e^{-tD^2}) < \infty$ という条件が成り立つとき spectral triple は θ-総和可能であるという. これは「無限次元多様体」の中でたちの良いものを特

徴づける条件である．上で作った spectral triple $(\mathcal{A}(I), H, D)$ は θ-総和可能であることがわかる．$\{(\mathcal{A}(I), H, D)\}_I$ は「たちの良い非可換無限次元多様体の族」となるのである．(なお共形場理論と非可換幾何学の関係については [62] を見よ．)

さらに $N=2$ 超 Virasoro 代数というものがあり，その生成元は c, L_n, J_n ($n \in \mathbb{Z}$) (以上は even) と $G_r^\pm$ (こちらは odd) で関係式は次のとおりである．

$$[L_m, L_n] = (m-n)L_{m+n} + \frac{\hat{c}}{12}(m^3 - m)\delta_{m+n,0},$$

$$[L_m, G_r^\pm] = \left(\frac{m}{2} - r\right)G_{m+r}^\pm,$$

$$[G_r^+, G_s^-] = 2L_{r+s} + (r-s)J_{r+s} + \frac{\hat{c}}{3}\left(r^2 - \frac{1}{4}\right)\delta_{r+s,0},$$

$$[G_r^+, G_s^+] = [G_r^-, G_s^-] = 0,$$

$$[L_m, J_n] = -nJ_{m+n},$$

$$[G_r^\pm, J_n] = \mp G_{r+n}^\pm,$$

$$[J_m, J_n] = \frac{\hat{c}}{3}m\delta_{m+n,0}.$$

$G_r^\pm$ の r は $\mathbb{Z}+t$ を動くが実はどの t をとっても同型な超 Lie 代数ができている．

今度もユニタリ表現を考えることができ，c の値に制限がつくがここでは

$$c \in \{3m/(m+2) \mid m = 1, 2, 3, \dots\} \cup [3, \infty)$$

が可能な値すべてを与えている．また今度も真空表現と呼ばれるものを考え，今度は $G_n^1 = (G_n^+ + G_n^-)/\sqrt{2}$, $G_n^2 =^i (G_n^- + G_n^-)/\sqrt{2}$ とおき，4 つの作用素値超関数 $L(z) = \sum_n L_n z^{-n-2}$, $G^j(z) = \sum_n G_n^j z^{-n-3/2}$ ($j = 1, 2$), $J(z) = \sum_n J_n z^{-n-1}$ を使って前と同様の構成を行う．こうしてできるものが $N=2$ 超 Virasoro ネットである．これについては coset construction でも作ることができ，両者は一致する．作用素環の枠組みではこの両者の一致は直接示すことができ，それは $\mathrm{Tr}(q^{L_0} z^{J_0})$ を表す character formula というものと同値である．この character formula は 1980 年代から文献に出ており，証明したという論文もあるのだが，それは間違っているという人たちもおり，私には super Lie 環の文脈で証明されていることなのかどうかよくわからない．作用素環の文脈で今回証明されたことは確かである．

さて今度は G_0^1 を Dirac 作用素として取り，前と同様にして $\delta(a) = [G_0^1, a]$ と

おき，$A(I)$ を定義する．再びこれは $A(I)$ で，作用素の強収束の位相について稠密であることとが導かれる．

θ 総和性があるような「無限次元非可換多様体」に対する適切な cohomology 論は Connes の entire cyclic cohomology であり，そこでの cocycle は Jaffe–Lesniewski–Osterwalder cocycle (JLO-cocycle) [45] である．この cohomology 群は K_0-群との間に index pairing (実数値を取る) を持つことが知られている．

今の状況では $N = 2$ 超 Virasoro 代数の Ramond 表現と呼ばれるものがあり，それらはある共通の ∗-代数の射影を，したがって K_0-群の元を与える．一方，同じ Ramond 表現たちが JLO-cocycle を与えることもわかる．ここで index pairing を取ると，Ramond 表現についての Kronecker δ が出てくることがわかる．これが [13] の主結果である．

上と同様に $N = 2$ super 共形ネットの $c < 3$ での分類もできる．Xu の mirror extension と coset construction の混ざったような新しいタイプの simple current extension が得られる．さらに，chiral ring, spectral flow なども作用素環の文脈で調べられた．([13].)

参考文献

[1] M. Asaeda, & U. Haagerup, *Exotic subfactors of finite depth with Jones indices* $(5 + \sqrt{13})/2$ *and* $(5 + \sqrt{17})/2$, Commun. Math. Phys. **202** (1999), 1–63.

[2] B. Bakalov & A. Kirillov Jr., "Lectures on tensor categories and modular functors", American Mathematical Society (2001).

[3] A. A. Belavin, A. M. Polyakov & A. B. Zamolodchikov, *Infinite conformal symmetry in two-dimensional quantum field theory*, Nucl. Phys. **241** (1984), 333–380.

[4] S. Bigelow, S. Morrison, E. Peters & N. Snyder, *Constructing the extended Haagerup planar algebra*, Acta Math. **209** (2012), 29–82.

[5] J. Böckenhauer & D. E. Evans, *Modular invariants, graphs and α-induction for nets of subfactors*, I Commun. Math. Phys. **197** (1998), 361–386; II **200** (1999), 57–103; III **205** (1999), 183–228.

[6] J. Böckenhauer, D. E. Evans & Y. Kawahigashi, *On α-induction, chiral projectors and modular invariants for subfactors*, Commun. Math. Phys. **208** (1999), 429–487.

[7] J. Böckenhauer, D. E. Evans & Y. Kawahigashi, *Chiral structure of modular invariants for subfactors*, Commun. Math. Phys. **210** (2000), 733–784.

[8] R. E. Borcherds, *Monstrous moonshine and monstrous Lie superalgebras*, Invent. Math. **109** (1992), 405–444.

[9] R. Brunetti, D. Guido & R. Longo, *Modular structure and duality in conformal quantum field theory*, Commun. Math. Phys. **156** (1993), 201–219.

[10] A. Cappelli, *Modular invariant partition functions of superconformal theories*, Phys. Lett. **B 185** (1987), 82–88.

[11] A. Cappelli, C. Itzykson & J.-B. Zuber, *The A-D-E classification of minimal and $A_1^{(1)}$ conformal invariant theories*, Commun. Math. Phys. **113** (1987), 1–26.

[12] S. Carpi, R. Hillier, Y. Kawahigashi & R. Longo, *Spectral triples and the super-Virasoro algebra*, Commun. Math. Phys. **295** (2010), 71–97.

[13] S. Carpi, R. Hillier, Y. Kawahigashi, R. Longo & F. Xu, *$N=2$ superconformal nets*, arXiv:1207.2398.

[14] S. Carpi, Y. Kawahigashi & R. Longo, *Structure and classification of superconformal nets*, Ann. Henri Poincaré. **9** (2008), 1069–1121.

[15] S. Carpi, Y. Kawahigashi & R. Longo, *How to add a boundary condition*, Commun. Math. Phys. **322** (2013), 149–166.

[16] S. Carpi & M. Weiner, *On the uniqueness of diffeomorphism symmetry in conformal field theory*, Commun. Math. Phys. **258** (2005), 203–221.

[17] A. Connes, "Noncommutative Geometry" Academic Press (1994).

[18] J. H. Conway & S. P. Norton, *Monstrous moonshine*, Bull. London Math. Soc. **11** (1979), 308–339.

[19] J. H. Conway & N. J. A. Sloane, "Sphere packings, lattices and groups" (third edition), Springer (1998).

[20] P. Di Francesco, P. Mathieu & D. Sénéchal, "Conformal Field Theory", Springer (1996).

[21] V. Drinfel'd, *Quantum groups*, Proceedings of the International Congress of Mathematicians, 798–820, American Mathematical Society (1987).

[22] C. Dong, R. L. Griess, Jr. & G. Höhn, *Framed vertex operator algebras, codes and the Moonshine module*, Commun. Math. Phys. **193** (1998), 407–448.

[23] C. Dong, G. Mason & Y. Zhu, *Discrete series of the Virasoro algebra and the moonshine module*, Proc. Symp. Pure. Math., Amer. Math. Soc. **56** II (1994), 295–316.

[24] C. Dong & F. Xu, *Conformal nets associated with lattices and their orbifolds*,

Adv. Math. **206** (2006), 279–306.

[25] S. Doplicher, R. Haag & J. E. Roberts, *Local observables and particle statistics*, I. Commun. Math. Phys. **23** (1971), 199–230; II. **35** (1974), 49–85.

[26] P. Etingof, D. Nikshych, V. Ostrik, *On fusion categories*, Ann. of Math. **162** (2005), 581–642.

[27] D. E. Evans & T. Gannon, *The exoticness and realisability of twisted Haagerup-Izumi modular data*, Commun. Math. Phys. **307** (2011), 463–512.

[28] D. E. Evans & Y. Kawahigashi, "Quantum Symmetries on Operator Algebras", Oxford University Press, Oxford (1998).

[29] K. Fredenhagen & M. Jörß, *Conformal Haag-Kastler nets, pointlike localized fields and the existence of operator product expansion*, Commun. Math. Phys. **176** (1996), 541–554.

[30] K. Fredenhagen, K.-H. Rehren & B. Schroer, *Superselection sectors with braid group statistics and exchange algebras*, I. Commun. Math. Phys. **125** (1989), 201–226; II. Rev. Math. Phys. **Special issue** (1992), 113–157.

[31] I. Frenkel, J. Lepowsky & A. Meurman, "Vertex operator algebras and the Monster", Academic Press (1988).

[32] D. Friedan, Z. Qiu & S. Shenker, *Details of the non-unitarity proof for highest weight representations of the Virasoro algebra*, Commun. Math. Phys. **107** (1986), 535–542.

[33] J. Fröhlich & F. Gabbiani, *Operator algebras and conformal field theory*, Commun. Math. Phys. **155** (1993), 569–640.

[34] J. Fuchs, I. Runkel & C. Schweigert, *Twenty-five years of two-dimensional rational conformal field theory*, J. Math. Phys. **51** (2010), 015210.

[35] T. Gannon, *The classification of affine $SU(3)$ modular invariant partition functions*, Commun. Math. Phys. **161** (1994), 233–263.

[36] T. Gannon, "Moonshine Beyond The Monster: The Bridge Connecting Algebra, Modular Forms And Physics", Cambridge University Press (2006).

[37] P. Goddard, A. Kent & D. Olive, *Unitary representations of the Virasoro and super-Virasoro algebras*, Commun. Math. Phys. **103** (1986), 105–119.

[38] R. L. Griess, Jr., *The friendly giant*, Invent. Math. **69** (1982), 1–102.

[39] D. Guido & R. Longo, *Relativistic invariance and charge conjugation in quantum field theory*, Commun. Math. Phys. **148** (1992), 521–552.

[40] D. Guido & R. Longo, *The conformal spin and statistics theorem*, Commun. Math. Phys. **181** (1996), 11–35.

[41] R. Haag, "Local Quantum Physics", Springer (1996).

[42] Y.-Z. Huang, *Rigidity and modularity of vertex tensor categories*, Commun. Contemp. Math. **10** (2008), 871–911.

[43] M. Izumi, *The structure of sectors associated with the Longo-Rehren inclusions*, Commun. Math. Phys. **213** (2000), 127–179.

[44] M. Izumi, R. Longo & S. Popa *A Galois correspondence for compact groups of automorphisms of von Neumann algebras with a generalization to Kac algebras*, J. Funct. Anal. **10** (1998), 25–63.

[45] A. Jaffe, A. Lesniewski & K. Osterwalder, *Quantum K-theory*, Commun. Math. Phys. **118** (1988), 1–14.

[46] V. F. R. Jones, *Index for subfactors*, Invent. Math. **72** (1983), 1–25.

[47] V. F. R. Jones, *Planar algebras, I*, preprint, arXiv:math/9909027.

[48] V. Kac, "Vertex algebras for beginners" (Second edition), University Lecture Series, **10**, American Mathematical Society (1998).

[49] Y. Kawahigashi, *From operator algebras to superconformal field theory*, J. Math. Phys. **51** (2010), 015209.

[50] Y. Kawahigashi & R. Longo, *Classification of local conformal nets. Case $c < 1$*, Ann. of Math. **160** (2004), 493–522.

[51] Y. Kawahigashi & R. Longo, *Classification of two-dimensional local conformal nets with $c < 1$ and 2-cohomology vanishing for tensor categories*, Commun. Math. Phys. **244** (2004), 63–97.

[52] Y. Kawahigashi & R. Longo, *Noncommutative spectral invariants and black hole entropy*, Commun. Math. Phys. **257** (2005), 193–225.

[53] Y. Kawahigashi & R. Longo, *Local conformal nets arising from framed vertex operator algebras*, Adv. Math. **206** (2006), 729–751.

[54] Y. Kawahigashi, R. Longo & M. Müger, *Multi-interval subfactors and modularity of representations in conformal field theory*, Commun. Math. Phys. **219** (2001), 631–669.

[55] Y. Kawahigashi, R. Longo, U. Pennig, U & K.-H. Rehren, *The classification of non-local chiral CFT with $c < 1$*, Commun. Math. Phys. **271** (2007), 375–385.

[56] Y. Kawahigashi & N. Suthichitranont, *Construction of holomorphic local conformal framed nets*, to appear in Internat. Math. Res. Notices, arXiv:1212.3771.

[57] H. Kosaki, *Extension of Jones' theory on index to arbitrary factors*, J. Funct. Anal. **66** (1986), 123–140.

[58] S. Köster, *Local nature of coset models*, Rev. Math. Phys. **16** (2004), 353–382.

[59] C. H. Lam & H. Yamauchi, *On the structure of framed vertex operator algebras*

[60] R. Longo, *Index of subfactors and statistics of quantum fields*, I. Commun. Math. Phys. **126** (1989), 217–247; II. **130** (1990), 285–309.

[61] R. Longo, *A duality for Hopf algebras and for subfactors*, Commun. Math. Phys. **159** (1994), 133–150.

[62] R. Longo, *Notes for a quantum index theorem*, Commun. Math. Phys. **222** (2001), 45–96.

[63] R. Longo & F. Xu, *Topological sectors and a dichotomy in conformal field theory*, Commun. Math. Phys. **251** (2004), 321–364.

[64] R. Longo & K.-H. Rehren, *Nets of subfactors*, Rev. Math. Phys. **7** (1995), 567–597.

[65] R. Longo & K.-H. Rehren, *Local fields in boundary conformal QFT*, Rev. Math. Phys. **16** (2004), 909–960.

[66] R. Longo & K.-H. Rehren, *How to remove the boundary in CFT — an operator algebraic procedure* Commun. Math. Phys. **285** (2009), 1165–1182.

[67] M. Miyamoto, *A new construction of the moonshine vertex operator algebra over the real number field*, Ann. of Math. **159** (2004), 535–596.

[68] A. Ocneanu, *Quantized group, string algebras and Galois theory for algebras*, in *Operator algebras and applications, Vol. 2 (Warwick, 1987)*, (ed. D. E. Evans and M. Takesaki), London Mathematical Society Lecture Note Series **36**, Cambridge University Press, Cambridge (1988), 119–172.

[69] A. Ocneanu, "Quantum symmetry, differential geometry of finite graphs and classification of subfactors", University of Tokyo Seminary Notes **45**, (Notes recorded by Y. Kawahigashi), (1991).

[70] A. Ocneanu, *Paths on Coxeter diagrams: from Platonic solids and singularities to minimal models and subfactors*, (Notes recorded by S. Goto), in *Lectures on operator theory*, (ed. B. V. Rajarama Bhat et al.), The Fields Institute Monographs, AMS Publications (2000), 243–323.

[71] S. Popa, *Classification of amenable subfactors of type II*, Acta Math. **172** (1994), 163–255.

[72] A. Pressley & G. Segal, "Loop groups", Oxford University Press (1986).

[73] K.-H. Rehren, *Braid group statistics and their superselection rules*, in "The algebraic theory of superselection sectors" (ed. D. Kastler), Palermo 1989, Singapore, World Scientific (1990), 333–355.

[74] R. F. Streater & A. S. Wightman, "PCT, spin and statistics, and all that",

Princeton Landmarks in Physics, Princeton University Press (2000).

[75] M. Takesaki, "Theory of operator algebras. II", Springer Verlag (2003).

[76] V. Toledano Laredo, *Integrating unitary representations of infinite-dimensional Lie groups*, J. Funct. Anal. **161** (1999), 478–508.

[77] V. Turaev, "Quantum invariants of knots and 3-manifolds" (Second revised edition), Walter de Gruyter & Co. (2010).

[78] A. Wassermann, *Operator algebras and conformal field theory III: Fusion of positive energy representations of $SU(N)$ using bounded operators*, Invent. Math. **133** (1998), 467–538.

[79] F. Xu, *New braided endomorphisms from conformal inclusions*, Commun. Math. Phys. **192** (1998), 347–403.

[80] F. Xu, *Jones-Wassermann subfactors for disconnected intervals*, Commun. Contemp. Math. **2** (2000), 307–347.

[81] F. Xu, *Algebraic coset conformal field theories I*, Commun. Math. Phys. **211** (2000), 1–44.

[82] F. Xu, *Algebraic orbifold conformal field theories*, Proc. Nat. Acad. Sci. U.S.A. **97** (2000), 14069–14073.

[83] F. Xu, *Mirror extensions of local nets*, Commun. Math. Phys. **270** (2007), 835-847.

[84] Y. Zhu, *Modular invariance of characters of vertex operator algebras*, J. Amer. Math. Soc. **9** (1996), 237–302.

構成的場の理論 — 古典的な問題の紹介

原　隆

　概要：構成的場の理論の古典的な問題を解説する．格子正則化を用いた場合のスカラー場のモデルの構成について，どのような枠組みで行うのか，代表的な解析手法はなにか，および代表的な問題は何か，を解説する．特に (1) イジングモデル，φ^4 モデルなどでは臨界現象が見られるので，これを利用して連続極限がとれること，(2) くりこみ群の描像と場の構成，(3) 代表的な例として φ_3^4 の構成と φ_4^4 の triviality について述べた．

1　構成的場の理論とは？

この節では構成的場の理論が目指すものとその枠組みを，簡単に紹介する．

1.1　公理的場の理論と構成的場の理論

　場の量子論は，古典的場の理論を量子力学的に扱おうとする試みの中から，ほぼ必然的に発展して来たものである．当初は大体，以下のようなものを想定していたと思われる．

- 空間の各点 x には「場の演算子」とよばれる作用素 $\varphi(x)$ が棲んでいる．(これは適当なヒルベルト空間上の作用素と思いたい．)
- 場の演算子は正準交換関係 (CCR) を満たす．
- 場の演算子は量子力学的運動方程式に従う．
- この世は特殊相対論で記述されているから，場の理論も相対論的共変であるべきだ．
- 以上の枠組みの下で，通常の量子力学のようにいろいろと問題を考えたい．例えば，上のハミルトニアンの固有値や固有状態は何か？　そもそも，このような理論は我々の身の回りの現象を記述できるだろうか？

　これは「場」とよばれるものが空間の各点に存在し，それが量子力学に従うとすれば，そこそこ自然な問題設定といえる．しかし問題は，上の枠組みを字義通

りに満たす演算子の組を数学的に扱うのはまず不可能であることだ．厳密さを度外視して形式的に相対論的共変な場の理論を書き下すことは簡単にできるが，場の理論の自由度が無限大であることに関連していわゆる発散の困難が生じる．これに対しては「くりこみ理論」によって一定の解決が図られたが，これだけでは数学的には意味不明である．さらに，摂動論では「結合定数」の小さなところしか扱えない[1]．

このように，相対論的に共変な場の理論を良く理解することがなかなか困難であるため，場の理論を数学的に厳密に扱おうという機運が 1950 年代から高まった．この方向には主に**公理的場の理論**と**構成的場の理論**の二つのアプローチが存在する．

公理的場の理論とは，相対論的共変な (我々が望む) 場の量子論が存在したとして，それが持つべき最小限の仮定から，場の理論の持つべき一般的性質を導こうとする試みである．「最小限の仮定」が数学における「公理」のような役割を果たすので，公理的場の理論とよばれるようになった．非常に一般的な枠組みで議論するためにどこまでの結果が得られるかは心許ない気もするが，驚くべきことに**スピンと統計の関係**[2] および **CPT 定理**[3] という，一般的な定理が厳密に証明された．これは 1960 年代初頭までの公理的場の理論の輝かしい成果である．

ところが，当時の公理的場の理論は「スピンと統計の関係」や「CPT 定理」などの輝かしい成果を残したものの，余りに一般的すぎる部分があり，個々のモデルに固有の性質についてはあまり教えてくれなかった．またそもそも，公理系を満たすような場の理論が存在するのか，も曖昧だった[4]．このような状況から，公理的場の理論の枠組みにこだわらず，**場の量子論のモデルを具体的に構成し，その性質を調べる**という試みが 1960 年代後半から起こって来た．これが**構成的場の理論である**[5]．この講義では構成的場の理論の基本的な考え方や，その成果

---

[1] 時代は前後するが，摂動論の結果がまったくのナンセンスである場合もありそうであることは 70 年代ごろから次第に明らかとなってきた (triviality の問題，6 節参照)．

[2] スピンが整数値の粒子はボゾン，スピンが半奇数値の粒子はフェルミオンである，という主張．詳しくは [28, 4] などを参照．

[3] 場の量子論は CPT の 3 つの変換の積については不変，という主張．ここで C は荷電共軛変換，P は鏡映変換，T は時間反転の変換である．詳しくは [28, 4] などを参照．

[4] もちろん，自由場 (ガウス場) の理論は手で構成でき，Wightman の公理系を満たす．この意味で，Wightman の公理系を満たす場の量子論の例として，自由場は存在する．しかし，自由場以外にそのようなものが存在するのか，は当初は未知であった．

[5] その後，公理的場の理論は大きく発展した．さらに公理的，構成的などの区別にとらわれずに場の量子論を厳密に解析する研究は現在では大きく発展している．本書の新井氏，河東氏，

(の一部),および重要な未解決問題を紹介する.

記号について:場の理論のモデルは時空間の次元を右下に添字を付けて表すことが多い.例えば QED_4 は,4 次元の QED を表す.同様に,φ_d^4 は d 次元の φ^4 理論を表す.

1.2 公理的場の理論 (と構成的場の理論) の枠組み

公理的場の理論の公理系の概略を述べる (詳細は [28, 4, 7] などを参照).この講義で扱う構成的場の理論を理解するには,最後の「OS の公理系」に軽く目を通して頂ければ十分である.

1.2.1 まずは数学的定義を少し

空間の次元は d 次元 (空間部分が $(d-1)$ 次元,時間部分が 1 次元) としている.もちろん,我々の住んでいるのは $d=4$ に相当する.

ミンコフスキー空間: d 次元実ベクトルの空間 $\mathbb{R}^d = \{(x^{(0)}, x^{(1)}, ..., x^{(d-1)})\}$ に [6] 不定計量の「ミンコフスキー内積 [7]」$(x,y) = x^{(0)}y^{(0)} - \sum_{i=1}^{d-1} x^{(i)}y^{(i)}$ を入れたものをミンコフスキー空間という.

ローレンツ変換: ミンコフスキー空間での線型変換

$$\Lambda : x = (x^{(0)}, x^{(1)}, ..., x^{(d-1)}) \in \mathbb{R}^d \mapsto x', \quad x'^{(i)} = \sum_{j=0}^{d-1} \Lambda_j^i x^{(j)}$$

で,ミンコフスキー内積を不変に保つものをローレンツ変換という.ローレンツ変換の全体は群をなすので,ローレンツ群とよぶ.

固有ローレンツ群: ローレンツ変換のうち,$\Lambda_0^0 \geq 1$ と $\det \Lambda = 1$ を満たすものの全体を固有ローレンツ群 (proper Lorentz group) とよび,$L_+^\uparrow$ で表す.

固有ポアンカレ群: 平行移動と,固有ローレンツ群の要素による回転を組み合わせたもの,つまり $a \in \mathbb{R}^d$ と $\Lambda \in L_+^\uparrow$ に対して

廣島氏の論考からもその一端がうかがえる.

[6] $x^{(0)}$ は時間成分,それ以外が空間成分.以下ではたくさんの空間の点が出てくるので,点を区別するのに下付きの添字を,各点の空間成分を区別するのに上括弧つきの添字を用いる.

[7]「内積」とはよんでいるが,正定値でないので,数学の通常の意味での内積ではない.

$$(a, \Lambda)x = \Lambda x + a$$

として定義される変換の全体を固有ポアンカレ群 (proper Poincaré group) とよび, $P_+^\uparrow$ で表す.

1.2.2 Gårding–Wightman の公理系

標準的な公理的場の理論では, 場の量子論が満たすべき「最小限の仮定」として, 以下のような Gårding–Wightman の公理系 (GW の公理系) を採用する [8].

(GW0) 場の量子論とは, 以下の (GW1)–(GW5) を満たすような, 4 つのものの組である.
    (1) 可分なヒルベルト空間 $\mathcal{H}$
    (2) $\mathcal{H}$ の元である単位ベクトル Ω
    (3) 「場の作用素」とよばれる, $\mathcal{H}$ 上の作用素の族 ϕ
    (4) 固有ポアンカレ群の, $\mathcal{H}$ 上での連続表現 U

(GW1) 量子力学であること:「場の量子論」は以下の意味で通常の (演算子形式の) 量子力学になっている. あるヒルベルト空間 $\mathcal{H}$ (その内積は $\langle \cdot, \cdot \rangle$ で表す) と, その中で稠密な部分空間 D_0 があり,
    (a) 任意の緩増加超函数 $f \in \mathcal{S}(\mathbb{R}^d)$ に対して, D_0 をその定義域内に含むような, $\mathcal{H}$ 上の演算子 $\phi(f)$ が存在する. さらに, 任意の D_0 内のベクトル $\Psi_1, \Psi_2 \in D_0$ に対しては, $\langle \Psi_1, \phi(\cdot)\Psi_2 \rangle$ は緩増加超函数になっている.
    (b) $f \in \mathcal{S}(\mathbb{R}^d)$ が実函数の場合, $\phi(f)$ は D_0 上の対称作用素である:
$$\langle \Psi_1, \phi(f)\Psi_2 \rangle = \langle \phi(f)\Psi_1, \Psi_2 \rangle.$$
これはスカラー場が中性 (実数場) であることの表現である.
    (c) すべての $f \in \mathcal{S}(\mathbb{R}^d)$ に対して, D_0 は $\phi(f)$ の作用の下で $\mathcal{H}$ の不変部分空間になっている. すなわち $\Psi \in D_0$ ならば $\phi(f)\Psi \in D_0$.
    (d) 「真空ベクトル」とよばれる特別なベクトル $\Omega \in D_0$ が存在して, D_0 は以下の形のベクトルで張られている:
$$\{\Omega,\ \phi(f_1)\Omega,\ \phi(f_1)\phi(f_2)\Omega,\ \phi(f_1)\phi(f_2)\phi(f_3)\Omega,\ \ldots \mid f_i \in \mathcal{S}(\mathbb{R}^d)\}$$
Ω については, 以下でさらに注文をつける.

---

[8] いくら一般的な場の理論を扱うと言っても, 場の量の変換性 (スカラー, ベクトル, スピノル) と荷電の有無くらいは区別して扱う. 以下では最も簡単な「中性スカラー場」の場合を書く.

(GW2) ポアンカレ不変性：固有ポアンカレ群 $P_+^\uparrow$ の, $\mathcal{H}$ 上での表現 U が存在し，以下を満たす：

(a) 任意の $(a,\Lambda) \in P_+^\uparrow$ に対し，D_0 は $U(a,\Lambda)$ の不変部分空間である：
$$U(a,\Lambda)\Psi \in D_0 \quad \text{if} \quad \Psi \in D_0.$$

(b) 真空 Ω は $U(a,\Lambda)$ で不変：$(a,\Lambda) \in P_+^\uparrow$ に対して $U(a,\Lambda)\Omega = \Omega$.

(c) D_0 上の作用素として，すべての $(a,\Lambda) \in P_+^\uparrow$ と $f \in \mathcal{S}(\mathbb{R}^d)$ に対して
$$U(a,\Lambda)\phi(f)U(a,\Lambda)^{-1} = \phi(f_{a,\Lambda}) \quad \text{with} \quad f_{a,\Lambda}(x) := f(\Lambda^{-1}(x-a)).$$

(GW3) スペクトル条件：並進作用素 $U(a,I)$ の生成子 (物理的には，これはエネルギー運動量演算子と解釈できる) のスペクトルは，運動量空間での前方光円錐 $V^+ := \{p \in \mathbb{R}^d | p^{(0)} > 0, (p,p) > 0\}$ に入っている [9].

(GW4) 局所性：空間的に離れた 2 領域に台を持つ場の作用素は，互いに交換する．すなわち，超函数 $f,g \in \mathcal{S}(\mathbb{R}^d)$ の台が空間的に離れていれば [10]，$\phi(f)$ と $\phi(g)$ は作用素として可換である：
$$[\phi(f),\phi(g)]_- := \phi(f)\phi(g) - \phi(g)\phi(f) = 0.$$

(GW5) 真空の存在と一意性：$\mathcal{H}$ には並進不変 (すべての $a \in \mathbb{R}$ に対して $\Phi = U(a,I)\Phi$) なベクトルが，たった一つだけ存在し，これが (GW1) ででてきた「真空ベクトル」Ω に他ならない．

この公理系は場の理論が満たすべき最低条件しか要求していない．その意味で，出発点としてはこの公理系は非常に緩い，正当なものと考えられる．これだけの緩い条件から「CPT 定理」や「スピンと統計の関係」などが導かれたのはある意味，驚異ともいえる．

1.2.3 Wightman 函数と再構成定理

上の GW の公理系は，場の量子論の基礎を形作るもので非常に重要である．しかし，これは初めからヒルベルト空間上の無限個の (！) 作用素の族を扱う形になっていて，なかなか解析が難しい．一方，経験的には，ある種の期待値や汎函数を扱う方が何となく取り付きやすい．であるので，上の公理系を，何らかの期待値 (汎函数) の言葉で書き直せないだろうか？と考えるのは自然であろう．これ

---

[9] 各座標軸方向への並進の生成子を $P^{(j)}$ ($j=0,1,2,\ldots,d-1$) とするとき，これらの生成子の joint spectrum が $V^{(+)}$ に入ってるということ．

[10] すべての $x \in \text{supp} f$ と $y \in \text{supp} g$ に対して $(x-y,x-y) < 0$ となっていれば．

が実際に遂行可能であることは，Wightman により示された．

Wightman は，後に Wightman 函数とよばれることになる，一連の超函数に注目した．**Wightman 函数**とは，場の量の真空期待値に相当する汎函数であり，上の公理系の言葉を用いると，以下のように定義される：

$$W_n(f_1, f_2, \ldots, f_n) := \langle \Omega, \phi(f_1)\phi(f_2)\cdots\phi(f_n)\,\Omega\rangle. \tag{1.1}$$

Wightman は，GW の公理系を満たす場の理論の系と，以下の「Wightman の公理系」を満たす Wightman 函数の族が同等であること (一方からもう一方を導けること) を示した．この定理により，(GW の公理系を満たす) 演算子形式の場の理論を調べる代わりに，以下の「Wightman の公理系」を満たす Wightman 函数の族を調べれば良いことが保証される．作用素そのものよりは期待値の方が扱いやすいことが多いから，これは後々の構成的場の理論の発展に大きな影響を与えた．

Wightman 函数に対する Wightman の公理：n 変数 [11] 緩増加超函数の列 $\{W_n \in \mathcal{S}'(\mathbb{R}^{nd})\}_{n=0}^{\infty}$ が存在し，以下を満たす：

(W1)　中性スカラー場であること：任意の $f \in \mathcal{S}(\mathbb{R}^{dn})$ に対して
$$\overline{W_n(f)} = W_n(f^*)$$
が成り立つ．$\overline{}$ は複素共軛を表す．また n 変数の超函数 f に対して，その「共軛」f^* を
$$f^*(x_1, x_2, \ldots, x_n) \equiv \overline{f(x_n, x_{n-1}, \ldots, x_1)}.$$
と定義した (引数の順序も入れ替えたことに注意)．

(W2)　ポアンカレ共変性：任意の $(a, \Lambda) \in P_+^{\uparrow}$ と $f \in \mathcal{S}(\mathbb{R}^{dn})$ に対し
$$W_n(f) = W_n(f_{a,\Lambda}) \qquad \text{ただし，} f_{a,\Lambda} := f(\Lambda^{-1}(x-a))$$

(W3)　正定値性：任意の $f_0 \in \mathbb{C}, f_1 \in \mathcal{S}(\mathbb{R}^d), \ldots$ と $N = 0, 1, 2, \ldots$ に対して
$$\sum_{m,n=0}^{N} W_{m+n}(f_m{}^* \otimes f_n) \geq 0$$
が成立．ここで $f \in \mathcal{S}(\mathbb{R}^{dm})$ と $g \in \mathcal{S}(\mathbb{R}^{dn})$ に対するテンソル積 $f \otimes g$ を
$$(f \otimes g)(x_1, \ldots, x_{m+n}) = f(x_1, \ldots, x_m)g(x_{m+1}, \ldots, x_{m+n}).$$
と定義した．また f^* は (W1) で定義した「共軛」である．

---

[11] 空間次元が d であるので，これらは nd 個の変数の函数であるが，空間の座標 (d 成分) をひとまとめにして 1 個と数えて n 変数と表現した．

(W4)　スペクトル条件：Wightman 函数 W_n に対し，そのフーリエ変換を
$$W_n(x_1,\ldots,x_n) = \int \tilde{F}_{n-1}(p_1,\ldots,p_{n-1})$$
$$\times \exp\Big\{i\sum_{j=1}^{n-1}(p_j, x_{j+1}-x_j)\Big\} dp_1\cdots dp_{n-1}$$

と定義する (並進不変性から x_j は $x_{j+1}-x_j$ のように差の形で入る) と，$\tilde{F}$ は緩増加超函数であって，$\tilde{F}$ の台は運動量空間での前方光円錐 V^+ に入る．

(W5)　局所性：任意の $n \geq 2$ と，空間的に離れた[12]2 点 x_j, x_{j+1} に対し
$$W_n(x_1,\ldots,x_j,x_{j+1},\ldots,x_n) = W_n(x_1,\ldots,x_{j+1},x_j,\ldots,x_n)$$

つまり，空間的に離れた 2 点は，その引数としての順序を入れ替えても Wightman 函数の値に影響しない．

(W6)　クラスター分解性：任意の空間的なベクトル $a \in \mathbb{R}$ に対して
$$\lim_{\lambda \to \infty} W_n(x_1,\ldots,x_j, x_{j+1}+\lambda a,\ldots, x_n+\lambda a)$$
$$= W_j(x_1,\ldots,x_j)W_{n-j}(x_{j+1},\ldots,x_n).$$

つまり，Wightman 函数は，その引数が遠くに離れて行くと，Wightman 函数の積に分解する．

さて，GW の公理系と W の公理系の関係は以下で与えられる．

定理 1.1 (Wightman の定理と再構成定理)

(i) GW の公理系 (GW1)–(GW5) をみたす場の理論が与えられたとき，Wightman 函数を (1.1) によって定義すると，Wightman 函数は (W1)–(W6) を満たす．

(ii) 逆に，(W1)–(W6) を満たす Wightman 函数の組が与えられると，これから GW の公理系 (GW1)–(GW5) を満たす場の理論を再構成できる．再構成した結果の ϕ, Ω を用いると，出発点の W は (1.1) を満たしていることがわかる．

つまり，ヒルベルト空間 $\mathcal{H}$ とその上の作用素を直接扱うかわりに，(W1)–(W6) を満たす超函数の組を扱えば，結果的にヒルベルト空間上の場の理論が構成できる．これは構成的場の理論につながる大事な一歩である．

---

[12] $(x_j - x_{j+1}, x_j - x_{j+1}) < 0$ となっていること．

1.2.4 Osterwalder-Schrader(OS) の公理系と再構成定理

以上で，Wightman 函数の組を考えれば良いことになったのだが，もう一工夫，行いたい．我々の住んでいるのは Minkowski 空間だが，これは不定計量の空間であるため，いろいろな数学的取り扱いには不便なことがある．「時間」を虚数にしてやって，形式的に Minkowski 空間を Euclid 空間とみなすことはできないだろうか？(このようにみなすのはいつでもできるが，問題は，その際に我々の注目する場の理論がどうなるか，ということ．)

これについて，肯定的な答えを与えたのが Osterwalder と Schrader である．彼らの枠組みでは，Wightman 函数を時間変数について解析接続した Schwinger 函数とよばれる超函数 S_n の組を考える．正確に述べるため，以下を定義する：

$$\mathcal{S}_{\neq}(\mathbb{R}^{dn}) := \{f \in \mathcal{S}(\mathbb{R}^{dn}) \,|\, f \text{ とそのすべての導函数が超平面 } y_i = y_j \ (i \neq j) \text{ でゼロ}\} \tag{1.2}$$

$$\mathcal{S}'_{\neq}(\mathbb{R}^{dn}) := \{\mathcal{S}_{\neq}(\mathbb{R}^{dn}) \text{ 上の線型汎函数}\} \tag{1.3}$$

$$\mathcal{S}_{+}(\mathbb{R}^{dn}) := \Big\{f \in \mathcal{S}_{\neq}(\mathbb{R}^{dn}) \,\Big|\, \mathrm{supp} f \subset \{((t_1,\mathbf{x}_1),...,(t_n,\mathbf{x}_n)) \in \mathbb{R}^{nd}, \\ 0 < t_1 < ... < t_n\}\Big\} \tag{1.4}$$

Osterwalder-Schrader(OS) の公理系：Schwinger 函数とよばれる緩増加超函数の組 $\{S_n\}_{n=1}^{\infty}$ が存在して，以下を満たす：

(OS1) $S_n \in \mathcal{S}'_{\neq}(\mathbb{R}^{dn})$ である．さらに，
$$\overline{S_n(f)} = S_n(\Theta f^*)$$
が任意の $f \in \mathcal{S}_{\neq}(\mathbb{R}^{dn})$ に対して成立する．ここで時間反転
$$(\Theta f)((t_1,\mathbf{x}_1),...,(t_n,\mathbf{x}_n)) := f((-t_1,\mathbf{x}_1),...,(-t_n,\mathbf{x}_n))$$
を定義した．

(OS2) ユークリッド不変性：$\mathbb{R}^d$ の任意の回転 Λ と $a \in \mathbb{R}^d$ に対して
$$S_n(f) = S_n(f_{(a,\Lambda)}), \quad f \in \mathcal{S}_{\neq}(\mathbb{R}^{dn}). \quad \text{ただし，} f_{a,\Lambda} := f(\Lambda^{-1}(x-a))$$

(OS3) 正値性：任意の $f_0 \in \mathbb{C}$ および $f_j \in \mathcal{S}_{+}(\mathbb{R}^{dj})$ に対して $(j \geq 1)$
$$\sum_{m,n=0}^{N} S_{m+n}\big((\Theta f_n^*) \otimes f_m\big) \geq 0.$$

(OS4) 対称性：S_n はその引数について対称である．つまり任意の引数の置換 π に対して，f_π を f の引数の順序を置換 π によって変えて得られる函数とすると
$$S_n(f) = S_n(f_\pi).$$

(OS5) クラスター分解性：任意の $f \in \mathcal{S}_{\neq}(\mathbb{R}^{dn}) \cap \mathbb{C}_0^\infty(\mathbb{R}^{dn})$, $g \in \mathcal{S}_{\neq}(\mathbb{R}^{dm}) \cap \mathbb{C}_0^\infty(\mathbb{R}^{dm})$ に対して
$$\lim_{t \to \infty} S_{m+n}(f \otimes T_t g) = S_n(f) S_m(g)$$
が成り立つ．ここで
$$(T_t g)((t_1, \mathbf{x}_1), ..., (t_n, \mathbf{x}_n)) := g((t_1 - t, \mathbf{x}_1), ..., (t_n - t, \mathbf{x}_n))$$
は時間方向の並進である．

OS の公理系と W の公理系の関係は以下の定理で与えられる．

定理 1.2 (Osterwalder-Schrader の定理と再構成定理)
(i) Wightman の公理系 (W1)–(W6) をみたす Wightman 函数が与えられると，(OS1)–(OS5) をみたす Schwinger 函数の組を構成できる．
(ii) 逆に，(OS1)–(OS5) を満たす [13) Schwinger 函数の組が与えられると，(W1)–(W6) を満たす Wightman 函数の組を構成できる．

1.2.5 場の理論の構成の筋道 (の一つ)

以上から，場の理論の構成法の一つが示唆される．つまり，

(1) OS の公理系を満たす，Schwinger 函数の組を構成する
(2) OS の再構成定理を用いて，Wightman の公理系を満たす Wightman 函数の組を構成する
(3) Wightman の再構成定理をもちいて，GW の公理系を満たす，演算子形式の場の理論を構成する

という筋道である．このうち，2 と 3 のステップは上記のように定理の形で解決されているから，我々が注力すべきは 1 のステップである．以下ではこの方針に従い，1 のステップをどのように解決すべきかを考えて行く．

---

13) ここは少し不正確で，実際には (OS1) よりももう少し強い条件がないと，この (ii) は成立しない．しかしこの辺りはこの講義の主役ではないため，この程度の記述に止める．正確な命題は原論文 [23, 24] または [7] などを参照されたい．

2 場の理論と統計力学

この節では場の理論と統計力学の関係について，おおざっぱに説明する．

2.1 格子正則化と連続極限 (continuum limit)

いよいよ，場の理論を構成する試みを始めよう．もちろん，ミンコフスキー空間での場の理論を一気に定義できれば良いのだが，これは場の自由度が無限大であるため (また，「くりこみ」の問題もあるため)，ほぼ，絶望的である (自由場の理論は例外的に簡単ですぐに作れるが，これは面白くない)．

一方，これまでに述べたことを振り返ると，「場の量子論」を作るには，**OS の公理系を満たす Schwinger 函数の組**を与えれば十分である．そのような Schwinger 函数を与えられるのであれば，どのような手段を用いても良い．

であるので，(GW の公理系を満たす) 演算子形式でのミンコフスキー空間での場の量子論を作る代わりに，OS の公理系を満たすような Schwinger 函数の組を作ることを目標としてみよう．「OS の公理系を満たすような Schwinger 函数の組」ができれば，すでに述べた再構成定理によって，GW の公理系を満たす場の理論が自動的に構成できるから，これは試みても損はない道筋である．

しかし，「OS の公理系を満たすような Schwinger 函数の組」を与えること自身，なかなか大変である．もちろん，自由場に相当するものは簡単に作れるが，それ以外のものは容易に作れない (というのが経験的事実である)．容易でない理由は，我々の扱うべきものが本質的に無限自由度，かつ，無限のスケールが絡んだ系だからである [14]．

そこで，ミンコフスキー空間での Schwinger 函数を直接構成することは一旦あきらめ，系を有限自由度にして (または無限のスケールが絡む部分をなくして)「Schwinger 函数の類似物」をまずは定義しよう．そのあとで適当な極限をとって Schwinger 函数を構成することを狙う．このような方法は一般に**正則化 (regularization)** による構成とよばれる．

この節では場の理論を数学的にも厳密に定義する (可能性のある) 一つの方法 (格子正則化の方法) を大雑把に紹介する [15]．この方法についての現代的な文献には [9, 7] がある．

---

[14] 無限のスケールが絡んでいることは，すぐ後に述べる格子正則化を考えるとわかりやすい．

[15] これまで述べてきたように，どのような手段を用いてでも「OS の公理系を満たす Schwinger 函数の組」を作れば良いのだから，格子正則化に限る必要はない．実際，他の方法で構成された例もあるが，ここでは (多分に個人的な好みも反映して，またこれから述べる統計力学の様々な手法が使えるので) 格子正則化を採用する．

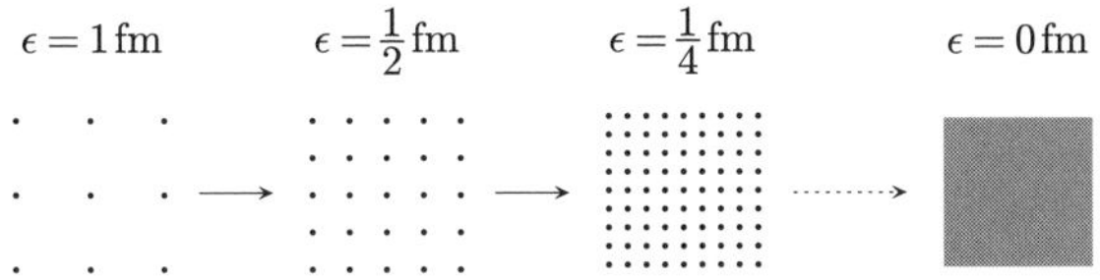

図 1　格子の極限としての連続時空の構成.

2.1.1　$\mathbb{R}^d$ の近似としての $\epsilon\mathbb{Z}^d$

格子正則化においては，文字通り，空間 $\mathbb{R}^d$ を有限間隔の格子で近似する．少し記号を導入する．

$\mathbb{Z}^d$ は d-次元超格子のことである：$\mathbb{Z}^d := \{x = (x^{(1)}, x^{(2)}, ..., x^{(d)}) \in \mathbb{R}^d \mid x^{(j)} \in \mathbb{Z}, 1 \leq j \leq d\}$．後にでてくるものとの関係で，これを「格子間隔 1 の d-次元超立方格子」とよぶ．一方，$\epsilon > 0$ に対して「格子間隔 ϵ の d-次元超立方格子」を $\epsilon\mathbb{Z}^d$ と書いて，以下のように定義する：

$$\epsilon\mathbb{Z}^d := \left\{\tilde{x} = (\tilde{x}^{(1)}, \tilde{x}^{(2)}, ..., \tilde{x}^{(d)}) \in \mathbb{R}^d \,\middle|\, \frac{\tilde{x}^{(j)}}{\epsilon} \in \mathbb{Z}, 1 \leq j \leq d\right\}.$$

連続時空と格子を区別するために，以下では $\mathbb{Z}^d$ の元は $x, y, \ldots$ と書き，$\epsilon\mathbb{Z}^d$ や $\mathbb{R}^d$ の元は上のように $\tilde{x}, \tilde{y}, \ldots$ と書く．また，$x \in \mathbb{Z}^d$ に対して ϵx と書けば，j-成分が $\epsilon x^{(j)}$ で与えられる $\epsilon\mathbb{Z}^d$ の元を表すものとする．

格子正則化の大本は「格子間隔 ϵ の格子 (の $\epsilon \to 0$ の極限) で連続空間を記述しよう」という，大変単純な考えである．つまり，任意の $\tilde{x} \in \mathbb{R}^d$ に対して，$x^{(j)} := \lfloor \tilde{x}^{(j)}/\epsilon \rfloor$ を定義すると，$x \in \mathbb{Z}^d$ かつ $\epsilon x \in \epsilon\mathbb{Z}^d$ となっているので，$\epsilon \downarrow 0$ の極限を用いて $\mathbb{R}^d$ を $\epsilon\mathbb{Z}^d$ で「近似」しようということだ[16]．図 1 参照．

2.1.2　格子正則化の考え

「格子正則化」ではこの単純な考えを推し進めて，$\epsilon\mathbb{Z}^d$ で定義された Schwinger 函数 (の類似物) の極限として，$\mathbb{R}^d$ で定義された Schwinger 函数を定義しようとする．$\epsilon\mathbb{Z}^d$ は離散空間だから，$\epsilon > 0$ の限り，いわゆる発散の困難はなく，すべての量が数学的にも問題なく定義できる．この後で最後に $\epsilon \downarrow 0$ の極限を (極限がうまく存在するように工夫して；可能かどうかはまったく自明ではないので，可能になるように頑張る) とり，Schwinger 函数を構成しようとするものである．

---

[16] もちろん，空間そのものを「近似」するだけではなく，Schwinger 函数を近似することが主目的である (2.1.2 節参照).

もちろん，できあがった Schwinger 函数には OS の公理系を満たして欲しいのだが，$\epsilon \mathbb{Z}^d$ の格子上での Schwinger 函数 (の類似物) をうまく選ぶと OS の公理系 (のほとんど——$\mathbb{R}^d$ の回転不変性を除く [17]) を自動的に満たさせることができる．この意味で，格子正則化は「OS の公理系を満たす Schwinger 函数の組」を作るには大変有望な方法である．

2.1.3 具体的には？

上のプログラムを実際に遂行してみよう．中性スカラー場の理論を例にとる．

格子正則化を行うとしても，格子の上でどのような系を考えるのか (そしてその極限として Schwinger 函数をどう定義するつもりなのか) は悩ましい問題である．ここでは場の理論の形式的な経路積分の表式 [18] を参考にして，どのような格子系を扱かったら良さそうかを考えてみよう．

ミンコフスキー空間での (ポテンシャル $\tilde{V}$ の中性スカラー) 場の n-点函数の表式は，経路積分では形式的に [19]

$$W_n(\tilde{x}_1, \tilde{x}_2, ..., \tilde{x}_n) \approx \int [D\varphi]\, \varphi(\tilde{x}_1)\varphi(\tilde{x}_2)\cdots\varphi(\tilde{x}_n)$$
$$\times \exp\left\{ i \int d^d\tilde{x} \left(\frac{1}{2}\sum_j \partial_j\varphi(\tilde{x})\partial^j\varphi(\tilde{x}) - \tilde{V}(\varphi(\tilde{x})) \right) \right\} \quad (2.1)$$

となる (ここで $[D\varphi]$ はすべての場の量に関する直積測度のようなもの；数学畑の方は，あくまで形式的表現と理解されたい．また，$\dfrac{\partial \varphi(\tilde{x})}{\partial \tilde{x}^{(j)}}$ を $\partial_j\varphi(\tilde{x})$ と略記し，$\{\partial_0\varphi(\tilde{x})\}^2 - \sum_{j=1}^{d-1}\{\partial_j\varphi(\tilde{x})\}^2$ を $\sum_j \partial_j\varphi(\tilde{x})\partial^j\varphi(\tilde{x})$ と略記した——ミンコフスキー内積に関するベクトル和のつもりで)．ここで (形式的に)「時間を複素数に解析接続」すると (解析接続した結果を改めて S_n と書いた)，

---

[17] マトモな連続極限では回転不変性も満たされているはずだが，別途証明する必要がある．

[18] とにかく「OS の公理系を満たす Schwinger 函数の組」さえ得られればよい，との立場に立てば，場の理論の経路積分などに引きずられる必要はなく，天下りにでも「OS の公理系を満たす Schwinger 函数の組」を見つければよい．ところが多数の人間が努力したにも関わらず，これ以外のアプローチは (特に 4 次元では) それほど成功しているとは言えない．また，物理的に考えて，連続時空と離散的な時空の間にそんなに差があるとは思いたくない．このような理由で，ともかく経路積分から出発してみようということであって，他にもっといい方法を見つけられればそれでも一向にかまわない．

[19] 実際には以下の表式はグリーン函数に相当するものである．ただし，$t_1 \geq t_2 \geq \ldots \geq t_n$ (x_j の時刻をそれぞれ t_j と書いた) が成り立つ場合にはグリーン函数と Wightman 函数は一致するので，ここでは両者の違いを無視した．

$$S_n(\tilde{x}_1, \tilde{x}_2, ..., \tilde{x}_n) \approx \int [D\varphi] \, \varphi(\tilde{x}_1)\varphi(\tilde{x}_2)\cdots\varphi(\tilde{x}_n)$$
$$\times \exp\left[-\int d^d\tilde{x}\left(\frac{1}{2}\sum_{j=1}^d \{\partial_j\varphi(\tilde{x})\}^2 + \tilde{V}(\varphi(\tilde{x}))\right)\right] \quad (2.2)$$

となる．さらに $\mathbb{R}^d$ を $\epsilon\mathbb{Z}^d$ で近似するつもりで，微分を差分で置き換えて

$$S_n(\tilde{x}_1, \tilde{x}_2, ..., \tilde{x}_n) \approx \int [D\varphi] \, \varphi_{\tilde{x}_1}\varphi_{\tilde{x}_2}\cdots\varphi_{\tilde{x}_n}$$
$$\times \exp\left[-\epsilon^d \sum_{\tilde{x}\in\epsilon\mathbb{Z}^d}\left(\sum_{j=1}^d \frac{\{\varphi_{\tilde{x}+\epsilon e_j}-\varphi_{\tilde{x}}\}^2}{2\epsilon^2} + \tilde{V}(\varphi(\tilde{x}))\right)\right] \quad (2.3)$$

が示唆される (ここで e_j は j-方向の単位ベクトル)．

$\tilde{x}\in\epsilon\mathbb{Z}^d$ が無限個あるので，上の積分は良く定義できていない．そこで，$\mathbb{Z}^d$ 自身を有限の (一辺 $2L$ の) 格子に切り取ってしまい，有限の格子 Λ を定義する[20]．

$$\Lambda := \{(x^{(1)}, x^{(2)}, \ldots, x^{(d)}) \in \mathbb{Z}^d \, | -L < x^{(j)} \leq L\}. \quad (2.4)$$

そして，この有限格子 Λ 上で，以下の期待値を定義しよう：

$$\langle\cdots\rangle_{\Lambda,\epsilon} := \frac{1}{Z_\Lambda}\int\left(\prod_{x\in\Lambda} d\varphi_x\right)(\cdots)$$
$$\times \exp\left[-\epsilon^d \sum_{\tilde{x}\in\epsilon\mathbb{Z}^d}\left(\sum_{j=1}^d \frac{\{\varphi_{\tilde{x}+\epsilon e_j}-\varphi_{\tilde{x}}\}^2}{2\epsilon^2} + \tilde{V}(\varphi_{\tilde{x}})\right)\right] \quad (2.5)$$

ここで

$$Z_{\Lambda,\epsilon} := \int\left(\prod_{x\in\Lambda} d\varphi_x\right)\exp\left[-\epsilon^d \sum_{\tilde{x}\in\epsilon\mathbb{Z}^d}\left(\sum_{j=1}^d \frac{\{\varphi_{\tilde{x}+\epsilon e_j}-\varphi_{\tilde{x}}\}^2}{2\epsilon^2} + \tilde{V}(\varphi_{\tilde{x}})\right)\right] \quad (2.6)$$

は期待値を定義する際の規格化因子である．そしてこの有限格子での Schwinger 函数の類似物を

$$S_{n,\Lambda,\epsilon}(\tilde{x}_1, \tilde{x}_2, \ldots, \tilde{x}_n) := \mathcal{N}_\epsilon^N \langle\varphi_{x_1}\varphi_{x_2}\cdots\varphi_{x_n}\rangle_{\Lambda,\epsilon} \quad (2.7)$$

と定義する——$\mathcal{N}_\epsilon$ は今までには現れていなかったが，「場の強さのくりこみ」を表すもので，以下に述べる連続極限が存在するように調節する．(この意味で (2.3) は正確ではなく，実際には右辺に N_ϵ^n が現れたものを考える．)

これで格子正則化を行った場合，どのような系を考えると良いかの見当をつける

---

[20] 格子には Λ を用いるが，これはもちろん，ローレンツ変換とはまったく無関係である．

ことができた．場の理論の構成を行う場合には，この道筋を逆にたどるつもりで，Λ を大きくして $\mathbb{Z}^d$ にする極限，さらには $\epsilon \downarrow 0$ とする極限をとって，Schwinger 函数 (の候補) を定義する：

$$S_n(\tilde{x}_1, \tilde{x}_2, \ldots, \tilde{x}_n) := \lim_{\epsilon \downarrow 0} \lim_{\Lambda \to \mathbb{Z}^d} S_{n,\Lambda,\epsilon}(\tilde{x}_1, \tilde{x}_2, \ldots, \tilde{x}_n). \quad (2.8)$$

もちろん，この極限が存在するか否かはまったく自明ではないが，$\Lambda \to \mathbb{Z}^d$ の極限が存在することは多くの場合に証明できる．一方，$\epsilon \downarrow 0$ の極限はもっと大変で，$\tilde{V}$ 中のパラメーターや場の規格化因子 $\mathcal{N}_\epsilon$ を，ϵ の函数として適切に調節しつつ，極限をとることが必要になる —— どのように調節しても良い極限がないこともあるかもしれない．これらについては，後に詳述する．なお，この $\epsilon \downarrow 0$ の極限を**連続極限** (continuum limit) とよぶ．

さて (2.5) の表式は Λ 上のスピン $\varphi_{\tilde{x}}$ のなす，統計力学系の形をしている．特に，隣り合ったスピン同士が同じ値をとりたがる傾向にあり，(磁石のモデルとしてのスピン系の用語を流用すると) **強磁性的**なスピン系になっている．場の理論を構成するつもりで進んで来たのだが，思わぬところで統計力学のスピン系との密接な関係を見いだしてしまったことになる．歴史的には，このような出会いは非常に幸運であった．この関係によって，場の理論に特有の手法，統計力学に特有の手法，の両方を用いた解析の可能性が拓かれたからである．1970 年代，この結びつきによって構成的場の理論と厳密統計力学は劇的に進歩した．

2.2　連続極限をとる際の条件

連続極限をとる際にどのような条件が必要かを考えて行こう．この節では厳密性にこだわらず，大体のアイディアを説明する (厳密な解析は 3 節以降で行う)．

(2.2) から (2.1) へ戻るのは OS の公理系さえ満たしていれば自動的にできるから，よしとしよう [21]．一番の問題は $\epsilon \downarrow 0$ の極限がとれるか，つまり (2.3) から (2.2) へ，**意味のある極限**が存在するように移行できるかということである．連続極限で意味のある振る舞いをする 2 点函数 (や n 点函数) を作りたいので，そのためには系のパラメーターをうまく調節することが不可欠である．

実際，統計力学系として，パラメーターをまったく動かさないで連続極限をとってみた例を図 2 の (b) に模式的に示した．単に空間のスケールがどんどん縮んで

---

[21] 実際はこのように格子から場の理論を作った場合，OS の公理の内の回転対称性が満たされるかどうかは決して自明ではなく，見くびってはいけない．しかし，この講義のレベルではよしとしよう，ということ．

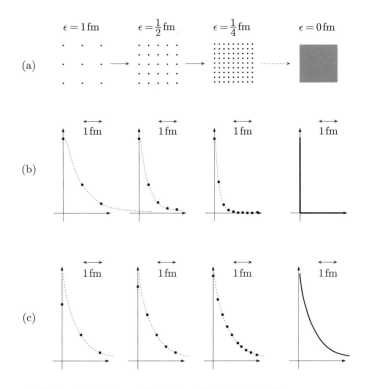

図 2 (a) 格子の極限としての連続時空の構成 (図 1 再掲).
(b) 連続極限をとる試み I: 統計系のパラメーターを固定した場合の 2 点函数.
(c) 連続極限をとる試み II: 統計系のパラメーターを ϵ の函数として適当に動かし, いつでも点線のような振る舞いになるようにした場合の 2 点函数.

行くことになり, 2 点函数は原点以外ではゼロに収束してしまう. これでは粒子が空間を飛んでいるような場の理論は表現できない.

まともな場の理論を作るには図 2 の (c) で示唆されるように, 統計系のパラメーターを ϵ の函数としてうまく調節してやって, 連続極限でも適度に拡がった函数を作る必要がある. ここから場の理論と臨界現象の接点が見えてくる.

なお以下では統計力学 (特に臨界現象) の知識をある程度前提としている. 統計力学に詳しくない方は, 次の 3 節を先に読まれるのが良いだろう.

2.2.1 連続極限の条件：1. 臨界現象との関係 (長さのスケール)

連続極限をとる際の条件を考えるためには，(2.3) の関係を連続時空と格子の言葉でよく見る (特に両者の長さのスケールに注意する) ことが必要である．まず，左辺をみよう．左辺は基本的に連続時空の Schwinger 関数のつもりである．だから，例えば質量 m_{phys} の粒子を表したければ 2 点関数は [22]

$$S_2(0, \tilde{x}) \approx C \exp(-m_{\text{phys}}|\tilde{x}|) \qquad (C \text{ は適当な正の定数}) \tag{2.9}$$

のように，距離とともに指数関数的に落ちて欲しい．

一方，(2.3) 右辺は $\epsilon \mathbb{Z}^d$ の上のスピン系であるが，$\tilde{x} \in \epsilon \mathbb{Z}^d$ に対して

$$x := \frac{\tilde{x}}{\epsilon} \qquad (\in \mathbb{Z}^d) \tag{2.10}$$

を考えると，(2.3) 右辺はこの x で添字づけられた $\mathbb{Z}^d$ 上のスピン系とみなすことができる．この x で見ると，(2.9) の 2 点関数は

$$\langle \varphi_0 \varphi_x \rangle_\epsilon \approx C \exp(-m_{\text{phys}}|\tilde{x}|) \approx C \exp(-m_{\text{phys}} \epsilon |x|) \tag{2.11}$$

となる．これは $\mathbb{Z}^d$ のスピン系としての相関距離 ξ が [23]

$$\xi = \frac{1}{m_{\text{phys}} \epsilon} \tag{2.12}$$

を満たすことを意味する．

以上から，非常に重要な条件が得られた：

条件 1. $\epsilon \downarrow 0$ でも m_{phys} を有限に保ちたいなら，(2.12) を満たすように ξ を無限大にすべし．(そのように $\tilde{V}$ 中のパラメーターを ϵ の関数として選ぶべし．)

これはまさに，系を $\mathbb{Z}^d$-スピン系の**臨界点**に**接近**させることを意味する．

臨界現象を示す統計系は非常にたくさんある (その一例が前節まで考えてきた φ^4-スピン系で，これは 3 節で厳密に解析する)．したがって，この条件 1 を満たすには (満たすだけで良いなら)，臨界現象を示す統計力学系を持ってきて，$\epsilon \downarrow 0$ に伴ってうまく臨界点に近づけてやれば良いということになる．

---

[22] この辺りでは物理の知識を天下りに援用している．
[23] 相関距離などについても後に詳しく定義する．

2.2.2 連続極限の条件：2. 場の規格化

もちろん，連続極限に際しての条件はこれだけではない．(2.2) の極限が存在するためには，φ の大きさも問題である．いくら (2.12) が満たされていても，Schwinger 函数全体が一斉に無限大やゼロに収束しては元も子もない．この意味で，

条件 2. 場の量の規格化も適当に調節すべし．

ただ，これはスピン変数 φ を一斉に適当に定数倍することによって，回避できる可能性がある．例えばスピン系の 2 点函数が格子間隔 ϵ に依存して

$$\langle \varphi_0 \varphi_x \rangle_\epsilon \approx \epsilon^{2\alpha} \exp(-m_{\text{phys}}|\tilde{x}|) \tag{2.13}$$

のようにゼロになるのであれば $(\alpha > 0)$，場の量 $\tilde{\varphi}_x$ を

$$\tilde{\varphi}_x := \epsilon^{-\alpha} \varphi_x \tag{2.14}$$

と定義したつもりで

$$S_{2,\epsilon}(0,x) := \epsilon^{-2\alpha} \langle \varphi_0 \varphi_x \rangle_\epsilon \tag{2.15}$$

を考えれば，この 2 点函数に関しては嫌な $\epsilon^{2\alpha}$ は消える．この例は (2.8) で $\mathcal{N}_\epsilon = \epsilon^{-\alpha}$ ととったことにあたる．

この場合，他の n-点函数まで有限の極限を持っているかどうかはまったく自明ではない [24]．しかしともかく，我々にできることはこの例のように場の量を一斉に (ϵ の函数として) 何倍かすることだけである．この 2 番目の規格化の条件は (あまり打つ手がないという意味で) そんなに大きなものではない．

2.2.3 連続極限の条件：3. Trivial でないこと

最後に，我々のやっていることが物理的に意味を持つための条件を挙げよう．任意の空間次元で場の理論が構成できる例はある —— ガウス場 (自由場) の理論である．しかし，この理論は構成粒子がまったく相互作用せずに互いに素通りする，あまり (全然？) おもしろくないものである．たとえこのような場が存在しても (他の粒子 —— 我々と観測装置を含む —— とまったく相互作用しないから) 我々とはまったく無関係 (観測不能) のはずである．

というわけで，我々がこの世の中を記述したいのなら，ガウス場のような相互作用のない理論には価値がない．そこで三つ目の条件として

---

[24] 後述のガウス型不等式 (3.29) などがあれば，n-点函数を 2 点函数の積でおさえるなどして，有限の極限が存在すると言える場合がある．

条件 3. 構成した場の理論は相互作用のある理論 (**nontrivial** な理論という) であるべし

がでてくる.

以上の 3 つの条件を満たせば,大体,我々の望む場の理論ができそうだ.問題は,実際にこの 3 条件をみたす場の理論が作れるかである.上に述べてきたように,また次節以降で見るように,条件 1 や 2 だけをみたすことはそれほど難しくない.ところが条件 3 が大問題で,現在のところ,4 次元では条件 3 まで含めて厳密に成功した例はない.また,厳密さを犠牲にした議論をしても,これらの条件 (特に条件 3) は可能な場の理論を非常に強く制限する.結局,4 次元では「非可換ゲージ理論」のみ [25] が条件 1〜3 のすべてをみたすと考えられている.

2.2.4 連続極限のとり方：まとめ

以上を簡単にまとめておこう.

Step 1 まず,格子間隔 ϵ の格子 $\epsilon\mathbb{Z}^d$ 上の統計系を定義する：

$$\langle\cdots\rangle_\epsilon := \int d\rho_\epsilon(\{\varphi\})(\cdots). \tag{2.16}$$

Step 2 ρ_ϵ を ϵ の函数として (上の条件 1〜3 をみたすように) 絶妙に調節しながら $\epsilon \downarrow 0$ の連続極限をとり,OS の公理系をみたす Schwinger 函数の組を作る.

Step 3 最後に,OS の再構成定理,Wightman の再構成定理を使って,ミンコフスキー空間上の場の理論を作る.

繰り返しになるが,問題は第二のステップ,つまりどのように ρ_ϵ をとるべきか (どのように ρ_ϵ 中のパラメーターを調節すべきか) ということである.

3 統計力学における臨界現象

前節までで,場の理論を構成する一つの方法として,格子正則化の方法を紹介し,キーになるのは統計力学系としての臨界点の存在であることを簡単に述べた.

---

[25] 「のみ」というのは言い過ぎで,他にも可能性は多々ある.ただし,それらがどのくらい,物理的に「自然」かは別問題である.ここの「のみ」は「自然な理論の中ではこれのみ」くらいの緩い意味である.

本節では，そのシナリオが実際に行えるのか，格子上の統計力学系 (スピン系) の
性質 —— 特に臨界点の存在 —— を厳密に調べる．

構成論に必要なことを最速で説明するため，以下では簡単化した記述に止める．
詳細については，田崎晴明氏との共著 [29] などを参照されたい．以下の記述にも，
同書の該当箇所を大いに参考にした部分がある．

3.1　スピン系の定義，φ^4-系の定義 (まず有限体積で)

考える対象は，d-次元正方格子 $\mathbb{Z}^d := \{x = (x^{(1)}, x^{(2)}, \ldots, x^{(d)}) : x^{(j)} \in \mathbb{Z}\}$
上の「スピン系」で，数学的には，$\mathbb{Z}^d$ の各元 (サイトという) x に，実数値をとる
確率変数 (スピン変数) φ_x が乗っているものである．ただし，スピン変数は独立
でない —— これが臨界現象の存在には不可欠であると同時に解析を難しく (おもし
ろく) する．

有限体積系の定義から始めよう．$\mathbb{Z}^d$ の部分集合として各辺の長さが $2L$ の「超
立方体」Λ をとり，かつ周期的境界条件 (Periodic Boundary Condition, PBC)
を課す [26]．この意味は，

$$\Lambda := \left\{(x^{(1)}, x^{(2)}, \ldots, x^{(d)}) \,\middle|\, x^{(j)} \in \mathbb{Z}, -L < x_j \leq L\right\} \tag{3.1}$$

において $x^{(j)} = -L$ を $x^{(j)} = L$ と同一視することである．以下，$|\Lambda|$ によって，
Λ 中の点の数を表す．定義により，$|\Lambda| = (2L)^d$ である．

この格子の各点 $x \in \Lambda$ に (実数値をとる) 確率変数 (スピン変数) φ_x が乗って
いる状況を考え，その確率分布 (密度) を ρ_Λ とする (この ρ_Λ がスピン系を規定
する)．そして，以下の (熱力学的) 期待値を定義する．

$$\langle F(\{\varphi_x\})\rangle_{\rho_\Lambda} := \int \left(\prod_{x\in\Lambda} d\varphi_x\right) \rho_\Lambda(\{\varphi_x\}) F(\{\varphi_x\}). \tag{3.2}$$

F としては，スピン変数の多項式程度のものを主に考える [27]．

ρ_Λ としてはあまりに一般的なものを考えても仕方ない (解析ができない) ので，

---

[26] 他の境界条件 (特に自由境界条件や+境界条件) もよく考えられるし重要であるが，この講義にはそれほど必要がないので，周期的境界条件に話を限る．
[27] この期待値の (無限体積および連続) 極限の結果を Schwinger 函数とする予定であるから，スピン変数の多項式を考えておけば十分．

この講義では (2.5) に対応した[28]，以下の形の ρ_Λ に限定して話を進める[29]：

$$\rho_\Lambda(\{\varphi_x\}) := \frac{1}{Z_\Lambda} \exp\left[\frac{J}{2} \sum_{\substack{x,y\in\Lambda \\ |x-y|=1}} \varphi_x\,\varphi_y\right] \cdot \prod_{x\in\Lambda} \eta(\varphi_x). \qquad (3.3)$$

ここで Z_Λ は規格化定数で，$\langle 1 \rangle_{\rho_\Lambda} = 1$ となるようにとる．つまり

$$Z_\Lambda = \int \left(\prod_{x\in\Lambda} d\varphi_x\right) \exp\left[\frac{J}{2} \sum_{\substack{x,y\in\Lambda \\ |x-y|=1}} \varphi_x\,\varphi_y\right] \cdot \prod_{x\in\Lambda} \eta(\varphi_x) \qquad (3.4)$$

である．$J \geq 0$ はパラメーターで，あとからいろいろと調節する．また，$\eta(\varphi)$ は一変数 φ の分布を定める確率測度 (の密度函数) であるが，今回は代表的な二つのモデル，イジングモデル

$$\eta(\varphi) = \delta(\varphi^2 - K^2) \qquad K > 0 \text{ はパラメーター} \qquad (3.5)$$

および φ^4 モデル

$$\eta(\varphi) = \exp\left[-\frac{\mu}{2}\varphi^2 - \frac{\lambda}{4!}\varphi^4\right] \quad \mu \in \mathbb{R}, \lambda \geq 0 \text{ はパラメーター} \qquad (3.6)$$

に話を限る．なお，スピン変数とその測度をまとめて $\Phi \equiv \{\varphi_x\}_{x\in\Lambda}$，$d\Phi \equiv \prod_{x\in\Lambda} d\varphi_x$ と書くことがある．

注意 3.1 (1) イジングモデルは φ^4 モデルにおいて，$\mu = 2dJ - \dfrac{\lambda K^2}{6}$ として $\lambda \uparrow \infty$ の極限をとったものである．

(2) φ^4 モデルでは 3 つのパラメーター (J, μ, λ) があるが，φ の大きさを一斉に変える自明な変換 ($a > 0$ は定数)

$$\varphi \; \rightleftharpoons \; \varphi' := a\varphi \qquad (3.7)$$

の下では

$$(J, \mu, \lambda) \; \rightleftharpoons \; (J', \mu', \lambda') := (a^2 J, a^2 \mu, a^4 \lambda) \qquad (3.8)$$

と対応させると，両者はまったく同じものになる．この意味で，三つの

---

[28] (2.5) と少し異なるのは $(\varphi_x - \varphi_y)^2$ に相当する項を展開して，φ_x^2 に相当するところを η の中に押し込んだところである．この関係については 3.1.1 節でもっと説明する．

[29] 外部磁場による相互作用の項 $+H \sum_{x\in\Lambda} \varphi_x$ を指数函数の中にいれたものもかなりの部分，解析可能であるが，今回は扱わない．

パラメーターの内，一つは余分なものである (ただし，場の理論を構成する際には，場の量をどのように規格化するかは重要であるから「一つは余分」は言い過ぎではある). いずれ連続極限をとる際に，場の規格化因子 $\mathcal{N}_\epsilon$ を導入するから，今の段階ではスピンの大きさは問題ない (この意味では，イジングモデルでは $K = 1$ としてしまっても良い).

(3) $J > 0$ の場合，スピン同士の相互作用の項 $\dfrac{J}{2}\displaystyle\sum_{\substack{x,y\in\Lambda \\ |x-y|=1}} \varphi_x\varphi_y$ は，隣り合ったスピンの向きを揃えようとする．これを物理的背景から**強磁性的相互作用** (ferromagnetic interaction) と表現する．

(4) 統計力学の文脈では $\rho = \exp(-\beta\mathcal{H})$ と書き，$\mathcal{H}$ をハミルトニアンとよぶことが多い．

(5) 統計力学のモデルとしてみた場合，上の J は「相互作用の強さ$/(k_B T)$」という物理的意味を持つ (k_B はボルツマン定数，T は温度). 今回は場の理論を構成することが主目的なので，このような物理的解釈にはあまり立ち入らない．「相転移」「臨界現象」などの統計力学の用語は後々，使用する．

(6) この有限体積での期待値は，ρ_Λ がそこそこ性質が良ければ —— スピン変数の値が大きいところで ρ_Λ が十分早くゼロになれば —— 確実に定義できている．特に，上で述べたイジングモデル，φ^4 モデルでは期待値を定義する分母分子の積分が収束し，確実に定義できていることはすぐにわかる．この意味で，有限体積系の定義には大きな問題はない (無限体積極限が存在するか否かは別であるがこれも肯定的に解決される —— 3.3 節参照).

見たい量：場の理論の構成 (Schwinger 関数の構成) が我々の目標であるので，特に重要なのは n 個の φ の積の期待値 $\langle\varphi_{x_1}\varphi_{x_2}\cdots\varphi_{x_n}\rangle$ である (x_j には重複があっても良い). これを n **点相関関数** (または単に n **点関数**) とよぶ．φ の符号を一斉に変える変換についてモデルが不変であるので，n が奇数の場合の n 点関数は恒等的にゼロである．

後々のために，**連結 n 点関数** (キュムラントともいう) も定義しておこう：

$$u^{(n)}(x_1,\ldots,x_n) := \frac{\partial}{\partial h_1}\cdots\frac{\partial}{\partial h_n}\log\Big\langle\exp\Big(\sum_{j=1}^n h_j\varphi_{x_j}\Big)\Big\rangle\Big|_{h_1=h_2=\cdots=h_n=0} \tag{3.9}$$

この量は $\varphi_{x_j}\,(j=1,2,\ldots,n)$ という n 個の確率変数の相関を表すと解釈できる．奇数個の φ の積の期待値がゼロなので，連結相関函数は具体的に

$$u^{(2)}(x,y) = \langle \varphi_x\,\varphi_y \rangle \tag{3.10}$$

$$u_\epsilon^{(4)}(x_1,x_2,x_3,x_4) = \langle \varphi_{x_1}\varphi_{x_2}\varphi_{x_3}\varphi_{x_4} \rangle - \langle \varphi_{x_1}\varphi_{x_2} \rangle \langle \varphi_{x_3}\varphi_{x_4} \rangle$$
$$- \langle \varphi_{x_1}\varphi_{x_3} \rangle \langle \varphi_{x_2}\varphi_{x_4} \rangle - \langle \varphi_{x_1}\varphi_{x_4} \rangle \langle \varphi_{x_2}\varphi_{x_3} \rangle \tag{3.11}$$

などとなっている．

すぐ後に述べるガウス模型では，$n \geq 3$ の連結相関函数はすべてゼロである．逆に，$n \geq 3$ の連結相関函数が恒等的にゼロであれば，考えているモデルはガウス模型か，その重ね合わせになっている．

なお，スピンの函数 f, g に対して，f, g の共分散を

$$\langle f\,;\,g \rangle := \langle fg \rangle - \langle f \rangle \langle g \rangle \tag{3.12}$$

と略記する．

3 節での我々の最終目標の確認：

前節で紹介したように，我々の目標はこのスピン系の n 点函数の連続極限として，Schwinger 函数を

$$S_n(\tilde{x}_1,\tilde{x}_2,\ldots,\tilde{x}_n) := \lim_{\epsilon \downarrow 0} \lim_{\Lambda \to \mathbb{Z}^d} S_{n,\Lambda,\epsilon}(\tilde{x}_1,\tilde{x}_2,\ldots,\tilde{x}_n)$$
$$= \lim_{\epsilon \downarrow 0} \lim_{\Lambda \to \mathbb{Z}^d} \mathcal{N}_\epsilon^n\,\langle \varphi_{x_1}\varphi_{x_2}\cdots\varphi_{x_n} \rangle_{\rho_{\Lambda,\epsilon}} \tag{3.13}$$

のように構成することである（ここでは ρ_Λ 中のパラメーターを ϵ の函数として調節することを見越して，$\rho_{\Lambda,\epsilon}$ と書いた．またこれまでも述べて来たように，x と $\tilde{x}$ は $\tilde{x} = \epsilon x$ の関係にある）．この問題にはこの節の最後でもう一度立ち帰ることにする — それまでは，ϵ は固定したと思って，格子系のスピン系の解析を進める．

なお，J と $\mathcal{N}_\epsilon$ のどちらかは余分である（たとえば，$\mathcal{N}_\epsilon \equiv 1$ と固定して J の大きさを変えてやれば，すべてのモデルを扱える）．しかし，両方残している方が便利なこともあるので，ここでも $\mathcal{N}_\epsilon$ を入れておいた．

3.1.1 「場の理論」と「スピン系」のパラメーターの関係

すぐ上に確認したように，我々の目的は連続時空上の Schwinger 函数を，スピン系の相関函数の適切な極限として (3.13) のように構成することであるが，このような場合に混乱しがちなのはパラメーターの関係である．場の理論は (少なくと

も形式的には) 連続時空上のものであるから，諸量を積分の形で書くのが自然であるが，格子上の統計力学系は (格子が離散的なので) 和で書くのが自然である．これに対応して，理論を規定するパラメーターの自然な取り方にも違いがある．ここではこの違いを簡単に (厳密ではないレベルで) まとめておく．

場の理論の表式としては (2.3) を，「場の強さのくりこみ」を考えに入れて補正した (2.7) をとる．具体的にはこれは (期待値の規格化因子は省略した)

$$S_n(\tilde{x}_1, \tilde{x}_2, ..., \tilde{x}_n) \approx \mathcal{N}_\epsilon^n \int [D\tilde{\varphi}] \, \tilde{\varphi}_{\tilde{x}_1} \tilde{\varphi}_{\tilde{x}_2} \cdots \tilde{\varphi}_{\tilde{x}_n}$$
$$\times \exp\left[-\epsilon^d \sum_{\tilde{x} \in \epsilon \mathbb{Z}^d} \left(\sum_{j=1}^d \frac{\{\tilde{\varphi}_{\tilde{x}+\epsilon e_j} - \tilde{\varphi}_{\tilde{x}}\}^2}{2\epsilon^2} + \tilde{V}(\tilde{\varphi}_{\tilde{x}}) \right)\right] \quad (3.14)$$

となる．ただし，格子上の系との対応をつけるため，場の量を φ ではなく，$\tilde{\varphi}$ とした (ここまでは連続極限の形式的な表式を形式的に離散化しただけで，連続時空上で自然なパラメーターの取り方になっている)．

これから格子間隔 1 の格子上のスピン系 (この節で考えているもの) との関係をつけよう．格子点同士の関係はこれまでにも出ているように $\tilde{x} = \epsilon x$ である．これに対応して場の量とスピン変数を

$$\varphi_x := \mathcal{N}_\epsilon \tilde{\varphi}_{\tilde{x}} \qquad \text{ただし} \quad \tilde{x} = \epsilon x \quad (3.15)$$

として関係付けよう．φ_x は $x \in \mathbb{Z}^d$ に棲んでいるスピン変数である．これを用いて (3.14) を書き直すと (またもや期待値を定義するための規格化因子は省略)

$$S_n(x_1, x_2, ..., x_n) \approx \int [D\varphi] \, \varphi_{x_1} \varphi_{x_2} \cdots \varphi_{x_n}$$
$$\times \exp\left[-\epsilon^d \sum_{x \in \epsilon \mathbb{Z}^d} \left(\sum_{j=1}^d \frac{\{\varphi_{x+e_j} - \varphi_x\}^2}{2\epsilon^2 \mathcal{N}_\epsilon^2} + \tilde{V}\left(\frac{\varphi_x}{\mathcal{N}_\epsilon}\right) \right)\right]$$
$$= \int [D\varphi] \, \varphi_{x_1} \varphi_{x_2} \cdots \varphi_{x_n}$$
$$\times \exp\left[\frac{\epsilon^{d-2}}{2\mathcal{N}_\epsilon^2} \sum_{x,y:|x-y|=1} \varphi_x \varphi_y - \sum_x \left\{ \frac{d\epsilon^{d-2}}{\mathcal{N}_\epsilon^2} \varphi_x^2 + \epsilon^d \tilde{V}\left(\frac{\varphi_x}{\mathcal{N}_\epsilon}\right) \right\}\right] \quad (3.16)$$

となる．

この最後の表式に出ている測度が，我々の扱うスピン系の ρ_Λ ((3.3) 式の) に対応すべきものである．両者を見比べると，

であることがわかる．特に，φ^4 モデルの場合にパラメーターを比べてみると，場の理論として

$$J = \frac{\epsilon^{d-2}}{\mathcal{N}_\epsilon^2}, \qquad \eta(\varphi) := \exp\left[-\frac{d\,\epsilon^{d-2}}{\mathcal{N}_\epsilon^2}\varphi^2 - \epsilon^d \tilde{V}\!\left(\frac{\varphi}{\mathcal{N}_\epsilon}\right)\right] \tag{3.17}$$

$$\tilde{V}(\tilde\varphi) = \frac{\lambda^{\mathrm{FT}}}{4!}\varphi^4 + \frac{\mu^{\mathrm{FT}}}{2}\varphi^2 \tag{3.18}$$

と書かれていたものは，

$$\eta(\varphi) = \exp\left[-\Big\{\frac{d\,\epsilon^{d-2}}{\mathcal{N}_\epsilon^2} + \frac{\epsilon^d}{\mathcal{N}_\epsilon^2}\frac{\mu^{\mathrm{FT}}}{2}\Big\}\varphi^2 - \frac{\epsilon^d}{\mathcal{N}_\epsilon^4}\frac{\lambda^{\mathrm{FT}}}{4!}\varphi^4\right] \tag{3.19}$$

となる．つまり，スピン系としての J,λ,μ との関係は

$$J = \frac{\epsilon^{d-2}}{\mathcal{N}_\epsilon^2}, \quad \mu = \frac{1}{\mathcal{N}_\epsilon^2}\Big(\epsilon^d \mu^{\mathrm{FT}} + 2d\,\epsilon^{d-2}\Big), \quad \lambda = \frac{\epsilon^d}{\mathcal{N}_\epsilon^4}\lambda^{\mathrm{FT}} \tag{3.20}$$

となっている．もし，いわゆる「くりこみ」がまったく必要ないと仮定すると，$\mathcal{N}_\epsilon = 1$ ととった上で λ,μ,J を (3.20) のとおりの ϵ の関数として調節してやれば，Schwinger 函数が作れることになる (もちろん，話はそう単純ではない)．

3.1.2 正確に解ける例：ガウス模型

格子系の例として，「ガウス模型」を紹介する．この模型は φ^4 モデルにおいて，$\lambda = 0$ として定義される．ただし，(3.6) と少しだけ μ の定義をずらして

$$\rho_\Lambda(\Phi) = \frac{1}{Z}\exp\left[-\frac{J}{4}\sum_{\substack{x,y\in\Lambda\\|x-y|=1}}(\varphi_x-\varphi_y)^2 - \frac{\mu}{2}\sum_{x\in\Lambda}\varphi_x^2\right] \tag{3.21}$$

と書くことにしよう．これは単なるガウス積分なので簡単に解析できる．その無限体積極限に対する結果だけをのべると，$d=1,2$ では $\mu>0$ で，また $d\ge 3$ では $\mu\ge 0$ で，このモデルは定義できていて，その2点函数は無限体積極限では

$$\langle \varphi_x\varphi_y\rangle = \int_{[-\pi,\pi)^d}\frac{d^d k}{(2\pi)^d}\frac{e^{ik\cdot(x-y)}}{\mu + 2J\sum_{j=1}^d(1-\cos k_j)} \tag{3.22}$$

である．これを少し解析すると，$\mu>0$ では

$$\langle\varphi_0\varphi_x\rangle \overset{|x|\to\infty}{\approx} \frac{const}{|x|^{(d-1)/2}}\exp\{-const'\cdot\sqrt{\mu}|x|\} \tag{3.23}$$

また, $\mu = 0$ では,

$$\langle \varphi_0 \varphi_x \rangle \approx \begin{cases} \dfrac{const}{|x|^{d-2}} & (d > 2) \\ \infty & (d \leq 2) \end{cases} \tag{3.24}$$

であることがわかる.

さらに, 4点以上の相関函数は以下の Wick の定理より決まる.

定理 3.2 (Wick の定理) ガウス模型 (ハミルトニアンが φ の 2 次形式で書ける模型) では,

$$\langle \varphi_{x_1} \varphi_{x_2} \cdots \varphi_{x_{2n}} \rangle = \sum_p \prod_{j=1}^n \left\langle \varphi_{x_{p(j)}} \varphi_{x_{p(j+n)}} \right\rangle \tag{3.25}$$

が成立する. ここで右辺の p は 1 から $2n$ までの添字を二つずつのペアに分ける分け方を意味し, このようなすべての分け方について和をとる. また, 奇数個の φ の積の期待値はもちろん, ゼロである.

3.2 相関不等式と鏡映正値性

これから格子スピン系を解析し, 臨界現象の存在を示して行く. 本題に入る前に, 我々の武器となる二つの主要な道具を紹介する.

3.2.1 相関不等式

相関不等式とは, スピン系の相関函数の間に成り立つ不等式のことである. 様々な種類があるが, 我々にとって重要なものを列挙する. これらの不等式はすべて, 上記のイジングモデル, および φ^4 モデルに対して証明できる. 以下では数式を簡単にするため, n 点函数 $\langle \varphi_{x_1} \varphi_{x_2} \cdots \varphi_{x_n} \rangle$ を $\langle \varphi^A \rangle$ や $\langle \varphi^B \rangle$ などと略記することがある. ($A = (x_1, x_2, \ldots, x_n)$ と略記したと理解されたい).

Griffiths の第一不等式 [16, 17]

$$\langle \varphi^A \rangle \geq 0 \tag{3.26}$$

Griffiths の第二不等式

$$\langle \varphi^A; \varphi^B \rangle := \langle \varphi^A \varphi^B \rangle - \langle \varphi^A \rangle \langle \varphi^B \rangle \geq 0 \tag{3.27}$$

Lebowitz の不等式とガウス型不等式

$$\langle \varphi_x \varphi_y \varphi_z \varphi_w \rangle \leq \langle \varphi_x \varphi_y \rangle \langle \varphi_z \varphi_w \rangle + \langle \varphi_x \varphi_z \rangle \langle \varphi_y \varphi_w \rangle + \langle \varphi_x \varphi_w \rangle \langle \varphi_y \varphi_z \rangle \quad (3.28)$$

$$\langle \varphi_{x_1} \varphi_{x_2} \cdots \varphi_{x_{2n}} \rangle \leq \sum_{j=2}^{2n} \langle \varphi_{x_1} \varphi_{x_j} \rangle \langle \varphi_{x_1} \varphi_{x_2} \cdots \check{\varphi}_{x_j} \cdots \varphi_{x_{2n}} \rangle \quad (3.29)$$

ここで $\check{\varphi}_{x_j}$ とは,φ_{x_j} が期待値の中には現れていないことを意味する.

Messager-Miracle-Solé の不等式 [21](の帰結)

この不等式は非常におもしろく,相関函数の空間的な (弱い) 単調性を保証するものである.結果は自然だが,このおかげで,解析がかなり楽になる.

(i) $e_1 := (1, 0, 0, \ldots, 0)$ を定義する.非負の整数 a に対して,$\langle \varphi_0 \varphi_{ae_1} \rangle$ は a の非増加函数である.おおざっぱにいうと,座標軸上の 2 点函数は,原点から離れるほど,値が小さくなる.

(ii) $x = (x^{(1)}, x^{(2)}, \ldots, x^{(d)})$ に対して,$\|x\|_1 := \sum_{j=1}^{d} |x^{(j)}|$, $\|x\|_\infty := \max_j |x^{(j)}|$ と定義し,さらに 2 点 $y = \|x\|_\infty e_1$ と $z = \|x\|_1 e_1$ を定義する.このとき,

$$\langle \varphi_0 \varphi_z \rangle \leq \langle \varphi_0 \varphi_x \rangle \leq \langle \varphi_0 \varphi_y \rangle \quad (3.30)$$

が成り立つ.おおざっぱにいうと,座標軸上にない一般の点での 2 点函数は,その座標の ℓ^1-ノルムと ℓ^∞-ノルムで決まる座標軸上の点 z, y での 2 点函数で上下からはさまれている.

以上の不等式はどれも,左辺に現れる φ の次数と右辺に現れる φ の次数が等しい,いわば「斉次」ともいうべき不等式であった.以下の不等式はこれらと異なり,左辺と右辺で φ の次数が異なっている[30]。

Simon の不等式 [25]

$x, y \in \mathbb{Z}^d$ とし,x を囲むような $\mathbb{R}^d$ 内の超平面 S を,y をその内部に含まないようにとる (格子を考えているので,格子点の中間を通るような面をつないで作ると良い;図 3 参照).S の内側 (x のある方) を B と書く.また不等式の意味をはっきりさせるため,相互作用の J をわざわざ

---

[30] ただ,次元を勘定すれば納得できるように,その次数の食い違いを J の次数で補正する形になっている.(3.3) をみればわかるように,$J\varphi^2$ が無次元量の組み合わせになっている.

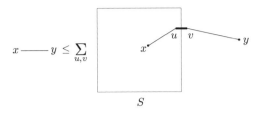

図 3 Simon 不等式の概念図. 太く短い線は J を, 実線は 2 点函数を表し, 交点について和をとる.

$$J_{x,y} := \begin{cases} J & (|x-y|=1) \\ 0 & (\text{その他}) \end{cases} \quad (3.31)$$

と書く. すると,

$$\langle \varphi_x \varphi_y \rangle \leq \sum_{u,v \in \mathbb{Z}^d} \langle \varphi_x \varphi_u \rangle J_{u,v} \langle \varphi_v \varphi_y \rangle = \sum_{\substack{|u-v|=1 \\ u \in B, v \in B^c}} \langle \varphi_x \varphi_u \rangle J \langle \varphi_v \varphi_y \rangle \quad (3.32)$$

が成り立つ. 上の式の真ん中に示しているように, 和の中身は $x \to u \to v \to y$ とつながる形になっていて, u, v が x, y を隔てている超平面 S の両側にある.

Lebowitz 不等式 (3.28) は $u^{(4)}(x,y,z,w) \leq 0$ と表すことができるが, この量を下から押さえる (かつ, 有効な) 不等式はないのだろうか? 二つの例を紹介する.

Aizenman の不等式 [1, 2], Fröhlich の不等式 [10]

$$u^{(4)}(x_1,x_2,x_3,x_4) \geq -\sum_z \langle \varphi_{x_1} \varphi_z \rangle \langle \varphi_{x_3} \varphi_z \rangle \left\{ \delta_{z,x_2} + \sum_{z_1} J_{z,z_1} \langle \varphi_{z_1} \varphi_{x_2} \rangle \right\}$$
$$\times \left\{ \delta_{z,x_4} + \sum_{z_2} J_{z,z_2} \langle \varphi_{z_2} \varphi_{x_4} \rangle \right\}$$
$$- (2 \text{ permutations}) \quad (3.33)$$

ここで (2 permutations) というのは, 第一および第二行において x_2, x_3, x_4 の役割を入れ替えたものを 2 項, という意味である (主要項は図 4). この不等式の強みは, 次のスケルトン不等式とは異なり, 右辺には φ^4 項の強さ λ が出ていないことにある. このため, λ が非常に大きくても有効な不等式として使える場合があり, 「非摂動的な」効果を押さえ込んだ良い不等式といえる. これは 6.3 節で見

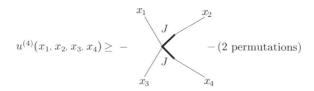

図 4　Aizenman-Fröhlich 不等式の主要項の模式図．太く短い線は J を，実線は 2 点函数を表し，交点について和をとる．

るように，場の理論の triviality の証明に威力を発揮する (統計力学系の解析に用いれば，$\lambda = \infty$ に相当するイジングモデルでも解析できる)．

スケルトン不等式 (skeleton inequalities) [6]

これは通常の物理で行う「摂動展開」と密接に関係したおもしろい不等式である．右辺に λ がでてくるので，λ の小さいところでしか有効でないが，5.2 節で見るような，場の理論の構成には十分に役に立つ．

$$u^{(4)}(x_1, x_2, x_3, x_4) \leq 0 \tag{3.34}$$

$$u^{(4)}(x_1, x_2, x_3, x_4) \geq -\lambda \sum_z \langle \varphi_{x_1} \varphi_z \rangle \langle \varphi_{x_2} \varphi_z \rangle \langle \varphi_{x_3} \varphi_z \rangle \langle \varphi_{x_4} \varphi_z \rangle \tag{3.35}$$

$$u^{(4)}(x_1, x_2, x_3, x_4) \leq -\lambda \sum_z \langle \varphi_{x_1} \varphi_z \rangle \langle \varphi_{x_2} \varphi_z \rangle \langle \varphi_{x_3} \varphi_z \rangle \langle \varphi_{x_4} \varphi_z \rangle$$
$$+ \frac{\lambda^2}{2} \Big\{ \sum_{y,z} \langle \varphi_{x_1} \varphi_y \rangle \langle \varphi_{x_2} \varphi_y \rangle \langle \varphi_y \varphi_z \rangle^2 \langle \varphi_{x_3} \varphi_z \rangle \langle \varphi_{x_4} \varphi_z \rangle$$
$$+ (2 \text{ permutations}) \Big\} \tag{3.36}$$

数式だと見にくいが，ファインマンダイアグラムのように書いてみると，その意味は一目瞭然である (図 5 参照)．

注意 3.3 これらの不等式はまず，有限体積で証明し，その後で無限体積の極限をとることにより，(無限体積極限がある限り) 無限体積極限に対しても成立することが簡単に証明される．

3.2.2　相関函数の単調性

Grifiths 第二不等式から，物理的には大変に自然な，相関函数の単調性が出る．この性質は以下で繰り返し使われる．

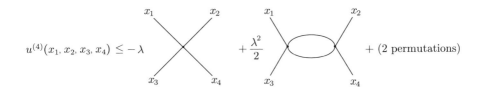

図 5　$u^{(4)}$ のスケルトン不等式．実線は 2 点函数を表し，交点 (小さな黒丸) について和をとる．右辺は $u^{(4)}$ のスケルトン展開の 1 次，2 次になっている．

相関函数 $\langle \varphi^A \rangle$ を考える．他のパラメーターは固定して J を増やした場合，この相関函数の値は増えるだろうか？

物理的には増えることが期待される．隣り合ったスピン同士は互いに同じ向きを向きたいと思っているが，その傾向はスピン間の強磁性的相互作用の強さ J とともに増加する．よって，相関函数も J と共に増加することが期待される．

この予想は実際，Griffiths 第二不等式からすぐに導出できる．それを見るため，$\langle \varphi^A \rangle$ を J で微分してみよう．期待値の定義を思い出すと，

$$\frac{\partial}{\partial J}\langle \varphi^A \rangle = \frac{1}{2} \sum_{\substack{x,y \in \Lambda \\ |x-y|=1}} \langle \varphi_x \varphi_y ; \varphi^A \rangle \tag{3.37}$$

が得られる．ところが，この右辺の和の中身は Griffiths 第二不等式により非負である．つまり，$\langle \varphi^A \rangle$ が J について広義の増加函数であることが示された．

命題 3.4 $\langle \varphi^A \rangle$ は，J の函数として広義増加函数である．

3.2.3　鏡映正値性の帰結

鏡映正値性 (reflection positivity) とは，格子と相互作用の対称性が良ければ成り立つ性質である．その定義はここでは割愛するが，超立方格子上のイジングモデルおよび φ^4 モデルでは成立することが証明されている．ここでは鏡映正値性から導かれるいくつかの重要な性質を述べよう．

3.2.3.1 「市松模様」評価 (chessboard estimate)　一点 x で定義された量の期待値を格子全体での期待値 (の $1/|\Lambda|$ 乗) で押さえるタイプの評価である．これは以下の infrared bound の証明に使われる他，無限体積極限の存在証明等にも利用できる (3.3 節)．

定理 3.5 (chessboard estimate [11])　それぞれの $x \in \Lambda$ に対して，x に依存するスピン変数の函数 $f_x : \mathbb{R} \to \mathbb{R}$ があるとき，以下が成り立つ：

$$\left\langle \prod_{x\in\Lambda} f_x(\varphi_x) \right\rangle_\Lambda \leq \prod_{y\in\Lambda} \left\{ \left\langle \prod_{x\in\Lambda} f_y(\varphi_x) \right\rangle_\Lambda \right\}^{1/|\Lambda|}. \tag{3.38}$$

3.2.3.2　赤外評価 (infrared bound)　これは非常におもしろく，かつ強力な結果で，2点函数のフーリエ変換に対して，かなり強い制限を与えてくれる．

定理 3.6 (運動量空間での infrared bound [12])　無限体積での2点函数 $\langle \varphi_0 \varphi_x \rangle$ は以下のように書ける：

$$\langle \varphi_0 \varphi_x \rangle = p + q(x) \tag{3.39}$$

ここで p は非負の定数である．また $q(x)$(のフーリエ変換) は以下をみたす：

$$q(x) = \int_{[-\pi,\pi]^d} \frac{d^d k}{(2\pi)^d} e^{ik\cdot x} \hat{q}(k), \quad \text{with} \quad 0 \leq \hat{q}(k) \leq \frac{1}{2J \sum_{j=1}^d (1-\cos k_j)} \tag{3.40}$$

上の定理は運動量空間でのものであったが，座標空間でもこれに対応する結果が存在する．ただし，後で定義する「高温相」でのみ証明されている定理であり，J_c は後に定義するものである．

定理 3.7 (座標空間での infrared bound [27])　イジングモデルおよび φ^4 モデルでは，$J < J_c$ である限り [31]，

$$\langle \varphi_0 \varphi_x \rangle \leq \frac{const}{J|x|^{d-2}} \tag{3.41}$$

が成り立つ．ここで $const$ は J にはよらない有限な定数である．

---

[31] 進んだ注：この結果は「自由境界条件」に対しては $J = J_c$ でも証明されている．

3.2.3.3 スペクトル表示 (spectral representation) これも非常におもしろい「場の理論」的な味わいの定理である．

定理 3.8 (2 点函数のスペクトル表示 [11]) $x \in \mathbb{Z}^d$ を成分で $x = (x^{(1)}, x^{(2)}, \ldots, x^{(d)})$ と書き，第 2 成分以降をまとめて $\vec{x} := (x^{(2)}, \ldots, x^{(d)})$ と書く．無限体積での 2 点函数 $\langle \varphi_0 \, \varphi_x \rangle$ は以下のように書ける：

$$\langle \varphi_0 \, \varphi_x \rangle = \int d\rho(\lambda, \vec{q}) \, \lambda^{|x^{(1)}|} \, e^{i\vec{q}\cdot\vec{x}} \tag{3.42}$$

ここで $d\rho(\cdot, \cdot)$ はその台が $[0,1] \times [-\pi, \pi]^{d-1}$ に含まれる測度であり，$\vec{q} \cdot \vec{x} = \sum_{j=2}^{d} q^{(j)} x^{(j)}$ は，ベクトル $\vec{q}$ と $\vec{x}$ の内積である．

3.3 無限体積の極限

さて格子正則化によって Schwinger 函数を得るには，ともかく格子の大きさを無限大にし，無限体積極限をとる必要がある．形式的には

$$\langle \cdots \rangle_\rho \equiv \text{``}\lim_{\Lambda \to \mathbb{Z}^d}\text{''} \langle \cdots \rangle_{\rho_\Lambda} \tag{3.43}$$

ということである．Λ を $\mathbb{Z}^d$ に広げたいのだが，その広げ方には何通りもあり得るので "$\lim_{\Lambda \to \mathbb{Z}^d}$" と書いた．

統計力学に詳しい方は「自由エネルギー」の無限体積極限は非常に広い範囲のモデルで存在することをご存知だろう．ところが，我々が見たいのはスピン変数の相関函数などの期待値であり，期待値の無限体積極限の存在は自明ではない．自明ではないのだが，イジングモデル，φ^4 モデルについては，無限体積極限の存在 (ただし，適当な部分列について) は証明されている．概略は以下の通りである．

有限体積での期待値 $\langle \varphi^A \rangle_\Lambda$ の $\Lambda \to \mathbb{Z}^d$ の極限が存在するか否かを問題にしたい．もちろん，$\Lambda \to \mathbb{Z}^d$ とはいってもいろいろな行き方があるが，今回は超立方格子の大きさ L を無限大にする極限のみを考える．

(1) $|\Lambda|$ に関して**一様に** $\langle \varphi^A \rangle_\Lambda$ **が有界**であることをまず，示す．つまり $|\Lambda|$ によらない定数 C_A が存在して (C_A は A には依存してよい)

$$|\langle \varphi^A \rangle_\Lambda| \leq C_A \tag{3.44}$$

が成立することを示す．

（2） 上の事実は，各 A 毎に，期待値 $\langle \varphi^A \rangle_\Lambda$ が収束するような Λ の部分列があることを意味する．したがって対角線論法によって，すべての A に対して $\langle \varphi^A \rangle_\Lambda$ が収束するような，Λ の部分列をとることができる．ただし，これはあくまで部分列による構成であるので，部分列の取り方によっては，まったく異なる熱力学的極限になってしまう可能性は排除できていない[32]．

上の議論のうち，二番目は単に部分列をとりまくるだけなので，何にも問題ない．問題は一番目である．もちろん，イジングモデルのようにスピン変数が有界であれば，$\langle \varphi^A \rangle_\Lambda$ も自明に有界であるので，一番目は何ら問題なく証明できる (証明すべきことすらない)．しかし，φ^4 モデルのように，スピン変数が有界でない場合には，Λ のサイズによらないで**一様に** $\langle \varphi^A \rangle_\Lambda$ が押さえられることを証明するのは，案外，面倒である．実際，期待値の定義の分母と分子を別々に扱って，分子の上界と分母の下界を作って評価すると，その結果はほぼ確実に $C^{|\Lambda|}$ のオーダーになって ($C > 1$ は定数) まったく役に立たない．

(3.44) のような評価を証明するには，通常，「クラスター展開」に類似の考え方，あるいは chessboard estimate を用いるのが普通である．

Chessboard estimate による $\langle \varphi^A \rangle$ の評価

$A = \{a_x\}_{x \in \Lambda}$ の場合に期待値 $\langle \varphi^A \rangle_\Lambda = \left\langle \prod_x \varphi_x^{a_x} \right\rangle_\Lambda$ を上から押さえることを考える (Griffiths 第一不等式によって，この期待値は非負であるので，上から押さえれば十分)．Chessboard estimate の表式 (3.38) において，$f_x(\phi) := \phi^{a_x}$ としたものを考えると

$$\left\langle \prod_x \varphi_x^{a_x} \right\rangle_\Lambda = \left\langle \prod_x f_x(\varphi_x) \right\rangle_\Lambda \leq \prod_{y \in \Lambda} \left\{ \left\langle \prod_{x \in \Lambda} f_y(\varphi_x) \right\rangle_\Lambda \right\}^{1/|\Lambda|}$$

$$= \prod_{y \in \Lambda} \left\{ \left\langle \prod_{x \in \Lambda} \varphi_x^{a_y} \right\rangle_\Lambda \right\}^{1/|\Lambda|} = \prod_{y \in \Lambda, a_y > 0} \left\{ \left\langle \prod_{x \in \Lambda} \varphi_x^{a_y} \right\rangle_\Lambda \right\}^{1/|\Lambda|} \quad (3.45)$$

---

[32] 他の境界条件 (自由境界条件，+境界条件など) をとると，期待値 $\langle \varphi^A \rangle_\Lambda$ が Λ について単調であることがいえる場合がある．そのようなときには，部分列などをとらずとも，その境界条件に対しては一意的な無限体積極限の存在が証明できる．また，そのような境界条件を仲介役として用いることで，周期的境界条件の無限体積極限も一意に定まり，他の境界条件のものと同じであることが証明される場合も多い．今回はこのような事情には立ち入らない．

が得られる．この右辺に現れている期待値については，以下のように荒っぽく評価しても，$1/|\Lambda|$ 乗しているために問題ないことがわかる．

期待値の評価が困難なのは，スピン変数が相互作用していて，期待値を定義する積分が積に分解してくれないからである．そこで相互作用の項 $\sum_{|x-y|=1} \varphi_x \varphi_y$ を強引に以下のように押さえて，積分を積に分解できる形にしてしまう：

$$\left| \frac{1}{2} \sum_{|x-y|=1} \varphi_x \varphi_y \right| \leq \frac{1}{2} \sum_{|x-y|=1} |\varphi_x \varphi_y| \leq \frac{1}{2} \sum_{|x-y|=1} \frac{\varphi_x^2 + \varphi_y^2}{2} = d \sum_x \varphi_x^2 . \tag{3.46}$$

これによって期待値の分母は

$$\left(\langle \prod_{x \in \Lambda} \varphi_x^{a_y} \rangle_\Lambda \text{ の分母} \right) = Z_\Lambda = \int \left(\prod_{x \in \Lambda} d\varphi_x \right) \exp\left[\frac{J}{2} \sum_{\substack{x,y \in \Lambda \\ |x-y|=1}} \varphi_x \varphi_y \right] \prod_{x \in \Lambda} \eta(\varphi_x)$$

$$\geq \int \left(\prod_{x \in \Lambda} d\varphi_x \right) \exp\left[-dJ \sum_{x \in \Lambda} \varphi_x^2 \right] \prod_{x \in \Lambda} \eta(\varphi_x) = \left[\int d\varphi\, \eta(\varphi)\, e^{-dJ\varphi^2} \right]^{|\Lambda|} \tag{3.47}$$

と，積の形の下界で押さえられる．同様に期待値の分子については

$$\left(\langle \prod_{x \in \Lambda} \varphi_x^{a_y} \rangle_\Lambda \text{ の分子} \right) = \int \left(\prod_{x \in \Lambda} d\varphi_x \right) \exp\left[\frac{J}{2} \sum_{\substack{x,y \in \Lambda \\ |x-y|=1}} \varphi_x \varphi_y \right] \prod_{x \in \Lambda} \left\{ \varphi_x^{a_y} \eta(\varphi_x) \right\}$$

$$\leq \int \left(\prod_{x \in \Lambda} d\varphi_x \right) \exp\left[dJ \sum_{x \in \Lambda} \varphi_x^2 \right] \prod_{x \in \Lambda} \left\{ \varphi_x^{a_y} \eta(\varphi_x) \right\}$$

$$= \left[\int d\varphi\, \eta(\varphi)\, e^{dJ\varphi^2}\, \varphi^{a_y} \right]^{|\Lambda|} \tag{3.48}$$

と積の形の上界を得る．よって

$$K(J, n) := \int d\varphi\, \eta(\varphi)\, e^{dJ\varphi^2}\, \varphi^n \bigg/ \int d\varphi\, \eta(\varphi)\, e^{-dJ\varphi^2} \tag{3.49}$$

を定義すると（$n=0$ では $K=1$ と約束），(3.45) から

$$\left\langle \prod_x \varphi_x^{a_x} \right\rangle_\Lambda \leq \prod_{y \in \Lambda} K(J, a_y) \tag{3.50}$$

が得られる．右辺は J, η および $A = \{a_y\}$ にのみ依存する有限量であるから，欲

しい結果 ($|\Lambda|$ について一様な評価) が得られた. □

3.4 「高温相」「低温相」の存在

3節の我々の最終目標は，そこで相関距離が発散するような，「臨界点」の存在の証明である．その前段階として，まず，これらのモデルが「高温相」と「低温相」を持つことを示そう[33]．

3.4.1 「高温相」の存在

まず，イジングモデルや φ^4 モデルにおいて，$J = 0$ の場合を考えよう．この場合，期待値を定義する積分は各スピン変数の積に完全に分解する．したがって，その期待値も非常に簡単で，特に $x \neq y$ では

$$\langle \varphi_x \varphi_y \rangle = 0 \tag{3.51}$$

となっている．これはつまり，異なるスピン同士には相関がない，ことを意味しているが，スピン変数の測度が直積測度になっているから当たり前ではある．

さて，$0 < J \ll 1$ の場合には，スピン同士の相関があるので，相関関数は上のように簡単にはならない．しかし，上に類似の結果を期待するのは自然であろう．実際，以下が成り立つ：

命題 3.9 イジングモデルおよび φ^4 モデルにおいて，$0 < J \ll 1$ の場合には，すべての相関関数は距離とともに指数関数的に減少する．すなわち，ある定数 $c > 0, K > 0$ があって[34]，

$$\langle \varphi_{x_1} \varphi_{x_2} \cdots \varphi_{x_{2n}} \rangle \leq n! \, K^{2n} \exp\left\{-c \max_{i,j} |x_i - x_j|\right\} \tag{3.52}$$

が成り立つ (奇数個のスピンの積は $\pm$ 対称性によってゼロである).

つまり，異なる点での相関関数は完全にはゼロではないが，距離と共に指数関数的に減少するのである．

このような性質は多くの統計力学系が高温の場合に示すものなので，上の命題 (相関関数が距離とともに指数的に減衰すること) が成り立つようなパラメーター

---

[33] 統計力学系として見た場合，$J \ll 1$ は高温に，$J \gg 1$ は低温に対応するので，便宜上，「高温」「低温」というよび方をする．統計力学に詳しくない方は単に $J \ll 1$ を「高温」，$J \gg 1$ を「低温」とよんでいるのだ，と思って頂ければ十分である．「相」については後に少し述べるが，これにもこの講義では深い意味は付与しない．

[34] もちろん，c, K は J に依存するだろう．

の範囲を**高温相**という.

証明 「Simon 不等式」(3.32) の状況に於いて, $B = \{x\}$ ととると, $x \neq y$ である限り,

$$\langle \varphi_x \varphi_y \rangle = \langle \varphi_x^2 \rangle J \sum_{z:|z-x|=1} \langle \varphi_z \varphi_y \rangle \leq 2dJ \langle \varphi_x^2 \rangle \max_{z:|z-x|\leq 1} \langle \varphi_z \varphi_y \rangle \qquad (3.53)$$

が得られる (最後のところでは z についての和を, 中身の最大値で押さえた).

右辺に出てきた $\langle \varphi_x^2 \rangle$ は並進対称性により x によらないので, $\langle \varphi^2 \rangle$ と略記する. また $\langle \varphi_z \varphi_y \rangle$ については $z \neq y$ である限り上と同じ議論を行う. その結果,

$$\langle \varphi_x \varphi_y \rangle \leq 2dJ \langle \varphi^2 \rangle \max_{z:|z-x|\leq 1} \left[2dJ \langle \varphi^2 \rangle \max_{z':|z'-z|\leq 1} \langle \varphi'_z \varphi_y \rangle \right]$$
$$\leq \left(2dJ \langle \varphi^2 \rangle \right)^2 \max_{\|z'-x\|_1 \leq 2} \langle \varphi'_z \varphi_y \rangle \qquad (3.54)$$

が得られる ($\|x\|_1 := \sum_{j=1}^{d} |x^j|$).

以下, これを繰り返す. $\|x - y\|_1 = \ell$ とすると, 最低 ℓ 回, この操作を繰り返すことができる (($\ell - 1$) 回目までの結果では右辺にでてくる $z' \neq y$ が保証されているから) ので

$$\langle \varphi_x \varphi_y \rangle \leq \left(2dJ \langle \varphi^2 \rangle \right)^\ell \max_{\|z-x\|_1 \leq \ell} \langle \varphi_z \varphi_y \rangle \leq \langle \varphi^2 \rangle \left(2dJ \langle \varphi^2 \rangle \right)^2 \qquad (3.55)$$

を得る. 最後のところでは

$$\langle \varphi_z \varphi_y \rangle \leq \left\langle \frac{\varphi_z^2 + \varphi_y^2}{2} \right\rangle = \langle \varphi^2 \rangle \qquad (3.56)$$

を用いた. したがって, $2dJ \langle \varphi^2 \rangle < 1$ である限り, $\langle \varphi_x \varphi_y \rangle$ が $\ell \equiv \|x - y\|_1$ について指数函数的に減少することが言えた.

以上で 2 点函数が距離と共に指数函数的に減少することが示された. 一般の n 点函数については, ガウス型不等式 (3.29) を繰り返し用いた結果に, 今証明したばかりの 2 点函数の結果を用いればよい. □

3.4.2 「低温相」の存在

今度は $J \gg 1$ の場合を考えてみたい. 手始めに $J = +\infty$ の極限を考えよう. この場合, 隣り合ったスピン同士が同じ値をとるしかなく, これがすべてのスピ

ンに波及する．つまり，空間的にどれだけ離れていてもスピン変数は互いに同じ値をとり，したがって相関函数は距離が離れても減衰しない．

同様の傾向が $J \gg 1$ でも成り立つのではないかと期待したいのだが，高温相の時と異なり，同様の結果は $d > 1$ の場合にのみ，成り立つことがわかる ($d = 1$ では，J が無限大でない限りはいつも相関函数が指数的に減衰する)．

命題 3.10 $d > 1$ かつ $J \gg 1$ であるイジングモデルおよび φ^4 モデルにおいては，相関函数は距離とともには減衰しない：ある定数 $K > 0$ があって，

$$\langle \varphi_{x_1} \varphi_{x_2} \cdots \varphi_{x_{2n}} \rangle \geq K^n \tag{3.57}$$

が，すべての $x_j \in \mathbb{Z}^d$ に対して成り立つ (奇数個の φ の相関函数は恒等的にゼロである)．

上の命題の帰結のように，相関函数が距離無限大でもゼロにならないようなパラメーター領域をこの講義では**低温相**とよぶことにする．

証明 証明にはパイエルスの議論を使うのが一般的であるが，このノートでは省略する ([29] などを参照)．代わりに，$d \geq 3$ で有効な，infrared bound を用いた証明法を紹介する [35]．infrared bound の表式 (3.39) において $x = 0$ とすると

$$\langle \varphi_0^2 \rangle = p + q(0) \tag{3.58}$$

となる．また $q(0)$ に対しては (3.40) より

$$q(0) = \int_{[-\pi,\pi]^d} \frac{d^d k}{(2\pi)^d} \hat{q}(k) \leq \frac{1}{2J} \int_{[-\pi,\pi]^d} \frac{d^d k}{(2\pi)^d} \frac{1}{\sum_{j=1}^{d} (1 - \cos k_j)} \tag{3.59}$$

が成り立っている．ところが，$d > 2$ では右辺の積分は収束して J によらないので，右辺は J の減少函数で $1/J$ のオーダーである．一方，$\langle \varphi_0^2 \rangle$ は J の増加函数である (命題 3.4 参照)．したがって，J を十分大きくとってやると

$$\langle \varphi_0^2 \rangle > q(0) \tag{3.60}$$

が実現されてしまう．これを (3.58) と見比べると，(3.60) が成り立つ場合には，$p > 0$ とならざるを得ないことが結論できる．

ところが (3.40) と Riemann-Lebesgue の定理から，$\lim_{|x|\to\infty} q(x) = 0$ がでる．

---

[35] この講義では触れないが，この方法は多成分のスピン系でも有効である．原論文は [12]．

したがって (3.39) から

$$\lim_{|x|\to\infty} \langle \varphi_0\, \varphi_x \rangle = \lim_{|x|\to\infty} \bigl[p + q(x) \bigr] = p > 0 \tag{3.61}$$

が結論できる．

ここで Messager-Miracle-Solé 不等式の帰結 (3.30) を用いる．この不等式によれば，まず，$\langle \varphi_0\, \varphi_{ae_1} \rangle$ は $a > 0$ の広義減少函数であった．すぐ上でこの量の $a \to \infty$ の極限が $p > 0$ であることを示したので，有限の $a > 0$ でも $\langle \varphi_0\, \varphi_{ae_1} \rangle \geq p > 0$ であることがわかる．さらに一般の x に対しては $\langle \varphi_0\, \varphi_x \rangle \geq \langle \varphi_0\, \varphi_{\|x\|_1 e_1} \rangle$ であったことを用いれば，やはりこの右辺が p 以上であるから，左辺も p 以上であると結論できる．

最後に一般の $2n$ 点函数に対しては，Griffiths 第二不等式 (3.27) を何回も使って

$$\begin{aligned}
\langle \varphi_{x_1}\, \varphi_{x_2}\, \varphi_{x_3} \cdots \varphi_{x_{2n}} \rangle &\geq \langle \varphi_{x_1}\, \varphi_{x_2} \rangle \langle \varphi_{x_3}\, \varphi_{x_4}\, \varphi_{x_5} \cdots \varphi_{x_{2n}} \rangle \\
&\geq \langle \varphi_{x_1}\, \varphi_{x_2} \rangle \langle \varphi_{x_3}\, \varphi_{x_4} \rangle \langle \varphi_{x_5}\, \varphi_{x_6}\, \varphi_{x_7} \cdots \varphi_{x_{2n}} \rangle
\end{aligned} \tag{3.62}$$

として，それぞれの2点函数に今証明した下界を用いればよい． □

3.4.3 相転移の存在

以上から，J の値によって，以下のように定性的に異なる振る舞いが見られることがわかった．

- 高温側 $0 < J \ll 1$ では，2点函数 $\langle \varphi_0 \varphi_x \rangle$ は $|x|$ とともに指数函数的に減少する (高温相)．
- 低温側 $J \gg 1$ では，2点函数 $\langle \varphi_0 \varphi_x \rangle$ は $|x|$ について一様に正である (低温相)．

さて，この中間のどこかの J の値でこれら二つの相が入れ替わっているはずである [36]．このような相の移り変わりを**相転移**，移り変わる点を**相転移点**という．

3.5 臨界現象の存在

これまで，2次元以上では相転移が存在することを見た．この節ではもう一歩進んで，相転移点近傍での系の振る舞いを詳しく調べる．特に，相転移点に近づ

---

[36] 理論的にはこれら二つの相の間に第 3，第 4 の相が挟まっている可能性 (特に，相関函数は距離とともに減衰してゼロになるが，その減衰の仕方が指数函数よりもゆっくりである可能性) も否定できない．しかしイジングモデル，φ^4 モデルに対しては「相転移点」の一点を境にして，「高温相」と「低温相」が入れ替わっていることが証明されている．

くにつれて帯磁率などが発散すること (臨界現象) を示す.

3.5.1　帯磁率の発散

スピン系の性質を特徴づける重要な量として**帯磁率** (susceptibility) がある．これは有限体積では

$$\chi_\Lambda := \sum_{x \in \Lambda} \langle \varphi_0 \, \varphi_x \rangle_\Lambda \tag{3.63}$$

で，また無限体積では

$$\chi := \sum_{x \in \mathbb{Z}^d} \langle \varphi_0 \, \varphi_x \rangle \tag{3.64}$$

で定義される量である[37]．

この節の主目的は以下の定理である．

定理 3.11　$d > 1$ におけるイジングモデルや φ^4 モデルを考える．ただし $\eta(\varphi)$ は固定した上で，いろいろな $J \geq 0$ におけるモデルを比べよう (χ も J の函数とみなして $\chi(J)$ と書く)．すると有限な正の J_c が存在して，無限体積での帯磁率 $\chi(J)$ に対して以下が成り立つ：

(1) χ は $J < J_c$ で有限，$J > J_c$ で無限大，かつ

(2) χ は $J \nearrow J_c$ につれて発散する．

上で導入した $J_c(d)$ はこれらのモデルの**臨界点** (critical point) とよばれる[38]．上の定理は，J が下から臨界点に近づく場合，帯磁率が無限大に発散することを意味している．次節ではこの結果をもちいて，相関距離も発散することをしめす．

定理 3.11 の証明　証明は本質的に χ の J に関する微分に基づく．しかし，無限体積での量を直接微分できるかどうかは自明ではない．そこで，まず有限体積の量について議論し，最後に無限体積極限をとる．

1. まず，前節までの結果から χ について何が言えるかをまとめておこう．

- $J \ll 1$ では2点函数が距離とともに指数函数的に減衰することが 3.4.1 節で示された．したがって，この領域では $\chi < \infty$ である．

---

[37] 統計力学的意味を考えれば，上の定義よりも基本的な (熱力学的) 表式を帯磁率の定義として採用すべきだが，今回は場の理論の構成に向けての最短コースなので，この定義を採用する．また，この量がなぜ帯磁率とよばれるか，などにも立ち入らない．

[38] 厳密には「相転移点」と「臨界点」は少し異なる概念であるが，イジングモデルや φ^4 モデルの場合には両者は一致する．この講義でも両者を同じものとして扱う．

- $J \gg 1$ では 2 点函数 $\langle \varphi_0 \varphi_x \rangle$ は減衰せず，ある正の数よりも大きいままであることが 3.4.2 節で示された．したがって，この領域では $\chi = \infty$ である．

式を簡単にするために
$$f_\Lambda(J) := \frac{1}{\chi_\Lambda(J)} \tag{3.65}$$
を定義すると，以上から (f_Λ の $\Lambda \to \mathbb{Z}^d$ の極限を f_∞ と書く)

- 十分小さい J では $f_\infty(J) > 0$,
- 十分大きい J では $f_\infty = 0$

であることがわかる．

2. Griffiths 第二不等式 (3.27) から χ_Λ は J の広義増加函数である (命題 3.4)．よって f_Λ は J の広義減少函数であり，
$$J_c := \sup\{J : f_\infty(J) > 0\} \tag{3.66}$$
を定義すると，これは正かつ有限である．さらに J_c の定義から，$J < J_c$ では $\chi < \infty$，かつ $J > J_c$ では $\chi = \infty$ であることもわかる．これが定理 3.11(1) の証明である．

3. より難しいのは $f_\infty(J)$ が $J \nearrow J_c$ につれてゼロに行く ($f_\infty(J)$ が $J < J_c$ で連続である) ことをしめすことである．この目的のために $f_\infty(J)$ の微分を考えよう．厳密には $f_\infty(J)$ が J で微分できるかどうかは自明でない (実際，$J = J_c$ で導函数が存在しない可能性が高い) ので，まず，有限体積での量 χ_Λ を J で微分する：
$$\begin{aligned}\frac{d}{dJ}\chi_\Lambda(J) &= \sum_{x \in \Lambda} \frac{d}{dJ} \langle \varphi_0 \varphi_x \rangle_\Lambda (J) \\ &= \sum_{x \in \Lambda} \frac{1}{2} \sum_{|y-z|=1} \langle \varphi_0 \varphi_x ; \varphi_y \varphi_z \rangle_\Lambda \end{aligned} \tag{3.67}$$
ここで Lebowitz の不等式 (3.28) を用いると (以下 Λ の添え字を時々，略)，
$$\begin{aligned}\langle \varphi_0 \varphi_x ; \varphi_y \varphi_z \rangle &= \langle \varphi_0 \varphi_x \varphi_y \varphi_z \rangle - \langle \varphi_0 \varphi_x \rangle \langle \varphi_y \varphi_z \rangle \\ &\leq \langle \varphi_0 \varphi_y \rangle \langle \varphi_x \varphi_z \rangle + \langle \varphi_0 \varphi_z \rangle \langle \varphi_x \varphi_y \rangle \end{aligned} \tag{3.68}$$
が得られる．これを (3.67) に使うと，
$$\frac{d}{dJ}\chi_\Lambda \leq \sum_{x \in \Lambda} \sum_{|y-z|=1} \langle \varphi_0 \varphi_y \rangle \langle \varphi_x \varphi_z \rangle = \chi_\Lambda \sum_{|y-z|=1} \langle \varphi_0 \varphi_y \rangle$$

$$= 2d\,\chi_\Lambda \sum_y \langle \varphi_0 \varphi_y \rangle = 2d\,(\chi_\Lambda)^2 \tag{3.69}$$

すなわち,

$$0 \geq \frac{d}{dJ}f_\Lambda(J) = \frac{d}{dJ}\left(\frac{1}{\chi_\Lambda}\right) \geq -2d \tag{3.70}$$

が成立することがわかる (最左辺は $f_\Lambda(J)$ が単調非増加であることから).

4. これで必要な材料はそろった. $f_\infty(J)$ が $J = J_c$ で不連続だったとしてみよう. $\lim_{\Lambda \to \mathbb{Z}^d} f_\Lambda = f_\infty$ であるから,これは十分大きな Λ に対しては $\left|\frac{d}{dJ}f_\Lambda(J)\right|$ が $2d$ を超えることを意味する (詳細は以下に). これは (3.70) に矛盾するのであり得ない. つまり, $f_\infty(J)$ は $J = J_c$ で連続であり,無限体積での帯磁率 $\chi(J)$ は $J \nearrow J_c$ で発散する.

(上で省略した部分の説明) 上の議論は一見,微分と極限の順序を交換しているように見えるから,もう少し詳しく説明しておこう. $f_\infty(J)$ が $J = J_c$ で不連続ということを具体的に,

$$\lim_{J \to J_c - 0} f_\infty(J) = \alpha > 0 \tag{3.71}$$

と表してみる [39]. $f_\infty(J)$ が広義減少であるから,これは特にすべての $J < J_c$ に対して $f_\infty(J) \geq \alpha > 0$ であることを意味する. さて, $\lim_{\Lambda \to \mathbb{Z}^d} f_\Lambda(J) = f_\infty(J)$ であるから,十分大きな Λ をとると, $J = J_c - \frac{\alpha}{8d}$ および $J = J_c + \frac{\alpha}{8d}$ において $\left|f_\Lambda(J) - f_\infty(J)\right| < \frac{\alpha}{8d}$ を満たさせることができる. これは具体的に書くと

$$f_\Lambda\left(J - \frac{\alpha}{8d}\right) > \alpha - \frac{\alpha}{8d} = \frac{7\alpha}{8d} \quad \text{かつ} \quad f_\Lambda\left(J + \frac{\alpha}{8d}\right) < \frac{\alpha}{8d} \tag{3.72}$$

ということであるから,特に

$$f_\Lambda\left(J - \frac{\alpha}{8d}\right) - f_\Lambda\left(J + \frac{\alpha}{8d}\right) \geq \frac{3\alpha}{4d} \tag{3.73}$$

を意味している. しかし,

$$f_\Lambda\left(J + \frac{\alpha}{8d}\right) - f_\Lambda\left(J - \frac{\alpha}{8d}\right) = \int_{J-\alpha/(8d)}^{J+\alpha/(8d)} dJ\,\frac{d}{dJ}f_\Lambda(J) \tag{3.74}$$

に注意すると, (3.70) と (3.73) は矛盾することがわかる,というわけ (省略部分の補足終わり). □

---

[39] f_∞ が広義減少であるから, $\lim_{J \to J_c - 0}$ の極限は存在するはずである.

3.5.2 相関距離の定義と基本的性質

この節では，相関距離 ξ を定義し，その基本的性質を述べる．相関距離とは，$e_1 = (1, 0, 0, \ldots, 0)$ を 1-軸方向の単位ベクトルとして

$$\frac{1}{\xi} := -\lim_{n \to \infty} \frac{1}{n} \log \langle \varphi_0 \varphi_{ne_1} \rangle \tag{3.75}$$

という極限で定義する ξ のことである．この極限が存在することと基本的性質は以下の命題で与えられる．

命題 3.12 イジングモデルや φ^4 モデルについては，(3.75) で定義される ξ は区間 $[0, \infty]$ に存在する (0 や ∞ の可能性もある)．さらに，任意の x に対して，

$$\langle \varphi_0 \varphi_x \rangle \leq \langle \varphi_0^2 \rangle \exp\left(-\frac{\|x\|_\infty}{\xi}\right) \tag{3.76}$$

も成立する．ただし，$\|x\|_\infty \equiv \max_j |x_j|$．

定義通り，ξ は $\langle \varphi_0 \varphi_{ne_1} \rangle$ の距離 n による減衰を特徴づける量であるが，上の定理により，$e^{-n/\xi}$ が上界になっていること，および座標軸上にない点に対しても ξ が減衰距離の目安を与えることがわかる．

証明 スペクトル表示 (3.42) によれば，2 点函数は

$$\langle \varphi_0 \varphi_x \rangle = \int d\rho(\lambda, \vec{q}) \, \lambda^{|x^{(1)}|} \, e^{i\vec{q} \cdot \vec{x}} \tag{3.77}$$

と表現できていた．特に，$x = ne_1 (n \geq 0)$ に対しては

$$\langle \varphi_0 \varphi_{ne_1} \rangle = \int d\rho(\lambda, \vec{q}) \, \lambda^n = \int d\tilde{\rho}(\lambda) \, \lambda^n \tag{3.78}$$

である．二番目の等式では，$\vec{q}$ での積分を行った結果を $d\tilde{\rho}(\lambda)$ と書いた．

さて，$d\tilde{\rho}$ の台の上限を α と書こう．測度 $d\rho(\lambda, \vec{q})$ の台は $[0, 1] \times [-\pi, \pi)^{d-1}$ の中に入っているので，$0 \leq \alpha \leq 1$ である ($\alpha = 0$ は異なる点での 2 点函数が恒等的にゼロになってしまうことを意味するので，$J > 0$ である限りはあり得ない．以下，$\alpha > 0$ の場合を考える)．

すると，(3.78) からただちに 2 点函数の上界

$$\langle \varphi_0 \varphi_{ne_1} \rangle = \int d\tilde{\rho}(\lambda) \, \lambda^n \leq \alpha^n \int d\tilde{\rho}(\lambda) = \alpha^n \langle \varphi_0^2 \rangle \tag{3.79}$$

が得られる (最後のところでは (3.78) から得られる $\langle \varphi_0^2 \rangle$ の表式を用いた).

一方, $\langle \varphi_0 \varphi_x \rangle$ の下界については, 以下のように議論する. $\epsilon > 0$ を非常に小さく選ぶ. α が $d\tilde{\rho}$ の下限であることから

$$c_\epsilon := \int_{\alpha-\epsilon}^{\alpha} d\tilde{\rho}(\lambda) \tag{3.80}$$

は正のはずである. したがって, (3.78) から 2 点函数の下界として

$$\langle \varphi_0 \, \varphi_{n e_1} \rangle = \int d\tilde{\rho}(\lambda) \, \lambda^n \geq \int d\tilde{\rho}(\lambda) \, (\alpha - \epsilon)^n = c_\epsilon (\alpha - \epsilon)^n \tag{3.81}$$

が得られる. (3.79) と (3.81) から

$$\limsup_{n \to \infty} \frac{\log \langle \varphi_0 \, \varphi_{n e_1} \rangle}{n} \leq \log \alpha \tag{3.82}$$

$$\liminf_{n \to \infty} \frac{\log \langle \varphi_0 \, \varphi_{n e_1} \rangle}{n} \leq \log(\alpha - \epsilon) \tag{3.83}$$

が導かれるが, $\epsilon > 0$ はいくらでも小さく取れるので, $\epsilon \downarrow 0$ とすれば, $\limsup$ と $\liminf$ が一致することがわかる. つまり, (3.75) の極限の存在が示された.

また, 上の議論から $-\log \alpha = 1/\xi$, つまり $\alpha = e^{-1/\xi}$ であることがわかる. これと (3.79) を組み合わせると,

$$\langle \varphi_0 \, \varphi_{n e_1} \rangle \leq \exp\left(-\frac{n}{\xi}\right) \tag{3.84}$$

が得られる. 最後に Messager-Miracle-Solé 不等式の帰結 (3.30) として $\langle \varphi_0 \, \varphi_x \rangle \leq \langle \varphi_0 \, \varphi_{\|x\|_\infty e_1} \rangle$ であることを用いると, (3.76) が証明される. □

3.5.3 χ と ξ の比較, および ξ の発散

この節では χ と ξ の比較を行い, その結果として, $J \uparrow J_c(d)$ で ξ が発散することを示す. 主結果は以下の通りである.

定理 3.13 $J < J_c(d)$ では ξ は有限である. さらに, $J \uparrow J_c(d)$ につれて, ξ は発散する.

(定理の前半部分についての注) J_c は「$\chi < \infty$ となっているような J の上限」として定義したので,「$J < J_c$ で $\chi < \infty$」であるのは定義から保証されている. しかし $J < J_c$ で ξ が有限であるか否かは自明ではない. 定理の前半部分は, $J < J_c$ では実際に $\xi < \infty$ であることを保証している.

証明 定理の前半部分の証明が少し厄介なので, 後半部分から行く.

(3.76) の上界

$$\langle \varphi_0 \varphi_x \rangle \leq \langle \varphi_0^2 \rangle \, e^{-\|x\|_\infty / \xi} \tag{3.85}$$

の両辺を x について和をとると,

$$\chi \leq \langle \varphi_0^2 \rangle \sum_{x \in \mathbb{Z}^d} e^{-\|x\|_\infty / \xi} \leq c_d \langle \varphi_0^2 \rangle \, \xi^d \tag{3.86}$$

が得られる (c_d は d のみによる定数).$\langle \varphi_0^2 \rangle$ が J_c の近傍で有界であることは 3.3 節の議論からすぐに従う.χ は $J \uparrow J_c$ に際して発散するので,上からただちに,ξ も発散せざるを得ないことがわかる.ただし上で注意したように,この議論は ξ が $J < J_c$ でも無限大であった可能性は排除しないので,定理の前半部分が必要となる.

前半部分を,Simon の不等式 (3.32) を用いて証明する.ℓ を大きな整数として,原点を中心とした一辺 $2\ell + 1$ の超立方体を考え,これを Simon の不等式での S とする.また,記号を簡単にするため,S のすぐ内側の (S から距離 1/2 の) 点の集合を ∂S^{in},S のすぐ外側の (S から距離 1/2 の) 点の集合を ∂S^{out} と書く——要するに,∂S^{in} とは $\|u\|_\infty = \ell$ である点の全体,∂S^{out} とは $\|u\|_\infty = \ell + 1$ である点の全体である.すると Simon の不等式は

$$\begin{aligned}
\langle \varphi_0 \, \varphi_x \rangle &\leq \sum_{\substack{u \in \partial S^{\text{in}}, v \in \partial S^{\text{out}} \\ |u-v|=1}} J \langle \varphi_0 \, \varphi_u \rangle \langle \varphi_v \, \varphi_x \rangle \\
&\leq \left(J \sum_{\substack{u \in \partial S^{\text{in}}, v \in \partial S^{\text{out}} \\ |u-v|=1}} \langle \varphi_0 \, \varphi_u \rangle \right) \times \left(\max_{v \in \partial S^{\text{out}}} \langle \varphi_v \, \varphi_x \rangle \right)
\end{aligned} \tag{3.87}$$

となる.ここで命題 3.9 の証明と同様に,右辺にでている max の中身について同様の評価を繰り返す.これは少なくとも

$$N := \left\lfloor \frac{\|x\|_\infty}{\ell + 1} \right\rfloor \tag{3.88}$$

で決まる N 回は行うことができる.最後に残る $\langle \varphi_v \varphi_x \rangle$ のような期待値は,命題 3.9 の証明と同様に,$\langle \varphi_0^2 \rangle$ で押さえてしまう.最終的に

$$\langle \varphi_0 \, \varphi_x \rangle \leq \langle \varphi_0^2 \rangle \left[J \sum_{\substack{u \in \partial S^{\text{in}}, v \in \partial S^{\text{out}} \\ |u-v|=1}} \langle \varphi_0 \, \varphi_u \rangle \right]^N \leq \langle \varphi_0^2 \rangle \left[Jd \sum_{u : \|u\|_\infty = \ell} \langle \varphi_0 \, \varphi_u \rangle \right]^N \tag{3.89}$$

が得られる．最後のところでは，大括弧の中身を (本当は v と u は S の隅の方以外では 1 対 1 対応しているのだが，大盤振る舞いで) v の和の数を d で押さえ，$u \in \partial S^{\mathrm{in}}$ の条件をわかりやすく書き直した．

さて，$J < J_c$ では $\chi < \infty$ であることと，χ を

$$\chi = \sum_{\ell=0}^{\infty} \left[\sum_{u : \|u\|_\infty = \ell} \langle \varphi_0 \, \varphi_u \rangle \right] \tag{3.90}$$

と書けることに注目しよう．有限の χ が上のように ℓ についての和で書けるのだから，和の中身は $\ell \to \infty$ ではゼロになることが必要である．特に，十分に大きな ℓ をとれば，

$$Jd \sum_{u : \|u\|_\infty = \ell} \langle \varphi_0 \, \varphi_u \rangle < \frac{1}{2} \tag{3.91}$$

が成立するはずである．このように十分大きな ℓ をとると，(3.89) は

$$\langle \varphi_0 \, \varphi_x \rangle \leq \langle \varphi_0^2 \rangle \left(\frac{1}{2} \right)^N \qquad N := \left\lfloor \frac{\|x\|_\infty}{\ell+1} \right\rfloor \tag{3.92}$$

となる．これは $\langle \varphi_0 \, \varphi_x \rangle$ が $\|x\|_\infty$ とともに指数函数的に減衰することを意味する． □

3.6 まとめ：とりあえずの目標の達成

以上で第一部は終わりである．格子正則化を用いて連続極限を取る際に，系を適切にその臨界点に近づけてやれば，場の理論が構成できる可能性が示された．つまり，(3.13) で予告したように

$$S_n(\tilde{x}_1, \tilde{x}_2, \ldots, \tilde{x}_n) := \lim_{\epsilon \downarrow 0} \lim_{\Lambda \to \mathbb{Z}^d} S_{n,\Lambda,\epsilon}(\tilde{x}_1, \tilde{x}_2, \ldots, \tilde{x}_n)$$
$$= \lim_{\epsilon \downarrow 0} \lim_{\Lambda \to \mathbb{Z}^d} \langle \varphi_{x_1} \varphi_{x_2} \cdots \varphi_{x_n} \rangle_{\rho_{\Lambda,\epsilon}} \tag{3.93}$$

の極限によって，Schwinger 函数を構成できることが強く示唆された．

この講義では証明まではとても踏み込めないが，この方向の定理はいくつか証明されている．実際，Glimm と Jaffe による考察 [15] はなかなか強力で，2 点函数がある種の条件を満たしておれば，OS の公理系をみたす [40]Schwinger 函数が自動的に作れることを保証する (4 点以上の相関函数は，ガウス型不等式による評価で十分)．この Glimm と Jaffe の結果を，この節で今までやって来たことと組

---

[40] ただし，回転対称性は保証されない．

み合わせると，(3.93) の極限が我々の望むところの，OS の公理系をみたす (ただし，回転対称性については不明)Schwinger 函数を与えることが証明できる．

一見，これは大変素晴らしいことのように思えるが，これだけではまったくもって不十分である．以上は単に OS の公理系をみたす Schwinger 函数の組を与えるだけであって，その組がどのような性質を持っているものかについては何も教えてくれない．2 点函数だけは (適切に臨界点に近づけることによって) ある程度望ましいふるまいをしてくれるであろうが[41]，4 点函数などは (Griffiths 第二不等式やガウス型不等式によって 2 点函数で押さえられている以外は) ほとんどわからない．

であるので，もっともっと詳しい解析が必要となる．この目的には様々な道具が使われるが，この講義では特に，くりこみ群の方法と相関不等式による方法に焦点を当てたい．次節でくりこみ群の一般的考え方を説明し，そのあとの節で φ_3^4 と φ_4^4 について，それぞれの方法を適用した結果を述べる．

4　くりこみ群の描像

くりこみ群の見方は，統計力学における臨界現象の解析にも，また今回のテーマである構成的場の理論にも，極めて有効なものである ─ アイディアをまとめるための描像の提供という意味でも，また実際に厳密な解析を行う際の強力な武器としてでも．ただし，くりこみ群は，そのアイディアは明快ではあるが，実際の解析は気が遠くなるほど大変なことが多く，その詳細は講義向きではないと思われる．そこでこの講義では厳密さは二の次にして，くりこみ群の考え方だけを述べる．くりこみ群にも様々な流儀があるが，ここではアイディアが一番明快と思われるブロックスピン変換に話を限る．

4.1　Block Spin Transformation (BST) の定義と基本的性質

我々の目的は場の量子論の構成であるが，しばらくは格子上のスピン系の話が続く．場の構成については 4.3 節で考える．

---

[41] この 2 点函数のふるまいさえ，それほど自明ではない．幸運にも Messager-Miracle-Solé 不等式などによって，2 点函数の単調性が言えているから，このような希望が持てている．

4.1.1 BST の定義

ブロックスピン変換 (BST) とは，たくさん (無限個) あるスピン変数を有限個ずつまとめて，その **marginal distribution**[42] **を見る変換**である．もう少し詳しくいうと，(1) 周辺分布 (marginal distribution) を見る変換，(2) スピン変数及び距離のスケール変換，の二つを組み合わせたものをブロックスピン変換という．

(3.2) のようなスピン系の期待値を考えよう — ρ_Λ がスピン変数の確率分布を規定していることは既に注意した．BST とは，確率密度 ρ_Λ から新しい確率密度 $\rho'_{\Lambda'}$ への，以下のような変換 $\mathcal{R}_{L,\theta}$ のことである[43](θ は後で決めるパラメーター)．

まず，元の格子 Λ (1 辺 L^N, $N \gg 1$ とする) の点を 1 辺 L ($L > 1$ は奇数) の超立方体に分け[44]，その中心を Lx' ($x' \in \mathbb{Z}^d$) と書く：

$$B_{x'} \equiv \left\{ x \in \mathbb{Z}^d : \|x - Lx'\|_\infty < \frac{L}{2} \right\}. \tag{4.1}$$

ここで，Lx' が超立方体の中心で，格子 Λ では Lx' が間隔 L 毎に並んでいる．$B_{x'}$ を，Lx' を中心とする一辺 L のブロックという．

x' 自身を集めて集合 Λ' を作る．これは 1 辺 L^{N-1} の格子になっていて，x' は $\mathbb{Z}^d$ の元である (図 6)：

$$\Lambda' := \left\{ x \in \mathbb{Z}^d : \|x\|_\infty < \frac{L^{N-1}}{2} \right\}. \tag{4.2}$$

次に新しくできた格子 Λ' 上のスピン変数 $\{\varphi'_{x'}\}_{x' \in \Lambda'}$ を，元のスピン変数と

$$\varphi'_{x'} := L^{-\theta} \sum_{y \in B_{x'}} \varphi_y \tag{4.3}$$

の関係にあるように定義する ($\theta \in \mathbb{R}$ は後の解析がうまくいくように選ぶ)．これが**ブロックスピン**である．この $\{\varphi'_{x'}\}_{x' \in \Lambda'}$ の分布 (密度) は ρ から

---

[42] 2 つの確率変数 x, y の同時分布密度函数 $\rho(x, y)$ が与えられたとする．y の分布を問わずに x の分布だけを見るとき，これを ρ に従う x の周辺分布 (marginal distribution) とよぶ．具体的には $\rho(x, y)$ を y について積分してしまえばいいわけで結果は $\eta(x) := \int \rho(x, dy)$ で与えられる．

[43] 数学的に厳密にやるには有限系ですべての解析を行い，最後に無限体積極限をとる．(以下では最初だけはきちんと書くが，そのうち，あたかも無限系で考えているかのように書く.) また，この変換は Λ にも依存するが，あまりに添字が多くなるので，Λ の添字は省略する．

[44] これまで，格子の一辺の長さを $2L$(偶数) としてきたが，BST を考える場合には一辺を奇数とした方が記述が楽になるので，奇数とした．概念的にはどちらももちろん，同じである．

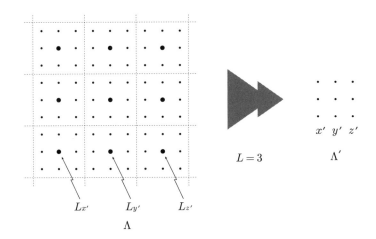

図 6 BST に関わる格子の概念図 ($L=3$). 左側の格子では一辺 $L=3$ のブロックを作って，その中心を大きめの黒丸で表した．これを縮めて黒丸に相当する点のみを描けば右図になる．

$$\rho'(\{\varphi'\}) := (\mathcal{R}_{L,\theta}\,\rho)(\{\varphi'\})$$
$$:= \int \rho(\{\varphi\}) \left[\prod_{x'\in\Lambda'} \delta\!\left(\varphi'_{x'} - L^{-\theta}\sum_{x\in B_{x'}}\varphi_x\right)\right]\!\left[\prod_{x\in\Lambda}d\varphi_x\right] \qquad (4.4)$$

と求められる (δ は δ-函数). ρ から ρ' を与える変換 (または $\{\varphi\}$ のスピン系から $\{\varphi'\}$ のスピン系を与える変換) がブロックスピン変換である．

繰り返しになるが，これは数学的には元のスピン変数の分布 ρ から「ブロックスピン変数」(4.3) の周辺分布を得る変換である (スケール変換はブロックスピンの定義に入っている).

注意 4.1 (1)　BST ではスピン変数の周辺分布をとっているので，当然，BST の後の系の自由度は落ちている．物理の言葉でいうと，ブロックスピン以外の系の自由度を「積分してしまった」ことになっている．これに対応して，元の系が持っていた情報も，かなりの部分が失われてしまっている．

(2)　スケールの関係について：上のブロックスピンは，大雑把には $B_{x'}$ の中のスピンの「平均」である．この意味で，BST とはブロック内のスピンの平均の分布を見ているものといえる．ただし，以下の 2 点，通常の「平均」とは重要な相違がある．

(a) ブロックスピン自身は単なる平均ではなく，その大きさを $L^{-\theta+d}$ 倍した後のものである．

(b) 新しい座標 x' での格子間隔 1 は元の格子での格子間隔 L に相当している．この意味で，距離のスケールも $1/L$ にしてしまっている．

(3) θ の値について：$\theta = d$ は各ブロック内のスピンの個数で割ることに相当し，普通の平均である．スピン変数の間の相関が強く，すべてが同じような値をとっている場合にはスピンの個数で割るのは自然である．一方，$\theta = d/2$ は中心極限定理に現れる (独立な確率変数が良い極限定理を持つための) 値で，スピンの個数の平方根で割ることに対応する．スピン同士の相関がかなり弱いため，スピンの個数で割ると割り過ぎで，個数の平方根がちょうど良い．以下で見るように，臨界現象においては θ をこの二つの中間にとった BST が威力を発揮する．これはつまり，臨界点でのスピンの相関は，独立な確率変数のものよりは強いが，スピンが完全にそろっているような場合ほど強くはない，と解釈できる．

4.1.2 BST の基本的性質

1. 半群をなす．
$$\mathcal{R}_{L_2,\theta} \circ \mathcal{R}_{L_1,\theta} = \mathcal{R}_{L_2 L_1, \theta} \tag{4.5}$$
逆変換は存在しない (情報が落ちているので仕方ない)．

2. 期待値の間には簡単な恒等式がある．測度 ρ による期待値を $\langle \cdots \rangle_\rho$ と書くと，
$$\langle F(\{\varphi'\}_{x' \in \Lambda'}) \rangle_{\rho'(\{\varphi'\})} = \left\langle F\left(\left\{L^{-\theta} \sum_{y \in B_{x'}} \varphi_y\right\}_{x' \in \Lambda'}\right) \right\rangle_{\rho(\{\varphi\})} \tag{4.6}$$
左辺から右辺へはブロックスピン変換の定義そのものであるが，この式は右辺から左辺に読むと意味がわかる．つまり，元のスピンの「平均」(右辺の量) は，BST 後の ρ' から左辺のようにして求められる．つまり，スピン変数の「平均」に関する限り，BST を行っても情報を失ったことにはならない．

3. もちろん，「平均」の形になっていないもの (例：$\langle \varphi_0 \rangle$) についての情報は落ちていくので，正確には求められない．(じつは $\langle \varphi_0 \rangle$ に関しては並進不変性を利

用して

$$\langle \varphi_0 \rangle = \frac{1}{|\Lambda|} \Big\langle \sum_{x \in \Lambda} \varphi_x \Big\rangle \tag{4.7}$$

と平均の形になることに注意すると求められる．また，BST を行う際に，期待値に対しても同様の変換を行うことで，平均の形になっていないものでもより細かい議論を重ねることによって正確に見ることもできるが [13, 14]，ここでは立ち入らない．)

4.1.3 いくつかの用語

くりこみ群の様子を記述するため (主に力学系の) 用語をいくつか導入する．

4.1.3.1 流れ (軌道): BST を何回も施した結果が作る列，つまり $\mathcal{R}^n \rho (n = 0, 1, 2, 3, \ldots)$ を BST の**流れ** (flow) または**軌道**という．

4.1.3.2 不動点: $\mathcal{R}_{L,\theta^*}$ の作用の下で不変な点 ρ^*

$$\mathcal{R}_{L,\theta^*}(\rho^*) = \rho^* \tag{4.8}$$

を BST の**固定点**または**不動点** (fixed point) とよぶ．不動点が見えるためには θ をうまくとってやる必要がある (その意味で θ^* と書いた)．

4.1.3.3 固有摂動: 不動点 ρ^* の近傍での流れの様子に注目しよう．$\rho = \rho^* + \delta\rho$ または $\rho = \rho^*(1 + \eta)$ と少しずれたものに BST を施した結果を考えてみる．一般にはこの結果は何でもアリである．しかし，特に変換の固有ベクトルにあたる「固有摂動」とよばれるものを考えると少しは系統だった見方ができる[45]．これは，おおざっぱには以下のように定義される．

定義 4.2 (固有摂動の物理的"定義") ρ^* が BST $\mathcal{R}$ の不動点の時，対応する「ハミルトニアン」$\mathcal{H}^*$ を

$$e^{-\mathcal{H}^*} := \rho^*, \qquad \mathcal{R}(e^{-\mathcal{H}^*}) = e^{-\mathcal{H}^*} \tag{4.9}$$

で定義する．この時，

$$\mathcal{R}(e^{-(\mathcal{H}^* + \epsilon f)}) = e^{-(\mathcal{H}^* + \alpha \epsilon f + O(\epsilon^2))}, \qquad \alpha \geq 0 \tag{4.10}$$

となるような f を考え，これを BST $\mathcal{R}$ の不動点 ρ^* における「固有摂動」とよぶ[46]．ここで f は (一応任意の) Φ の関数である．

---

[45] これは不動点において BST の接写像を考えることに相当する．

[46] これが固有摂動の一応の定義だが，厳密なことはまったく考えていない．そもそも f はスピン変数の非有界な函数であることが多いから，そのような場合に $O(\epsilon^2)$ にどのように意味を付けるか，など，悩ましい問題は一杯ある．

4.1.3.4　relevant, irrelevant, marginal operators:
固有摂動を α の値によって以下のように分類する：

$$\begin{array}{lll} \alpha > 1 & \text{の時} & \text{relevant} \\ \alpha = 1 & \text{の時} & \text{marginal} \\ 0 \leq \alpha < 1 & \text{の時} & \text{irrelevant} \end{array} \quad (4.11)$$

$\alpha > 1$ の固有摂動は，BST を繰り返すとどんどん大きくなるが，$\alpha < 1$ のものはどんどん小さくなって最後には大体無視できる (だろう)．上の用語はこの事情に注目し，BST を繰り返した時にどのくらい重要かを述べたものである．

4.1.3.5　涌き出しと吸い込み：
不動点 ρ^* のある近傍から出発した flow がすべてその ρ^* に引き寄せられて行くとき，ρ^* は**吸い込み** (sink) であるという．逆に，ρ^* の近傍から出発した flow がすべて離れて行くとき，ρ^* は**涌き出し** (source) とよぶ．上に定義した固有摂動の言葉では，すべての固有摂動が $\alpha < 1$ の時に吸い込み，すべての固有摂動が $\alpha > 1$ の時に涌き出しである．

4.1.4　BST によるものの見方 (概略)

BST は原理的には何回も連続して行え，BST を n 回繰り返したものの結果 $\rho^{(n)} := \Re^n \rho$ は元のスピン変数を L^{nd} 個まとめたものの分布を与える．よって全部のスピン変数の「平均」がどう振る舞うかを見るには，$\rho^{(n)}$ の ($n \to \infty$ の極限での) 振る舞いを調べればよい (はずである)．つまり，BST の下で確率密度がどのように変換されていくかを考えればスピンの「平均」の振る舞いがわかる．

BST のもとで確率密度がどのように変化するか，は BST で規定される (確率密度空間での) **力学系**の問題と捉えられる．系の極限的性質 (無限個の確率変数の和の振る舞い) を，このような適当な変換 (確率密度に関して周辺分布をとる変換＋スケール変換) を用いて調べていくのが，くりこみ群の考え方である．問題をこのように書き換えれば，このくりこみ群変換の下での <u>不動点 (fixed point)</u>，その周りでの <u>流れ (flow)</u> の様子，などが重要になることが予測できよう．くりこみ群の提供する描像とは，このようにくりこみ群変換のもとでの系の振る舞いから，もとの系の振る舞いを理解することに他ならない．

ここで自然な疑問として，**なぜこんなにややこしいことをしてスピン変数の平均の分布を求めなければならないのか** (一発で確率変数の積分をすれば良いではないか！)，が浮かんでくるが，そのもっとも単純な答えは，(変換が「局所的」であることが効いて) このように段階的に行うとうまくいく (段階的に行わないとうま

くいかない) 場合が多い，ということである．

実際にうまく行った例を考えてみると，それらはすべて flow の様子が単純な場合である．特に，元々のスピン系は本質的に無限自由度であるにもかかわらず，くりこみ変換によって元々のスピン系を本質的に**有限 (少数) 自由度の力学系に翻訳**できた場合 [47]，くりこみ群のアプローチが大変有効になっている．この意味で，「くりこみ群の方法の醍醐味は無限自由度系をうまく有限自由度の力学系に焼き直すところにある」とも言える．

4.2 BST の結果の例

先に進む前に，具体例を少し挙げておく．

4.2.1 自明な例：i.i.d.-系での中心極限定理 (CLT)

一番簡単な例として，i.i.d. (identical independent distribution；独立同分布) の確率変数の系を考える．よく知られているようにこれはもちろん中心極限定理 (の弱いもの) に導かれるのだが，BST の練習としてやってみよう．

考える系としては，(3.3) にて $J \equiv 0$ の場合をとればよい：

$$\rho(\Phi) = \prod_x \eta(\varphi_x) \tag{4.12}$$

スピン変数が独立なので，格子の構造は問題にならないから，φ を整数 x で番号づけることにしよう．また，BST としては

$$\varphi'_x := 2^{-\theta}\left(\varphi_{2x} + \varphi_{2x+1}\right) \tag{4.13}$$

なる「ブロックスピン」を見る．(4.4) の定義より ($L^d = 2$)，BST は

$$\rho'(\Phi') = \prod_x \eta'(\varphi'_x), \qquad \eta'(\varphi') = 2^\theta \int d\varphi\, \eta(\varphi)\, \eta(2^\theta \varphi' - \varphi) \tag{4.14}$$

という形になることがわかる．つまり (もともとのスピンの分布が直積測度に従っていたので当然ではあるが) 一つのスピンの分布を表す測度の変換

$$\eta_{n+1}(\varphi') = 2^\theta \int d\varphi\, \eta_n(\varphi)\, \eta_n(2^\theta \varphi' - \varphi) \tag{4.15}$$

---

[47] そのように翻訳できるのは非常に運のいい場合なのか，それとも大自由度系のある程度一般的な性質なのか，は筆者には良くわからない．特に，世の中には多種多様なカオス系が存在することを考えると，なんの条件も付けない大自由度系では簡単には翻訳できない方が普通とも思える．しかし，今考えているような強磁性スピン系についてはこのような翻訳が可能であろう (かつカオスは起こらないだろう) という漠然とした勘は持っている．

をとけばよい．畳込みだから Fourier 変換を用いると

$$\hat{\eta}_{n+1}(k) = \left[\hat{\eta}_n(2^{-\theta}k)\right]^2, \qquad \left[\hat{\eta}(k) := \int d\varphi\, e^{-ik\varphi}\, \eta(\varphi)\right] \tag{4.16}$$

となるので，両辺の対数をとると，

$$g_{n+1}(k) = 2g_n(2^{-\theta}k), \qquad [\, g_n(k) := \log \hat{\eta}_n(k) \,] \tag{4.17}$$

つまり

$$g_n(k) = 2^n\, g_0(2^{-n\theta}k) \tag{4.18}$$

が得られる．

後は通常の中心極限定理の証明と同じように解析すると，η が平均がゼロ，かつ適当に性質のいい分布であるなら，$\theta = 1/2$ のときに

$$g_n(k) \longrightarrow g_0(0) - \frac{\sigma^2 k^2}{2} \qquad \sigma^2 := \langle \varphi; \varphi \rangle \tag{4.19}$$

が証明できて，中心極限定理が得られる．

以上はちょっと面白くなかったけども，「BST とはこのように無限自由度を少しずつ束にして取り扱うものである」という一番簡単な例，およびその場合の θ を具体的に求めた例である．

注意 4.3 上の議論をフーリエ変換を用いないでやることも可能．少なくとも線形摂動を計算して，ガウス分布が不動点になっていることなどは簡単にわかる．

4.2.2 ガウス模型

BST が陽な形で行える例として，ガウス模型を考える．これは 3.1.2 節で見たように簡単に解けるが，BST の練習として改めてやってみる．

期待値の恒等式 (4.6) は BST 前後の Φ について線型な関係であるから，特に，BST 前の系がガウスであれば BST 後の系もガウスである (Wick の定理がともに成立するので)．ガウス模型は「平均」と「共分散」で決まるから，BST 後のモデルに対してこれらを求めてやれば，BST 後のガウス模型が同定できる．ところが，BST に際しての期待値の関係式 (4.6) を思い出すと，BST 後のガウス模型の相関函数を，BST 前の相関函数の「平均」として計算することができる．つまり，ρ' を直接計算する代わりに，共分散 (= 2 点函数) を先に計算し，それか

ら ρ' を逆算しようということである[48].

実際にこのプログラムを実行すると，3.1.2 節の結果を用いて

$$\langle \varphi'_0 \varphi'_x \rangle = L^{-2\theta} \sum_{\|y\|, \|z-Lx\| < \frac{L}{2}} \langle \varphi_y \varphi_z \rangle$$

$$= L^{-(2\theta+d)} \int_{[-\pi L, \pi L]^d} \frac{d^d k}{(2\pi)^d} \frac{e^{ik \cdot x}}{\mu + 2J \sum_{j=1}^{d} \{1 - \cos(k_j/L)\}} \prod_{j=1}^{d} \left[\frac{\sin \frac{k_j}{2}}{\sin \frac{k_j}{2L}} \right]^2 \quad (4.20)$$

を得る．これを n-回繰り返すと，

$$\left\langle \varphi_0^{(n)} \varphi_x^{(n)} \right\rangle = L^{-(2\theta+d)n}$$

$$\times \int_{[-\pi L^n, \pi L^n]^d} \frac{d^d k}{(2\pi)^d} \frac{e^{ik \cdot x}}{\mu + 2J \sum_{j=1}^{d} \{1 - \cos(k/L^n)\}} \prod_{j=1}^{d} \left[\frac{\sin \frac{k_j}{2}}{\sin \frac{k_j}{2L^n}} \right]^2 \quad (4.21)$$

となる．n 点函数は Wick の定理から求められる（奇数個の φ の積の期待値はもちろん，ゼロである）．

n 回 BST を施したものの結果 $\rho^{(n)}$ は，上の共分散を与えるようなガウス測度である．つまり，

$$\rho^{(n)}(\Phi^{(n)}) = \frac{1}{Z} \exp \left[-\frac{1}{2} \sum_{x,y} \varphi_x^{(n)} \left(A^{(n)} \right)_{x,y} \varphi_y^{(n)} \right] \quad (4.22)$$

で，行列 $A^{(n)}$ は，その逆行列が

$$\left[\left(A^{(n)} \right) \right]_{x,y}^{-1} = \left\langle \varphi_0^{(n)} \varphi_x^{(n)} \right\rangle \text{ of } (4.21) \quad (4.23)$$

となるようなものである．

様々な θ の値

次に $\rho^{(n)} \to \rho^*$ となるにはどのような θ をとるべきか考えてみよう．

$\rho^{(n)} \to \rho^*$ となるには，($A^{(n)}$ の逆行列であるところの) $\varphi^{(n)}$ の共分散がうまく収束してくれることが必要である．つまり，(4.21) が $n \to \infty$ でうまく収束す

---

[48] これはあくまで，ガウス模型だからできることである．本題の φ^4 モデルではそもそも，BST 前の系での 2 点函数等が計算できていない — だからこそ，BST を用いて解析するのである．

図 7 ガウス模型の場合のくりこみ群の flow. ρ^* がガウス型不動点で，ここからの涌き出しが右の方へ向かっている．図の点々は一回毎のくりこみ変換の結果を表している．

るような θ を選ぶ必要がある．(4.21) において $|x| = O(1)$ と思って，つまり $|k| \leq O(1)$ の範囲の積分を重んじて $n \to \infty$ とすると，

$$\left\langle \varphi_0^{(n)} \varphi_x^{(n)} \right\rangle \approx L^{-(2\theta - d)n} \int_{\mathbb{R}^d} \frac{d^d k}{(2\pi)^d} \frac{e^{ik \cdot x}}{\mu + J|k|^2 L^{-2n}} \prod_{j=1}^d \left[\frac{2 \sin \frac{k_j}{2}}{k_j} \right]^2 \quad (4.24)$$

となる．これが良い極限を持つには：

Case (1) $\mu > 0$ の時： $\theta = \dfrac{d}{2}$ ととると，

$$\left\langle \varphi_0^{(n)} \varphi_x^{(n)} \right\rangle \approx \frac{1}{\mu} \int_{\mathbb{R}^d} \frac{d^d k}{(2\pi)^d} e^{ik \cdot x} \prod_{j=1}^d \left[\frac{2 \sin \frac{k_j}{2}}{k_j} \right]^2 \quad (4.25)$$

これは BST を何回もやると，どんどん高温側の不動点 (i.i.d に相当) に近づいていくことを示す (図 7 参照)．

Case (2) $\mu = 0$ の時： $\theta = \dfrac{d+2}{2}$ ととると

$$\left\langle \varphi_0^{(n)} \varphi_x^{(n)} \right\rangle \approx \int_{\mathbb{R}^d} \frac{d^d k}{(2\pi)^d} \frac{e^{ik \cdot x}}{J|k|^2} \prod_{j=1}^d \left[\frac{2 \sin \frac{k_j}{2}}{k_j} \right]^2 \quad (4.26)$$

で不動点が見え，メデタシメデタシ．これは連続理論での 2 点函数

$$C_{\text{cont}}(0, x) = \int_{\mathbb{R}^d} \frac{d^d k}{(2\pi)^d} \frac{e^{ik \cdot x}}{J|k|^2} \quad (4.27)$$

を $0, x$ 中心，一辺 1 の超立方体で平均したものになっている．

最後に，$\mu > 0$ の系に対して無理矢理 $\theta = \dfrac{d+2}{2}$ の BST を行うとどうなるか？ 結果は

$$\left\langle \varphi_0^{(n)}; \varphi_x^{(n)} \right\rangle \approx \int_{\mathbb{R}^d} \frac{d^d k}{(2\pi)^d} \frac{e^{ik \cdot x}}{\mu L^{2n} + J|k|^2} \prod_{j=1}^{d} \left[\frac{2 \sin \frac{k_j}{2}}{k_j} \right]^2 \quad (4.28)$$

となる．つまり，μ が μL^{2n} になったように見える．ガウス型不動点 (ρ^*) の周りの流れの様子 (不動点からのわき出し) が見えている (図 7 参照).

4.2.3 φ^4 モデル

φ^4 モデルに対して BST を行うのは，なかなか大変である．この節では詳細にはまったく立ち入らず，BST の結果の概略を述べる．

ガウス模型の場合，BST を行った後もガウス模型であり，その確率測度は (4.22) に現れている行列 $A^{(n)}$ で完全に規定された．残念ながら，φ^4 模型に対しては，同様の結果は成立しない — BST を一回行っただけで，φ^4 以外の項や，ある程度離れたスピン同士の相互作用も現れてくる．つまり，BST を一回行うだけでも，その結果は極めて汚いものになる．

しかし，少なくとも λ が小さい場合には，BST 後の系も，ある程度は φ^4 的なもので書けることがわかっている．この φ^4 系を (3.6) のようにしてパラメーター $\lambda^{(n)}$ と $\mu^{(n)}$ を用いて表すことにすると，$\mu^{(n)}, \lambda^{(n)}$ のみたす漸化式は一般の次元 d で (式を簡単にするため，$\lambda^{(n)}$ を λ，$\lambda^{(n+1)}$ を λ' などと略記)[49]

$$\lambda' = L^{4-d} \lambda - c_0 \lambda^2 + O(\lambda^3, \mu \lambda^2),$$
$$\mu' = L^2 \mu - c_1 \lambda^2 - c_2 \mu \lambda + O(\lambda^3, \mu^3) \quad (4.29)$$

の形になる ($c_0 > 0$)．ここで厳密には上の c_0, c_1, c_2 は定数ではなく，くりこみ変換の回数 n に緩く依存するが，簡単のため，定数と思っても良い[50]．

この漸化式の表す flow の様子は大体，図 8 のようになる．系の次元 d が 4 より大きいか小さいかで定性的な振る舞いが異なることに注意.

4.3 場の理論におけるくりこみ群：くりこみ群と連続極限 (effective theory としての意味)

以上の準備の下に，場の理論の構成をくりこみ群の見方から考えてみよう．

---

[49] 以下，くりこみ変換の recursion を簡単にするため，φ^2 の項の係数を $\mu + O(\lambda)$ とうまくとって— φ^4 を Wick ordering して—考える．

[50] λ が非常に小さい場合には，BST が厳密に遂行でき，ここで述べているようなことはすべて証明されている ([13] とその文献を参照).

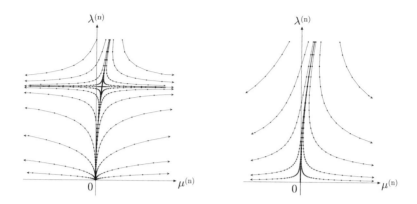

図 8 φ^4 系のくりこみ変換の flow の模式図. 左側が $d<4$, 右側が $d>4$ の場合である. 図の点々は一回毎のくりこみ変換の結果を模式的に表している. ただし, この図の中で厳密に解析できているのは第一象限の中の横軸に非常に近い部分だけである.

4.3.1 くりこみ群と effective theory

我々の問題は「良い連続極限を得るためには ρ_ϵ をどう取るべきか」であるが, まず問題を逆にして, 与えられた ρ_ϵ が場の理論としてはどのようなものを表しうるのか, 考えてみる. (もちろん, 場の理論としては $\epsilon \downarrow 0$ の極限しか意味がないが, $\epsilon \ll 1$ と思って, 連続極限の近似としての意味を考える.)

ρ_ϵ のスピン系は, 2.2.1 節のようにして $\mathbb{Z}^d$ の上のものと考えることができる. 目的の連続時空での距離 ℓ は ρ_ϵ のスピン系ではスピンの間隔 ℓ/ϵ に相当する:

$$(1\text{ 格子間隔}) = (\text{連続の } \epsilon), \quad \ell\big|_{\text{cont}} \iff \frac{\ell}{\epsilon}\bigg|_{\text{lattice}}. \tag{4.30}$$

この ρ_ϵ に (ブロックの一辺が L の) BST を n 回やってみよう ($n>0$):

$$\rho_\epsilon^{(n)} := \mathcal{R}^n \rho_\epsilon. \tag{4.31}$$

定義から, $\rho_\epsilon^{(n)}$ のブロックスピンの系では,

$$(n\text{-格子の 1 格子間隔}) = (\text{元の格子の } L^n \text{格子間隔}) = (\text{連続の }\epsilon L^n) \tag{4.32}$$

が成立する (最後で (4.30) を使った). つまり, 連続時空での長さと, この n-回 BST をやった後のスピンの世界は,

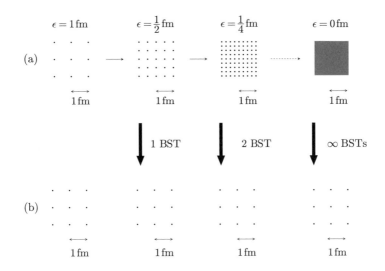

図 9 (a) 格子の極限としての連続時空の構成.
(b) $\epsilon L^N \approx 1$ なる N 回のくりこみ変換を行い，結果の格子の間隔を 1fm にする ($L = 2$ の BST の場合を描いた).

$$\ell\Big|_{\text{cont}} \quad \Longleftrightarrow \quad \frac{\ell}{\epsilon L^n}\Big|_{n\text{-lattice}} \tag{4.33}$$

の関係で結ばれている (図 9 参照).

一般に格子の間隔程度の距離の相関関数の振る舞いを見ることはそんなに難しくないが (このくらい近ければ，特殊な場合以外は相関関数は $O(1)$ 程度だろう)，格子間隔に比べて非常に大きいところの振る舞いはなかなかわからない (例：スピン系の長距離での振る舞いは系のパラメーターに敏感に依存するので，与えられたパラメーター値の系が臨界点とどのような関係にあるかはなかなかわからない).

場の理論や臨界現象の解析が大変なのは，このように非常に大きい ($\epsilon \downarrow 0$ につれ無限大になる) 距離の振る舞いを見る必要があるからである．ところが，(4.32) によると，n 回の BST 後の系では，**1 格子間隔が連続時空の距離 ϵL^n に相当し**ている．つまり，n 回の BST 後の系は，この距離 ϵL^n のスケールでの振る舞いを見るのには適した理論になっていると考えられる．

この事情を物理の用語で「$\rho_\epsilon^{(n)}$ は ϵL^n の距離のスケールでの **effective theory (有効理論)** である」と表現する．

4.3.2 連続極限と effective theory

この観点から連続極限を考えよう．我々の見たいのは，あくまで連続時空での $O(1)$ の距離の振る舞いである．(この $O(1)$ は実際には $10^{-15}\text{m}=1\text{fm}$ などと我々からすれば極微だったりするが，$\epsilon\downarrow 0$ と比べれば非常に大きく，ϵ に関して一様に正である)．以下，我々の見たい距離を ℓ と書く．

ρ_ϵ が与えられたとき，

$$\epsilon L^N \approx 1 \quad\Longleftrightarrow\quad N \approx |\log_L \epsilon| \tag{4.34}$$

なる N を定め，この N-回だけ BST を行ってみる．(4.32) によると，N-回後のブロックスピンの間隔は丁度 $\epsilon L^N \approx 1$ となる．つまり，$\rho_\epsilon^{(N)}$ の系は距離のスケール $O(1)$ での effective theory なのである．

これは何を意味するか？ 見たい Schwinger 函数 (の格子間隔 ϵ での近似) が

$$S_{n,\epsilon}(\tilde{x}_1,\ldots,\tilde{x}_n) \approx \langle \varphi^{(N)}_{\tilde{x}_1}\cdots\varphi^{(N)}_{\tilde{x}_n}\rangle^{(N)}_\epsilon \tag{4.35}$$

と与えられることを意味する[51]．今，$\tilde{x}_j$ がすべて $O(1)$ であることを考えると，(4.35) の振る舞いは，ほとんど $\rho_\epsilon^{(N)}$ の形を見ただけで読みとれるはずである．つまり，与えられた ρ_ϵ の連続時空での振る舞いを見たければ，(4.34) で決まる N に対する $\rho_\epsilon^{(N)}$ を見ればよい．

4.3.3 連続極限の取り方 (ρ_ϵ の選び方)

以上から，欲しい場の理論を作るにはどのように ρ_ϵ を選んだら良いか，が示唆される．

(1) 連続極限で望ましい振る舞いをする effective theory の ρ_{eff} を書き下す．

(2) 各 $\epsilon>0$ に対し，ρ_ϵ を，$\rho_\epsilon^{(N)}\approx\rho_{\text{eff}}$ が成立するように選ぶ (N は (4.34) で定義)．

(3) 上のように取り続けつつ，$\epsilon\downarrow 0$ とする．要するに ρ_{eff} からくりこみ群

---

[51] ここはかなり大雑把に書いた．(1) まず右辺の量はブロックスピンの期待値，つまり元のスピンをブロック内で平均したものの期待である．だから，左辺のような元のスピンの各点での期待値とは一般には等しくない．しかし，よくあるように n-点函数がある程度滑らかであると仮定すると，元のスピンをブロック内で平均する前と後で，そんなに差はないであろう．(2) 右辺のブロックスピンの足は本当は $\tilde{x}_j/(\epsilon L^n)$ の整数部分である．しかし，今は $\epsilon L^N\approx 1$ であることを考え，またいたずらに式を煩雑にするのを避けて，単に $\tilde{x}_j$ と書いた．なお，(2.8) の $\mathcal{N}_\epsilon$ はここには出てこない．というのも，$\mathcal{N}_\epsilon$ は (4.35) が規格化もこめて成立するようにとればよいから．つまり，$\mathcal{N}_\epsilon = L^{N(d-\theta)} = \epsilon^{\theta-d}$．

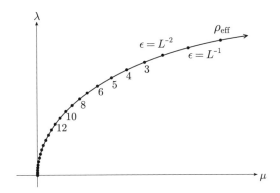

図 10 連続極限を作るための ρ_ϵ の取り方. ρ_{eff} が実現したい連続極限を表す有効理論である. 数字 $n = 3, 4, \ldots$ は $\epsilon = L^{-n}$ の時に ρ_ϵ をどこにとるべきかを模式的に表している.

の flow を遡るように ρ_ϵ をとっていけば良い [52]. 模式的に表すと図 10 のようになる (5.1 節で詳しく行う φ_3^4 模型の場合を想定して描いた).

4.3.4 可能な連続極限

さて，上のシナリオはいつでも遂行できるとは限らない (実際，できないからこそ 4 次元で nontrivial な場の理論が構成できていないのである. 6 節参照). その事情をくりこみ群の観点から見てみよう.

前節では連続極限を取る条件が，

$$\lim_{\epsilon \downarrow 0} \rho_\epsilon^{(N)} \bigg|_{\epsilon L^N \approx 1} = \rho_{\text{eff}} \tag{4.36}$$

となるように $\{\rho_\epsilon\}_{\epsilon > 0}$ を取り続けること，と要約された. $\epsilon \downarrow 0$ であるから，当然 $N \uparrow \infty$ となるわけで，ρ_{eff} としては左辺の極限の行き先 (つまり，**無限回の BST の後に到達できるもの**) しか許されない. つまり，好き勝手に ρ_{eff} をとって (4.36) を要求してもそのような場の理論は構成できない可能性があるわけだ.

くりこみ群の flow の言葉では「無限回の変換の後で到達できるもの」は

- ρ^* (変換の**不動点**) か，または

---

[52] くりこみ変換には逆はないので「遡り方」は一意的には決まらない. しかし，ともかく場の理論を作れればいいのだから，一通りでも遡り方を見つけたら，それで十分である.

- ρ^* からの**湧き出し上の点** [53]

の 2 通りに限られる．場の理論として可能なものが，くりこみ群の flow の図を描くことで決定されてしまうことになる．

注意 4.4 上の一般論を具体的モデルに適用するには注意が必要である．上で ρ^* はくりこみ変換の不動点であればなんでもよく，そこからの涌き出し上の点もすべて許される．つまり上の議論を適用して涌き出し上の点をすべて見つけるには，特定の不動点のまわりだけ見ていてはダメで，くりこみ変換の flow の**大局的な様子**を見ることが必要である (ある不動点 ρ_1^* に吸い込まれている flow も，他の不動点 ρ_2^* から湧き出しているかも知れないから，ρ_1^* の近傍だけ見て「吸い込みだから場の理論ができない」と結論づけるのは早計である)．実際問題としてくりこみ変換の flow の大局的な振る舞いを見るのは大変に難しく，与えられた点が遠くの方の不動点からの湧き出し上にあるかどうかはまず判定できない．この意味で上の判定条件は「この場合には場の理論ができる」という十分条件と捉えるのが無難であろう．

このような事情を φ_d^4 模型の場合に描いたのが図 11 である．φ_3^4 型の flow では Gaussian fixed point からの湧き出しを利用して，影をつけた部分全部を ρ_{eff} にとれる (図 11 の (a))．この場合，場の理論の短距離 (UV) と長距離 (IR) の振る舞いは以下のようになるはずで，かなり豊かな構造が期待できる:

- $\rho_\epsilon \equiv \rho_{\text{WF}}$ (常に ρ_{WF}) ととった場合．このさいにはすべての距離のスケールで ρ_{WF} で表される場の理論になる．
- ρ_G と ρ_{WF} を結ぶ線上の一点 ρ_0 (ただし ρ_0 は ρ_G から離れた点) に ρ_ϵ をとり続けた場合．この時はどのスケールでも ρ_{WF} のように見える．なぜなら，$\epsilon \downarrow 0$ の極限をとると，どのスケールの ρ_{eff} も ρ_{WF} に収束してしまうから．
- ρ_ϵ を図の $0, 1, 2, \ldots$ のようにとった場合 (ϵ が小さくなるに連れて，$0, 1, 2, 3, \ldots$ と遡って G に近づく)．この時は IR (我々のいる巨視的長さ) での振る舞いは 0 のところにある ρ_{eff} で表されるが，UV に行くにつれて Gaussian fixed point (G) に近づくので自由場のように振る舞う (UV asymptotic free)．
- 最後に，ρ_G と ρ_{WF} を結ぶ線上に ρ_ϵ を，$\epsilon \downarrow 0$ につれて ρ_G に近づくようにとると，IR では ρ_{WF}，UV では ρ_G のように振る舞う (UV asymptotic free)．

---

[53] ここには，(特に湧き出しからでたわけではないが)「無限遠」から無限回かけて到達するものも含める．

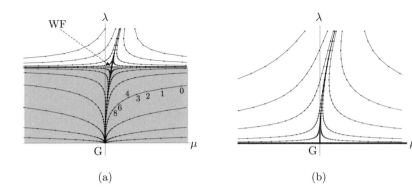

図 11 場の理論 (ρ_{eff}) として可能な領域.
(a) φ_3^4 型の flow では Gaussian fixed point (G) の他に Wilson-Fisher fixed point (WF) がある. Gaussian fixed point (G) からの湧き出しを利用して, 影をつけた部分全部が ρ_{eff} にとれる. $n = 0, 1, 2, \ldots$ は 0 のところに ρ_{eff} を作るための, $\epsilon = L^{-n}$ の際の ρ_ϵ の取り方を表す.
(b) φ_5^4 型の flow では Gaussian fixed point (G) が λ-方向には吸い込みであるため, ρ_{eff} は Gaussian fixed point からの湧き出しの方向 (つまり μ-軸) にしかとれない.［実際には $\lambda \uparrow \infty$ の部分がどう振る舞っているかわからないと (つまりこの部分に不動点がないことが言えないと), 上のような結論は出せないが.］

一方, 5 次元の φ_5^4 型の flow では Gaussian fixed point が λ-方向には吸い込みであるため, ρ_{eff} は Gaussian fixed point からの湧き出しの方向 (つまり μ-軸) にしかとれない (図 11 の (b)). これではできる ρ_{eff} はガウス模型の仲間, ということになって, まったくおもしろくない.

もちろん, このような結論を出すには注意 4.4 のとおり, $\lambda \to \infty$ の部分まで調べ, この部分から有限回数で落ちてくることを言う必要がある. 6 節参照.

5 場の理論の構成の実際 — φ_3^4 理論

この節では, 3 次元での φ^4 型の場の理論の構成を概観する.

5.1 くりこみ群による解析

くりこみ群のアイディアを用いて，3-次元 φ^4 モデルを構成することを，もう少し具体的に考えてみる．以下の記述では厳密さよりもわかりやすさを優先したが，ここで述べることは厳密に遂行可能である．

5.1.1 φ_3^4-モデルの構成：$\mu_\epsilon, \lambda_\epsilon$ の取り方

図 11 の (a) に例示した ρ_ϵ の取り方を具体的に書き下してみよう．

くりこみ変換の漸化式 (4.29) は，$d = 3$ では[54]

$$\lambda' = L\lambda\{1 + O(\lambda)\}, \qquad \mu' = L^2\mu - c_1\lambda^2 - c_2\mu\lambda + O(\lambda^3, \mu^3) \qquad (5.1)$$

の形になる．ここで厳密には上の c_1, c_2 は定数ではなく，くりこみ変換の回数 n によるが，$n \uparrow \infty$ では定数に行くので，簡単のため，定数のようにして説明する．

我々の目的は，格子間隔 ϵ の時の出発点 $\lambda_\epsilon, \mu_\epsilon$ を，N 回後の effective couplings が $[N := -\log_L \epsilon]$

$$\mu_\epsilon^{(N)} \approx \mu_{\text{eff}} \; [\approx 0.1], \qquad \lambda_\epsilon^{(N)} \approx \lambda_{\text{eff}} \; [\approx 0.0001] \qquad (5.2)$$

なるようにとることである．

このためには，ともかく (5.1) を解く必要がある[55]．我々は (5.2) を要請したいので，一般的に (5.1) を考えることはやめて，(5.2) の $\lambda^{(N)}$ から出発して (5.1) を k の小さい方に向かって解くつもりになろう．$\lambda^{(k)} \ll 1$ ならば

$$\lambda^{(k)} = L^{-1}\lambda^{(k+1)}\{1 + O(\lambda^{(k)})\} = L^{-1}\lambda^{(k+1)}\{1 + O(\lambda^{(k+1)})\} \qquad (5.3)$$

であるので，$\lambda^{(N)} = \lambda_{\text{eff}}$ から出発すると

$$\lambda^{(k)} \approx \lambda^{(N)} L^{-(N-k)} \prod_{\ell=k+1}^{N} \{1 + O(\lambda^{(\ell)})\} \qquad (5.4)$$

となり，これからただちに $\lambda^{(k)} \leq \lambda^{(N)}(L/2)^{-(N-k)}$ を得て，これをさらに (5.4) に代入することで，結局

$$\lambda^{(k)} \approx \lambda_{\text{eff}} L^{-(N-k)}\{1 + O(\lambda_{\text{eff}})\} \qquad (5.5)$$

を得る．特に

---

[54] さきほどと同様，くりこみ変換の recursion を簡単にするため，φ^4 の項を Wick ordering した．

[55] 厳密にはくりこみ変換の途中で現れる φ^6 項などのために，この漸化式よりも複雑なものを扱う必要がある．以下では要点を説明するためにこのように簡単化したものを考える．

$$\lambda_\epsilon = \lambda^{(0)} \approx \lambda_{\text{eff}} L^{-N}\{1 + O(\lambda_{\text{eff}})\} \approx \epsilon \lambda_{\text{eff}}\{1 + O(\lambda_{\text{eff}})\} \tag{5.6}$$

ととれば良いことがわかる.

次に μ に進む. やはり逆に解く精神で,

$$\mu^{(k)} = \frac{\mu^{(k+1)} + c_1(\lambda^{(k)})^2 + O(\lambda^3, \mu^3)}{L^2 - c_2 \lambda^{(k)}}$$
$$\approx \frac{1}{L^2}\mu^{(k+1)} + \frac{c_1}{L^2}\lambda_{\text{eff}}^2 L^{-2(N-k)} + c_2 \lambda_{\text{eff}}\{1 + O(\lambda_{\text{eff}})\} L^{-(N-k)}\mu^{(k+1)}$$
$$+ O(\lambda^3, \mu^3) \tag{5.7}$$

と書き直し (2 段目では (5.5) を用いた), $\zeta^{(k)} := \mu^{(k)} L^{2(N-k)}$ を導入すると,

$$\zeta^{(k)} = \zeta^{(k+1)}\left[1 + c_2 \lambda_{\text{eff}}\{1 + O(\lambda_{\text{eff}})\} L^{2-(N-k)}\right] + \frac{c_1}{L^2}(\lambda_{\text{eff}})^2 + O(L^{-(N-k)}) \tag{5.8}$$

となる. これより,

$$\zeta^{(k)} = \zeta^{(N)} + \sum_{\ell=k}^{N-1}\left[\zeta^{(\ell+1)} c_2 \lambda_{\text{eff}}\{1 + O(\lambda_{\text{eff}})\} L^{2-(N-k)} + \frac{c_1}{L^2}(\lambda_{\text{eff}})^2\right] \tag{5.9}$$

を得た. $\zeta^{(N)} = \mu^{(N)} = \mu_{\text{eff}}$ を考えに入れると, これから $\zeta^{(k)} \approx \mu_{\text{eff}} + O(\lambda_{\text{eff}}^2(N-k))$ であるとわかる. よって和の第一項は N, k に関して一様に有限で,

$$\zeta^{(k)} = \mu_{\text{eff}} + O(\lambda_{\text{eff}}) + \frac{c_1}{L^2}\lambda_{\text{eff}}^2(N-k) \tag{5.10}$$

がわかる. じつは上の $O(\lambda_{\text{eff}})$ の項は $O(\mu_{\text{eff}}\lambda_{\text{eff}} + \lambda_{\text{eff}}^2)$ とまで評価できるが, ここでは立ち入らない.

ともかく, これから最終的に

$$\mu_\epsilon = \mu^{(0)} = L^{-2N}\zeta^{(0)}$$
$$= L^{-2N}\mu_{\text{eff}} + L^{-2N}O(\mu_{\text{eff}}\lambda_{\text{eff}} + \lambda_{\text{eff}}^2) + L^{-2-2N}c_1\lambda_{\text{eff}}^2 N$$
$$= \epsilon^2\left[\mu_{\text{eff}} + O(\mu_{\text{eff}}\lambda_{\text{eff}} + \lambda_{\text{eff}}^2) + c_1 L^{-2}\lambda_{\text{eff}}^2 |\log_L \epsilon|\right] \tag{5.11}$$

という結果が得られた.

結論:$\mu_\epsilon, \lambda_\epsilon$ は

$$\lambda_\epsilon = \epsilon \lambda_{\text{eff}}\{1 + O(\lambda_{\text{eff}})\} \tag{5.12}$$
$$\mu_\epsilon = \epsilon^2\left[\mu_{\text{eff}} + O(\mu_{\text{eff}}\lambda_{\text{eff}} + \lambda_{\text{eff}}^2) + c_1 L^{-2}\lambda_{\text{eff}}^2 |\log_L \epsilon|\right] \tag{5.13}$$

ととれば, お目当ての φ_3^4 理論が構成できるはずである.

以上では簡単のため，様々な誤差項を無視して本質的な部分のみを議論したが，誤差項を完全に評価して，上のプログラムによって3次元での φ^4 理論を厳密に構成することができる．詳しくは原論文 [30] を参照．

5.1.2　φ_3^4-モデルの構成：パラメーターの取り方の解釈 (連続時空でのパラメーターでは？)

上の取り方を普通の場の理論の言葉で解釈しよう．ϕ_3^4 は超くりこみ可能であるから，くりこみ項が具体的に書き下せる．特に発散を含むのは質量のくりこみだけで，それも 1 ループ (の 2 次発散) と 2 ループ (の対数発散) のみのはず．実際にこうなっているかどうかを見てみよう．(今は φ^4 項を Wick ordering して考えているので，1 ループの発散は自動的にキャンセルされてでてこない．)

ρ_ϵ を与えるハミルトニアン $\mathcal{H}_\epsilon$ は

$$\mathcal{H}_\epsilon = \frac{1}{4} \sum_{|x-y|=1} (\varphi_x - \varphi_y)^2 + \sum_x \left[\frac{\mu_\epsilon}{2} \varphi_x^2 + \frac{\lambda_\epsilon}{4!} : \varphi_x^4 : \right] \tag{5.14}$$

であるから，(5.12) の情報を用いて，これを連続の場の理論の変数で書き直してみよう．この際，場の規格化には注意する必要がある．つまり，この統計系から場の理論を作るには (2.8) のように規格化因子 $\mathcal{N}_\epsilon$ を適当に選んで

$$S_\epsilon(0, \tilde{x}) := \mathcal{N}_\epsilon^2 \langle \varphi_0 \varphi_x \rangle_{\rho_\epsilon} \tag{5.15}$$

とするわけである[56]．このようにとった場合，「くりこまれた場」に相当するものは $\tilde{\varphi}(\tilde{x}) := \mathcal{N}_\epsilon \varphi_x$ であって，連続時空の書き方をしたいのならこの $\tilde{\varphi}(\tilde{x})$ を用いる必要がある．

そこで，まず，この $\mathcal{N}_\epsilon$ をどうとるべきか考える．これは簡単である．というのも，上の ρ_{eff} の選び方は，

$$S_\epsilon(0, \tilde{x}) \approx \langle \varphi_0^{(N)} \varphi_{\tilde{x}}^{(N)} \rangle_{\rho_\epsilon^{(N)}} \tag{5.16}$$

ととった場合，(規格化も含めて)2 点函数などがうまく行くようにしたものであった ((4.35) 参照)．ブロックスピン変換の定義から

$$\langle \varphi_0^{(N)} \varphi_{\tilde{x}}^{(N)} \rangle_{\rho_\epsilon^{(M)}} \approx L^{2(d-\theta)N} \langle \varphi_0 \varphi_x \rangle_{\rho_\epsilon} \tag{5.17}$$

の関係があるから，(5.15) – (5.17) よりただちに

$$\mathcal{N}_\epsilon^2 \langle \varphi_0 \varphi_x \rangle_{\rho_\epsilon} \approx L^{2(d-\theta)N} \langle \varphi_0 \varphi_x \rangle_{\rho_\epsilon}$$

---

[56] $\tilde{x} = \epsilon x$ としている．また，簡単のために 2 点函数だけを書く．

$$\implies \mathcal{N}_\epsilon = L^{(d-\theta)N} = L^{N/2} = \epsilon^{-1/2} \tag{5.18}$$

を得る (もちろん, $d=3$, $\theta=(d+2)/2$ を用いた). 結局, ρ_ϵ の中の φ とくりこまれた場 $\tilde{\varphi}$ の関係は

$$\tilde{\varphi}(\tilde{x}) := \epsilon^{-1/2} \varphi_x \tag{5.19}$$

となった.

後は (5.12), (5.19), および積分と和の関係 $\int = \epsilon^{-d} \sum_x$ などを用いて (5.14) を書き直す. 結果は

$$Z_{\mathrm{B}} := \mathcal{N}_\epsilon^{-2} \epsilon^{2-d} = 1$$
$$\mu_{\mathrm{B}} := \mathcal{N}_\epsilon^{-2} \epsilon^{-d} \mu_\epsilon = \epsilon^{-2} \mu_\epsilon = \mu_{\mathrm{eff}} + O(\mu_{\mathrm{eff}} \lambda_{\mathrm{eff}} + \lambda_{\mathrm{eff}}^2) + c_1 L^{-2} \lambda_{\mathrm{eff}}^2 |\log_L \epsilon|$$
$$\lambda_{\mathrm{B}} := \mathcal{N}_\epsilon^{-4} \epsilon^{-d} \lambda_\epsilon = \epsilon^{-1} \lambda_\epsilon = \lambda_{\mathrm{eff}} \tag{5.20}$$

を用いて

$$\mathcal{H}_\epsilon \approx \int d^3 \tilde{x} \left[\frac{Z_{\mathrm{B}}}{2} \nabla \{\tilde{\varphi}(\tilde{x})\}^2 + \frac{\mu_{\mathrm{B}}}{2} \tilde{\varphi}(\tilde{x})^2 + \frac{\lambda_{\mathrm{B}}}{4!} : \tilde{\varphi}(\tilde{x})^4 : \right] \tag{5.21}$$

となることがわかる. これは丁度, 通常の場の理論での結論 (場の強さと相互作用定数の無限大のくりこみは必要なく, 質量の対数的くりこみがある) と一致している.

以上,「超くりこみ可能」の場合を考えたので, くりこみ群のありがたみがあまりわからなかったかも知れない (普通の場の理論の「くりこみ理論」の方がよほど簡単なので, わざわざくりこみ群を用いる必要はない). ただ, ここでやったことは (flow の様子が同じであれば) 原理的には「くりこみ可能」な場合でも (4.3 節の考えに基づいて) 実行できる. これがくりこみ群の強みである.

5.2 相関不等式による解析

前節ではくりこみ群の考え方による構成法を紹介した. ここでは Brydges, Fröhlich, Sokal [5] による, 相関不等式を用いた構成法を紹介する. これは Glimm と Jaffe によって提案されたシナリオが, 非常に簡単に遂行できる[57]という意味で貴重な例である (この講義では概略の紹介に留める).

---

[57] φ_3^4 はそれまでにも構成されていたが, その計算は非常に大変であった. [5] には, 彼らの新しい構成法を評して "... the construction of the superrenormalizable φ_3^4 model can be made so simple that it could be taught in a first-year graduate course ..." とある. 実際にこの夏の学校をまるまる 3 コマ使えば可能だと思う.

5.2.1 モデルの定義と Schwinger-Dyson 方程式

(重要な注意) 連続極限をとる際，これまでの記法では $\tilde{x}$ などの添字がたくさん出てきて数式が読みにくくなるので，この 5.2 節では，$\epsilon\mathbb{Z}^d$ の点を単なる x,y などで表す (これまでは $\epsilon\mathbb{Z}^d$ の点は $\tilde{x}, \tilde{y}$ などと書いていた).

我々の出発点は φ^4 モデルで，その測度 ρ_ϵ が [58]

$$d\rho_\epsilon = \exp\left[\frac{J_\epsilon}{2}\sum_{|x-y|=\epsilon}\varphi_x\,\varphi_y - \sum_{x\in\epsilon\mathbb{Z}^d}\left\{\frac{\lambda_\epsilon}{4!}\varphi_x^4 + \frac{\mu_\epsilon}{2}\varphi_x^2\right\}\right]\cdot\prod_x d\varphi_x \qquad (5.22)$$

で与えられるものとする．また，2 点 Schwinger 函数の候補として

$$S^{(\epsilon)}_{x,y} = S_{2,\epsilon}(x,y) = \langle\varphi_x\,\varphi_y\rangle_\epsilon \qquad (5.23)$$

をとる [59]. もちろん，$J_\epsilon, \mu_\epsilon, \lambda_\epsilon$ は ϵ の函数として適切に調節しながら $\epsilon\downarrow 0$ とする．

この方法の武器の一つはスケルトン不等式 (3.34) – (3.36) であって，これは右辺の λ を λ_ϵ にした形で成立する．

もう一つの武器は 2 点函数に対する Schwinger-Dyson 方程式であり，次の形をしている:

$$S^{(\epsilon)}_{x,y} = C^{(\epsilon)}_{x,y} - (\mu_\epsilon - 2dJ_\epsilon - M_\epsilon)\sum_z C^{(\epsilon)}_{x,z} S^{(\epsilon)}_{z,y} - \frac{\lambda_\epsilon}{6}\sum_z C^{(\epsilon)}_{x,z}\langle\varphi_z^3\varphi_y\rangle_\epsilon \qquad (5.24)$$

ここで M_ϵ は後からうまく決める正の定数，$C^{(\epsilon)}$ は以下のように与えられるガウス模型の 2 点函数である [60]:

$$C^{(\epsilon)}_{x,y} = \int_{[-\pi/\epsilon,\pi/\epsilon]^d}\frac{d^dk}{(2\pi)^d}\frac{\epsilon^d\,e^{ik\cdot(x-y)}}{M_\epsilon + 2J_\epsilon\sum_{j=1}^d\{1-\cos(\epsilon k_j)\}} \qquad (5.25)$$

5.2.2 スケルトン方程式と組み合わせた結果

さて，上の Schwinger-Dyson 方程式の右辺には，C, S 以外に $\langle\varphi_z^3\varphi_y\rangle_\epsilon$ が現れている．これがわからないと，この方程式は解析できない．$\langle\varphi_z^3\varphi_y\rangle_\epsilon$ が左辺にく

---

[58] 厳密にはまず，有限体積の定義から出発すべきだが，無限体積極限が簡単に取れることは 3.3 節で既に見たので，形式的に無限体積での表式から始めた．

[59] この節では，2 点函数を足 x,y を持った行列のように思うと便利なので，この節に限り，2 点函数 $S_{2,\epsilon}(x,y)$ を $S^{(\epsilon)}_{x,y}$ と書く．

[60] 連続極限をとることを見越して，$\epsilon\downarrow 0$ の極限がうまく行くような変数でフーリエ変換を書いた．この後，J_ϵ などをうまくとって，本当に $\epsilon\downarrow 0$ の極限が存在するようにする．

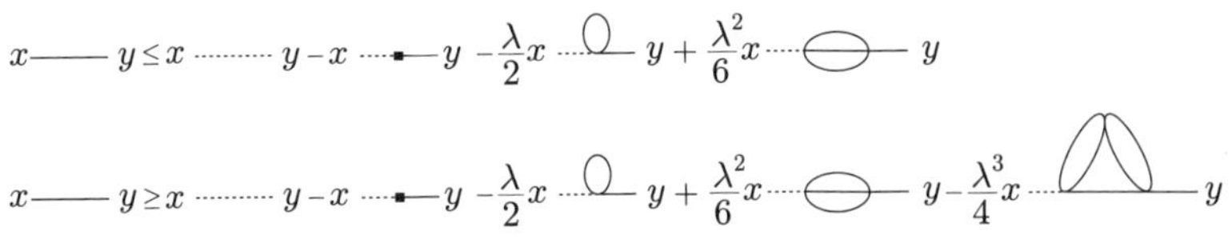

$$x \!-\!\!-\!\!- y \leq x \cdots\cdots y - x \cdots\!\bullet\!\cdots y \; -\frac{\lambda}{2} x \!-\!\!\bigcirc\!\!- y \; +\frac{\lambda^2}{6} x \!-\!\!\bigcirc\!\!- y$$

$$x \!-\!\!-\!\!- y \geq x \cdots\cdots y - x \cdots\!\bullet\!\cdots y \; -\frac{\lambda}{2} x \!-\!\!\bigcirc\!\!- y \; +\frac{\lambda^2}{6} x \!-\!\!\bigcirc\!\!- y \; -\frac{\lambda^3}{4} x \!-\!\!\bigotimes\!\!- y$$

図 12　Schwinger-Dyson 方程式にスケルトン不等式を用いた結果．実線は 2 点函数 $S^{(\epsilon)}$ を，点線は $C^{(\epsilon)}$ を表す．ラベルがついていない頂点については和をとる．

るような Schwinger-Dyson 方程式も書き下せるが，今度は右辺に φ の 6 次の項がでてくる．この 6 次の項に対する Schwinger-Dyson 方程式の右辺には 8 次の項がでて... となって，これではどこまで行っても話が閉じない．

そこでスケルトン方程式が登場する (以下ではところどころ ϵ の添字は省略するが，すべて同じ ϵ で考えている)．問題の 4 次の項を

$$\langle \varphi_z^3 \varphi_y \rangle_\epsilon = u^{(4)}(z,z,z,y) + 3 \langle \varphi_z \varphi_y \rangle_\epsilon \langle \varphi_z^2 \rangle_\epsilon \tag{5.26}$$

と書いて，$u^{(4)}$ にスケルトン不等式 (3.35) – (3.36) を用いよう．結果は

$$S_{x,y}^{(\epsilon)} \leq C_{x,y}^{(\epsilon)} - (\mu_\epsilon - 2dJ_\epsilon - M_\epsilon) \sum_z C_{x,z}^{(\epsilon)} S_{z,y}^{(\epsilon)} - \frac{\lambda_\epsilon}{2} \sum_z C_{x,z}^{(\epsilon)} S_{z,z}^{(\epsilon)} S_{z,y}^{(\epsilon)}$$
$$+ \frac{\lambda_\epsilon^2}{6} \sum_{z,w} C_{x,z}^{(\epsilon)} \{S_{z,w}^{(\epsilon)}\}^3 S_{w,y}^{(\epsilon)} \tag{5.27}$$

および

$$S_{x,y}^{(\epsilon)} \geq C_{x,y}^{(\epsilon)} - (\mu_\epsilon - 2dJ_\epsilon - M_\epsilon) \sum_z C_{x,z}^{(\epsilon)} S_{z,y}^{(\epsilon)} - \frac{\lambda_\epsilon}{2} \sum_z C_{x,z}^{(\epsilon)} S_{z,z}^{(\epsilon)} S_{z,y}^{(\epsilon)}$$
$$+ \frac{\lambda_\epsilon^2}{6} \sum_{z,w} C_{x,z}^{(\epsilon)} \{S_{z,w}^{(\epsilon)}\}^3 S_{w,y}^{(\epsilon)} - \frac{\lambda_\epsilon^3}{4} \sum_{u,v,w} C_{x,v}^{(\epsilon)} \{S_{v,u}^{(\epsilon)}\}^2 \{S_{u,w}^{(\epsilon)}\}^2 S_{v,w}^{(\epsilon)} S_{w,y}^{(\epsilon)}$$
$$\tag{5.28}$$

である．式を見ていてもよく分からないが，ファインマンダイアグラムで書けば，そこそこ理解できそうな格好をしている (図 12 参照)．

5.2.3　パラメーターの決定 (くりこみ処方)

さて，(5.27) と (5.28) は，$S^{(\epsilon)}$ と $C^{(\epsilon)}$ に関する方程式である．このうち，$C^{(\epsilon)}$ は (5.25) で定義したものであるから (うまく M_ϵ や J_ϵ を決めれば) 良い極

限に行く可能性がある (少なくとも，これは我々がコントロールできる). $S^{(\epsilon)}$ の方が未知函数であって，これを詳しく知りたい.

$S^{(\epsilon)}$ はこれらの不等式の両辺に現れているので，一見すれば，この不等式から何かを得るのは難しそうに見える．しかし，**もしも右辺第二項が小さいならば**，それ以外の項は λ_ϵ の 1 次以上であるから[61]，ある程度は小さいことが期待される．もしそうだとすれば，これらの不等式は結局のところ，

$$S^{(\epsilon)}_{x,y} \approx C^{(\epsilon)}_{x,y} \tag{5.29}$$

を意味するのではないだろうか？ これがうまく行くためには，右辺の第 3 項以降が小さいことが必要だが，それは $C^{(\epsilon)}$ が良い函数なら大丈夫かもしれない．

というわけで，うまくパラメーターを調節してやれば，(5.27) と (5.28) から (5.29) のような結論が得られる可能性がある．

これから，以上の期待を実現するように，パラメーターを決める．

- $C^{(\epsilon)}$ が $\epsilon \downarrow 0$ で良い極限を持つための条件から始める．(5.25) を良く眺めると，まず，分子の ϵ^d を分母の M_ϵ で打ち消す必要があることがわかるので

$$M_\epsilon = \epsilon^d m_{\text{phys}}^2 \tag{5.30}$$

の形にとってみよう．ここで m_{phys} は正の定数である (その物理的意味は，この φ の表す粒子の質量).

- さらに，J_ϵ は，その後ろの $1 - \cos(\epsilon k_j)$ と併せて，やはり ϵ^d のオーダーであるべきである．つまり，

$$J_\epsilon = \epsilon^{d-2} \tag{5.31}$$

と決めてやる．

- 次に，λ_ϵ については，(この理論が超くりこみ可能であること ─ 結合定数 λ のくりこみは必要ないこと ─ をこっそりヒントにして) 摂動論から示唆される

$$\lambda_\epsilon = \epsilon^d \lambda \tag{5.32}$$

を採用する．ここで $\lambda > 0$ は小さいけども正の定数．

---

[61] すぐ後で見るように，ここはそんなに甘くない．下手すると $\epsilon \downarrow 0$ で発散してしまうので，見かけ上 $O(\lambda)$ でも注意が必要である．以下ではこの点も考慮して，変な発散がでないように μ_ϵ をうまく決める．

- 最後に μ_ϵ であるが,これには注意が必要である.不等式 (5.27) と (5.28) の右辺第 2, 3, 4 項は大まかにいって,すべて $C^{(\epsilon)}$ と $S^{(\epsilon)}$ の畳み込みの形をしている——— $S_{z,z}^{(\epsilon)}$ が定数であることも考慮すると,第 2 項と第 3 項は完全に畳み込みである.また,第 4 項は完全には畳み込みではないものの,$z \approx w$ と思えば畳み込みになる (なぜ $z \approx w$ と思いたいかというと,$\{S_{z,w}^{(\epsilon)}\}^3$ が $|z-w|$ に関してある程度早く減衰すると期待されるから).そこで,この第 4 項を $z = w$ として近似して,第 2 項,第 3 項と合わせて丁度消えるように,μ_ϵ を選んでみよう.つまり,第 4 項を (λ_ϵ^2 は略)

$$\sum_{z,w} C_{x,z}^{(\epsilon)} \{S_{z,w}^{(\epsilon)}\}^3 S_{w,y}^{(\epsilon)} = \sum_z C_{x,z}^{(\epsilon)} S_{z,y}^{(\epsilon)} \times \sum_w \{S_{0,w}^{(\epsilon)}\}^3$$
$$+ \sum_{z,w} C_{x,z}^{(\epsilon)} \left[\{S_{z,w}^{(\epsilon)}\}^3 - \delta_{z,w} \sum_{w'} \{S_{0,w'}^{(\epsilon)}\}^3 \right] S_{w,y}^{(\epsilon)} \quad (5.33)$$

と分解して前半部分を (5.27) の第 2,第 3 項と組み合わせるのだ.実際にやってみると,この第一項と (5.27) の第 2, 第 3 項はすべて $C^{(\epsilon)} * S^{(\epsilon)}$ の形にまとめられて

$$\left\{ -(\mu_\epsilon - 2dJ_\epsilon - M_\epsilon) - \frac{\lambda_\epsilon}{2} S_{0,0}^{(\epsilon)} + \frac{\lambda_\epsilon^2}{6} \sum_w \{S_{0,w}^{(\epsilon)}\}^3 \right\} \times \left(C^{(\epsilon)} * S^{(\epsilon)} \right)_{z,y} \quad (5.34)$$

となる.そこで,この項ができるだけ消えるように

$$\mu_\epsilon = 2dJ_\epsilon + M_\epsilon - \frac{\lambda_\epsilon}{2} C_{0,0}^{(\epsilon)} + \frac{\lambda_\epsilon^2}{6} \sum_w \{C_{0,w}^{(\epsilon)}\}^3 \quad (5.35)$$

ととる (右辺に $S^{(\epsilon)}$ が出て来て欲しくないので,$S^{(\epsilon)}$ はすべて $C^{(\epsilon)}$ で置き換えた;最終的には $S^{(\epsilon)} \approx C^{(\epsilon)}$ を期待しているので,ことがうまく運べばこれで良いはず).

このように定数を決めた後の不等式 (5.27) と (5.28) は

$$S_{x,y}^{(\epsilon)} - C_{x,y}^{(\epsilon)} \leq -\frac{\lambda_\epsilon}{2} \{S_{0,0}^{(\epsilon)} - C_{0,0}^{(\epsilon)}\} \left(C^{(\epsilon)} * S^{(\epsilon)} \right)_{x,y}$$
$$+ \frac{\lambda_\epsilon^2}{6} \sum_{z,w} C_{x,z}^{(\epsilon)} \left[\{S_{z,w}^{(\epsilon)}\}^3 - \delta_{z,w} \sum_{w'} \{C_{0,w'}^{(\epsilon)}\}^3 \right] S_{w,y}^{(\epsilon)} \quad (5.36)$$

および

$$S_{x,y}^{(\epsilon)} - C_{x,y}^{(\epsilon)} \geq (\text{上の右辺}) - \frac{\lambda_\epsilon^3}{4} \sum_{u,v,w} C_{x,v}^{(\epsilon)} \{S_{v,u}^{(\epsilon)}\}^2 \{S_{u,w}^{(\epsilon)}\}^2 S_{v,w}^{(\epsilon)} S_{w,y}^{(\epsilon)} \quad (5.37)$$

となる．今度は，もし $S^{(\epsilon)} \approx C^{(\epsilon)}$ であっても 矛盾はない．$\epsilon \downarrow 0$ で発散しそうなところは μ_ϵ をうまくとって消してあるので，(少なくとも通常の摂動論で計算すると) 不等式の右辺は実際に $O(\lambda)$ である可能性が高い．ただし，この段階では $S^{(\epsilon)} \approx C^{(\epsilon)}$ であっても矛盾はない，というだけであって，実際にこうであるかどうかは厳密な証明が必要である．これを次に説明する．

5.2.4 不等式を解く

以上の議論を厳密に行って $S^{(\epsilon)} \approx C^{(\epsilon)}$ を証明するため，Brydges, Fröhlich, Sokal は以下のように巧妙に議論した．まず，$S_{x,y}^{(\epsilon)}$ と $C_{x,y}^{(\epsilon)}$ の差を計るため，格子 $\epsilon \mathbb{Z}^d$ 上の函数 $f(x)$ に対して，以下のノルムを定義する [62]:

$$|||f||| := \|f\|_1 + \|f\|_\infty = \epsilon^d \sum_x |f(x)| + \sup_x |f(x)| \tag{5.38}$$

そして，以下の命題を証明する：

命題 5.1 上で決めたようにパラメーターをとる．$E_{x,y}^{(\epsilon)} := S_{x,y}^{(\epsilon)} - S_{x,y}^{(\epsilon)}$ に対して，ある適当な非負の係数をもった多項式 P_1, P_2, P_3 を用いて

$$|||E^{(\epsilon)}||| \leq \sum_{n=1}^{3} \lambda^n P_n(|||E^{(\epsilon)}|||) \tag{5.39}$$

と押さえることができる．さらに P_1 は定数項を持たない．なお，この多項式 P_1, P_2, P_3 は ϵ に依存しない形で選ぶことができる (これがミソ).

(証明のアイディア) 上の不等式 (5.36) と (5.37) の両辺の $||| \cdot |||$ をとり，右辺には $S^{(\epsilon)} = C^{(\epsilon)} + E^{(\epsilon)}$ を代入して，ひたすらノルムの計算を行う．こうすると右辺には $C^{(\epsilon)}$ と $E^{(\epsilon)}$ しかでてこないし，$C^{(\epsilon)}$ の具体的表式もあるから，(ちょっとしんどいけど) 計算は可能だ． □

命題 5.2 上で決めたようにパラメーターをとる．ある (小さな) 正の数 λ_0 と正の定数 c_1 が存在して，$0 \leq \lambda \leq \lambda_0$ である限り，

$$|||S^{(\epsilon)} - C^{(\epsilon)}||| = |||E^{(\epsilon)}||| \leq c_1 \lambda^2 \tag{5.40}$$

が成り立つ．c_1 の値は ϵ にはよらない．

---

[62] 並進対称性のおかげで，$S^{(\epsilon)}$ も $C^{(\epsilon)}$ も，その引数の差だけの一変数函数であるので，このノルムで十分．

(証明のアイディア) ここが非常に巧妙なところだ．λ_0 を，命題 5.1 の多項式を用いて，

$$\sum_{n=1}^{3} \lambda_0^n P_n(2) \leq 1 \tag{5.41}$$

となるようにとってみよう．もし $0 \leq \lambda \leq \lambda_0$ なら命題 5.1 によって

$$|||E^{(\epsilon)}||| \leq 2 \implies |||E^{(\epsilon)}||| \leq 1 \tag{5.42}$$

が成り立つ．つまり，$0 \leq \lambda \leq \lambda_0$ なら $|||E^{(\epsilon)}|||$ の値は区間 $(1,2]$ には存在できないことがわかった．

さて，$\epsilon > 0$ を固定して考えると，$|||E^{(\epsilon)}|||$ は λ の連続函数である．さらに，$\lambda = 0$ ではゼロである．λ をゼロから増やして行くと，$|||E^{(\epsilon)}|||$ は正になるだろう．しかし (5.42) により，$\lambda \leq \lambda_0$ である限りは，その値は 1 を超えることはない．よって $\lambda \leq \lambda_0$ である限り (5.39) より

$$|||E^{(\epsilon)}||| \leq \sum_{n=1}^{3} \lambda^n P_n(1) \leq c_1 \lambda^2 \tag{5.43}$$

がでる (最後のところでは P_1 が定数項を持たないことを用いた．また P_n が ϵ によらないので，c_1 も ϵ によらない)． □

5.2.5 連続極限の存在とその評価

ここまでくれば簡単だ．命題 5.2 は ϵ について一様な評価であるから，$\epsilon \downarrow 0$ に際しても，この評価は成立したままである．$C^{(\epsilon)}$ の方は $\epsilon \downarrow 0$ に際して良い函数に行く (ように我々はパラメーターをとった)．したがって，この良い函数 $C^{(\infty)}$ とかなり近いところに $S^{(\infty)}$ が存在することがわかる ($|||S^{(\infty)} - C^{(\infty)}||| \leq c_0 \lambda^2$)．

さらに，$u^{(4)}$ に対するスケルトン不等式を用いれば，摂動論で予言されるように $u^{(4)} < 0$ が言える．これがゼロでないから，連続極限は自由場ではない．つまり，相互作用のある φ^4 場の理論が作れたことになる．

6 Triviality の問題 — φ_d^4 理論 $(d \geq 4)$

最後に，場の理論の「構成」ではないが，非常におもしろく，かつ未解決の問題，φ^4 の triviality の問題を考える．

6.1 φ_d^4 の Triviality とは？

φ^4 型の場の理論は，ガウス場の次に簡単な場の理論のモデルとして，場の理論の教科書には必ず載っている．これを厳密に解析することは (この講義のテーマでもあるように) なかなか難しいが，厳密でないレベルでは，いわゆる「摂動論」を用いて近似計算を行うことができる．この摂動論の計算も，たいていの場の理論の教科書には練習問題として載っている．

さて，摂動論の結果は大まかに次のようにまとめられる[63]．

- 摂動計算を行うと，いろいろと発散がでてくる．この発散を「くりこみ理論」によって除去し，意味のある答えを得ようとするのだが，
- $d > 4$ では理論は「くりこみ不可能」であって，意味のある摂動計算を行うのは難しい．
- $d < 4$ では理論は「超くりこみ可能」であって，有限個 (λ^2 のオーダーまで) のくりこみ項を加えると摂動論がうまく展開できる．結果は相互作用のある (自由場でない) 理論である．
- $d = 4$ では理論は「くりこみ可能」であって，3 種類 (λ の次数でいえば無限次まで) のくりこみ項により，摂動論がうまく展開できる．結果は相互作用のある (自由場でない) 理論である．

一見これでうまく行ったように思えたのだが，「$d = 4$ の結果は正しくないのでは？」という見解が 1970 年代から一般的になった．特に

> これまでに説明してきたような格子正則化によって，d 次元格子上の φ^4 モデルを考え，その高温相からの連続極限として[64]Schwinger 函数を定義して場の理論を構成してできる理論は，$d \geq 4$ では，すべて「相互作用のない」もの，つまり自由場かそれらの重ね合わせであろう

ということが段々と信じられるようになってきた．摂動論 (＋くりこみ理論) ではちゃんと相互作用のある場の理論ができるという結果が得られているだけに，これは由々しき問題である[65]．

---

[63] 以下の箇条書きはある程度の知識がある人のためのものである．これがわからなくても，以下の話には困らない．

[64] 「高温相からの」連続極限とは，これまでも考えてきたように，φ^4 スピン系のパラメーターは系が高温相にあるように保ちつつ，連続極限をとることを意味する．もちろん，この場合，極限では (これまで通り) 臨界点に無限に近づいて良い；むしろ，近づくべきである．

[65] もちろん，ここに何か矛盾があるわけではない．摂動論＋くりこみ理論は数学的にはまっ

これが (少し狭い意味での) φ^4 理論の **triviality** である [66]．

以下ではこの triviality について，くりこみ群を用いたものの見方と相関不等式を用いた解析を少し紹介する．

6.2 くりこみ群による描像

φ^4 の triviality はくりこみ群の見方からはどのように理解できるだろうか？

すでに 4.3.4 節で，可能な連続極限がどのようなものであるかを考えた．要するにくりこみ変換を無限回行った後で到達できるようなものに限定されるので，具体的には

- ρ^* (変換の**不動点**) か，または
- ρ^* からの**湧き出し上の点**

ということになる．なので，φ^4 のくりこみ変換の flow が大域的にどうなっているか，特に，上で述べたように，「くりこみ変換の不動点」または「不動点からの湧き出し上の点」にどのようなものがあるかがわかれば良い [67]．

これは大変な難問であり，現在まで，満足のいく結果は得られていない ($d > 4$ でも)．また，筆者の時間的余裕から，説得力のある議論を展開することが難しい．そこで，一つの考え方を簡単に紹介する (以下，$d \geq 4$ を考える)．

(1) まず，漸化式 (4.29) と図 8 に示したように，λ の小さいところでは，$\lambda^{(n)}$ はくりこみ変換の回数 n とともに小さくなり，$n \to \infty$ ではゼロになる．したがって，このように λ の小さいところから出発したのでは，構成される連続極限は自由場になってしまうだろう (この部分は厳密に示すことは可能である)．

(2) なので，trivial でない場の理論ができるとしたら，λ の小さくない領域から出発した場合であろう．

たくのナンセンスといっても良いから，この予想が正しくても，それは単に「そのような無茶苦茶な計算を信じてはいけません」という教訓がえられるだけである．とはいえ，大抵の「物理の」理論は，数学的には無茶苦茶に見えても，結果は正しいことが多い．その意味で，このように摂動論が破綻することは非常に興味深い例と言えるし，正直，場の理論の最初に勉強した φ^4 理論の摂動論が信じられないというのは精神的ダメージも大きい (少なくとも筆者にとってはそうだった)．

[66] triviality は「自明性」と訳されることも多いが，ここでの trivial は数学での「自明」の意味では，もちろん，ない．なので，この講義では自明性という言葉は避けて，triviality を使う．

[67] 6.4.3 節で少し述べるが，じつは不動点そのものは trivial になっていると思われる．

(3) 特に，λ が大きい極限 (これは実質的にイジングモデルを考えることと等価) でどうなっているかが一つの指標になりそうだ (一見，$\lambda = \infty$ なら，有限の λ まで落ちるのに無限回かかりそうな気がするから).

(4) ところが，イジングモデルについて，様々な近似を用いてくりこみ変換を行ってみると，少ない回数のくりこみ変換を行っただけで，$\lambda^{(n)}$ は $O(1)$ になってしまう傾向が見られる．そのあとは，漸化式 (4.29) にだいたい従って，$\lambda^{(n)}$ が減少していくように見える．

(5) つまり，上に書いた「$\lambda = \infty$ なら，有限の λ まで落ちるのに無限回かかりそうな気がするから」は正しくない可能性が高く，$d \geq 4$ の φ_d^4 は trivial である可能性が高い．

筆者は上の描像が正しいことをほぼ確信しているが，証明には程遠い状況である．論文 [19] では，hierarchical model という非常に簡単化されたモデルに対して，上記の描像を厳密に証明し，結果としてこの限定されたモデルの triviality を示している．

6.3　相関不等式とくりこまれた結合定数を用いた解析

ここでは，相関不等式と「くりこまれた結合定数」を用いた解析を紹介する．

6.3.1　Step 1. 相互作用の有無の判定を，連結 4 点函数の条件に帰着する

まず，「相互作用のある，ない」をはっきりさせよう [68]．

何度か述べたようにガウス場 (自由場) の理論はすべての次元で存在するが，これはおもしろくない．というのも Wick の定理 (3.25) によって $2n$ 点函数が 2 点函数の積の和で ($n \geq 2$)

$$S_{2n}(\tilde{x}_1, \tilde{x}_2, \ldots, \tilde{x}_{2n}) = \sum_p \prod_{j=1}^n S_2(\tilde{x}_{p(j)}, \tilde{x}_{p(j+n)}) \tag{6.1}$$

のように書けてしまうからである．$2n$-点函数が 2 点函数の積に分解されるので，これは (本来，この場が表すはずの) 粒子の散乱などが一切起こらない理論になっている．逆に (6.1) がすべての $n \geq 2$ と，すべての (互いに等しくない [69]) 点

---

[68] 以下，本来はミンコフスキー空間で話をすべきだが，OS の再構成定理によってミンコフスキー空間には戻れる場合を考えるので，ユークリッド空間での Schwinger 函数で議論する．

[69] 「互いに等しくない」条件がついているのは，Osterwalder–Schrader の公理系にこの条件がついているから．

$\tilde{x}_1, \tilde{x}_2, \ldots, \tilde{x}_{2n}$ で成り立つならば，この理論は (一般化された) ガウス場の理論と同等であり，「相互作用がない」ことになる．

そこで，相互作用があるかどうかは，$2n$ 点函数そのものではなく，(6.1) がすべての $n \geq 2$ と，すべての (互いに等しくない) 点 $\tilde{x}_1, \tilde{x}_2, \ldots, \tilde{x}_{2n}$ で成り立つか否かで判断することとする．

さて，上の判断基準は「すべての」$n \geq 2$ で成り立つかどうかということで，これが本当に成り立つか否かを調べるのがそこそこ大変に思える．ところが 1975 年に Newman が，上の判断には，4 点函数だけを見れば十分であることを証明した．Newman の定理を述べるために，(3.11) の $u^{(4)}$ の連続時空版として

$$u^{(4)}_{\text{cont}}(\tilde{x}_1, \tilde{x}_2, \tilde{x}_3, \tilde{x}_4) := S_4(\tilde{x}_1, \tilde{x}_2, \tilde{x}_3, \tilde{x}_4) - S_2(\tilde{x}_1, \tilde{x}_2) S_2(\tilde{x}_3, \tilde{x}_4)$$
$$- S_2(\tilde{x}_1, \tilde{x}_3) S_2(\tilde{x}_2, \tilde{x}_4) - S_2(\tilde{x}_1, \tilde{x}_4) S_2(\tilde{x}_2, \tilde{x}_3) \quad (6.2)$$

を定義し，やはり**連結 4 点函数**とよぶ．このとき，Newman の定理は以下を主張する [22]：

命題 6.1 これまでに述べてきたように，φ^4 モデルまたはイジングモデルから連続極限をとって Schwinger 函数を得たとせよ．ただし，連続極限は系が「高温相」または「臨界点直上」にあるように保ちつつ，とる．このとき，もし連結 4 点函数が恒等的にゼロならば，つまり

$$u^{(4)}_{\text{cont}}(\tilde{x}_1, \tilde{x}_2, \tilde{x}_3, \tilde{x}_4) \equiv 0 \quad (6.3)$$

ならば，この理論は一般化されたガウス場である．

これで連結 4 点函数を解析すれば，その理論が trivial かどうかが判定できることになった[70]．これは我々の問題を (少なくとも心理的には) 大幅に簡単にしてくれる (なお，命題 6.1 は Newman 自身が示した相関不等式を用いて証明される．詳しくは原論文 [22] を参照)．

6.3.2 Step 2. 「くりこまれた結合定数」の導入

この小節では**無次元のくりこまれた結合定数 (dimensionless renormalized coupling constant)** という量を用いて，連結 4 点相関函数を解析する方法を紹

---

[70] じつは Newman の定理には続きがある「4 点，6 点，8 点などの高次の連結相関函数のどれか一つがゼロであれば，他の連結相関函数もすべてゼロになり，理論は一般化されたガウス場になる」．この続きまで用いれば，連結 4 点函数だけを見れば必要十分であることが結論できる．

介する．この量が使えるのは，連続極限が「正の質量を持つ」とき (以下の (6.5) で定義する m_{phys} が正のとき) に制限されるが，解析のアイディアはより簡単なので，まずはこちらを紹介し，$m_{\text{phys}} = 0$ でも使えるより一般の方法については 6.4 節で紹介する．

無次元のくりこまれた結合定数は Schwinger 函数を用いて

$$g_{\text{ren}} := (m_{\text{phys}})^d \times \frac{-\int d^d \tilde{x}_1 \int d^d \tilde{x}_2 \int d^d \tilde{x}_3 \, u_{\text{cont}}^{(4)}(0, \tilde{x}_1, \tilde{x}_2, \tilde{x}_3)}{\left[\int d^d \tilde{x} \, S_2(0, \tilde{x})\right]^2} \tag{6.4}$$

として定義される．ここで m_{phys} とは，連続時空での「質量」に相当する量で，その定義は

$$m_{\text{phys}} := -\lim_{\ell \to \infty} \frac{\log S_2(0, \ell \boldsymbol{e}_1)}{\ell} \tag{6.5}$$

である ―― (3.75) では格子系 (1 格子間隔を単位にした) 相関距離を定義したが，ここでは連続時空での (我々の世界での単位を元にした) 距離でもって，(3.75) の類似物を考えた．ただし，m_{phys} は相関距離そのものではなく，その逆数に相当している．なお，Lebowitz の不等式 (3.28) から，g_{ren} は非負であることを注意しておく．

さて，g_{ren} の良いところは，連続時空をとる前の格子系での対応物があり，それがかなり扱いやすい形になっていることである．今，連続極限をとるちょっと手前で，g_{ren} に対応する量を書き下してみよう．格子間隔を ϵ とし，ϵ 依存性も込めて，その量を $g_{\text{ren},\epsilon}$ と表す．$g_{\text{ren},\epsilon}$ は格子間隔 ϵ での Schwinger 函数 $S_\epsilon(\cdot)$ とこの格子での相関距離を用いて以下のように表すことができる．

相関距離 ξ と物理的質量 m_{phys} の間には，$\tilde{x} = \epsilon x$ の関係から

$$m_{\text{phys}} \, \epsilon \, \xi = 1 \tag{6.6}$$

の恒等式が成立する．

また，相関函数については，単に $S_{2n,\epsilon}(\cdot)$ の極限が $S_{2n}(\cdot)$ であるから

$$\int d^d \tilde{x} \, S_2(0, \tilde{x}) \quad \text{は} \quad \epsilon^d \sum_x S_{2,\epsilon}(0, \tilde{x}) = \epsilon^d \sum_x \langle \varphi_0 \, \varphi_x \rangle_\epsilon \tag{6.7}$$

であると，また

$$\int d^d \tilde{x}_1 \int d^d \tilde{x}_2 \int d^d \tilde{x}_3 \, u_{\text{cont}}^{(4)}(0, \tilde{x}_1, \tilde{x}_2, \tilde{x}_3) \quad \text{は}$$

$$\epsilon^{3d} \sum_{x_1,x_2,x_3 \in \mathbb{Z}^d} u_\epsilon^{(4)}(0,x_1,x_2,x_3) \tag{6.8}$$

と思うべきである —— ここで ($\tilde{x}_j = \epsilon x_j$ の了解の下で)

$$u_\epsilon^{(4)}(0,x_1,x_2,x_3) = \langle \varphi_0 \varphi_{x_1} \varphi_{x_2} \varphi_{x_3} \rangle_\epsilon - \langle \varphi_0 \varphi_{x_1} \rangle_\epsilon \langle \varphi_{x_2} \varphi_{x_3} \rangle_\epsilon$$
$$- \langle \varphi_0 \varphi_{x_2} \rangle_\epsilon \langle \varphi_{x_1} \varphi_{x_3} \rangle_\epsilon - \langle \varphi_0 \varphi_{x_3} \rangle_\epsilon \langle \varphi_{x_1} \varphi_{x_2} \rangle_\epsilon \tag{6.9}$$

は (3.11) で定義した連結 4 点函数であり，連続時空での $u^{(4)}$ の対応物である．

これらの関係式を (6.4) に代入すると，ϵ のベキは分母子で奇麗にキャンセルして

$$g_{\mathrm{ren},\epsilon} = \frac{-\sum_{x_1,x_2,x_3 \in \mathbb{Z}^d} u_\epsilon^{(4)}(0,x_1,x_2,x_3)}{(\xi_\epsilon)^d \left[\int d^d \tilde{x} \, \langle \varphi_0 \varphi_x \rangle_\epsilon \right]^2} = \frac{-\bar{u}_\epsilon^{(4)}}{(\chi_\epsilon)^2 (\xi_\epsilon)^d} \tag{6.10}$$

となる．最後のところでは分母の和はすでにでてきた格子系の帯磁率に他ならないことを用い，分子の和を $\bar{u}^{(4)}$ と略記した．

さて，この右辺の量は (連続極限等は忘れて) 純粋に格子スピン系での量と解釈できる．さらに都合の良いことに，分母と分子に現れる φ の次数が等しい (共に 4) ので，この量は場の量の規格化にも影響されない (それを反映して，この量は**無次元量**になっている．これが名前の由来である)．となると，純粋にスピン系の問題として，臨界点の近傍でこの量がどうなるかを調べれば良い．(少なくとも精神的には) これもかなりの簡単化である．

6.3.3 Step 3.「くりこまれた結合定数」の解析

このように問題を「くりこまれた結合定数」の解析までは落とし込んだのだが，ここから先が真の難関である．実際，これまでに述べたようなことは 1975 年頃までに得られていたが，$g_{\mathrm{ren},\epsilon}$ がきちんと解析されるまでにはさらに数年を要した[71]．

さて，Lebowitz 不等式 (3.28) から $g_{\mathrm{ren},\epsilon}$ は非負なので，これをさらに解析するには，$u^{(4)}$ を下から押さえる有用な不等式が必要である．そのような不等式の最初のものが Aizenman[1, 2] と Fröhlich[10] によって得られた不等式 (3.33) である．再掲すると

---

[71]「数年を要した」と書いたが，30 年以上経った今から振り返ると，70 年代から 80 年代初めにかけてのこの分野の進展の速度は驚異的である．

命題 6.2 (Aizenman の不等式，Fröhlich の不等式) イジングおよび φ^4 モデルに対しては，(3.31) の書き方を用いると

$$u^{(4)}(x_1,x_2,x_3,x_4) \geq -\sum_z \langle \varphi_{x_1}\varphi_z\rangle \langle \varphi_{x_3}\varphi_z\rangle \left\{\delta_{z,x_2} + \sum_{z_1} J_{z,z_1}\langle \varphi_{z_1}\varphi_{x_2}\rangle\right\}$$
$$\times \left\{\delta_{z,x_4} + \sum_{z_2} J_{z,z_2}\langle \varphi_{z_2}\varphi_{x_4}\rangle\right\}$$
$$- (2 \text{ permutations}) \qquad (6.11)$$

が成り立つ．

これを認めて $g_{\mathrm{ren},\epsilon}$ を計算しよう．まず $u^{(4)}$ の和を計算すると (添字 ϵ は略)

$$-\sum_{x_2,x_3,x_4} u^{(4)}(0,x_2,x_3,x_4)$$
$$\leq 3\sum_{x_2,x_3,x_4}\sum_z \langle \varphi_0\varphi_z\rangle\langle \varphi_{x_3}\varphi_z\rangle\left\{\delta_{z,x_2}+\sum_{z_1}J_{z,z_1}\langle \varphi_{z_1}\varphi_{x_2}\rangle\right\}$$
$$\times\left\{\delta_{z,x_4}+\sum_{z_2}J_{z,z_2}\langle \varphi_{z_2}\varphi_{x_4}\rangle\right\}$$
$$= 3(\chi^2 + 4dJ\chi^3 + (2dJ)^2\chi^4) \qquad (6.12)$$

となるので，

$$g_{\mathrm{ren},\epsilon} \leq \frac{3\{\chi^2 + 4dJ\chi^3 + (2dJ)^2\chi^4\}}{\chi^2\xi^d} = \frac{3\{1 + 4dJ\chi + (2dJ)^2\chi^2\}}{\xi^d} \qquad (6.13)$$

を得る．J は連続極限をとって行く際にうまく調節しているはずで，一見，ここから先には行けないように見える．ところが非常に好都合なことに，以下の不等式が鏡映正値性から導かれる [27]:

$$J\chi \leq const.\xi^2 \qquad (6.14)$$

(ここで $const$ は次元のみに依存する定数)．これを (6.13) の右辺に用いると，奇跡的に J,χ が消えて

$$g_{\mathrm{ren},\epsilon} \leq \frac{3\{1 + 4dJ\chi + (2dJ)^2\chi^2\}}{\xi^d} \leq \frac{3 + c\xi^2 + c'\xi^4}{\xi^d} \qquad (6.15)$$

を得る (c,c' は次元のみによる正の定数)．

我々は連続極限をとりたいので，$\epsilon \downarrow 0$ では，元のスピン系をその臨界点に近づけたい．つまり，$\xi \uparrow \infty$ となるようにしたい．ところが，$\xi \uparrow \infty$ の場合，$d > 4$ なら，上の右辺はゼロに行く．つまり連続極限での g_{ren} はゼロである！！

以上をまとめておこう．

定理 6.3 $d > 4$ では連続極限において，くりこまれた結合定数 g_{ren} はゼロである．よって (これまでの議論より) 連続極限は一般化された自由場しかない (ただし，連続極限をとる際，元のスピン系を常に高温相におき，さらに連続極限が「正の質量を持つ」条件の下で証明したことは覚えておこう)．

以上で $d > 4$ の場合 (高温相から臨界点に近づけ，かつ極限の理論の質量が正である，との制約付きではあるが)，φ^4 スピン系の連続極限は trivial であることが厳密に示された．

6.4　4 次元での状況は？

肝心の $d = 4$ はどうであろうか？ $d > 4$ が解決されて 30 年以上たつが，未だに未解決のママである．いくつか部分的な結果はあるものの，満足のいく状況にはほど遠い．講義当日はこの辺りの事情にももう少し踏み込みたかったが，時間切れとなった．以下に簡単にまとめる．

同時にこの節は「極限の理論の質量が正である」の条件をつけなくても使える方法の紹介を兼ねている (ただし，連続極限をとる際には，系は高温相または臨界点直上におくものとする)．

6.4.1　記号の整理

前節の解析で用いた「くりこまれた結合定数」の良いところは，この量が無次元量で，特に場の量の規格化を気にしなくて良いところにあった (分母分子で場の量の規格化定数がキャンセルしたため)．しかし極限の場の理論の質量がゼロの場合も考えたいので，「くりこまれた結合定数」は使いたくない．この場合，場の量の規格化などをしっかり考える必要が生じるので，記号を整理しておく．

出発点のスピン系 (φ^4-スピン系) の (3.3) や (3.16) に相当する表式は

$$\rho_{\Lambda,\epsilon}(\Phi) = \frac{1}{Z_\Lambda} \exp\left[\frac{J(\epsilon)}{2} \sum_{|x-y|=1} \varphi_x \varphi_y - \sum_x \left\{\frac{\mu(\epsilon)}{2} \varphi_x^2 + \frac{\lambda(\epsilon)}{4!} \varphi_x^4\right\}\right] \quad (6.16)$$

とする．連続極限における Schwinger 函数は上の $\rho_{\Lambda,\epsilon}$ による期待値を用いて

$$S_n(\tilde{x}_1, \tilde{x}_2, \ldots, \tilde{x}_n) := \lim_{\epsilon \downarrow 0} S_{n,\epsilon}(\tilde{x}_1, \tilde{x}_2, \ldots, \tilde{x}_n), \quad (6.17)$$

$$S_{n,\epsilon}(\tilde{x}_1, \tilde{x}_2, \ldots, \tilde{x}_n) := \lim_{\Lambda \to \mathbb{Z}^d} \langle \varphi_{x_1} \varphi_{x_2} \cdots \varphi_{x_n} \rangle_{\rho_{\Lambda,\epsilon}} \quad (6.18)$$

と定義する (これまでと同じく，格子上の点 x_j と連続時空での点 $\tilde{x}_j$ は $\tilde{x}_j \approx \epsilon x_j$

の関係にある). なお, 以前と異なり, 場の規格化定数 $\mathcal{N}_\epsilon$ は J に入れ込んだため, $\mathcal{N}_\epsilon$ は以下の議論ではでてこない.

連続極限 ($\epsilon \downarrow 0$) は, 上記のスピン系がその高温相または臨界点直上にあるように制限しつつ, $J(\epsilon) > 0, \mu(\epsilon) \in \mathbb{R}, \lambda(\epsilon) > 0$ は格子間隔 ϵ の関数として適切に調節してとるつもりである.

6.4.2 $d > 4$ の場合の解析

証明の大筋は前節と同じで, Newman の定理を用いて 4 点函数の解析に帰着することを狙う. つまり連続極限で

$$\lim_{\epsilon \downarrow 0} u_\epsilon^{(4)}(\tilde{x}_1, \tilde{x}_2, \tilde{x}_3, \tilde{x}_4) = 0 \tag{6.19}$$

となることを証明したい.

用いるのは Aizenman と Fröhlich の不等式 (6.11) である. その主要項を書くと,

$$-u_\epsilon^{(4)}(\tilde{x}_1, \tilde{x}_2, \tilde{x}_3, \tilde{x}_4) \lesssim 3(2d)^2 J^2 \sum_y \langle \varphi_{x_1} \varphi_y \rangle_\epsilon \langle \varphi_{x_2} \varphi_y \rangle_\epsilon \langle \varphi_{x_3} \varphi_y \rangle_\epsilon \langle \varphi_{x_4} \varphi_y \rangle_\epsilon \tag{6.20}$$

となっている. 連続極限を考えやすいように和を積分 (リーマン和近似) で表すと右辺は

$$= 3(2d)^2 J^2 \epsilon^{-d} \int d^d \tilde{y}\, S_{2,\epsilon}(\tilde{x}_1, \tilde{y}) S_{2,\epsilon}(\tilde{x}_2, \tilde{y})\, S_{2,\epsilon}(\tilde{x}_3, \tilde{y})\, S_{2,\epsilon}(\tilde{x}_4, \tilde{y}) \tag{6.21}$$

となる.

上の右辺は J についてのなんらかの制限がない限り, お手上げに見える. ところが, 驚くべきことに, infrared bound (定理 3.7) が非常に強い制限を与えるのだ. 実際, 定理 3.7 によると $x, y \in \mathbb{Z}^d$ と $\tilde{x} = \epsilon x, \tilde{y} = \epsilon y$ に対して

$$S_{2,\epsilon}(\tilde{x}, \tilde{y}) = \langle \varphi_x \varphi_y \rangle \leq \frac{const}{J |x-y|^{d-2}} = \frac{const}{J \epsilon^{2-d} |\tilde{x}-\tilde{y}|^{d-2}} \tag{6.22}$$

が成り立つことがわかる. 左辺は連続極限で 2 点函数になるべきものであるから, $\tilde{x} \neq \tilde{y}$ (のかなりのペア) に対してはゼロになっては困る [72]. つまり, 連続極限を取る際に, $J \epsilon^{2-d}$ は有限にとどまる必要がある [73]:

---

[72] もしこれが恒等的にゼロなら, ガウス型不等式などから, すべての n 点函数がゼロになり, 恒等的にゼロの Schwinger 函数しか得られないから.

[73] じつはこの $J \epsilon^{2-d}$ は「場の強さのくりこみ定数」(field-strength renormalization constant)

ϵ によらないある定数 C_1 が存在して
$$J\epsilon^{2-d} \leq C_1. \tag{6.23}$$
これを念頭に置いて (6.21) の定数部分を
$$3(2d)^2 J^2 \epsilon^{-d} = 3(2d)^2 \left(J\epsilon^{2-d}\right)^2 \times \epsilon^{d-4} \leq C_1^2 \times \epsilon^{d-4} \tag{6.24}$$
と押さえると,
$$-u_\epsilon^{(4)}(\tilde{x}_1, \tilde{x}_2, \tilde{x}_3, \tilde{x}_4) \lesssim C_1^2 \times \epsilon^{d-4}$$
$$\times \int d^d\tilde{y}\, S_{2,\epsilon}(\tilde{x}_1, \tilde{y}) S_{2,\epsilon}(\tilde{x}_2, \tilde{y})\, S_{2,\epsilon}(\tilde{x}_3, \tilde{y})\, S_{2,\epsilon}(\tilde{x}_4, \tilde{y}) \tag{6.25}$$
が得られる. 後半の積分は, またもや infrared bound などの助けを借りて (マトモな) 連続極限では有限であることが証明できる (詳細は [9] の pp.392–395 などを参照). よって, 奇跡のように現れた ϵ^{d-4} のおかげで, 上の右辺は連続極限ではゼロである.

まとめると以下が証明できた.

定理 6.4 $d > 4$ では (高温相または臨界点直上からの) 連続極限は, 一般化された自由場である.

6.4.3 4 次元での状況は?

$d = 4$ の状況は甚だ不満足なままで, 最近の進展はあまりないようだ. 筆者の理解している状況を簡単にまとめる[74].

$d = 4$ で連続極限が一般化された自由場であることが示されているのは以下のような場合である.

1°. まず, infrared bound を使わないで, 不等式 (6.21) の係数を (6.24) のようにまとめ直すと, $d = 4$ では
$$-u_\epsilon^{(4)}(\tilde{x}_1, \tilde{x}_2, \tilde{x}_3, \tilde{x}_4) \lesssim 3(2d)^2 \left(J\epsilon^{-2}\right)^2$$
$$\times \int d^d\tilde{y}\, S_{2,\epsilon}(\tilde{x}_1, \tilde{y}) S_{2,\epsilon}(\tilde{x}_2, \tilde{y})\, S_{2,\epsilon}(\tilde{x}_3, \tilde{y})\, S_{2,\epsilon}(\tilde{x}_4, \tilde{y}) \tag{6.26}$$

に相当する量である: (5.21) の Z_B. つまり, (6.23) は,「場の強さのくりこみ定数」が有限であれ, という主張とも解釈できる (この定数がゼロになっても良い; これについては $d = 4$ のところでさらに述べる).

[74] 1992 年時点での状況は Fernández, Fröhlich, Sokal による書物 [9] の 15.1 節, 15.2 節によくまとめられている. 彼らの記述は今でも十分参考になる.

が得られる．既述のように後ろの積分は有限なので，trivial になるための十分条件
として

$$J\epsilon^{-2} \downarrow 0 \qquad (6.27)$$

が得られる．すでに (6.23) の脚註で述べたように，上の $J\epsilon^{-2}$ には「場の強さ
のくりこみ定数」という意味がある．さらに，通常の「くりこみ理論」ではこのく
りこみ定数はゼロまたは無限大だと思われている — ただし，無限大では困ること
はすでに (6.23) で示したので，このくりこみ定数はゼロまたは (正で) 有限でな
ければならない．

この結果は，通常の「くりこみ理論」の予言には何か矛盾が隠れていること (通常
の予言通りにくりこみ定数がゼロなら trivial だから)，また $d=4$ で nontrivial
な理論を作るには，「場の強さのくりこみ定数」が ϵ について一様に有限でなけれ
ばならない[75]，ということを意味する．

2°．公理的場の理論の帰結の一つとして，Källen-Lehmann 表示というものが
ある (スピン系のスペクトル表示の対応物とも言えるが，KL 表示の方がずっと歴
史は古い)．これを用いると，$|\tilde{x} - \tilde{y}|$ が小さい場合の 2 点函数の振る舞いに制約
がつく．特に，

$$\limsup_{\tilde{x} \to 0} |\tilde{x}|^{d-2} S_2(0, \tilde{x}) > 0 \qquad (6.28)$$

が要求される．上の上極限が有限ならばこれ以上は何も言えないが，上極限が無
限大，つまり

$$\limsup_{\tilde{x} \to 0} |\tilde{x}|^{d-2} S_2(0, \tilde{x}) = \infty \qquad (6.29)$$

の場合には，連続極限は trivial と言える (詳細は [9] の p.396 を参照)．

3°．さらに，Jost-Schrader-Pohlmeyer の定理も用いると，以下が言える：も
し，2 点函数が厳密にスケール不変 なら，つまりある定数 p が存在して，連続極
限の 2 点函数が厳密に

$$S_2(0, \tilde{x}) = \text{const} \times |\tilde{x}|^{-p} \qquad (6.30)$$

をみたすなら，連続極限は trivial である (詳細は [9] の p.397 を参照)．

なお，くりこみ変換の不動点が表す理論では，2 点函数は厳密にスケール不変
であろうと考えられる．したがってこの項の結果は，φ^4-理論 (とその仲間) に関

---

[75] (言い換え) nontrivial にしたいなら，場の強さのくりこみは考える必要がない．

しては，くりこみ変換の不動点は trivial であることを強く示唆する．

4°. Aizenman と Graham[3] は，Aizenman 自身の不等式をさらに鋭くしようと試み，以下の不等式を証明した (以下で ($x_1 \iff x_3$) というのは，直前の項の中で x_1 と x_3 を入れ替えたものを指す)：

$$u^{(4)}(x_1, x_2, x_3, x_4) \geq - \sum_{u,v,w} \langle \varphi_{x_1} \varphi_u \rangle J_{u,v} \langle \varphi_v \varphi_{x_2} \rangle J_{v,w} \langle \varphi_v \varphi_w ; \varphi_{x_3} \varphi_{x_4} \rangle$$

$$- \sum_u \langle \varphi_{x_1} \varphi_u \rangle J_{u,x_4} \langle \varphi_{x_4} \varphi_{x_2} \rangle \langle \varphi_{x_4} \varphi_{x_3} \rangle - (x_1 \iff x_3)$$

$$- 2 \langle \varphi_{x_1} \varphi_{x_4} \rangle \langle \varphi_{x_4} \varphi_{x_2} \rangle \delta_{x_3, x_4} \tag{6.31}$$

この不等式を用いて，(6.12) のように $u^{(4)}$ の和を計算すると，

$$- \sum_{x_2, x_3, x_4} u^{(4)}(0, x_2, x_3, x_4) \leq 2d J^2 \chi^2 \frac{\partial \chi}{\partial J} + 2(2dJ) \chi^3 + 2\chi^2$$

$$= \chi^2 \left(2d(J\chi)^2 \frac{1}{\chi^2} \frac{\partial \chi}{\partial J} + 4dJ\chi + 2 \right) \tag{6.32}$$

となるので，

$$g_{\text{ren},\epsilon} \leq \frac{1}{\xi^d} \left(2d(J\chi)^2 \frac{1}{\chi^2} \frac{\partial \chi}{\partial J} + 4dJ\chi + 2 \right)$$

$$= \frac{1}{\xi^4} \left(8(J\chi)^2 \frac{1}{\chi^2} \frac{\partial \chi}{\partial J} + 16 J\chi + 2 \right) \tag{6.33}$$

となる (最右辺では $d=4$ を代入した)．ここで (6.14) を用いて $J\chi \leq const.\xi^2$ と押さえると

$$g_{\text{ren},\epsilon} \leq const'. \left(\frac{1}{\chi^2} \frac{\partial \chi}{\partial J} + \frac{1}{\xi^2} + \frac{1}{\xi^4} \right) \tag{6.34}$$

が得られる．連続極限をとるためには系の臨界点に近づく必要があり，そこではもちろん $\xi \uparrow \infty$ なので，上の右辺の第 2 項と第 3 項はゼロに行く．問題は第一項であるが，系の臨界点に近づく時，この第一項もゼロに行くこと，つまり

$$J \nearrow J_c \quad \text{の時に} \quad \frac{1}{\chi^2} \frac{\partial \chi}{\partial J} \to 0 \tag{6.35}$$

が**期待されている** (対数補正：すぐ後で説明する)．なので，これを認めれば，$\lim_{\epsilon \downarrow 0} g_{\text{ren},\epsilon} = 0$ が結論でき，triviality が証明できることになる．

(対数補正について) くりこみ群による解析などから，4 次元では

$$J \nearrow J_c \quad \text{の時に} \quad \chi(J) \approx (J_c - J)^{-1} \left| \log(J_c - J) \right|^{1/3} \tag{6.36}$$

となることが予想されており，これを (通常の冪乗型の依存性からの) **対数補正** (logarithmic correction) とよぶ．対数補正を認めれば，(6.35) が結論できる．

対数補正の厳密な証明もまた非常な難問で，未解決のままである．ただし，ガウス模型に近い ($0 < \lambda/J^2$ の小さい) φ^4-モデルについては，くりこみ群解析によって，(6.36) 型の対数補正があることが，厳密に証明されている [18, 20]．

5°．最後に，くりこみ群を用いた解析について述べる．6.2 節で少し述べたように，λ/J^2 が正，かつ十分に小さい場合にはくりこみ変換を厳密に行うことができて，その結果として連続極限が trivial であることが証明できる (詳細は原論文 [13, 18, 20] を参照)．なお，λ/J^2 は (3.18) などの意味での場の理論の表記での相互作用定数 λ^{FT} そのものなので，この結果は「λ^{FT} が十分に小さいならば trivial」と要約できる．

以上，$d = 4$ で nontrivial な連続極限がありうる場合の可能性をある程度，絞り込んだ．特に上の 3° とくりこみ群の見方を合わせると，6.2 節で見た連続極限の 2 つの可能性 (不動点そのものか，不動点からの湧き出し上の点か) のうち，くりこみ変換の不動点自身は trivial になりそうだ．そのため，nontrivial な理論を作るには 6.2 節のもう一つの可能性 (他の不動点からの湧き出し) を利用するのが自然ということになる．

湧き出しを利用する可能性について — 特にその場合でも trivial になる可能性が高いことについて — 厳密でない考察をもう少し重ねることは可能だが，ここは潔く議論を切り上げるべきだろう．**問題は未解決のままである**．読者諸賢の中から，この問題を明快に解決される方が現れることを祈念して，結びとしたい．

7 簡単な文献案内

いくつかの文献は本文中でも挙げたが，最後に全般的なものを，不完全ながら挙げておく．

- この講義全般の話題に関して，Sokal の博士論文 [27] は一読の価値がある．筆者は大学院生時代，これを読んで大きな影響を受けた．
- 公理的場の理論については，[28, 4] が標準的な教科書である．また，[7] にも構成論を学ぶ際に必要な公理的場の理論が詳しくまとめられている．
- 構成的場の量子論についての和書には，上記の [7] がある．この講義により近い taste のものとして，構成的場の理論および統計力学についての大部の教科書 [9] を奨める．

- 統計力学系の厳密な解析については上記 [9, 7] や [29] などを参照．田崎晴明氏との共著 [29] は，読みやすさに配慮し，材料を厳選して書いた．これとは対照的に，Simon の本 [26] は網羅的な大著であるが，よりおもしろくなると思われる第 2 巻の刊行が待たれる．
- くりこみ群については，[8]（特に 3, 4 章）などを参照．また，[31] はくりこみ群に関する古典的な文献である．

謝辞

この夏の学校にはたくさんの方が出席して熱心に受講してくださいました．おかげさまで大変に楽しく講義ができました．夏の学校の organizers の方々，そして出席者の方々に深く感謝いたします．

この講義ノートの作成には，筆者がいくつかの大学で行ってきた講義のノートを参考にしました．また，同時期に進行していた著書 [29] の執筆も大きな力になりました．これらの講義に出席して下さった方々，共同研究者の方々，[29] 共著者の田崎晴明さん，そしてこれまで私と議論して下さったすべての方々に感謝します．（言うまでもないことですが，このノートに存在する間違いに関しては，私に全責任があります．）

参考文献

[1] M. Aizenman. Proof of triviality of ϕ^4 field theory and some mean-field features of Ising models for $d > 4$. *Phys. Rev. Lett.*, Vol. **47**, pp. 1–4, (1981).

[2] M. Aizenman. Geometric analysis of φ^4 fields and Ising models, Parts I and II. *Commun. Math. Phys.*, Vol. **86**, pp. 1–48, (1982).

[3] M. Aizenman and R. Graham. On the renormalized coupling constant and the susceptibility in ϕ_4^4 field theory and the Ising model in four dimensions. *Nucl. Phys.*, Vol. **B225** [FS9], pp. 261–288, (1983).

[4] ボゴリューボフ，ログノフ，トドロフ．場の量子論の数学的方法．東京図書，(1972).

[5] D.C. Brydges, J. Fröhlich, and A.D. Sokal. A new proof of the existence and nontriviality of the continuum φ_2^4 and φ_3^4 quantum field theories. *Commun. Math. Phys.*, Vol. **91**, pp. 141–186, (1983).

[6] D.C. Brydges, J. Fröhlich, and A.D. Sokal. The random walk representation of classical spin systems and correlation inequalities. II. The skeleton inequalities. *Commun. Math. Phys.*, Vol. **91**, pp. 117–139, (1983).

[7] 江沢洋, 新井朝雄. 場の理論と統計力学. 日本評論社, (1988).

[8] 江沢洋, 鈴木増雄, 田崎晴明, 渡辺敬二. くりこみ群の方法. 岩波書店, (1994). 現代の物理学 13.

[9] R. Fernández, J. Fröhlich, and A.D. Sokal. *Random Walks, Critical Phenomena, and Triviality in Quantum Field Theory*. Springer, Berlin, (1992).

[10] J. Fröhlich. On the triviality of φ_d^4 theories and the approach to the critical point in $d \geq 4$ dimensions. *Nucl. Phys.*, Vol. **B200** [FS4], pp. 281–296, (1982).

[11] J. Fröhlich, R. Israel, E.H. Lieb, and B. Simon. Phase transitions and reflection positivity. I. General theory and long range lattice models. *Commun. Math. Phys.*, Vol. **62**, pp. 1–34, (1978).

[12] J. Fröhlich, B. Simon, and T. Spencer. Infrared bounds, phase transitions, and continuous symmetry breaking. *Commun. Math. Phys.*, Vol. **50**, pp. 79–95, (1976).

[13] K. Gawędzki and A. Kupiainen. Massless lattice φ_4^4 theory: Rigorous control of a remormalizable asymptotically free model. *Commun. Math. Phys.*, Vol. **99**, pp. 199–252, (1985).

[14] K. Gawędzki and A. Kupiainen. Asymptotic freedom beyond perturbation theory. In K. Osterwalder and R. Stora, editors, *Critical Phenomena, Random Systems, Gauge Theories*, Amsterdam, (1986). North-Holland. Les Houches 1984.

[15] J. Glimm and A. Jaffe. Remark on the existence of φ_4^4. *Phys. Rev. Lett.*, Vol. **33**, pp. 440–442, (1974).

[16] R.B. Griffiths. Correlations in Ising ferromagnets II. External magnetic fields. *J. Math. Phys.*, Vol. **8**, pp. 484–489, (1967).

[17] R.B. Griffiths. Correlations in Ising ferromagnets. III. A mean-field bound for binary correlations. *Commun. Math. Phys.*, Vol. **6**, pp. 121–127, (1967).

[18] T. Hara. A rigorous control of logarithmic corrections in four dimensional φ^4 spin systems. I. Trajectory of effective Hamiltonians. *J. Statist. Phys.*, Vol. **47**, pp. 57–98, (1987).

[19] T. Hara, T. Hattori, and H. Watanabe. Triviality of hierarchical Ising model in four dimensions. *Commun. Math. Phys.*, Vol. **220**, pp. 13–40, (2001).

[20] T. Hara and H. Tasaki. A rigorous control of logarithmic corrections in four dimensional φ^4 spin systems. II. Critical behaviour of susceptibility and correlation length. *J. Statist. Phys.*, Vol. **47**, pp. 99–121, (1987).

[21] A. Messager and S. Miracle-Solé. Correlation functions and boundary conditions in the Ising ferromagnet. *J. Statist. Phys.*, Vol. **17**, pp. 245–262, (1977).

[22] C.M. Newman. Inequalities for Ising models and field theories which obey the Lee-Yang theorem. *Commun. Math. Phys.*, Vol. **41**, pp. 1–9, (1975).

[23] K. Osterwalder and R. Schrader. Axioms for Euclidean Green's functions. *Commun. Math. Phys.*, Vol. **31**, pp. 83–112, (1973).

[24] K. Osterwalder and R. Schrader. Axioms for Euclidean Green's functions. II. *Commun. Math. Phys.*, Vol. **42**, pp. 281–305, (1975).

[25] B. Simon. Correlation inequalities and the decay of correlations in ferromagnets. *Commun. Math. Phys.*, Vol. **77**, pp. 111–126, (1980).

[26] B. Simon. *The Statistical Mechanics of Lattice Gases. vol.1.* Princeton University Press, Princeton, (1993).

[27] A.D. Sokal. An alternate constructive approach to the φ_3^4 quantum field theory, and a possible destructive approach to φ_4^4. *Ann. Inst. Henri Poincaré*, Vol. **37**, pp. 317–398, (1982).

[28] R.F. Streater and A.S. Wightman. *PCT, Spin and Statistics, and All That.* Benjamin, (1964).

[29] 田崎晴明, 原隆. 相転移と臨界現象の数理. 共立出版, (2015).

[30] H. Watanabe. Block spin approach to ϕ_3^4 field theory. *J. Statist. Phys.*, Vol. **54**, pp. 171–190, (1974).

[31] K. Wilson and J. Kogut. The renormalization group and the ϵ expansion. *Phys. Rep.*, Vol. **12**, pp. 75–200, (1974).

非相対論的量子場とギブス測度

廣島 文生

1 ボゾン・フォック空間

1.1 はじめに

2013年秋に『数理物理サマースクール (量子場の数理)』(東大) で，4人の講師のうちの一人に選んでもらい連続講演する機会を与えて頂いた．僭越ながら聴衆は何も知らないと仮定して講演した．ここに掲載するレビューはそのときの予稿集と翌2014年秋に北大で集中講義をしたときのノートが元になっている．ここで紹介する場の量子論の模型は，フェルミオン (電子や核子) は量子力学的に扱うのだが，相互作用は量子場 (ボゾン) が担うというものである．このような量子系は「おもちゃの模型=toy model」といわれることがあるが，しかし，数学的にそのハミルトニアンのスペクトルを調べることは非常に難しい．それは，摂動論が安易に使えないということにある．もう少し正確にいえば，連続スペクトルに埋め込まれた埋蔵固有値の振舞いをみなくてはいけないところにある．これは量子論を離れて純粋数学の問題としても非常に興味深い．

このレビューでは，超関数空間上の測度論である汎関数積分を用いれば，スペクトルに関して非摂動的に何がどこまで示せるのかということを初学者向けに解説し，特にスカラー場の非自明な模型であるネルソン模型について述べた．ネルソン模型の導出，問題の概略を簡単に説明し，結果は定理の形で述べた．ただし，詳細な証明を与えることはできないので，概略と直感的な証明を与え，かなり私的な「解説」をつけた．

1.2 エネルギー量子から数学的な場の量子論へ

場の量子論をひとことでいうのはかなり難しい．まずはじめに，1世紀ほど時間を戻して，量子仮説，量子力学の発見，そして場の量子論に至る歴史を振り返ろう．これは，若き秀才たちがほんの短い期間に成し遂げた20世紀物理学史上もっとも驚愕と感動に満ちた物語である．

19 世紀末ドイツでは製鉄業が盛んで，製鉄過程での温度管理が大きな問題となっていた．そのため，放出される電磁波と溶鉄の温度の関係式を求めることに大きな注目が集まっていた．1896 年，ウィーンは思考実験で振動子の黒体放射に関するウィーンの法則を発表した．当初は，電磁波と溶鉄の温度の関係をうまく表す式として受け入れられたが，実験技術の向上で 1899 年にはウィーンの法則は実験とずれていることが指摘されるようになった．1900 年 10 月 19 日開催のドイツ物理学会で，プランクはウィーンの法則を一般化することを飛び入りの講演で提唱し，12 月 14 日，再びドイツ物理学会でプランク定数 h を導入し，振動子はとびとびのエネルギー $h\nu, 2h\nu, 3h\nu, \cdots,$ (ν は振動数) しかもたないと仮定すれば，それが導き出せることを理論的に示した．これがエネルギー量子の革命的な発見の瞬間であることはあまりに有名である．しかし，現在の意味で量子という概念に達したのは 1905 年のアインシュタインであろう．マックスウエル方程式が不完全だと喝破し，物質内部の振動子が熱で振動すると，それが連続的に周囲の電磁場に伝わるのではなく，$h\nu$ の塊になって放出されるという理論を構築し，光電効果を説明した．ちなみにアインシュタインは h という記号は使わず，さらにプランクよりはウィーンの仕事に大きく影響を受けていたといわれている．アインシュタインの特殊相対論はマックスウエル方程式の内部にある普遍性を見破ったものであることを思うと不思議な感慨に陥る．ウィーン，プランク，アインシュタインと続いたエネルギー量子の発見物語はその後急速に発展していく．

1925 年 5 月，ボーアに代表される前期量子論の段階を終えて，ヘルゴランド島で顔を大きく腫らした病気療養中の若干 24 歳のハイゼンベルクは遂に行列力学として量子論を定式化し，翌 1926 年には，シュレディンガーが波動力学としての定式化に完成した．ここで，シュレディンガーは行列力学と波動力学の同等性も述べている．

1927 年には，ディラックが電磁場の量子化を考察し，光と電子の相互作用を量子論的に説明した．しかしながら，ディラックは，電子に相対論的な解釈を与え，スピンが自然に現れることを発見したが，まだ，電子は完全には量子場にはなっていなかった．そのためディラックの海や空孔理論などで凌いだ．しかし，1929 年，最終的に，ハイゼンベルクとパウリが，一般相対性理論とともに 20 世紀物理学の金字塔ともいうべき「量子場の理論」を完成させた．ここでは，電磁場も電子も崇高なまでに美しく相対論的に量子化されている．1900 年のプランクの革命的なアイデアから僅か 30 年で，若き秀才達によって場の量子論は完成した．

理論的な完成を経た場の量子論だが，これが実際に観測にかかり，場の量子論

でそれが説明されるまでには少し時間が必要であった．ディラック理論において水素原子のエネルギー準位は

$$E_{n,J} = \frac{mc^2}{\sqrt{1+\left(\frac{Z\alpha}{n-(J+\frac{1}{2})+\sqrt{(J+\frac{1}{2})^2-Z^2\alpha^2}}\right)^2}}$$

となる．ここで $n = 1, 2, \cdots$, は主量子数，$J = l \pm \frac{1}{2}$, $l = 0, 1, 2, \cdots$, は角運動量を表す．さらに $Z = 1$ は水素の原子番号，m は電子の質量，c は光速，そして $\alpha \cong \frac{1}{137}$ は無限次元の定数で微細構造定数といわれるものである．そうすると $n = 2$ で $(J, l) = (\frac{1}{2}, 0)$ と $(J, l) = (\frac{1}{2}, 1)$ は，それぞれ $2S_{\frac{1}{2}}$, $2P_{\frac{1}{2}}$ とよばれるが，これらは完全に一致する：

$$2S_{\frac{1}{2}} = 2P_{\frac{1}{2}} = mc^2\sqrt{1+\sqrt{1-Z^2\alpha^2}}/\sqrt{2}.$$

ところが，1947 年にラムとレザーフォード [LL47] が

$$2S_{\frac{1}{2}} > 2P_{\frac{1}{2}}$$

であることを発見した．これはラムシフトとよばれている．しかし，同年ベーテ [Bet47] が電子と量子化された電磁場の理論を用いて見事にこれを説明し，場の量子論の実在を示唆した．さらにウエルトン [Wel48] は電磁相互作用による光子のやりとりから電子が揺らぐという描像で，そのポテンシャルが $V(x) \to V(x+揺らぎ)$ に変わるとし (図 1 と図 2)，実効ポテンシャルは「揺らぎ」の平均をとった

$$V_{\text{eff}}(x) = \langle V(x+揺らぎ)\rangle$$

であるとしてラムシフトを説明した．

　さて，このレビューの主題である場の量子論の数学的な研究はどこから始まるのだろうか．筆者の個人的な見解では 1950 年代に I. M. Segal [Seg56a, Seg56b] によるヒルベルト空間のテンソル代数と同型な L^2 空間が構成されたこと，および 1960 年代に Wightman の公理系 [SW64, chapter 3] が現れたことがブレイクスルーになったと思われる．その後，Glimm-Jaffe [GJ68] の $P(\phi)_\nu$ 模型の一連の研究につながった．現在，数学的な場の量子論の研究は，その切り口によって多岐にわたる．代数的なアプローチ，実解析的アプローチ，作用素論的アプローチなど様々であり，非常に抽象化されている．ここで紹介する場の量子論の設定は Glimm-Jaffe らによって構成された古典的なものであるが，その設定から直感的，視覚的に場の量子論をイメージすることはなかなか難しい．次の章から直感を交え

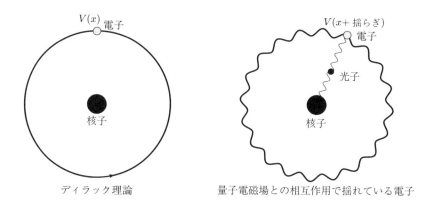

図 1　光子と電子の相互作用

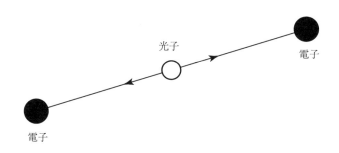

図 2　相互作用

て必要最小限の場の量子論の設定を説明する．その中心となるものは無限次元ヒルベルト空間とその上に作用する非有界作用素の理論である．無限次元であること，非有界であることは有限次元の線形代数と大きく異なる点であり，幾何学的な考察をすれば無限次元空間上の位相が大きな役割を果たすことが理解できるだろう．

1.3　ボゾン・フォック空間

場の量子論の基礎となるのがフォック空間とよばれるヒルベルト空間である．場に付随する粒子には統計が異なる 2 種類の粒子ボゾンとフェルミオンが存在する．素粒子論の描像では，ボゾンを媒介してフェルミオンが相互作用する（図 2 を参照）．例えば電子は光子をやり取りして相互作用する．また，クォークはグル

オンをやり取りして相互作用をする．この場合は電子がフェルミオンで光子がボゾン，クォークがフェルミオンでグルオンがボゾンであり，前者は電磁相互作用といわれ，後者は強い相互作用といわれる．これらから分かるようにボゾンはノリのような役割を果たし，フェルミオンは粒子のように描かれることがある．これはフェルミオンの排他律とも合致する描像である．

もう一つ，場の量子論で重要なことは粒子数が固定されないことである．つまり粒子の生成消滅が起き，フェルミオンもボゾンも粒子としての性質をもつがその個数は期待値の意味しかもたず，量子力学とは大きく異なる．

以上のような描像を具現化したものが，ボゾン・フォック空間とフェルミオン・フォック空間に他ならない．ここではボゾン・フォック空間について説明しよう．

内積 $(\cdot,\cdot)$ の定義されている線形空間で，その内積から決まるノルム

$$\|g\| = \sqrt{(g,g)}$$

に関して，完備な空間をヒルベルト空間という．ここで完備とはコーシー列が収束列になる位相空間のことである．$\mathscr{W}$ をヒルベルト空間とし，$\overset{n}{\underset{s}{\otimes}}\mathscr{W}$ は $\mathscr{W}$ の n-重対称テンソル積を表す．つまり $\overset{n}{\underset{s}{\otimes}}\mathscr{W} = S_n(\underbrace{\mathscr{W}\otimes\cdots\otimes\mathscr{W}}_{n})$ で，射影作用素 S_n を

$$S_n(f_1\otimes\cdots\otimes f_n) = \frac{1}{n!}\sum_{\pi\in\wp_n} f_{\pi(1)}\otimes\cdots\otimes f_{\pi(n)}, \quad n \geq 1$$

で定める．ここで $\wp_n$ は n 次置換全体を表す．$\mathscr{W}$ の具体的な例は $\mathbb{R}^d$ 上の 2 乗可積分な関数全体の空間 $L^2(\mathbb{R}^d)$ であり，この場合は $\overset{n}{\underset{s}{\otimes}}\mathscr{W}$ は $L^2_{sym}(\mathbb{R}^{nd})$ と同一視される．ここで，$L^2_{sym}(\mathbb{R}^{nd})$ は，$f(k_{\pi(1)},\cdots,k_{\pi(n)}) = f(k_1,\cdots,k_n)$ が任意の $\pi\in\wp_n$ で成り立つ 2 乗可積分関数全体である．このような関数からなる空間は n 個のボゾンの状態ベクトルからなる空間に対応している．

粒子の生成消滅は無限直和で実現される．

$$\mathscr{F}^{(n)} = \mathscr{F}^{(n)}(\mathscr{W}) = \overset{n}{\underset{s}{\otimes}}\mathscr{W}, \quad \overset{0}{\underset{s}{\otimes}}\mathscr{W} = \mathbb{C}$$

として，無限直和空間 $\bigoplus_{n=0}^{\infty}\mathscr{F}^{(n)}(\mathscr{W})$ を考える．$\mathscr{F}^{(n)}(\mathscr{W})$ は n 粒子部分空間といわれ，特に，$\mathscr{F}^{(0)}(\mathscr{W})$ は 1 次元の部分空間で 1 で張られている．$\Omega_{\mathrm{b}} = 1\oplus 0\oplus\cdots$ はフォック真空とよばれる．さて，この集合に位相を導入するためにスカラー積を $(\Psi,\Phi)_{\mathscr{F}} = \sum_{n=0}^{\infty}(\Psi^{(n)},\Phi^{(n)})_{\mathscr{F}^{(n)}}$ で定めると，

$$\mathscr{F} = \mathscr{F}(\mathscr{W}) = \left\{ \Psi = \bigoplus_{n=0}^{\infty} \Psi^{(n)} \in \bigoplus_{n=0}^{\infty} \mathscr{F}^{(n)} \,\middle|\, \|\Psi\|_{\mathscr{F}}^2 = \sum_{n=0}^{\infty} \|\Psi^{(n)}\|_{\mathscr{F}^{(n)}}^2 < \infty \right\}$$

は $\mathscr{W}$ 上の ボゾン・フォック空間といわれる．これは $\mathbb{C}$ 上のヒルベルト空間になる．フォック空間 $\mathscr{F}$ の元は $(\Psi^{(n)})_{n\in\mathbb{N}}$ で $\Psi^{(n)} \in \mathscr{F}^{(n)}$ かつ

$$\|\Psi\|_{\mathscr{F}}^2 = \sum_{n=0}^{\infty} \|\Psi^{(n)}\|_{\mathscr{F}^{(n)}}^2 < \infty$$

となるものと同一視できる．

さて，量子場のダイナミックスを表現するために生成・消滅作用素という $\mathscr{F}$ 上の 2 つの作用素を定義しよう．それは，$f \in \mathscr{W}$ を指数にもち，各々 $a^\dagger(f), a(f)$ と表される．**生成作用素**は

$$(a^\dagger(f)\Psi)^{(0)} = 0, \quad (a^\dagger(f)\Psi)^{(n)} = \sqrt{n} S_n(f \otimes \Psi^{(n-1)}), n \geq 1$$

で定義される．

ここで，無限次元ヒルベルト空間上の線形作用素の一般論を簡単に説明する．$D(T)$ は作用素 T の定義域を表す．$\|Tf\| \leq C\|f\|$ がすべての $f \in D(T)$ で成り立つとき，T を有界作用素といい，そうでないとき非有界作用素という．さらに「$f_n \to f$ かつ $Tf_n \to g \Longrightarrow f \in D(T)$ かつ $Tf = g$」となるとき，T を閉作用素という．S が閉作用素の拡大をもつとき可閉という．さらに最小の閉拡大を S の閉包という．$D(T)$ が全空間と一致する閉作用素は有界作用素になる．無限次元のヒルベルト空間上の随伴作用素の定義は，定義域が全体に広がらないのでやや混み入っている．有限次元の場合，随伴行列は $A^* = \overline{{}^t A}$ と定義されるが，無限次元の場合は，任意の $g \in D(T)$ に対して $(f, Tg) = (h, g)$ となる h が存在するとき，$f \in D(T^*)$ であり，対応 $f \mapsto h$ を T^* と表す．つまり $h = T^* f$．$D(T)$ が稠密であれば，この定義で T^* が決まる．$T \subset T^*$ のとき対称作用素といい，$T = T^*$ のとき自己共役作用素という．また，T の閉包が自己共役になるとき T を本質的自己共役作用素という．じつは，本質的自己共役のとき，その自己共役拡大はただ一つに限ることが知られている．

さて，生成作用素は非有界で可閉作用素である．その閉包も同じ記号で書くことにする．定義域は

$$D(a^\dagger(f)) = \left\{ (\Psi^{(n)})_{n \geq 0} \in \mathscr{F} \,\middle|\, \sum_{n=1}^{\infty} n \|S_n(f \otimes \Psi^{(n-1)})\|_{\mathscr{F}^{(n)}}^2 < \infty \right\}$$

である．さらに**消滅作用素**は，$a^\dagger(f)$ の随伴作用素で定義する．つまり，

$$a(f) = (a^\dagger(\bar{f}))^*$$

と定める.定義から $a(f)$ と $a^\dagger(f)$ は閉作用素になる.さらに $f \mapsto a^\sharp(f)$ は複素数体上で線形になることを注意しておこう.名前からわかるように $a^\dagger(f)$ はボゾン数を一つ増やし,$a(f)$ は一つ減らす作用で,

$$a^\dagger(f): \mathscr{F}^{(n)}(\mathscr{W}) \to \mathscr{F}^{(n+1)}(\mathscr{W}), \quad a(f): \mathscr{F}^{(n)}(\mathscr{W}) \to \mathscr{F}^{(n-1)}(\mathscr{W})$$

である.$D \subset \mathscr{W}$ を稠密な部分集合とすれば

$$\text{線形和} \left\{ \prod_{j=1}^m a^\dagger(f_j)\Omega_\mathrm{b}, \Omega_\mathrm{b} \,\middle|\, f_j \in D, j=1,..,n, n \geq 1 \right\}$$

も稠密になる.ちなみにこれは,真空と生成作用素からボゾン・フォック空間が構成されていることをいっている.定義から $(\prod_{j=1}^m a^\dagger(f_j)\Omega)^{(n)} = \delta_{nm}\sqrt{n!}S_n(f_1 \otimes \cdots \otimes f_n)$ であることがわかる.

$$\mathscr{F}_\text{有限} = \left\{ (\Psi^{(n)})_{n \geq 0} \in \mathscr{F} \,\middle|\, \Psi^{(m)} = 0 \;(\forall m \geq \exists M) \right\}$$

は有限粒子部分空間といわれる稠密な部分空間である.生成消滅作用素 $a, a^\dagger$ は $\mathscr{F}_\text{有限}$ を不変にしているため,$\mathscr{F}_\text{有限}$ は $a, a^\dagger$ の代数的な関係式を導き出すのに都合がいい空間である.実際 $\mathscr{F}_\text{有限}$ 上で正準交換関係

$$[a(f), a^\dagger(g)] = (\bar{f}, g)\mathbb{1}, \quad [a(f), a(g)] = 0, \quad [a^\dagger(f), a^\dagger(g)] = 0$$

をみたす.よって,$a(f) \prod_{j=1}^m a^\dagger(f_j)\Omega = \sum_{i=1}^n (\bar{f}, f_i) \prod_{j \neq i}^m a^\dagger(f_j)\Omega$ のように作用する.

次に第 2 量子化について説明しよう(図 3 を参照).直感的には 1 粒子部分空間上の作用素を全フォック空間上の作用素に持ち上げる処方のことである.有界作用素 T が $\|Tf\| \leq \|f\|$ となるとき縮小作用素という.T を $\mathscr{W}$ 上の縮小作用素

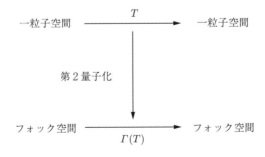

図 3 　第 2 量子化

とし，T の第 2 量子化 $\Gamma(T)$ を

$$\Gamma(T) = \bigoplus_{n=0}^{\infty} \Big(\underbrace{T \otimes \cdots \otimes T}_{n} \Big)$$

で定義する．ここで $\underbrace{T \otimes \cdots \otimes T}_{0} = \mathbb{1}$ と定める．即座に $\Gamma(T)$ も $\mathscr{F}$ 上の縮小作用素になることがわかる．$\mathscr{C}(X \to Y)$ は X から Y への縮小作用素全体の集合とすれば，第 2 量子化 Γ はファンクター $\Gamma : \mathscr{C}(\mathscr{W} \to \mathscr{W}) \to \mathscr{C}(\mathscr{F} \to \mathscr{F})$ を定める．ファンクター Γ は半群の性質をみたし，さらに $*$-代数である．つまり

$$\Gamma(S)\Gamma(T) = \Gamma(ST), \quad \Gamma(S)^* = \Gamma(S^*), \quad \Gamma(\mathbb{1}) = \mathbb{1}$$

が $S, T \in \mathscr{C}(\mathscr{W} \to \mathscr{W})$ に対して成り立つ．$\mathscr{W}$ 上の自己共役作用素 h に対して $\{\Gamma(e^{ith}) : t \in \mathbb{R}\}$ は強連続 1 径数ユニタリー群になるから，一意的な自己共役作用素 $d\Gamma(h) : \mathscr{F} \to \mathscr{F}$ で

$$\Gamma(e^{ith}) = e^{itd\Gamma(h)}, \quad t \in \mathbb{R},$$

となるものが存在する．これは Stone の定理とよばれている．$d\Gamma(h)$ も h の第 2 量子化という．

$$d\Gamma(h) = -i\frac{d}{dt}\Gamma(e^{ith})\lceil_{t=0}$$

だから

$$d\Gamma(h)\Omega_{\mathrm{b}} = 0,$$
$$d\Gamma(h)a^\dagger(f_1)\cdots a^\dagger(f_n)\Omega_{\mathrm{b}} = \sum_{j=1}^n a^\dagger(f_1)\cdots a^\dagger(hf_j)\cdots a^\dagger(f_n)\Omega_{\mathrm{b}}$$

となる．特に $\mathbb{1}$ の第 2 量子化作用素 $N = d\Gamma(\mathbb{1})$ は個数作用素といわれる．なぜなら，$N \prod_{j=1}^n a^\dagger(f_j)\Omega_{\mathrm{b}} = n \prod_{j=1}^n a^\dagger(f_j)\Omega_{\mathrm{b}}$ となり，ボゾンの個数を数えるからである．最後に第 2 量子化作用素と生成・消滅作用素の交換関係を与えておく：

$$[d\Gamma(h), a^\dagger(f)]\Psi = a^\dagger(hf)\Psi, \quad [d\Gamma(h), a(f)]\Psi = -a(hf)\Psi.$$

ここで $\Psi \in D(d\Gamma(h)^{3/2}) \cap \mathscr{F}_{\text{有限}}$．これは極限操作により $\Psi \in D(d\Gamma(h)^{3/2})$ まで拡張できる．

$a^\dagger$ と a から対称作用素を作るには 2 通りの方法がある．一つは和をとることであり，もう一つは差をとって $i = \sqrt{-1}$ をかけることである．**Segal 場** $\Phi(f)$ は

$$\Phi(f) = \frac{1}{\sqrt{2}}(a^\dagger(f) + a(\bar{f}))$$

で定義され，その**共役運動量**は

$$\Pi(f) = \frac{i}{\sqrt{2}}(a^\dagger(f) - a(\bar{f}))$$

で定義される．$\Phi(f)$ と $\Pi(g)$ はともに $\mathscr{F}_{\text{有限}}$ 上本質的自己共役で，その閉包も同じ記号で表す．つまり，どちらも自己共役作用素として定義される．すぐに

$$[\Phi(f), \Pi(g)] = i\mathrm{Re}(f,g), \quad [\Phi(f), \Phi(g)] = i\mathrm{Im}(f,g), \quad [\Pi(f), \Pi(g)] = i\mathrm{Im}(f,g)$$

がわかる．

以上，第 2 量子化作用素，Segal 場，その共役運動量を定義したが，その直感的なイメージを与えておこう．実は H_f, $\Phi(f)$, $\Pi(f)$ は，それぞれ，d 次元の量子力学の基本的な作用素，調和振動子 $h = -\frac{1}{2}\Delta + \frac{1}{2}|x|^2 - \frac{1}{2}$，位置作用素 $Q_j = x_j$，運動量作用素 $P_j = -i\frac{d}{dx_j}$, $j = 1, \ldots, d$, の無限次元版と直感的に思える．添字の j が $f \in \mathscr{W}$ に対応している．$\mathscr{W}$ の基底を $\{e_n\}$ とすれば，$\Phi(e_n)$, $\Pi(e_n)$ は無限次元のそれらに対応しているとみなせ，3 つ組 $\{h, Q_j, P_j\}_{j=1}^d$ の無限次元版が $\{H_\mathrm{f}, \Phi(e_n), \Pi(e_n)\}_{n=1}^\infty$ と思える．

さて Wick 積 $:\prod_{i=1}^n \Phi(f_i):$ は帰納的に

$$:\Phi(f): = \Phi(f), \quad :\Phi(f)\prod_{i=1}^n \Phi(f_i): = \Phi(f):\prod_{i=1}^n \Phi(f_i): -\frac{1}{2}\sum_{j=1}^n (f, f_j):\prod_{i \neq j}^n \Phi(f_i):$$

で定義される．$:\Phi(f_1)\cdots\Phi(f_n):\Omega_\mathrm{b} = 2^{-n/2} a^\dagger(f_1)\cdots a^\dagger(f_n)\Omega_\mathrm{b}$ なので

$$\left(:\prod_{i=1}^n \Phi(f_i):\Omega_\mathrm{b}, :\prod_{i=1}^m \Phi(g_i):\Omega_\mathrm{b}\right) = \delta_{nm} 2^{-n/2} \sum_{\pi \in \mathscr{P}_n} \prod_{i=1}^n (g_i, f_{\pi(i)})$$

となる．$n \neq m$ のとき 2 つのベクトルが直交していることが大切である．最後に実数値関数 f, g に対して

$$(\Omega_\mathrm{b}, \Phi(f)\Omega_\mathrm{b}) = 0,$$
$$(\Omega_\mathrm{b}, \Phi(f)\Phi(g)\Omega_\mathrm{b}) = \frac{1}{2}(f, g),$$
$$(\Omega_\mathrm{b}, e^{\alpha\Phi(f)}\Omega_\mathrm{b})_\mathscr{F} = e^{(1/4)\alpha^2\|f\|^2}$$

が成り立つことを注意する．これらは，次にフォック空間の確率論的な表現を構成するときに役に立つ．

1.4 フォック空間の Q-表現

実内積空間 $\mathscr{E}$ を指数にもつ確率空間 (Q, Σ, μ) 上のガウス超過程を定義しよう．期待値を $\int_Q \cdots d\mu = \mathbb{E}_\mu[\cdots]$ と表す．

定義 1.1 (ガウス超過程) $(\phi(f), f \in \mathscr{E})$ が確率空間 (Q, Σ, μ) 上の $\mathscr{E}$ を指数にもつガウス超過程であるとは次を満たすことである．

(1) $\phi(f)$ は (Q, Σ, μ) 上のガウス過程で平均ゼロ，共分散が
$$\mathbb{E}_\mu[\phi(f)\phi(g)] = \frac{1}{2}(f,g)_\mathscr{E}.$$

(2) $\phi(\alpha f + \beta g) = \alpha \phi(f) + \beta \phi(g)$, $\alpha, \beta \in \mathbb{R}$.

(3) Σ は $\{\phi(f) \mid f \in \mathscr{E}\}$ を可測にする最小のシグマ代数．

フォック空間とガウス超過程の関係を見ておこう．そのために $\mathscr{E}$ の複素化 $\mathscr{E}_\mathbb{C}$ について説明する．$\mathscr{E}_\mathbb{C} = \{\{f, g\} | f, g \in \mathscr{E}\}$ とし，ここにスカラー倍を以下で定める: $\lambda \in \mathbb{R}$ に対して $\lambda\{f, g\} = \{\lambda f, \lambda g\}$, $i\lambda\{f, g\} = \{-\lambda f, \lambda g\}$．また $\{f, g\} + \{f', g'\} = \{f + f', g + g'\}$ とする．$\mathscr{E}_\mathbb{C}$ 上の内積を
$$(\{f, g\}, \{f', g'\})_{\mathscr{E}_\mathbb{C}} = (f, f')_\mathscr{E} + (g, g')_\mathscr{E} + i((f, g')_\mathscr{E} - (g, f')_\mathscr{E})$$
で定義する．これで $\mathscr{E}_\mathbb{C}$ が複素内積空間になった．このようにすると $L^2(Q, \Sigma, \mu)$ と $\mathscr{F}(\mathscr{E}_\mathbb{C})$ はユニタリー同値になる．これをみてみよう．$L^2(Q) = L^2(Q, \Sigma, \mu)$ とおく．フォック空間の Wick 積と同様に $L^2(Q)$ 上の Wick 積を帰納的に
$$:\phi(f): = \phi(f), \quad :\phi(f)\prod_{i=1}^n \phi(f_i): = \phi(f):\prod_{i=1}^n \phi(f_i): - \frac{1}{2}\sum_{j=1}^n (f, f_j):\prod_{i \neq j}^n \phi(f_i):$$
で定義する．すぐに
$$\left(:\prod_{i=1}^n \phi(f_i):, :\prod_{i=1}^m \phi(g_i):\right) = \delta_{mn} \sum_{\pi \in \wp_n} 2^{-n} \prod_{i=1}^n (f_i, g_{\pi(i)})$$
となることがわかる．部分空間を
$$L_n^2(Q) = \overline{\text{線形和}\left\{:\prod_{i=1}^n \phi(f_i): \Big| f_i \in \mathscr{E}, i = 1, ..., n\right\} \cup \{\mathbb{1}\}}$$
としよう．このとき $L_m^2(Q) \perp L_n^2(Q)$ $(n \neq m)$ がわかる．じつは
$$L^2(Q) = \bigoplus_{n=0}^\infty L_n^2(Q)$$

がわかる．$U_W : \mathscr{F}(\mathscr{E}_{\mathbb{C}}) \to L^2(Q)$ を

$$U_W : \prod_{i=1}^n \Phi(f_i) \colon \Omega_b =: \prod_{i=1}^n \phi(f_i)\colon, \quad U_W \Omega_b = \mathbb{1}$$

で定めると，$U_W : \mathscr{F}(\mathscr{E}_{\mathbb{C}}) \to L^2(Q)$ は次を満たす: (1) $U_W \Omega_b = \mathbb{1}$,
(2) $U_W \mathscr{F}^{(n)}(\mathscr{E}_{\mathbb{C}}) = L_n^2(Q)$, (3) $U_W \Phi(f) U_W^{-1} = \phi(f), f \in \mathscr{E}$. よって，
$\mathscr{F}(\mathscr{E}_{\mathbb{C}}) \cong L^2(Q)$ が示された．

$T : \mathscr{E}_{\mathbb{C}} \to \mathscr{E}_{\mathbb{C}}$ を縮小作用素とする．$U_W \Gamma(T) U_W^{-1} : L^2(Q) \to L^2(Q)$ も $L^2(Q)$ 上の第2量子化作用素とよばれ，簡単に $\Gamma(T)$ とかくことにする．$T : \mathscr{E} \to \mathscr{E}$ のとき，

$$\Gamma(T) : \prod_{i=1}^n \phi(f_i) \colon =: \prod_{i=1}^n \phi(Tf_i)\colon, f_i \in \mathscr{E}, \quad \Gamma(T) \mathbb{1} = \mathbb{1}$$

がわかる．さらに自己共役作用素 h に対して $U_W d\Gamma(h) U_W^{-1}$ も混乱しない限りは簡単に $d\Gamma(h)$ とかくことにする．最後に重要な性質を紹介する．T を実ヒルベルト空間 $\mathscr{E}$ 上の縮小作用素とする．このとき $\Gamma(T)$ は正値性保存作用素になる．

1.5 スカラー場

抽象的な準備が整ったので具体的な例を与える．$\mathscr{W} = L^2(\mathbb{R}^d)$ としよう．このとき n 粒子部分空間 $\mathscr{F}^{(n)}$ は $L_{sym}^2(\mathbb{R}^{dn})$ と同一視できることはすでに述べた．以降この同一視を使う．生成・消滅作用素は

$$(a(f)\Psi)^{(n)}(k_1, ..., k_n) = \sqrt{n+1} \int_{\mathbb{R}^d} f(k) \Psi^{(n+1)}(k, k_1, ..., k_n) dk, \ n \geq 0,$$

$$(a^\dagger(f)\Psi)^{(n)}(k_1, ..., k_n) = \frac{1}{\sqrt{n}} \sum_{j=1}^n f(k_j) \Psi^{(n-1)}(k_1, ..., \hat{k}_j, ..., k_n), \ n \geq 1,$$

$$(a^\dagger(f)\Psi)^{(0)} = 0$$

となる．形式的に $a^\dagger(f) = \int a^\dagger(k) f(k) dk$, $a(f) = \int a(k) f(k) dk$ と表せば，$a(k)$ と $a^\dagger(k)$ は

$$(a(k)\Psi)^{(n)}(k_1, ..., k_n) = \sqrt{n+1} \Psi^{(n+1)}(k, k_1, ..., k_n),$$

$$(a^\dagger(k)\Psi)^{(n)}(k_1, ..., k_n) = \frac{1}{\sqrt{n}} \sum_{j=1}^n \delta(k-k_j) \Psi^{(n-1)}(k_1, ..., \hat{k}_j, ..., k_n)$$

となり，$[a(k), a^\dagger(k')] = \delta(k-k'), [a(k), a(k')] = 0 = [a^\dagger(k), a^\dagger(k')]$ をみたす．
$\omega : L^2(\mathbb{R}^d) \to L^2(\mathbb{R}^d)$ はかけ算作用素で，$\omega(k) = \sqrt{|k|^2 + m^2}$．ここで，$m \geq 0$

は場に付随するボゾンの質量を表す．その第2量子化作用素は

$$(d\Gamma(\omega)\Psi)^{(n)}(k_1,...,k_n) = \left(\sum_{j=1}^n \omega(k_j)\right)\Psi^{(n)}(k_1,...,k_n)$$

となる．$d\Gamma(\omega)$ は自由ハミルトニアンといわれ，$H_{\mathrm{f}} = d\Gamma(\omega)$ とおく．特に $H_{\mathrm{f}}\Omega_{\mathrm{b}} = 0$ となるから，0 は H_{f} の固有値である．交換関係は以下のようになる：

$$[H_{\mathrm{f}}, a(f)] = -a(\omega f),\ [H_{\mathrm{f}}, a^\dagger(f)] = a^\dagger(\omega f).$$

1.6 ユークリッド場

$\mathscr{F} = \mathscr{F}(L^2(\mathbb{R}^d))$ と自然に同型となるガウス超過程の空間 $L^2(Q)$ を構成しよう．その基本となるものは次の定理である．

定理 1.2 (Bochner-Minlos の定理) $Q = \mathscr{S}'_{\mathbb{R}}(\mathbb{R}^d)$ は実シュワルツ超関数空間として，$\phi(f) = \langle \phi, f\rangle, f \in \mathscr{S}_{\mathbb{R}}(\mathbb{R}^d)$，とする．このとき，$\phi(f)$ が $f \in \mathscr{S}_{\mathbb{R}}(\mathbb{R}^d)$ を指数にもつガウス超過程になる測度 μ が Q 上に存在する．

Bochner-Minlos の定理は核型空間まで一般化できる．上で述べた定理は核型空間として Q を取っている．Bochner-Minlos の定理により $\mathbb{E}_\mu[|\phi(f)|^2] = \frac{1}{2}\|f\|^2$ となるから，$\phi(f)$ は $f \in L^2_{\mathbb{R}}(\mathbb{R}^d)$ まで拡大することができる．実際 $f \in L^2_{\mathbb{R}}(\mathbb{R}^d)$ に対して $f_n \to f$ となる列 $f_n \in \mathscr{S}_{\mathbb{R}}(\mathbb{R}^d)$ が存在するので $\phi(f) = s\text{-}\lim_{n\to\infty}\phi(f_n)$ として定義できる．

このようにして $(\phi(f), f \in L^2_{\mathbb{R}}(\mathbb{R}^d))$ は (Q, Σ, μ) 上の $L^2_{\mathbb{R}}(\mathbb{R}^d)$ を指数に持つガウス超過程になる．$f \in L^2(\mathbb{R}^d)$ に対して $\phi(f) = \phi(\mathrm{Re}\,f) + i\phi(\mathrm{Im}\,f)$ と拡張する．そうすると $f \mapsto \phi(f)$ は複素線形になる．以上から $L^2(Q) \cong \mathscr{F}$ が従う．$F : L^2(\mathbb{R}^d) \to L^2(\mathbb{R}^d)$ をフーリエ変換とし，ユニタリー作用素 $\Gamma(F) : \mathscr{F} \to \mathscr{F}$ を考える．$\hat{f} = Ff$ と表すことにする．このとき $\Gamma(F)\Phi(f)\Gamma(F)^{-1} = \Phi(\hat{f})$ が成り立つから，$\Phi(f)$ と $\Phi(\hat{f})$ は同型である．よって $U_{\mathrm{W}}\phi(f)U_{\mathrm{W}}^{-1} = \Phi(f), f \in L^2_{\mathbb{R}}(\mathbb{R}^d)$，なので

$$\phi(f) \cong \Phi(\hat{f}), \quad f \in L^2_{\mathbb{R}}(\mathbb{R}^d)$$

となる．ここで，細かな注意をあたえる．一般の $f \in L^2(\mathbb{R}^d)$ に対して $\phi(f)$ と $\Phi(\hat{f})$ は同型にならない．なぜならば，$\phi(f)$ は f について複素線形だが，$\Phi(\hat{f})$ は実線形なため．そこで，

$$\phi_b(f) = \frac{1}{\sqrt{2}}\int \left(a^\dagger(k)\hat{f}(k) + a(k)\hat{f}(-k)\right)dk$$

とすれば，
$$\phi(f) \cong \phi_b(f), \quad f \in L^2(\mathbb{R}^d),$$
となる．もちろん $f \in L^2_{\mathbb{R}}(\mathbb{R}^d)$ のとき $\hat{f}(-k) = \overline{\hat{f}(k)}$ なので $\Phi(\hat{f}) = \phi_b(f)$ である．

さて，$\phi_{\rm E}(F)$ は確率空間 $(Q_{\rm E}, \Sigma_{\rm E}, \mu_{\rm E})$ 上の $F \in L^2_{\mathbb{R}}(\mathbb{R}^{d+1})$ を指数に持つガウス超過程とする．構成の仕方は $\phi(f)$ とまったく同じである．違うのは次元が $d+1$ 次元に変わったところだけである．これをユークリッド場という．

伝統的な場の量子論ではフォック空間としてソボレフ空間 $H_{-1/2}(\mathbb{R}^3)$ を指数に持つガウス超過程を考え，ユークリッド場としては $H_{-1}(\mathbb{R}^4)$ を指数に持つガウス超過程を考える．これは，等長写像 $i_t : H_{-1/2}(\mathbb{R}^3) \ni f \mapsto \delta_t \otimes f \in H_{-1}(\mathbb{R}^4)$ を導く．しかし，ここではそれらをとらない．

いまから $J_t : L^2(Q) \to L^2(Q_{\rm E})$ を $j_t : L^2(\mathbb{R}^d) \to L^2(\mathbb{R}^{d+1})$ の第 2 量子化作用素で定義しよう．ここで
$$\widehat{j_s f}(k_0, k) = \frac{e^{-itk_0}}{\sqrt{\pi}} \frac{\sqrt{\omega(k)}}{\sqrt{\omega(k)^2 + |k_0|^2}} \hat{f}(k), \quad (k_0, k) \in \mathbb{R} \times \mathbb{R}^d.$$
いま $\hat{\omega} = \sqrt{-\Delta + \nu^2}$ とすれば $j_s^* j_t = e^{-|t-s|\hat{\omega}}$ となり，特に j_t は等長作用素である．これは，i_t に対応するもので，大事なことは $i_t^* i_s = e^{-|t-s|\hat{\omega}}$ と同じ関係式を j_t が満たすことである．さて $J_t : L^2(Q) \to L^2(Q_{\rm E})$ を
$$J_t 1\!\!1 = 1\!\!1_{\rm E}, \quad J_t : \phi(f_1) \cdots \phi(f_n) := \phi_{\rm E}(j_t f_1) \cdots \phi_{\rm E}(j_t f_n):$$
で定義する．恒等式 $j_s^* j_t = e^{-|t-s|\hat{\omega}}$ から $J_t^* J_s = e^{-|t-s|U_{\rm W}^{-1} H_{\rm f} U_{\rm W}}$ が従う (図 4 を参照)．つまり，$e^{-|t-s|U_{\rm W}^{-1} H_{\rm f} U_{\rm W}}$ を分解したことになる．ここで $U_{\rm W}^{-1} H_{\rm f} U_{\rm W}$ は

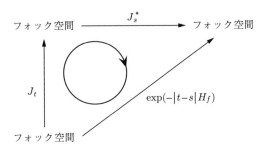

図 4　ユークリッド場とフォック空間

$L^2(Q)$ の自由ハミルトニアンで, 以降 H_{f} と書くことにする. $F,G \in L^2(Q)$ とし $t \geq 0$ とする. このとき $(F, e^{-tH_{\mathrm{f}}}G)_{L^2(Q)} = (\mathrm{J}_0 F, \mathrm{J}_t G)_{L^2(Q_{\mathrm{E}})}$ となる.

2 確率論的準備

確率空間, ウィナー測度, ブラウン運動, マルコフ過程, マルチンゲール, 確率積分, 伊藤の公式など, 必要最小限の確率論の基本的アイテムを復習する.

2.1 ブラウン運動と確率積分

確率解析の中心的な確率過程の一つがブラウン運動である. ブラウン運動はマルコフ過程で, 分布は熱核になり, その生成子は $-\frac{1}{2}\Delta$ である. パス空間上に測度を定義して確率変数を考えるわけだが, 抽象的には可測空間上の可測関数の話なので驚くことではない. $\mathbb{R}^d$ に値をとる連続パスの全体を $\mathscr{X} = C([0,\infty); \mathbb{R}^d)$ で表す. 伝統的にパスという言葉を使うが, 今の場合は連続関数のことである. $\mathscr{X}$ には, 和とスカラー倍が自然に定義され, 線形空間になる. $\mathscr{X}$ に位相を導入する. $\mathscr{X}$ で $f_k \to f(k \to \infty)$ とは

$$\lim_{k \to \infty} \sum_{n=0}^{\infty} \frac{\left(\sup_{0 \leq t \leq n} |f_k(t) - f(t)|\right) \wedge 1}{2^n} = 0$$

と定める. これは f_k が $[0, \infty)$ の任意のコンパクト集合上で f に一様収束することと同値である. これを局所一様位相という. $\mathscr{X}$ を位相空間とみなして, そのボレルシグマ代数を $\mathcal{B}(\mathscr{X})$ で表す. じつはこのようにして定義した $\mathcal{B}(\mathscr{X})$ は, $\mathscr{X}$ の柱状集合全体

$$C = \bigcup_{0 \leq t_1 < \cdots < t_n < \infty} \{w \in \mathscr{X} | (w(t_1), \ldots, w(t_n)) \in A_1 \times \cdots \times A_n,$$

$$A_j \in \mathcal{B}(\mathbb{R}^d), j = 1, \ldots, n\}$$

から生成されるシグマ代数 $\sigma(C)$ と一致する, i.e., $\sigma(C) = \mathcal{B}(\mathscr{X})$. 柱状集合で定義すると位相のことを気にしなくていいので便利なことも多い. さて, 可測空間 $(\mathscr{X}, \mathcal{B}(\mathscr{X}))$ に熱核を使って測度を定義しよう. d 次元の熱核を

$$\Pi_t(x) = \frac{1}{(2\pi t)^{d/2}} \exp\left(\frac{-|x|^2}{2t}\right), \quad t > 0$$

で表す.柱状集合 $\mathscr{C} = \{w \in \mathscr{X} | w(t_1) \in F_1, \ldots, w(t_n) \in F_n\}$ に対して,$x_0 = x$ として

$$\mathcal{W}^x(\mathscr{C}) = \int_{\mathbb{R}^{dN}} \left(\prod_{j=1}^n \mathbb{1}_{F_j}(x_j)\right)\left(\prod_{j=1}^n \Pi_{t_j - t_{j-1}}(x_j - x_{j-1})\right) dx_1 \cdots dx_n$$

で決まる集合関数は,$\mathscr{X}$ 上の確率測度に一意的に拡張できる.これを可測空間 $(\mathscr{X}, \mathcal{B}(\mathscr{X}))$ 上のウィナー測度という.特に $\mathcal{W}^0 = \mathcal{W}$ とおく.さて,このとき座標過程

$$B_t(\cdot) = (B_t^1(\cdot), \cdots, B_t^d(\cdot)) : \mathscr{X} \to \mathbb{R}^d, \quad \mathscr{X} \ni w \mapsto w(t), \quad t \geq 0$$

は $x \in \mathbb{R}^d$ から出発する確率空間 $(\mathscr{X}, \mathcal{B}(\mathscr{X}), \mathcal{W}^x)$ 上の d 次元ブラウン運動になる.つまり

(1) $\mathcal{W}^x(B_0 = x) = 1$,
(2) $t \mapsto B_t$ は確率 1 で連続,
(3) $\{B_{t_i}^j - B_{t_{i-1}}^j\}_{1 \leq i \leq n, 1 \leq j \leq d}$ は独立な nd 個の確率変数族で,$B_{t_i}^j - B_{t_{i-1}}^j$ は平均がゼロ,分散 $t_i - t_{i-1}$ のガウス過程になる.

確率空間 $(\mathscr{Y}, \mathcal{F}, Q)$ 上の 2 つの確率変数 X, Y が独立とは

$$\mathbb{E}_Q[f(X)g(Y)] = \mathbb{E}_Q[f(X)]\mathbb{E}_Q[g(Y)]$$

となることである.(3) の性質は,増分が独立なので独立増分といわれる.$\mathbb{E}_\mathcal{W}^x[\cdots] = \int_\mathscr{X} \cdots d\mathcal{W}^x$ と表すと次が従う:

$$\mathbb{E}_\mathcal{W}^x[f(B_t)] = \mathbb{E}_\mathcal{W}^0[f(B_t + x)].$$

また,$x = 0$ から出発する B_t の分布関数は Π_t なので

$$\mathbb{E}_\mathcal{W}^x[f(B_t)] = \int_{\mathbb{R}^d} \Pi_t(x - y) f(y) dy$$

となる.さらに,これから $\mathbb{E}_\mathcal{W}^x[f(B_t)] = (e^{t\Delta/2} f)(x)$ もわかる.

続いてマルコフ過程とマルチンゲールについて復習する.確率空間 $(\mathscr{Y}, \mathcal{F}, Q)$ を考える.$\mathbb{E}_Q[Z|\mathcal{G}]$ は部分シグマ代数 $\mathcal{G} \subset \mathcal{F}$ で条件付けられた確率変数 Z の条件付き期待値を表す.条件付き期待値 $\mathbb{E}_Q[Z|\mathcal{G}]$ は名前とは裏腹に確率変数で,大事なことは,$\mathcal{G}$-可測な関数であることである.Z はもちろん $\mathcal{F}$-可測ではあるが,シグマ代数 $\mathcal{G}$ に関して一般に可測になっていない.しかし,ラドン・ニコディムの定理から $\mathbb{E}[\mathbb{1}_A Z] = \mathbb{E}[\mathbb{1}_A Y]$ が任意の $A \in \mathcal{G}$ に対して成り立つ $\mathcal{G}$ 可測な可積

分関数 Y が存在する．それを $\mathbb{E}_Q[Z|\mathcal{G}]$ と表す伝統がある．確率過程に対して条件付き期待値を考えるときには部分シグマ代数の族が必要になる．そこで，非減少な部分シグマ代数の族をフィルトレーションという．

定義 2.1 (マルコフ過程とマルチンゲール) $(\mathcal{Y}, \mathcal{F}, Q)$ を確率空間とし，$(\mathcal{B}_t)_{t\geq 0}$ をフィルトレーションとする．

(1) 確率過程 $(X_t)_{t\geq 0}$ が $(\mathcal{B}_t)_{t\geq 0}$ に関してマルコフ過程であるとは
$$\mathbb{E}_Q[f(X_t)|\mathcal{B}_s] = \mathbb{E}_Q[f(X_t)|\sigma(X_s)], \quad t\geq s,$$
が任意の有界ボレル可測関数 $f: \mathbb{R}^d \to \mathbb{R}$ に対して成り立つことである．

(2) 確率過程 $(Y_t)_{t\geq 0}$ が $(\mathcal{B}_t)_{t\geq 0}$ に関してマルチンゲールであるとは
$$\mathbb{E}_Q[|Y_t|] < \infty, \quad \mathbb{E}_Q[Y_t|\mathcal{B}_s] = Y_s, \quad t\geq s,$$
となることである．

マルチンゲールは平均値が時間について不変になるので $\mathbb{E}[Y_t] = \mathbb{E}[Y_0]$ となる．ブラウン運動 $(B_t)_{t\geq 0}$ は自然なフィルトレーション $\mathcal{F}_t^B = \sigma(B_s; 0\leq s\leq t)$ に関してマルコフ過程でありマルチンゲールである．マルコフ性から $\mathbb{E}_{\mathcal{W}}^x[f(B_t)|\mathcal{F}_s] = \mathbb{E}_{\mathcal{W}}^{B_s}[f(B_{t-s})]$ となることがわかる．$f\in L^2(\mathbb{R}^d)$ のとき，$\mathbb{E}_{\mathcal{W}}^x[f(B_t)|\mathcal{F}_t] \in L^2(\mathbb{R}^d)$ になり，$f \mapsto \mathbb{E}_{\mathcal{W}}^x[f(B_t)|\mathcal{F}_t]$ は $L^2(\mathbb{R}^d)$ 上の射影になる．

ブラウン運動 $(B_t)_{t\geq 0}$ の時刻 t を半開区間 $[0,\infty)$ から全空間 $\mathbb{R}$ へ拡張しておくと便利なことがある．$\widetilde{\mathscr{X}} = C(\mathbb{R}; \mathbb{R}^d)$ とおく．座標過程 $(\widetilde{B}_t)_{t\in\mathbb{R}}$ が (1)–(5) を満たす確率空間 $(\widetilde{\mathscr{X}}, \mathcal{B}(\widetilde{\mathscr{X}}), \widetilde{\mathcal{W}}^x)$ が構成できる：

(1) $\widetilde{\mathcal{W}}^x(\widetilde{B}_0 = x) = 1$.

(2) $\mathbb{R}\ni t \mapsto \widetilde{B}_t$ は確率 1 で連続．

(3) $\widetilde{B}_t$ と $\widetilde{B}_s$ ($t>0$, $s<0$) は独立で $\widetilde{B}_t \stackrel{\mathrm{d}}{=} \widetilde{B}_{-t}$.

(4) $(\widetilde{B}_{t_i}^j - \widetilde{B}_{t_{i-1}}^j)_{1\leq i\leq n, 1\leq j\leq d}$ ($0 = t_0 < t_1 < \cdots < t_n$) は独立なガウス型確率変数族で $\widetilde{B}_t^j - \widetilde{B}_s^j$ の平均は 0, 分散は $t - s$ ($t > s$).
また，$(\widetilde{B}_{-t_{i-1}}^j - \widetilde{B}_{-t_i}^j)_{1\leq i\leq n, 1\leq j\leq d}$ ($0 = -t_0 > -t_1 > \cdots > -t_n$) は独立なガウス型確率変数族で $\widetilde{B}_{-t}^j - \widetilde{B}_{-s}^j$ の平均は 0, 分散は $s - t$ ($-t > -s$).

(5) $dx \otimes \widetilde{\mathcal{W}}^x$ に関する $\widetilde{B}_{t_0}, \ldots, \widetilde{B}_{t_n}$ の同分布はシフト不変．つまり
$$\int_{\mathbb{R}^d} dx \mathbb{E}_{\widetilde{\mathcal{W}}}^x\left[\prod_{i=0}^n f_i(\widetilde{B}_{t_i})\right] = \int_{\mathbb{R}^d} dx \mathbb{E}_{\widetilde{\mathcal{W}}}^x\left[\prod_{i=0}^n f_i(\widetilde{B}_{t_i+s})\right].$$

以降混乱しない限り $\widetilde{B}_t, \widetilde{\mathscr{X}}, \widetilde{\mathcal{W}}^x$, は $B_t, \mathscr{X}, \mathcal{W}^x$ と表す．さて，確率積分を定義しよう．区間 $[0,T]$ の分割を $0 = t_0 < t_1 < \cdots < t_n = T$ とし，f_j は $\mathcal{F}^B_{t_j}$-可測な $\mathbb{C}^d$-値関数であると仮定する．このとき階段関数 $\phi(t,w) = \sum_{j=0}^{n} f_j(w) \mathbb{1}_{[t_j, t_{j+1})}(t)$ に対して

$$\int_0^T \phi(t,w) \cdot dB_t = \sum_{j=0}^{n} f_j(w) \cdot (B_{t_{j+1}}(w) - B_{t_j}(w)) \qquad (2.1)$$

と定めると，f_j の $\mathcal{F}^B_{t_j}$-可測性から

$$\mathbb{E}_\mathcal{W}\left[\left(\int_0^T \phi(t,w) \cdot dB_t\right)^2\right] = \mathbb{E}_\mathcal{W}\left[\int_0^T |\phi(t,w)|^2 dt\right]$$

が従う．(2.1) を拡張するために関数のクラスを定義する．次の (1)–(3) を満たす関数全体を $M(0,T)$ と表す：

(1) $f : \mathbb{R}^+ \times \mathscr{X} \to \mathbb{R}^d$ は $(\mathcal{B}(\mathbb{R}^+) \times \mathcal{B}(\mathscr{X}))/\mathcal{B}(\mathbb{R}^d)$ 可測．
(2) $0 \leq t \leq T$ に対して $f(t,\cdot)$ は $\mathcal{F}^B_t$ 可測．
(3) $\mathbb{E}_\mathcal{W}\left[\int_0^T |f(t,w)|^2 dt\right] < \infty$．

$f \in M(0,T)$ に対して $\mathbb{E}_\mathcal{W}\left[\int_0^T |f(t,w) - \phi_n(t,w)|^2 dt\right] \to 0 \ (n \to \infty)$ となる (2.1) のような階段関数列 ϕ_n が存在するから $f \in M(0,T)$ に対して $\int_0^T \phi_n(s,w) \cdot dB_s$ が $L^2(\mathscr{X}, d\mathcal{W})$ でコーシー列になるので $I_T \in L^2(\mathscr{X}, d\mathcal{W})$ を

$$I_T = s\text{-}\lim_{n\to\infty} \int_0^T \phi_n(s,w) \cdot dB_s$$

と定める．これは ϕ_n の選び方によらないことも示せる．

定義 2.2 (確率積分) $f \in M(0,T)$ に対して I_T を確率積分といい，次のように表す．

$$I_T = \int_0^T f(t,w) \cdot dB_t.$$

$(X_t)_{t\geq 0}$ が $(Y_t)_{t\geq 0}$ の連続修正とは $t \mapsto X_t$ が確率 1 で連続でかつ $X_t = Y_t$ が t ごとに確率 1 で成り立つことである. $(I_t)_{t\geq 0}$ には連続修正が存在することが示せるので, 以降, $t \mapsto I_t$ は確率 1 で連続とみなす. さらに, $(I_t)_{t\geq 0}$ は,

$$(\text{平均}) \quad \mathbb{E}_\mathcal{W}^0[I_t] = 0, \quad (\text{分散}) \quad \mathbb{E}_\mathcal{W}^0[|I_t|^2] = \mathbb{E}_\mathcal{W}^0\left[\int_0^t |f(s,w)|^2 ds\right]$$

の $(\mathscr{X}, \mathcal{B}(\mathscr{X}), \mathcal{W})$ 上のマルチンゲールになる. 次は**伊藤の公式**とよばれている. $F \in C^2(\mathbb{R}^d)$ で $\nabla_j F, \nabla_j^2 F$ は有界であるとする. $X_t^j = \int_0^t f_j(s) dB_s^j$ とする. このとき

$$F(X_t) - F(X_0)$$
$$= \sum_{j=1}^d \int_0^t \nabla_j F(X_s) f_j(B_s) dB_s^j + \frac{1}{2} \sum_{i,j=1}^d \int_0^t \nabla_i \nabla_j F(X_s) f_i(B_s) f_j(B_s) ds.$$

2.2 Kato-クラスと基底状態変換

シュレディンガー作用素
$$H_\mathrm{p} = -\frac{1}{2}\Delta + V$$
を $L^2(\mathbb{R}^d)$ 上のシュレディンガー作用素とする. $V = 0$ のとき,

$$(f, e^{t\Delta/2}g) = \int_{\mathbb{R}^d} dx \mathbb{E}_\mathcal{W}^x[\bar{f}(B_0) g(B_t)]$$

となるが, ポテンシャルが存在するときは次のファインマン・カッツの公式が成立する:

$$(f, e^{-tH_\mathrm{p}}g) = \int_{\mathbb{R}^d} dx \mathbb{E}_\mathcal{W}^x\left[\bar{f}(B_0) g(B_t) e^{-\int_0^t V(B_s) ds}\right].$$

この公式をよく眺めて H_p が生成する熱半群 e^{-tH_p} を確率論的に解析するために便利なポテンシャルのクラスを導入する.

定義 2.3 (Kato クラス) 可測関数 $V : \mathbb{R}^d \to \mathbb{R}$ が

$$\lim_{t\downarrow 0} \sup_{x \in \mathbb{R}^d} \mathbb{E}_\mathcal{W}^x\left[\int_0^t |V(B_s)| ds\right] = 0$$

を満たすとき V を Kato クラスのポテンシャルといい，その全体を $\mathscr{K}_d$ で表す．

$V = V_+ - V_-$ とし，$V_+ \in L^1_{\mathrm{loc}}(\mathbb{R}^d)$, $V_- \in \mathscr{K}_d$ となるとき，V は Kato 分解可能という．Kato クラスの同値な定義が知られている．$V \in \mathscr{K}_d$ であるための必要十分条件は
$$\lim_{r \downarrow 0} \sup_{x \in \mathbb{R}^d} \int_{|x-y|<r} |g(x-y)V(y)|dy = 0.$$
ここで $g(x)$ は次元によった関数で $g(x) = |x|(d=1)$, $g(x) = -\log|x|(d=2)$, $g(x) = |x|^{2-d}(d \geq 3)$ である．さて Kato クラスポテンシャルの例をあげよう．

(1) $d = 3$ で $|x|^{-p}(p < 2)$．

(2) $V \in L^p(\mathbb{R}^d) + L^\infty(\mathbb{R}^d)$．ここで $p = 1$ $(d=1)$, $p > d/2(d \geq 2)$．

(1) の例で p がギリギリ 2 までいけるところが Kato クラスの有利な点であり，Kato クラスが特異性の高いポテンシャルまで取り込める所以である．この $p < 2$ という条件は，$a < 1$ のとき一次元積分が $\int_{|x|<r} |x|^{-a}dx < \infty$ となる事実からくる．ラフにいえば $\int_{|x-y|<r} \frac{1}{|x-y|^{d-2}}\frac{1}{|y|^p}dy$ で $x = 0$ とおけば $\int_{|y|<r} \frac{1}{|y|^{d-2+p}}dy = \int_{-r}^{r} \frac{1}{|t|^{p-1}}dt$ から導かれる．$-\frac{1}{2}\Delta + V$ で V が Kato 分解可能な場合を考える．このとき，写像
$$L^2(\mathbb{R}^d) \ni f \mapsto S_t f(x) = \mathbb{E}^x_{\mathcal{W}}\left[e^{-\int_0^t V(B_s)} f\right] \in L^2(\mathbb{R}^d)$$
が定義できる．さらに S_t, $t \in \mathbb{R}$ が対称な C_0 半群になることもわかるので，下から有界な自己共役作用素 h が一意的に存在して $S_t = e^{-th}$ と表せる．この h を $h = -\frac{1}{2}\Delta + V$ とかくことにする．

自己共役作用素の基底状態の定義を与える．自己共役作用素 K のスペクトルの下限を E とかく．$\mathrm{Ker}(K-E) \ni \phi$ $(\neq 0)$ を基底状態という．$m = \dim\mathrm{Ker}(K-E)$ とおき，$m = 1$ のとき K の基底状態は一意的に存在するという．また $m = 0$ のとき K の基底状態は存在しないという．H_{p} は正規化された基底状態 $\varphi_{\mathrm{p}} > 0$ をもつと仮定する．$H_{\mathrm{p}}\varphi_{\mathrm{p}} = E_{\mathrm{p}}\varphi_{\mathrm{p}}$ として，$\overline{H_{\mathrm{p}}} = H_{\mathrm{p}} - E_{\mathrm{p}}$ とおく．基底状態が正規化されているので $d\mathsf{N}_0 = \varphi_{\mathrm{p}}^2(x)dx$ は $\mathbb{R}^d$ 上の確率測度になる．

$\mathscr{U}: L^2(\mathbb{R}^d, d\mathsf{N}_0) \to L^2(\mathbb{R}^d, dx), f \mapsto \varphi_{\mathrm{p}} f$ を**基底状態変換**という．これは確率論では Doob の h-変換として知られている．基底状態変換はユニタリー変換である．基底状態変換した自己共役作用素を

$$L_{\mathrm{p}} = \mathscr{U}^{-1}\overline{H_{\mathrm{p}}}\mathscr{U}, \quad D(L_{\mathrm{p}}) = \{f \in L^2(\mathbb{R}^d, d\mathsf{N}_0) \mid \mathscr{U}f \in D(H_{\mathrm{p}})\}$$

で定義する．そうすると L_{p} は確率空間上の自己共役作用素なので，それを生成子にもつようなマルコフ過程などを議論することができる．しかも，熱半群は $e^{-tL_{\mathrm{p}}}\mathbb{1} = \mathbb{1}$ となるから，$\mathbb{1}$ が固有値 1 に対応する固有ベクトルになっている．パスが連続なマルコフ過程を拡散過程という．$-\Delta$ に付随した拡散過程がブラウン運動であるように，L_{p} に付随した拡散過程 $(X_t)_{t \in \mathbb{R}}$ が存在する．形式的には次のように考える．

$$L_{\mathrm{p}}f = -\frac{1}{2}\Delta f - \nabla \log \varphi_{\mathrm{p}} \cdot \nabla f$$

なので確率微分方程式

$$(SDE) \qquad dX_t = \nabla \log \varphi_{\mathrm{p}}(X_t)dt + dB_t, \quad X_0 = x$$

の解 $(X_t^x)_{t \geq 0}$ は伊藤の公式から $\mathbb{E}_{\mathcal{W}}[f(X_t^x)] = (e^{-tL_{\mathrm{p}}}f)(x)$ を満たすことがわかる．しかし，一般の H_{p} を考えるとき，(SDE) の解が存在するかどうか，これらを厳密にチェックするのは容易ではない．しかし，(SDE) を経由せずに $(\mathscr{X}, \mathcal{B}(\mathscr{X}))$ 上の確率測度 $\mathcal{N}_0^x$ で座標過程 $(X_t)_{t \in \mathbb{R}}$ が (SDE) をみたす拡散過程で，L_{p} を生成するものを構成することができる．

定理 2.4 ($P(\phi)_1$ **過程の存在**) V は Kato 分解可能で，H_{p} は基底状態 $\varphi_{\mathrm{p}} > 0$ をもち，$L_{\mathrm{p}} = \mathscr{U}^{-1}\bar{H}\mathscr{U}$ はその基底状態変換とする．X_t は $(\widetilde{\mathscr{X}}, \mathcal{B}(\widetilde{\mathscr{X}}))$ 上の座標過程とする．このとき $(\widetilde{\mathscr{X}}, \mathcal{B}(\widetilde{\mathscr{X}}))$ 上に確率測度 $\mathcal{N}_0^x$ で以下を満たすものが存在する：

(初期分布) $\mathcal{N}_0^x(X_0 = x) = 1$.

(鏡映対称性) $(X_t)_{t \geq 0}$ と $(X_s)_{s \leq 0}$ は独立で $X_{-t} \stackrel{\mathrm{d}}{=} X_t$.

(マルコフ性) フィルトレーションを

$$\mathcal{F}_t^+ = \sigma(X_s, 0 \leq s \leq t), \quad \mathcal{F}_t^- = \sigma(X_s, t \leq s \leq 0)$$

と定義する．このとき $(X_t)_{t \geq 0}$ と $(X_s)_{s \leq 0}$ は $(\mathcal{F}_t^+)_{t \geq 0}$ と $(\mathcal{F}_s^-)_{s \leq 0}$ に関して各々拡散過程である．すなわち $s, t \geq 0$ に対して

$$\mathbb{E}_{\mathcal{N}_0^x}[X_{t+s}|\mathcal{F}_s^+] = \mathbb{E}_{\mathcal{N}_0^x}[X_{t+s}|\sigma(X_s)] = \mathbb{E}_{\mathcal{N}_0^{X_s}}[X_t],$$

$$\mathbb{E}_{\mathsf{N}_0^x}[X_{-t-s}|\mathcal{F}_{-s}^-] = \mathbb{E}_{\mathsf{N}_0^x}[X_{-t-s}|\sigma(X_{-s})] = \mathbb{E}_{\mathsf{N}_0^{X_{-s}}}[X_{-t}].$$

ここで $\mathbb{E}_{\mathsf{N}_0^{X_s}}$ は $\mathbb{E}_{\mathsf{N}_0^y}$ で $y = X_s$ としたもの. さらに $\mathbb{R} \ni t \mapsto X_t \in \mathbb{R}^d$ が確率 1 で連続.

(シフト不変性) $-\infty < t_0 \le t_1 \le \ldots \le t_n < \infty$ とする. このとき

$$\int_{\mathbb{R}^d} \mathbb{E}_{\mathsf{N}_0^x}\left[\prod_{j=0}^n f_j(X_{t_j})\right] d\mathsf{N}_0$$
$$= (f_0, e^{-(t_1-t_0)L_\mathrm{p}} f_1 \cdots e^{-(t_n-t_{n-1})L_\mathrm{p}} f_n)_{L^2(\mathbb{R}^d, d\mathsf{N}_0)}.$$

ここで $f_0, f_n \in L^2(\mathbb{R}^d, d\mathsf{N}_0), f_j \in L^\infty(\mathbb{R}^d), j = 1, \ldots, n-1$. 特にシフト不変になる.

$$\int_{\mathbb{R}^d} \mathbb{E}_{\mathsf{N}_0^x}\left[\prod_{j=1}^n f_j(X_{t_j})\right] d\mathsf{N}_0 = \int_{\mathbb{R}^d} \mathbb{E}_{\mathsf{N}_0^x}\left[\prod_{j=1}^n f_j(X_{t_j+s})\right] d\mathsf{N}_0, \quad s \in \mathbb{R}.$$

確率空間 $(\widetilde{\mathscr{X}}, \mathcal{B}(\widetilde{\mathscr{X}}), \mathsf{N}_0^x)$ 上の座標過程 $(X_t)_{t\in\mathbb{R}}$ を $P(\phi)_1$ 過程という. $\mathscr{X} \times \mathbb{R}^d$ 上の確率測度 $\mathcal{N}_0$ を次で定義する: $d\mathcal{N}_0 = d\mathsf{N}_0 \otimes d\mathsf{N}_0^x$. この測度を使って次を得る.

系 2.5 ($P(\phi)_1$-ファインマン・カッツ公式) H_p は $\varphi_\mathrm{p} > 0$ なる基底状態をもつと仮定する. $f, g \in L^2(\mathbb{R}^d, d\mathsf{N}_0)$ とする. このとき

$$(f, e^{-tL_\mathrm{p}} g)_{L^2(\mathbb{R}^d, d\mathsf{N}_0)} = \mathbb{E}_{\mathcal{N}_0}[\bar{f}(X_0) g(X_t)]$$

となる.

熱半群 e^{-tH_p} のファインマン・カッツ公式は, ブラウン運動をつかって表せた. 一方, 基底状態変換した e^{-tL_p} は $P(\phi)_1$ 過程によって系 2.5 で表せる. こちらはポテンシャル V の情報がすべて $P(\phi)_1$ 過程に組み込まれている. 2 つの公式は一長一短がある. パスの性質はブラウン運動が分かりやすいが, 評価は後者の方がしやすい.

3 ネルソン模型

3.1 ネルソン模型のラグランジュ形式による形式的な導出

ネルソン模型はシュレディンガー方程式に従う非相対論的な粒子がスカラー場と線形の相互作用をする模型である. ネルソンは 1964 年に [Nel64a, Nel64b] で

今日ネルソン模型といわれるものを厳密に定義し，紫外切断のくりこみに成功して紫外切断のない自己共役作用素を定義した．

ネルソン模型のラグランジュ密度 $\mathscr{L}_\mathrm{N} = \mathscr{L}_\mathrm{N}(x,t), (x,t) \in \mathbb{R}^3 \times \mathbb{R}$, は

$$\mathscr{L}_\mathrm{N} = i\Psi^*\dot\Psi + \frac{1}{2m}\partial_j\Psi^*\partial_j\Psi + \frac{1}{2}\partial_\mu\phi\partial^\mu\phi - \frac{1}{2}\nu^2\phi^2 + \Psi^*\Psi\phi$$

で与えられる．ここで $\Psi = \Psi(x,t)$ は非相対論的でスピンのない粒子を表す複素スカラー場，$\phi(x,t)$ は中性スカラー場，$\nu \geq 0$ はボゾンの質量，$m > 0$ は粒子の質量である．ここで $\partial_\mu\phi\partial^\mu\phi = \dot\phi\dot\phi - \partial_j\phi\partial_j\phi, \partial_j = \partial_{x_j}, \dot\phi$ は時間微分を表し $*$ は複素共役を表す．これは湯川型の強い相互作用と同じ相互作用項 $\Psi^*\Psi\phi$ をもつ．ただし素粒子論で強い相互作用に現れるフェルミオンは生成消滅をしない非相対論的なシュレディンガー作用素に置換えられている．オイラー・ラグランジュ方程式は

$$\begin{cases} (\Box + \nu^2)\phi(x,t) = \Psi^*(x,t)\Psi(x,t), \\ \left(i\partial t + \frac{1}{2m}\Delta_x\right)\Psi(x,t) = \phi(x,t)\Psi(x,t). \end{cases}$$

前者が $\Psi^*(x,t)\Psi(x,t)$ を電荷密度 (のようなもの) にもったクライン・ゴルドン方程式で，後者が $\phi(x,t)$ をポテンシャルにもったシュレディンガー方程式である．ルジャンドル変換からハミルトニアン密度を計算してみよう．共役な運動量は

$$\Phi = \frac{\partial \mathscr{L}_\mathrm{N}}{\partial \dot\Psi} = i\Psi^*, \quad \pi = \frac{\partial \mathscr{L}_\mathrm{N}}{\partial \dot\phi} = \dot\phi.$$

よってハミルトニアン密度 $H = H_\mathrm{N}(x,t)$ はルジャンドル変換により

$$H = \Phi\dot\Psi + \pi\dot\phi - \mathscr{L}_\mathrm{N} = \frac{1}{2m}|\partial_x\Psi|^2 + \frac{1}{2}(\dot\phi^2 + (\partial_x\phi)^2 + \nu^2\phi^2) - \Psi^*\Psi\phi.$$

さらにハミルトニアンは

$$H = \int_{\mathbb{R}^3}\left\{\Psi^*\left(-\frac{1}{2m}\Delta_x\right)\Psi + \frac{1}{2}(\dot\phi^2 + (\partial_x\phi)^2 + \nu^2\phi^2) - \Psi^*\Psi\phi\right\}dx$$

となる．ここで，フェルミオン Ψ の 1 粒子部分空間だけを考えることにする．そうすると運動項は $\int_{\mathbb{R}^3}\Psi^*\left(-\frac{1}{2m}\Delta_x\right)\Psi dx \to -\frac{1}{2m}\Delta$ に置換えられ，相互作用項は $-\int_{\mathbb{R}^3}\Psi^*\Psi\phi dx \to \phi(x)$ に置換えられる．粒子のポテンシャル V を加えて，形式的にネルソンハミルトニアンは

$$-\frac{1}{2m}\Delta + V + H_{\mathrm{f}} + \phi(x)$$

となる．ここで $H_{\mathrm{f}} = \frac{1}{2}\int(\dot{\phi}^2 + (\partial_x\phi)^2 + \nu^2\phi^2)dx$ である．次の節で厳密に自己共役作用素としてネルソン模型のハミルトニアンを定義する．

3.2 ネルソン模型の定義

今からネルソン模型のハミルトニアンの数学的な定義を 3 つ紹介する．どの定義も同値な定義であるが，考察する問題によって使い分ける．通常はフォック空間上に定義されるが，ガウス超過程をもちいて L^2 空間上に定義すると，正負の概念が導入され正錐 (positive cone) の議論がしやすくなり，さらに確率空間上の L^2 空間上に定義されると様々な評価が見通しよくなる．以降，断らない限りは次の条件 3.1 を仮定する．空間次元を d とする．

条件 3.1 (分散関係) $\omega = \omega(k) = \sqrt{|k|^2 + \nu^2}$, $\nu \geq 0$.

(荷電分布) $\varphi : \mathbb{R}^d \to \mathbb{R}$, $\overline{\hat{\varphi}(k)} = \hat{\varphi}(-k) = \hat{\varphi}(k)$, $\hat{\varphi}/\sqrt{\omega} \in L^2(\mathbb{R}^d), \hat{\varphi}/\omega \in L^2(\mathbb{R}^d)$.

(ポテンシャル) $V = V_+ - V_-$ は Kato 分解可能．

ネルソンハミルトニアンにおいて $\hat{\varphi}/\sqrt{\omega} \in L^2(\mathbb{R}^d)$ は線形作用素として定義できるための十分条件で，$\hat{\varphi}/\omega \in L^2(\mathbb{R}^d)$ は自己共役性のための十分条件である．

$L^2(\mathbb{R}^d)$ 上のフォック空間を簡単に $\mathscr{F}$ とかき，$L^2(\mathbb{R}^d) \otimes \mathscr{F}$ を $\mathscr{F}$ 値 L^2 関数の空間と同一視する：

$$L^2(\mathbb{R}^d) \otimes \mathscr{F} \cong \int_{\mathbb{R}^d}^{\oplus} \mathscr{F} dx = \left\{ F : \mathbb{R}^d \to \mathscr{F} \,\bigg|\, \int_{\mathbb{R}^d} \|F(x)\|_{\mathscr{F}}^2 dx < \infty \right\}.$$

$H_{\mathrm{I}}(x), x \in \mathbb{R}^d$ を

$$H_{\mathrm{I}}(x) = \frac{1}{\sqrt{2}} \left\{ a^{\dagger}(\hat{\varphi}e^{-ikx}/\sqrt{\omega}) + a(\widetilde{\hat{\varphi}}e^{ikx}/\sqrt{\omega}) \right\}$$

で定める．ここで $\widetilde{\hat{\varphi}}(k) = \hat{\varphi}(-k)$. $\overline{\hat{\varphi}(k)} = \hat{\varphi}(-k)$ なので $H_{\mathrm{I}}(x)$ は $\mathscr{F}_{\text{有限}}$ で本質的自己共役になる．$H_{\mathrm{I}}(x)$ の自己共役拡大も $H_{\mathrm{I}}(x)$ とかく．細かいことだが $\hat{\varphi}(-k)$ であって $\overline{\hat{\varphi}(k)}$ でないところがミソである．その理由はすでに説明した．学生時代に初めてこういうものを勉強したとき物理の慣習と数学の慣習の違いに手

間取り，非本質的な部分で四苦八苦したことが思い出される．さて，相互作用項 H_I を

$$H_\mathrm{I} = \int_{\mathbb{R}^d}^{\oplus} H_\mathrm{I}(x) dx$$

で定める．これは $(H_\mathrm{I}\Psi)(x) = H_\mathrm{I}(x)\Psi(x)$ のように作用し，定義域は

$$D(H_\mathrm{I}) = \left\{\Psi \in \mathscr{H} \middle| \Psi(x) \in D(H_\mathrm{I}(x)), x \in \mathbb{R}^d \right\}$$

になる．自由ハミルトニアンは $H_\mathrm{f} = d\Gamma(\omega)$ で与えられる．

定義 3.2 (フォック空間上のネルソンハミルトニアン) ヒルベルト空間 $L^2(\mathbb{R}^d) \otimes \mathscr{F}$ 上のネルソンハミルトニアンを次で定義する．

$$H = H_\mathrm{p} \otimes \mathbb{1} + \mathbb{1} \otimes H_\mathrm{f} + H_\mathrm{I}.$$

相互作用のないハミルトニアンを $H_0 = H_\mathrm{p} \otimes \mathbb{1} + \mathbb{1} \otimes H_\mathrm{f}$ とすれば H は $D(H_0)$ 上で下から有界な自己共役作用素で，さらに H_0 の任意の芯で本質的自己共役である．

2つ目の定義を与えよう．ガウス超過程 (Q, Σ, μ), $(\phi(f), f \in L^2(\mathbb{R}^d))$, ひとつを固定する．すぐに $U_\mathrm{W} H_\mathrm{I}(x) U_\mathrm{W}^{-1} = \phi(\tilde{\varphi}(\cdot - x))$ がわかる．ここで

$$\tilde{\varphi} = (\hat{\varphi}/\sqrt{\omega})^{\vee}.$$

$L^2(Q)$ 上の相互作用を

$$\tilde{H}_\mathrm{I} = \int_{\mathbb{R}^d}^{\oplus} \phi(\tilde{\varphi}(\cdot - x)) dx$$

で定義する．つまり $\tilde{H}_\mathrm{I} : F(x, \phi) \mapsto \phi(\tilde{\varphi}(\cdot - x)) F(x, \phi)$ となるかけ算作用素である．

定義 3.3 (汎関数空間上のネルソンハミルトニアン) ヒルベルト空間 $L^2(\mathbb{R}^d) \otimes L^2(Q)$ 上のネルソンハミルトニアンを次で定義する．

$$H = H_\mathrm{p} \otimes \mathbb{1} + \mathbb{1} \otimes H_\mathrm{f} + \tilde{H}_\mathrm{I}.$$

混乱ない限り定義 3.2, 3.3 のハミルトニアンはともに H と表し，ヒルベルト空間も $\mathscr{H}$ とかくことにする．

最後に確率空間上のネルソンハミルトニアンの定義を与えよう．シュレディンガー作用素 H_p の作用するヒルベルト空間 $L^2(\mathbb{R}^d)$ を基底状態変換する．いま，

φ_p を H_p の基底状態とする．基底状態変換は $\mathscr{U}: L^2(\mathbb{R}^d, d\mathsf{N}_0) \to L^2(\mathbb{R}^d, dx)$, $f \mapsto \varphi_\mathrm{p} f$ で与えられた．$\mathsf{P}_0 = \mathsf{N}_0 \otimes \mu$ とおけば，これは $\mathbb{R}^d \otimes Q$ 上の確率測度になる．$L^2(\mathbb{R}^d \otimes Q, d\mathsf{P}_0)$ と $\mathscr{H}$ は $\mathscr{U} \otimes U_\mathrm{W} : \mathscr{H} \to L^2(\mathbb{R}^d \times Q, d\mathsf{P}_0)$ によってユニタリー同値になる．簡単のために $L^2(\mathbb{R}^d \times Q, d\mathsf{P}_0)$ を $L^2(\mathsf{P}_0)$ で表す．

定義 3.4 (確率空間上のネルソンハミルトニアン) ヒルベルト空間 $L^2(\mathsf{P}_0)$ 上のネルソンハミルトニアンを次で定義する：
$$L = L_\mathrm{p} \otimes \mathbb{1} + \mathbb{1} \otimes H_\mathrm{f} + \tilde{H}_\mathrm{I}.$$

以降 $\tilde{H}_\mathrm{I}$ を簡単に H_I とかくことにする．

3.3 赤外・紫外発散と埋蔵固有値の摂動問題

量子論では荷電粒子は点と考えられるので，電荷の分布を表す $\varphi(x)$ は $\varphi(x) = \delta(x)$ とみなされる．これは
$$\int_{\mathbb{R}^d} \frac{|\hat{\varphi}(k)|^2}{\omega(k)} dk = \infty \quad (\hat{\varphi}(k) = (2\pi)^{-d/2})$$
を意味する．これを紫外発散という．数学的に厳密にネルソンハミルトニアンを定義するためには $\hat{\varphi}$ に
$$\int_{\mathbb{R}^d} \frac{|\hat{\varphi}(k)|^2}{\omega(k)} dk < \infty$$
なる条件を取りあえず仮定する必要がある．その結果 H_I が作用素として意味をもつ．多くの場合この切断を何らかの意味で取り除くことは非常に困難な問題である．もう一つの発散が赤外発散である．$\hat{\varphi}(k) = (2\pi)^{-d/2}$ $(|k| < \varepsilon)$ としよう．この場合
$$\int_{|k|<\varepsilon} \frac{|\hat{\varphi}(k)|^2}{\omega(k)^3} dk = \infty \quad (d \leq 3)$$
となる．これを赤外発散という．物理的な理解ではネルソンハミルトニアンの基底状態 Ψ_g のボソン数の期待値は有限，$(\Psi_\mathrm{g}, N\Psi_\mathrm{g}) < \infty$，で
$$(\Psi_\mathrm{g}, N\Psi_\mathrm{g}) \approx \int_{\mathbb{R}^d} \frac{|\hat{\varphi}(k)|^2}{\omega(k)^3} dk$$
のように予想され，

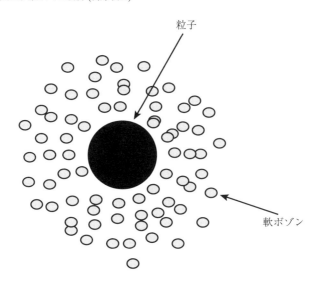

図 5 軟ボゾンの衣をまとった粒子

$$\int_{\mathbb{R}^d} \frac{|\hat{\varphi}(k)|^2}{\omega(k)^3} dk = \infty$$

のときは,基底状態に運動量の小さなボゾン (軟ボゾン) がたくさんまとわりつき (図 5 を参照),結局ネルソンハミルトニアンの基底状態が存在しないと期待される.そこで基底状態の存在・非存在の議論で最も重要な量

$$\mathrm{I}_{\mathrm{IR}} = \int_{\mathbb{R}^d} \frac{|\hat{\varphi}(k)|^2}{\omega(k)^3} dk$$

を導入する.$\mathrm{I}_{\mathrm{IR}} < \infty$ を赤外正則条件といい,$\mathrm{I}_{\mathrm{IR}} = \infty$ を赤外特異条件という.

埋蔵固有値について説明する.T を自己共役作用素とする.$\mathrm{Ker}(T-\lambda) = \varnothing$ で,$\mathrm{Ran}(T-\lambda)$ はヒルベルト空間全体と一致し,$(T-\lambda)^{-1}$ が有界作用素になる $\lambda \in \mathbb{C}$ 全体をレゾルベント集合といい $\rho(T)$ と表す.$\sigma(T) = \mathbb{C} \smallsetminus \rho(T)$ を T のスペクトルという.$\mathrm{Ker}(T-\lambda) \neq \varnothing$ のとき,$\lambda \in \sigma(T)$ を固有値といい,固有値全体を $\sigma_p(T)$ で表し,$\sigma_c(T) = \sigma(T) \smallsetminus \sigma_p(T)$ を連続スペクトルという.また,$\sigma(T)$ の離散集合で縮退度有限なもの全体を離散スペクトルといい,それ以外を真性スペクトルといい,それぞれ $\sigma_{\mathrm{d}}(T), \sigma_{\mathrm{ess}}(T)$ と表す.連続スペクトルに埋め込まれた固有値を埋蔵固有値という.

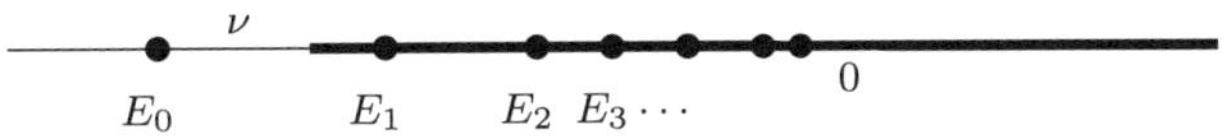

図 6 H_g $(\nu > 0)$

g を結合定数として，$H_g = H_0 + gH_{\mathrm{I}}$ とおこう．V をクーロンポテンシャル $V(x) = -1/|x|$ としよう．このとき，$\sigma(H_{\mathrm{p}}) = \{E_j\}_{j=0}^{\infty} \cup [0, \infty)$, $E_0 \leq E_1 \leq \cdots < 0$ となる．$\sigma(H_{\mathrm{f}}) = \{0\} \cup [\nu, \infty)$, $\sigma_{\mathrm{p}}(H_{\mathrm{f}}) = \{0\}$ であるから，非結合ハミルトニアン $H_0 = H_{\mathrm{p}} \otimes \mathbb{1} + \mathbb{1} \otimes H_{\mathrm{f}}$ のスペクトルは $\sigma(H_0) = [E_0 + \nu, \infty) \cup \{E_j\}_{j=0}^{\infty}$ となる．$0 < \nu$ が十分小さければ図 6 のように点スペクトル $\{E_j\}_{j=0}^{\infty}$ の一部は連続スペクトルに埋め込まれ，埋蔵固有値になる．$\nu > 0$ とすれば E_0 は多重度 1 の離散固有値である．E_0 の摂動について考えよう．$\nu > 0$ のとき，$|g| \ll 1$ で $E_0(g)$ は離散固有値であり g について解析的であることがわかる．特に $E_0(g)$ は H の基底状態である．しかし $\nu = 0$ のときは様相が一変する．このときは図 7 のように E_0 が埋蔵固有値になる．そのため $|g| \ll 1$ でも $E_0(g)$ が固有値として存在するのかどうかすぐにはわからない．また g に関する微分可能性も一般にはよくわからない．これが埋蔵固有値の摂動問題である．

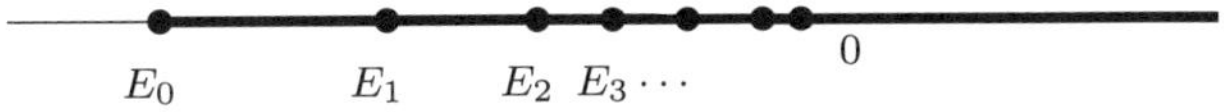

図 7 H_g $(\nu = 0)$

3.4 FKN 型汎関数積分表示

半群 e^{-tH} の **FKN**(ファインマン・カッツ・ネルソン) 型汎関数積分表示を求めよう．ここではブラウン運動による構成と，$P(\phi)_1$ 過程による構成を紹介する．

定理 3.5 (ブラウン運動による構成) $F, G \in \mathscr{H}$ とする．このとき，
$(F, e^{-tH} G)_{\mathscr{H}} =$
$$\int_{\mathbb{R}^d} dx \mathbb{E}_{\mathcal{W}}^{x} \left[e^{-\int_0^t V(B_s) ds} \left(\mathrm{J}_0 F(B_0), e^{-\phi_{\mathrm{E}} \left(\int_0^t \mathrm{j}_s \tilde{\varphi}(\cdot - B_s) ds \right)} \mathrm{J}_t G(B_t) \right) \right].$$

ここで $F, G \in \mathscr{H}$ は $L^2(Q)$ 値 L^2 関数とみなされている.
($P(\phi)_1$ 過程による構成) H_{p} は基底状態をもち, $(X_t)_{t\geq 0}$ を H_{p} に対応する $P(\phi)_1$ 過程とする. $F, G \in L^2(\mathsf{P}_0)$ とする. このとき,

$$(F, e^{-tL}G)_{L^2(\mathsf{P}_0)} = \mathbb{E}_{\mathcal{N}_0}\left[\left(\mathrm{J}_0 F(X_0), e^{-\phi_{\mathrm{E}}\left(\int_0^t \mathrm{j}_s \tilde{\varphi}(\cdot - X_s)ds\right)} \mathrm{J}_t G(X_t)\right)\right].$$

証明 ブラウン運動に関する構成法の証明の概略を示す. $P(\phi)_1$ 過程の方も同様に証明できる. $V \in C_0^\infty(\mathbb{R}^d)$ と仮定する. トロッタ積公式と $e^{-|t-s|H_{\mathrm{f}}} = \mathrm{J}_t^* \mathrm{J}_s$ から

$$(F, e^{-tH}G) = \lim_{n\to\infty}(F, (e^{-(t/n)H_{\mathrm{p}}}e^{-(t/n)H_{\mathrm{I}}}e^{-(t/n)H_{\mathrm{f}}})^n G)$$
$$= \lim_{n\to\infty}\int_{\mathbb{R}^d}dx\mathbb{E}_{\mathcal{W}}^x\left[e^{-\sum_{j=0}^n (t/n)V(B_{tj/n})}\right.$$
$$\left.\times \left(\mathrm{J}_0 F(B_0), e^{-\sum_{j=0}^n (t/n)\phi_{\mathrm{E}}(\mathrm{j}_{tj/n}\tilde{\varphi}(\cdot - B_{jt/n}))} \mathrm{J}_t G(B_t)\right)\right].$$

となる. $s \mapsto \mathrm{j}_s\tilde{\varphi}(\cdot - B_s)$ は $\mathbb{R} \to L^2_{\mathbb{R}}(\mathbb{R}^{d+1})$ の写像としてほとんど連続であることを注意しておく. その結果, $s \mapsto \phi_{\mathrm{E}}(\mathrm{j}_s\tilde{\varphi}(\cdot - B_s))$ も写像 $\mathbb{R} \to L^2(Q_{\mathrm{E}})$ として強連続になる. よって定理が従う. V が Kato 分解できるときは極限操作によって証明できる. □

ここで表示に関する注意をする. $e^{\phi_{\mathrm{E}}(h)}$ はもちろん有界作用素ではない. しかし $\Phi \in L^1(Q)$ とすれば, $\mathrm{J}_t^*\Phi\mathrm{J}_s$, $t \neq s$ は有界作用素でその作用素ノルムは $\|\mathrm{J}_t^*\Phi\mathrm{J}_s\| \leq \|\Phi\|_{L^1(Q)}$ となる. 特に $\mathrm{J}_0^* e^{\phi_{\mathrm{E}}(h)}\mathrm{J}_t$ は有界作用素で $\|\mathrm{J}_0^* e^{\phi_{\mathrm{E}}(h)}\mathrm{J}_t\| \leq e^{\|h\|^2/4}$ となる. 定理 3.5 の汎関数積分表示は目的にあわせて使い分ける. 例えばネルソンハミルトニアンの基底状態の存在・非存在の証明には $P(\phi)_1$ 過程を用いた表示を使い, 基底状態の空間的指数減衰性の評価にはブラウン運動を用いた表示が有用である. ただし $P(\phi)_1$ 過程による表示では H_{p} の非負な基底状態の存在が必要だが, ブラウン運動による構成法では必要ない. 定理 3.5 から, $F, G \geq 0$ のとき $(F, e^{-tH}G) > 0$ となることがわかる. つまり, e^{-tH} は正値性改良作用素である. 正値性改良作用素の一般論より次が成り立つ.

系 3.6 (一意性) H が基底状態をもつと仮定する. このとき基底状態は一意的である.

ネルソン・ハミルトニアン L の固有ベクトルを解析するために, FKN 型汎関数積分表示を使う. L がほとんど至るところ正な基底状態 Ψ_g を一意的にもつと仮定する. このとき
$$\lim_{T \to \infty} \|e^{-TL}F\|^{-1} e^{-TL}F = \Psi_g.$$
ここで $F \in L^2(\mathsf{P}_0)$ は $F > 0$ なるベクトル. よって Ψ_g の性質を調べる処方箋の一つが $\|e^{-TL}F\|^{-1} e^{-TL}F$ の解析である.
$$W(x,t) = \int_{\mathbb{R}^d} \frac{|\hat{\varphi}(k)|^2}{2\omega(k)} e^{-ik \cdot x} e^{-\omega(k)|t|} dk$$
としよう.

系 3.7 ($P(\phi)_1$ 過程による真空期待値) H_p の基底状態が存在すると仮定し, 対応する $P(\phi)_1$ 過程を $(X_t)_{t \in \mathbb{R}}$ とする. $f,g \in L^2(\mathsf{N}_0)$ とする. このとき $T > 0$ に対して
$$\left(f \otimes \mathbb{1}, e^{-TL} g \otimes \mathbb{1} \right)_{L^2(\mathsf{P}_0)}$$
$$= \mathbb{E}_{\mathcal{N}_0} \left[\overline{f(X_0)} g(X_T) e^{\frac{1}{2} \int_0^T ds \int_0^T dt W(X_s - X_t, s-t)} \right].$$

(ブラウン運動による真空期待値) $f,g \in L^2(\mathbb{R}^d)$ とする. このとき $T > 0$ に対して
$$\left(f \otimes \mathbb{1}, e^{-TH} g \otimes \mathbb{1} \right)_{\mathscr{H}}$$
$$= \int_{\mathbb{R}^d} dx \mathbb{E}_{\mathcal{W}}^x \left[e^{-\int_0^T V(B_s)ds} \overline{f(B_0)} g(B_T) \times e^{\frac{1}{2} \int_0^T ds \int_0^T dt W(B_s - B_t, s-t)} \right].$$

証明 $I_T = \int_0^T \mathrm{j}_s \tilde{\varphi}(\cdot - X_s) ds$ とおく. このとき
$$\left(f \otimes \mathbb{1}, e^{-TL} g \otimes \mathbb{1} \right)_{L^2(\mathsf{P}_0)} = \mathbb{E}_{\mathcal{N}_0} \left[\overline{f(X_0)} g(X_t) \mathbb{E}_{\mu_\mathrm{E}} \left[e^{-I_T} \right] \right].$$
I_T の分散が $\mathbb{E}_{\mu_\mathrm{E}}[I_T^2] = \int_0^T ds \int_0^T dt W(X_t - X_s, t-s)$ なので

$$\mathbb{E}_{\mu_{\mathrm{E}}}\left[e^{-I_T}\right] = \exp\left(\frac{1}{2}\int_0^T ds \int_0^T dt\, W(X_s - X_t, s-t)\right).$$

よって，フビニの定理から系が従う． □

$W(x,t)$ をはネルソン模型に付随するペアポテンシャルといわれる．

4 基底状態の存在・非存在

4.1 存在

ネルソンハミルトニアン L の基底状態の存在を $P(\phi)_1$ 過程による FKN 型汎関数積分表示を応用して示す．Σ_{p} を H_{p} の真性スペクトルの下限とする．基底状態の存在証明の最大のポイントはペアポテンシャルのパスに一様な評価

$$\int_{-\infty}^0 ds \int_0^\infty |W(X_s - X_t, s-t)|dt \leq \frac{1}{2}\mathrm{I}_{\mathrm{IR}} < \infty$$

である．φ_{p} を H_{p} の正規化された非負の基底状態として

$$\Psi_{\mathrm{g}}^T = \frac{e^{-TL}(\varphi_{\mathrm{p}} \otimes \mathbb{1})}{\|e^{-TL}(\varphi_{\mathrm{p}} \otimes \mathbb{1})\|}$$

とする．$\|\Psi_{\mathrm{g}}^T\| = 1$ なので，部分列 $\Psi_{\mathrm{g}}^{T'}$ で，あるベクトル Ψ_{g}^∞ に弱収束するものが存在する．T' を改めて T とかくことにする．心の中では Ψ_{g}^T が基底状態の近似列だと思っている．

$$S_{[a,b]} = \frac{1}{2}\int_a^b ds \int_a^b W(X_s - X_t, s-t)dt$$

とする．

$$\gamma(T) = (\varphi_{\mathrm{p}} \otimes \mathbb{1}, \Psi_{\mathrm{g}}^T)^2 = \frac{(\varphi_{\mathrm{p}} \otimes \mathbb{1}, e^{-TL}\varphi_{\mathrm{p}} \otimes \mathbb{1})^2}{(\varphi_{\mathrm{p}} \otimes \mathbb{1}, e^{-2TL}\varphi_{\mathrm{p}} \otimes \mathbb{1})} = \frac{\left(\mathbb{E}_{\mathcal{N}_0}\left[e^{S[0,T]}\right]\right)^2}{\mathbb{E}_{\mathcal{N}_0}\left[e^{S[-T,T]}\right]}$$

とおく．次の命題は基底状態の存在・非存在を示すときに有用である．

命題 4.1 (基底状態の存在・非存在の必要十分条件) $\lim_{T\to\infty}\gamma(T) = a$ とする．$a > 0$ ならば L の基底状態は存在し，$a = 0$ なら基底状態は存在しない．

定理 4.2 (基底状態の存在) 赤外正則条件 $\mathrm{I}_{\mathrm{IR}} < \infty$ を仮定し，

$$\Sigma_{\mathrm{p}} - E_{\mathrm{p}} > \int_{\mathbb{R}^d} \frac{|\hat{\varphi}(k)|^2}{2\omega(k)^2} \frac{|k|^2}{2\omega(k) + |k|^2} dk$$

とする．このとき L の基底状態が存在する．

証明 Ψ_{g}^T は非負なので，弱収束の極限 Ψ_{g}^∞ も非負．その結果，もし $\Psi_{\mathrm{g}}^\infty \neq 0$ ならば $\lim_{T\to\infty} \gamma(T) = (\mathbb{1}, \Psi_{\mathrm{g}}^\infty)^2 > 0$．$\varphi_{\mathrm{p}} \otimes \mathbb{1}$ を簡単に φ_{p} とかこう．Ψ_{g}^T の弱極限が非ゼロであることをいえばいい．

$$\liminf_{T\to\infty} f(T,t) = \left(\Psi_{\mathrm{g}}^T, (e^{-tH_{\mathrm{p}}} \otimes P_0)\Psi_{\mathrm{g}}^T\right) / (\varphi_{\mathrm{p}}, e^{-2TL}\varphi_{\mathrm{p}}) > 0$$

を示したい．ここで P_0 は $\mathbb{1} \in L^2(Q)$ への射影である．次のようにかき変える：

$$f(T,t) = \frac{(\varphi_{\mathrm{p}}, e^{-TL}(e^{-tH_{\mathrm{p}}} \otimes P_0)e^{-TL}\varphi_{\mathrm{p}})}{(\varphi_{\mathrm{p}}, e^{-(2T+t)L}\varphi_{\mathrm{p}})} \frac{(\varphi_{\mathrm{p}}, e^{-(2T+t)L}\varphi_{\mathrm{p}})}{(\varphi_{\mathrm{p}}, e^{-2TL}\varphi_{\mathrm{p}})}.$$

第 2 項の比は e^{-Et} に収束する．第 1 項の比を $g(T,t)$ とおく．これを $P(\phi)_1$ 過程で汎関数積分表示する．$g(T,t)$ の分母は

$$(\varphi_{\mathrm{p}}, e^{-(2T+t)L}\varphi_{\mathrm{p}}) = \mathbb{E}_{\mathsf{N}_0}\left[e^{S[-T,T+t]}\right] e^{-(2T+t)E_{\mathrm{p}}}.$$

さらに分子は，

$$(\varphi_{\mathrm{p}}, e^{-TL}(e^{-tH_{\mathrm{p}}} \otimes P_0)e^{-TL}\varphi_{\mathrm{p}}) = (h_T, e^{-tH_{\mathrm{p}}}h_T)_{L^2(\mathbb{R}^d)}.$$

ここで $h_T(x) = (\mathbb{1}, e^{-TL}\varphi_{\mathrm{p}})_{L^2(Q)}(x)$. よって

$$(h_T, e^{-tH_{\mathrm{p}}}h_T)_{L^2(\mathbb{R}^d)} = \int_{\mathbb{R}^d} \mathbb{E}_{\mathsf{N}_0}^x \left[\mathbb{E}_{\mathsf{N}_0}^x\left[e^{S[0,T]}\right] \mathbb{E}_{\mathsf{N}_0}^{X_t}\left[e^{S[0,T]}\right]\right] e^{-(2T+t)E_{\mathrm{p}}} d\mathsf{N}_0.$$

$P(\phi)_1$-過程 $(X_t)_{t\in\mathbb{R}}$ の鏡映対称性，マルコフ性，$X_{-t}, t \geq 0$, と $X_s, s \geq 0$, の独立性から

$$(h_T, e^{-tH_{\mathrm{p}}}h_T)_{L^2(\mathbb{R}^d)} = \mathbb{E}_{\mathsf{N}_0}\left[e^{S[-T,0]+S[t,T+t]}\right] e^{-(2T+t)E_{\mathrm{p}}}.$$

ゆえに

$$g(T,t) = \frac{\mathbb{E}_{\mathsf{N}_0}\left[e^{S[-T,0]+S[t,T+t]}\right]}{\mathbb{E}_{\mathsf{N}_0}\left[e^{S[-T,T+t]}\right]} = \frac{\mathbb{E}_{\mathsf{N}_0}\left[e^{S_\Delta + S[-T,T+t]}\right]}{\mathbb{E}_{\mathsf{N}_0}\left[e^{S[-T,T+t]}\right]}.$$

ここで $S_\Delta = S[-T,0] + S[t,T+t] - S[-T,T+t]$．図 8 からわかるように S_Δ は $A \sim F$ の領域の積分に分けられる．それぞれ

$$A+B = 2\int_{-T}^0 \int_0^T, \quad C = \int_0^t \int_0^t, \quad D+E = 2\int_0^t \int_t^{T+t}, \quad F = \int_T^{T+t} \int_{-T}^0$$

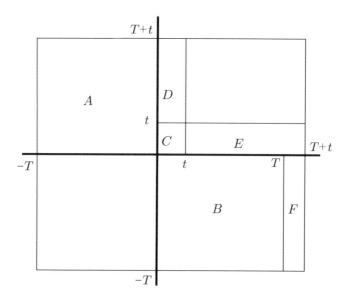

図 8 S_Δ の積分領域

となるから, $T \to \infty$ にすれば F 上の積分は消えて, すでに述べた $\int_{-\infty}^{0} dt \int_{0}^{\infty} dsW$ のパスに関する一様評価から $|S_\Delta| \leq tC + C(t)$ となる. ここで

$$C = \int_{\mathbb{R}^d} \frac{|\hat{\varphi}(k)|^2}{2\omega(k)^2} dk, \quad C(t) = \int_{\mathbb{R}^d} \frac{|\hat{\varphi}(k)|^2 (1+e^{-t\omega(k)})}{2\omega(k)^3} dk.$$

$g(T,t)$ の分母と分子を比べて $g(T,t) \geq e^{-tC-C(t)}$ となるから,

$$\liminf_{T \to \infty} \|e^{-tH_{\rm p}/2} \otimes P_0 \Psi_{\rm g}^T\| \geq e^{-(E+C)} e^{-C(t)}$$

が従う. あともう一息. $\Psi_{\rm g}^T$ がゼロに収束しないことを示すために $e^{-tH_{\rm p}/2} \otimes P_0$ をコンパクト作用素に置き換える. $1\!\!1_{[a,b]}(H_{\rm p})$ は $H_{\rm p}$ のスペクトル射影. $\Sigma_{\rm p}$ の定義から $H_{\rm p}$ は $\Sigma_{\rm p}-\delta$ 以下では離散固有値しかもたないので (図 9), $1\!\!1_{[E_{\rm p},\Sigma_{\rm p}-\delta]}(H_{\rm p}) \otimes P_0$ はコンパクト作用素になる. よって

$$(1\!\!1_{[E_{\rm p},\Sigma_{\rm p}-\delta]}(H_{\rm p}) \otimes P_0)\Psi_{\rm g}^T \to (1\!\!1_{[E_{\rm p},\Sigma_{\rm p}-\delta]}(H_{\rm p}) \otimes P_0)\Psi_{\rm g}^\infty$$

が強収束する. 一方 $e^{-tH_{\rm p}} 1\!\!1_{(\Sigma_{\rm p}-\delta,\infty)} \leq e^{-t(\Sigma_{\rm p}-\delta)}$ となるから

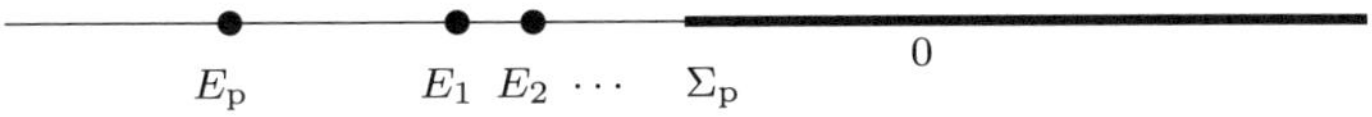

図 9 H_{p} のスペクトル

$$\left(\Psi_{\mathrm{g}}^{\infty}, (e^{-tH_{\mathrm{p}}}1\!\!1_{[E_{\mathrm{p}},\Sigma_{\mathrm{p}}-\delta]}(H_{\mathrm{p}})\otimes P_0)\Psi_{\mathrm{g}}^{\infty}\right)$$
$$\geq e^{-t(E+C)}\left(e^{-C(t)} - e^{-t(\Sigma_{\mathrm{p}}-\delta-E-C)}\right).$$

赤外正則条件 $\mathrm{I_{IR}} < \infty$ なので $C(t) < \infty$ になることに注意する. δ を十分小さくして t を十分大きくすれば, $E < \Sigma_{\mathrm{p}} - C$ のとき $\Psi_{\mathrm{g}}^{\infty}$ が非ゼロであることがわかる. 最後に不等式

$$E \leq E_{\mathrm{p}} - \int_{\mathbb{R}^d} \frac{|\hat{\varphi}(k)|^2}{2\omega(k)(\omega(k)+|k|^2/2)}dk$$

から定理が証明できる. □

系 4.3 (基底状態の存在) $\omega(k) = |k|$ とし, $\hat{\varphi}(k) = g 1\!\!1_{\{\kappa<|k|<\Lambda\}}$ で $g \in \mathbb{R}$ と仮定する. さらに $\sigma(H_{\mathrm{p}})$ は離散固有値だけからなるとする. このとき任意の $0 < \kappa < \Lambda$ と $g \in \mathbb{R}$ に対して, L は一意的な基底状態をもつ.

証明 $\Sigma_{\mathrm{p}} - E_{\mathrm{p}} = \infty$ なので定理 4.2 から系が従う. □

4.2 非存在

赤外特異条件 $\mathrm{I_{IR}} = \infty$ のときは, 無限個の軟ボゾンが荷電粒子を纏い基底状態が存在しない, という物理的描像が存在する. この描像は数学的に証明できる. それを紹介しよう. 次の条件を仮定する.

条件 4.4 $d=3, \varphi \geq 0 \ (\varphi \not\equiv 0), \omega(k) = |k|$ とし $V(x) \geq C|x|^{2\beta}, \beta > 0$.

この条件下で H_{p} は至るところ正の基底状態 φ_{p} をもつ. さらに重要な性質として $\varphi_{\mathrm{p}}(x) \leq e^{-C|x|^{\beta+1}}$ が成立する. 赤外正則条件 $\mathrm{I_{IR}} < \infty$ で L の基底状態は存在したが, これから述べるように条件 4.4 の下では赤外特異条件 $\mathrm{I_{IR}} = \infty$ が成立する. しかも L の基底状態は存在しない.

定理 4.5 (基底状態の非存在) 条件 4.4 を仮定する. このとき L の基底状態は存在しない.

証明 定理を証明するために $\lim_{T\to\infty}\gamma(T)=0$ をいえばいい．いま

$$\mathcal{B}(\widetilde{\mathscr{X}})\ni A\mapsto \mathcal{N}_T(A)=\frac{\mathbb{E}_{\mathcal{N}_0}\left[\mathbb{1}_A e^{S[-T,T]}\right]}{\mathbb{E}_{\mathcal{N}_0}\left[e^{S[-T,T]}\right]}$$

で $(\widetilde{\mathscr{X}},\mathcal{B}(\widetilde{\mathscr{X}}))$ 上の確率測度 $\mathcal{N}_T$ を定義すると，次式が成り立つ:

$$\gamma(T)\le \mathbb{E}_{\mathcal{N}_T}\left[e^{-\int_{-T}^0 ds\int_0^T W(X_t-X_s,t-s)dt}\right].$$

$e^{-|t|\sqrt{-\Delta}}$ の積分核は具体的に計算できて，

$$e^{-|t|\sqrt{-\Delta}}(x,y)=\frac{1}{\pi^2}\frac{|t|}{(|x-y|^2+|t|^2)^2}$$

なのでペアポテンシャル $W(x,t)$ は

$$W(x-y,t-s)=\frac{1}{4\pi^2}\int_{\mathbb{R}^3}du\int_{\mathbb{R}^3}dv\frac{\varphi(u)\varphi(v)}{|x-y+u-v|^2+|t-s|^2}$$

となる．ここで，$\varphi>0$ と定義したので $W(x-y,t-s)>0$ である．

$$A_T=\{\omega\in\widetilde{\mathscr{X}}\||X_t(\omega)|\le T^\lambda,|t|\le T\}\quad \lambda<1$$

を考える．$F=e^{-\int_{-T}^0 ds\int_0^T W(X_s,X_t,t-s)dt}$ として

$$\gamma(T)\le \mathbb{E}_{\mathcal{N}_T}[F]=\mathbb{E}_{\mathcal{N}_T}[\mathbb{1}_{A_T}F]+\mathbb{E}_{\mathcal{N}_T}[\mathbb{1}_{\widetilde{\mathscr{X}}\setminus A_T}F]$$

と分ける．$\widetilde{\mathscr{X}}\setminus A_T\to\emptyset\ (T\to\infty)$ であることから $\mathbb{E}_{\mathcal{N}_T}[\mathbb{1}_{\widetilde{\mathscr{X}}\setminus A_T}F]\to 0$ が示せ，また，$1\le\lambda$ を十分小さくとれば $\lim_{T\to\infty}\mathbb{E}_{\mathcal{N}_T}[\mathbb{1}_{A_T}F]=0$ が W の具体的な形と $\varphi_{\mathrm{p}}(x)\le e^{-C|x|^{\beta+1}}$ から示せる． $\square$

4.3 解説

基底状態の存在問題は現在では非常に多くのことが知られている．ここですべてを網羅することは不可能なので，一部を紹介するにとどめる．

このような量子系で，初めて厳密に基底状態の存在を示したのは Arai-Hirokawa [AH97], Bach-Fröhlich-Sigal [BFS98] である．[AH97] は一般化されたスピンボ

ゾン模型で，[BFS98] はネルソン模型を含む一般的な模型で示した．特に [BFS98] は長大で共鳴現象の存在をくりこみ群で示していて，Fröhlich-Park [FP80] のオープンプロブレムに答えているようにも見える．[AH97, BFS98] はいずれも，アイデアは Glimm-Jaffe [GJ68] の格子近似に源流があると思われるが，まったく自明ではなく，この業界にブレイクスルーを引き起こした．その後 Bach-Fröhlich-Sigal [BFS99] は Pauli-Fierz 模型の基底状態の存在を赤外正則条件を仮定せずに示した．この事実を 1998 年の秋に，当時 Bach が所属していたベルンリン工科大学のセミナーで自分が講演した後に Bach 本人から，研究室で直接聞いて衝撃を受けた．自分は，その直前のセミナーで「赤外正則条件を取り除くのは難しい」と宣言していたからである．

　この節で紹介した汎関数積分をもちいる基底状態の存在証明は Spohn [Spo98] による．ここでは結合定数に一切よらずに基底状態の存在が示されている．当時，自分はこの証明を見てまたまた衝撃を受けた．随分経って，Spohn にこの証明の話題を出したら，拳を突き上げて自慢していたのが印象的だった．さらに，函数解析による別証明が Gérard [Ger00] によって与えられている．ただ，[Spo98, Ger00] はともに，H_p が純粋に固有値のみからなるスペクトルをもつことが条件として必要であった．1999 年の春に，有名人がたくさん集まった研究会が Lille (フランス) であり，自分も講演者に選んでもらい，Gérard がこの結果を発表したのをライブで聴いていた．しかも，講演の最後に「基底状態の存在証明に経路積分はいらない，Herbert!」と Herbert Spohn の面前で宣言したのが懐かしい．じつは，Gérard の講演の後が自分の講演で，しかも経路積分の話だった．聴衆の白けきった感じがたまらなかった．

　前世紀末に，Griesemer-Lieb-Loss [GLL01] はもっと広いクラスのポテンシャルに対して基底状態が存在することを，局所化の方法 (localization) によって Pauli-Fierz 模型で示した．これによって業界に衝撃が走り，Loss は，わざわざ「証明した」と関係者にメールを送るほどであった．その後の [LL03] も素晴らしい．また，ネルソンハミルトニアンに関しても $I_{IR} = \infty$ となる場合，非フォック表現といわれるもので定義すればそのハミルトニアンが基底状態を持つことを Arai [Ara01] が示した．自分がポスドクだった 1998 年から 2000 年はこんな時代だった．世界中で怒涛のように研究が進み，基底状態では飯が食えなくなり，自分は数ヶ月ごとに衝撃を受けるだけだった．

　さて，ネルソンハミルトニアン H は適当にくりこんで紫外切断 $\hat{\varphi} \to \mathbb{1}$ の極限で定義される自己共役作用素 H_∞ の存在を示すことができる．この事実は [Nel64a]

による．Hirokawa-Hiroshima-Spohn [HHS05] はこの H_∞ にも基底状態が存在することを示した．じつは，赤外正則条件を課せば，この証明はあまり難しくない．ただ，赤外正則条件を取り除いて非フォック表現に移ると難しくなる．[HHS05]では赤外正則条件を仮定していない．この部分は Hirokawa が 1 年かけて証明した．ミュンヘンから計算に息づまった廣川さんから，日本時間の早朝に何度か電話がかかってきたことがいい思い出である．GLL の技法を Sasaki [Sas05] がネルソン模型に応用して，一般的なポテンシャルで基底状態の存在を示し，また，ネルソンハミルトニアンを時間不変なローレンツ多様体上に定義すれば，適当な幾何学的な要素から基底状態の存在が示せる．これは Gérard-Hiroshima-Panati-Suzuki [GHPS11] による．さらに H_p の基底状態が存在しないときでも H の基底状態の存在問題を考えることができる．この場合，非結合ハミルトニアン H_0 はもちろん基底状態をもたないが，$H_g = H_0 + gH_\mathrm{I}$ で粒子の個数が 2 個以上あれば，十分大きな g で H_g の基底状態の存在が示せる．これは Hiroshima-Sasaki [HS08, HS15] による．

基底状態の非存在と赤外特異条件の関係に数学的に厳密に初めて指摘したのは Arai [Ara83] と思われる．さらに，Arai-Hirokawa-Hiroshima [AHH99] でも同様の議論が展開されている．Chen [Che00] は長く懸案だった，全運動量がゼロの Pauli-Fierz 模型の基底状態の非存在を示した．この章で紹介した非存在の証明は Lőrinczi-Minlos-Spohn [LMS02] による．キーとなるのは $P(\phi)_1$ 過程の Dirichlet 原理によるパスの評価だが，これは Kipnis-Varadhan の [KV86, Lemma 1.12] による．しかし，基底状態状態の非存在証明にあった形に翻訳するのにはかなり苦労する．2000 年の夏頃，まさにこの論文を執筆中の老練な Minlos 先生とミュンヘン工科大で，幸運にも自分は同じ研究室だった．黙々と必死に原稿を書き上げている Minlos 先生の姿に感動し，記念にその手書き原稿のコピーを頂いた．「Bochner-Minlos の定理」の Minlos に直に遭遇できて本当に幸せな時間だった．

その後，非存在の証明は Hirokawa [Hir03] が精密化している．また，Derezínski-Gérard [DG04] はシンプルな証明を与えている．Gérard-Hiroshima-Panati-Suzuki [GHPS12b] はローレンツ多様体上に定義されたネルソンハミルトニアンの基底状態の非存在を汎関数積分表示で示している．

5 マルチンゲール性と固有ベクトルの空間的減衰性

固有ベクトルの空間的減衰性は量子論における重要な研究課題の一つであり，シュレディンガー作用素の固有ベクトルに対する減衰性は非常に研究が進んでい

る．ネルソンハミルトニアンに対しても適当な条件下で固有ベクトルの減衰性を示すことができる．そのアイデアはネルソンハミルトニアン H について，マルチンゲール性を示すことにある．シュレディンガー作用素 $H_\mathrm{p} = -\frac{1}{2}\Delta + V$ に対しては確率過程

$$\left(e^{tE}e^{-\int_0^t V(B_r+x)dr}\varphi_\mathrm{p}(B_t)\right)_{t\geq 0}$$

がブラウン運動の自然なフィルトレーションでマルチンゲールになることはすぐに分かる．これと同じことをネルソンハミルトニアンでもできる．

$H\Phi = E\Phi$ としよう．ここで E は H の固有値であり，スペクトルの下限とは限らない．

$$X_t(x) = e^{tE}e^{-\int_0^t V(B_r+x)dr}e^{-\phi_\mathrm{E}\left(\int_0^t \mathrm{j}_r\tilde\varphi(\cdot - x - B_r)dr\right)}\mathrm{J}_t\Phi(B_t+x)$$

とする．$(X_t(x))_{t\geq 0}$ は $\mathscr{X}\times Q_\mathrm{E}$ 上の確率過程で，任意の t に対して FKN 型汎関数積分表示から $\Phi(x) = \mathbb{E}_\mathcal{W}^0[\mathrm{J}_0^* X_t(x)]$ が成り立つ．X_t は $\mathscr{X}\times Q_\mathrm{E}$-値であって，$\mathscr{X}\times Q$-値でないところがポイントである．次の定理が本質的である．

定理 5.1 $\mathscr{X}\times Q_\mathrm{E}$ 上のフィルトレーション $(\mathfrak{M}_t)_{t\geq 0}$ で $(X_t(x))_{t\geq 0}$ がマルチンゲールになるものが存在する．

さて，τ を $\mathfrak{M}_t$ に関する停止時刻とする．このとき $X_{t\wedge\tau}(x)$ もマルチンゲールになり，特に，マルチンゲールは期待値が不変なので

$$\mathbb{E}_{\mu_\mathrm{E}}\mathbb{E}_\mathcal{W}^0[X_t(x)] = \mathbb{E}_{\mu_\mathrm{E}}\mathbb{E}_\mathcal{W}^0[X_{t\wedge\tau}(x)]$$

となる．場の変数で積分した $\|\Phi(x)\|_{L^2(Q)}$ の x に関する減衰性を空間的減衰性という．

定理 5.2 (固有ベクトルの空間的減衰性) $H\Phi = E\Phi$ とする．次の (1) または (2) を仮定する．(1) $\lim_{|x|\to\infty}V(x)=\infty$, (2) $\lim_{|x|\to\infty}V_-(x)+E+\frac{1}{2}\|\hat\varphi/\omega\|^2 = a < 0$. このとき $\|\Phi(x)\|_{L^2(Q)} \leq Ce^{-c|x|}$ となる定数 $C>0, c>0$ が存在する．

証明 (1) の場合．$\tau_R = \inf\{t||B_t|>R\}$ とする．x を中心とした半径 R の球内での V の下限を $W_R(x) = \inf\{V(y)||x-y|<R\}$ とする．もちろん，$W_R(x) \leq$

$V(x+y)$ が任意の $|y|<R$ で成り立つ. また $W_R(x)-E-\frac{1}{2}\|\hat{\varphi}/\omega\|^2\to\infty$, $(|x|\to\infty)$. $\Psi\in L^2(Q)$ とすれば $J_0\Psi\cdot X_t(x)$ もマルチンゲールになるから $(J_0\Psi,\Phi(x))=\mathbb{E}_{\mu_{\mathrm{E}}}\mathbb{E}_{\mathcal{W}}^0[J_0\Psi\cdot X_{t\wedge\tau_R}(x)]$ が成り立つ. これから

$$\|\Phi(x)\|=\sup_{\Psi\in L^2(Q),\|\Psi\|=1}|(J_0\Psi,\Phi(x))|\leq\mathbb{E}_{\mathcal{W}}^x\left[e^{-\int_0^{t\wedge\tau_R}(V(B_r)-E-\xi)dr}\right]\eta$$

となる. ここで $\xi=\frac{1}{2}\|\hat{\varphi}/\omega\|^2$, $\eta=\sup_x\|\Psi_{\mathrm{g}}(x)\|$. よって

$$\mathbb{E}_{\mathcal{W}}^x\left[e^{-\int_0^{t\wedge\tau_R}(V(B_r)-E-\xi)dr}\right]$$ を評価すればいい.

$$\mathbb{E}_{\mathcal{W}}^x\left[e^{-\int_0^{t\wedge\tau_R}(V(B_r)-E-\xi)dr}\right]\leq\mathbb{E}_{\mathcal{W}}^0[1\!\!1_{\{\tau_R<t\}}\cdots]+\mathbb{E}_{\mathcal{W}}^0[1\!\!1_{\{\tau_R\geq t\}}\cdots]$$

と分ける. 右辺の後者は $\mathbb{E}_{\mathcal{W}}^0[1\!\!1_{\{\tau_R\geq t\}}\cdots]\leq e^{-t(W_R(x)-E-\xi)}$ となることはすぐにわかる. また前者は

$$\mathbb{E}_{\mathcal{W}}^0[1\!\!1_{\{\tau_R<t\}}]=(2\pi)^{-d/2}S_{d-1}\int_{R/\sqrt{t}}^\infty e^{-r^2/2}r^{d-1}dr\leq c_1 e^{-c_2 R^2/t}$$

となる. $R=p|x|$ $(0<p<1)$, $t=\delta|x|$ で δ は十分小さいとすれば, $W_{p|x|}(x)-E-\xi\to\infty(|x|\to\infty)$ なので指数減衰性が従う.

(2) の場合. $\tau_R(x)=\inf\{t\geq 0||B_t+x|\leq R\}$ とする. 同様に

$$\mathbb{E}_{\mathcal{W}}^0\left[e^{\int_0^{t\wedge\tau_R(x)}(V_-(B_r+x)+E+\xi)dr}\right]$$ を評価すればいいことがわかる. R を十

分大きくとれば, 仮定から $|x|>R$ のとき $V_-(x)+E+\xi<-\epsilon<0$ となる. よって

$$\mathbb{E}_{\mathcal{W}}^0\left[e^{\int_0^{t\wedge\tau_R(x)}(V_-(B_r+x)+E+\xi)dr}\right]\leq e^{-t\varepsilon}+\mathbb{E}_{\mathcal{W}}^x[1\!\!1_{t\geq\tau_R(0)}].$$

(1) と同様に

$$\mathbb{E}_{\mathcal{W}}^x[\mathbb{1}_{t \geq \tau_R(0)}] = (2\pi)^{-d/2} \int_{|u| \leq R/t} e^{-\frac{1}{2}(|u|^2 - 2\frac{u \cdot x}{\sqrt{|x|}} + \frac{|x|^2}{t})} du.$$

ここで $t = R = |x|$ とすれば $\mathbb{E}_{\mathcal{W}}^x[\mathbb{1}_{t \geq \tau_R(0)}] \leq c_1 e^{-c_2|x|}$. よって証明ができた. □

6 ギブス測度

この章では赤外正則条件 $\mathrm{I}_{\mathrm{IR}} < \infty$ を仮定し, H の基底状態 Ψ_{g} が存在しているとする, i.e., $H\Psi_{\mathrm{g}} = E\Psi_{\mathrm{g}}$.

6.1 ギブス測度の定義

$(\mathcal{Y}, \mathcal{B}, Q)$ を確率測度空間とし $(Y_t)_{t \in \mathbb{R}}$ は d 次元の確率過程とする.
$\mathcal{B}_T = \sigma(Y_r, -T \leq r \leq T)$, $\mathcal{T}_T = \sigma(Y_r, r \in [-T, T]^c)$ としよう.

$$\mathscr{V} : \mathbb{R}^d \to \mathbb{R}, \mathscr{W} : \mathbb{R}^d \times \mathbb{R}^d \times \mathbb{R} \to \mathbb{R}$$

はボレル可測関数で外場ポテンシャルとペアポテンシャルとよばれている. $\mathscr{V}$ が任意の有界区間 I に対して

$$0 < \mathbb{E}_Q\left[e^{-\int_I \mathscr{V}(Y_s)ds}\right] < \infty$$

のとき admissible 外場ポテンシャルといわれる. さらに $\mathscr{W}$ は

$$\int_{-\infty}^{\infty} \sup_{x,y \in \mathbb{R}^d} |\mathscr{W}(x,y,s)| ds < \infty$$

のとき admissible ペアポテンシャルといわれる. admissible 外場ポテンシャルと admissible ペアポテンシャル $\mathscr{V}, \mathscr{W}$, $0 < S \leq T$ に対して関数

$$\mathscr{E}_T = \int_{-T}^{T} \mathscr{V}(Y_t)dt + \left(\int_{\mathbb{R}} ds \int_{-T}^{T} dt + \int_{-T}^{T} ds \int_{\mathbb{R}} dt\right) \mathscr{W}(Y_t, Y_s, |t-s|),$$

$$\mathscr{E}_{S,T} = \int_{-T}^{T} \mathscr{V}(Y_t)dt + \left(\int_{-S}^{S} ds \int_{-T}^{T} dt + \int_{-T}^{T} ds \int_{-S}^{S} dt\right) \mathscr{W}(Y_t, Y_s, |t-s|)$$

を定義し, さらに $Y \in \mathcal{Y}$ に対して $(\mathcal{Y}, \mathcal{B})$ 上の測度 Q_T^Y を $Q_T^Y[A] = \mathbb{E}_Q[\mathbb{1}_A | \mathcal{T}_T](Y)$ で定める.

定義 6.1 (ギブス測度) $\mathscr{V}$ と $\mathscr{W}$ はそれぞれ admissible 外場ポテンシャル, admissible ペアポテンシャルとする.

(1) $(\mathcal{Y}, \mathcal{B})$ 上の確率測度 P_T は次をみたすとき, 区間 $[-T, T]$ に対する, reference 測度 Q とポテンシャル $\mathscr{V}, \mathscr{W}$ をもつ有限体積ギブス測度といわれる.

  (i) $P_T\lceil_{\mathcal{B}_S} \ll Q\lceil_{\mathcal{B}_S}$ ($\forall S \leq T$)

  (ii) 有界 $\mathcal{F}$-可測関数 f に対し
  $$\mathbb{E}_{P_T}[f|\mathcal{T}_S](Y) = \frac{\mathbb{E}_{Q_S^Y}[fe^{-\mathscr{E}_{S,T}}]}{\mathbb{E}_{Q_S^Y}[e^{-\mathscr{E}_{S,T}}]}, \ P_T\text{-a.s.}, \ S \leq T.$$

(2) $(\mathcal{Y}, \mathcal{B})$ 上の確率測度 P は次をみたすとき, reference 測度 Q とポテンシャル $\mathscr{V}, \mathscr{W}$ をもつギブス測度といわれる.

  (i) $P\lceil_{\mathcal{B}_T} \ll Q\lceil_{\mathcal{B}_T}$ ($\forall T > 0$)

  (ii) 有界 $\mathcal{F}$-可測関数 f に対して
  $$\mathbb{E}_P[f|\mathcal{T}_T](Y) = \frac{\mathbb{E}_{Q_T^Y}[fe^{-\mathscr{E}_T}]}{\mathbb{E}_{Q_t^Y}[e^{-\mathscr{E}_T}]}, \ P\text{-a.s.}$$

6.2 ネルソン模型に付随したギブス測度の存在

正の $L^2(\mathbb{R}^d)$ 関数 ϕ を一つ固定する.
$$Q_{[-t,t]} = \mathrm{J}_{-t}^* e^{-\phi_\mathrm{E}\left(\int_{-t}^t \mathrm{j}_s \tilde{\varphi}(\cdot - B_s)ds\right)} \mathrm{J}_t e^{-\int_{-t}^t V(B_s)ds}$$
とすれば $Q_{[-t,t]} : L^2(Q) \to L^2(Q)$ は有界作用素になる.
$$\mathscr{L}_T = \phi(B_{-T}) Q_{[-T,T]} \phi(B_T)$$
とおく. 測度
$$\mu_T : \mathcal{B}(\widetilde{\mathscr{X}}) \ni A \mapsto \mu_T(A) = \frac{1}{Z_T} \int_{\mathbb{R}^d} dx \mathbb{E}_\mathcal{W}^x[\mathbb{E}_{\mu_\mathrm{E}}[\mathbb{1}_A \mathscr{L}_T]]$$
の $T \to \infty$ の収束について考える. さて, $\mathcal{F}_{[-t,t]} = \sigma(B_s; s \in [-t,t])$ とする. このとき
$$\mathscr{G}_T = \bigcup_{0 \leq t \leq T} \mathcal{F}_{[-t,t]}, \quad \mathscr{G} = \mathscr{G}_\infty = \bigcup_{0 \leq t} \mathcal{F}_{[-t,t]}$$

は有限加法的集合族である．確率空間の族 $(\widetilde{\mathscr{X}}, \sigma(\mathscr{G}), \mu_T), T > 0$ を定義する．任意の t を固定する．このとき任意の $A \in \mathcal{F}_{[-t,t]}$ に対して $\lim_{T\to\infty} \mu_T(A) = \mu_\infty(A)$ となるとき，確率測度 μ_T は確率測度 μ_∞ に局所弱収束するという．

命題 6.2 $\mathscr{V}$ と $\mathscr{W}$ をそれぞれ admissible 外場ポテンシャルと admissible ペアポテンシャルとする．このとき (1) と (2) が成り立つ．

(1) $T > 0$ に対して $dP_T = \frac{1}{\mathbb{E}_Q[e^{-\mathscr{E}_{T,T}}]} e^{-\mathscr{E}_{T,T}} dQ$ は有限体積ギブス測度になる．

(2) 確率測度 P_∞ で $P_T(A) \to P_\infty(A)$ $(T \to \infty)$ が任意の $A \in \mathcal{B}_t$ で成り立ち，かつ $P_\infty\lceil_{\mathcal{B}_T} \ll Q\lceil_{\mathcal{B}_T}$ が全ての T で成立する．このとき P_∞ はギブス測度になる．

この命題よりネルソンハミルトニアンに付随したギブス測度の存在を示すことができる．

定理 6.3 (ギブス測度の存在) 確率測度 μ_T は μ_∞ へ局所弱収束する．i.e., $\mu_T(A) \to \mu_\infty(A)$ $(T \to \infty)$ が $A \in \mathscr{G}$ に対して成立する．また μ_∞ は ϕ の選び方によらない．

非有界なオブザーバブル (自己共役作用素) O の期待値 $(\Psi_g, O\Psi_g)$ をギブス測度 μ_∞ をもちいて積分表示することができる．ここでは重要な例として $O = e^{+\beta N}$, $O = e^{\phi(f)^2}$ の期待値をギブス測度で表す．基本的なアイデアは $\lim_{T\to\infty}(\Psi_g^T, O\Psi_g^T)$ を有限体積ギブス測度 μ_T を用いて $\mathbb{E}_{\mu_T}[F_O^T]$ のように積分表示して μ_T の極限の存在問題に還元することである．ただし，O は非有界作用素なので容易にはいかない．

補題 6.4 $f \in L^2_\mathbb{R}(\mathbb{R}^d)$, $\beta \in \mathbb{R}$ としよう．このとき

$$(\Psi_g, e^{i\beta\phi(f)}\Psi_g) = e^{-\frac{\beta^2}{4}\|f\|^2} \mathbb{E}_{\mu_\infty}\left[e^{i\beta K(f)}\right].$$

ここで
$$K(f) = -\frac{1}{2}\int_{-\infty}^{\infty} (e^{-|r|\omega} e^{-ikB_r} \hat{\varphi}/\sqrt{\omega}, \hat{f}) dr$$

は $(\widetilde{\mathscr{X}}, \mathcal{B}(\widetilde{\mathscr{X}}))$ 上の確率変数である．また，$F \in \mathscr{S}(\mathbb{R})$ とする．このとき

$$(\Psi_g, F(\phi(f))\Psi_g) = \mathbb{E}_{\mu_\infty}[G_f(K(f))].$$

ここで $G_f = \check{F} * \check{g}$, $g(\beta) = e^{-\beta^2 \|f\|^2/4}$.

証明 直接

$$(\Psi_{\mathrm{g}}, e^{i\beta\phi(f)}\Psi_{\mathrm{g}}) = \lim_{T\to\infty}(\Psi_{\mathrm{g}}^T, e^{i\beta\phi(f)}\Psi_{\mathrm{g}}^T) = e^{-\frac{\beta^2}{4}\|f\|^2} \mathbb{E}_{\mu_\infty}\left[e^{i\beta K(f)}\right]$$

は FKN 汎関数積分表示からわかる. $F(\phi(f)) = (2\pi)^{-1/2}\int_{-\infty}^\infty \check{F}(\beta)e^{i\beta\phi(f)}d\beta$ が逆フーリエ変換を使えばわかるので,

$$(\Psi_{\mathrm{g}}, F(\phi(f))\Psi_{\mathrm{g}}) = (2\pi)^{-1/2}\int_{-\infty}^\infty \check{F}(\beta)e^{-\frac{\beta^2}{4}\|f\|^2}\mathbb{E}_{\mu_\infty}\left[e^{i\beta K(f)}\right]d\beta.$$

これから補題が示される. □

重要な応用として, 基底状態の場の作用素に関するガウス型減衰性がある. 調和振動子 $-\frac{1}{2}\Delta + \frac{1}{2}|x|$ の任意の固有ベクトル $\phi(x)$ は $e^{-|x|^2/2}$ のオーダーで減衰することは, $\phi(x)$ がエルミート多項式 $\times e^{-|x|^2/2}$ で与えられることから分かる. さらに, $\lim_{\beta\uparrow 1}\|e^{(\beta/2)|x|^2}\phi\| = \infty$ になる. もちろん $\phi(x)$ の場合には関数が具体的にわかっているので驚くに値しない. ネルソンハミルトニアンの基底状態も同様に場の作用素に関してガウス型に減衰することが示せる.

定理 6.5 (基底状態の場の作用素に関するガウス型減衰性) $\mathrm{I}_{\mathrm{IR}} < \infty$ とする. $f \in L^2_{\mathbb{R}}(\mathbb{R}^d)$ とし, $|\beta| < 1/\|f\|^2$ とする. このとき基底状態は $\Psi_{\mathrm{g}} \in D(e^{(\beta/2)\phi(f)^2})$ かつ

$$\|e^{(\beta/2)\phi(f)^2}\Psi_{\mathrm{g}}\|^2 = \frac{1}{\sqrt{1-\beta\|f\|^2}}\mathbb{E}_{\mu_\infty}\left[e^{\frac{\beta K^2(f)}{1-\beta\|f\|^2}}\right].$$

特に $\lim_{\beta\uparrow 1/\|f\|^2}\|e^{(\beta/2)\phi(f)^2}\Psi_{\mathrm{g}}\| = \infty$ となる.

証明 補題 6.4 により, すべての $\beta > 0$ に対して,

$$(\Psi_{\mathrm{g}}, e^{-\beta\phi(f)^2}\Psi_{\mathrm{g}}) = \frac{1}{\sqrt{1+\beta\|f\|^2}}\mathbb{E}_{\mu_\infty}\left[e^{-\frac{\beta K^2(f)}{1+\beta\|f\|^2}}\right]$$

が示せる. これを β について $\mathbb{C}$ 上に解析接続すればいい. □

次に第 2 量子化からきまるオブザーバブルの期待値を考えよう.

定理 6.6 (第 2 量子化作用素の期待値) 正の可測関数 $\rho \geq 0$ をかけ算作用素と

みなす．このとき，任意の $\beta > 0$ に対して
$$(\Psi_{\mathrm{g}}, e^{-\beta d\Gamma(\rho)}\Psi_{\mathrm{g}}) = \mathbb{E}_{\mu_\infty}\left[e^{-W_\infty^{\rho,\beta}}\right]$$
が成り立つ．ここで
$$W_\infty^{\rho,\beta} = \int_{-\infty}^0 dt \int_0^\infty ds\, W^{\rho,\beta}(B_t - B_s, t - s),$$
ペア相互作用は
$$W^{\rho,\beta}(x,t) = \frac{1}{2}\int_{\mathbb{R}^d} \frac{|\hat\varphi(k)|^2}{\omega(k)} e^{-|t|\omega(k)} e^{-ikx}(1 - e^{-\beta\rho(k)})dk$$
で与えられる．

証明 次が示せる．
$$(\Psi_{\mathrm{g}}^T, e^{-\beta d\Gamma(\rho)}\Psi_{\mathrm{g}}^T) = \mathbb{E}_{\mu_T}\left[e^{-\int_{-T}^0 dt \int_0^T ds\, W^{\rho,\beta}(B_t - B_s, t - s)}\right].$$
$T \to \infty$ の極限をとれば証明終了． □

$|W_\infty^{\rho,\beta}| \leq \mathrm{I}_{\mathrm{IR}}/2 < \infty$ がパスに一様に成立することに注意しよう．個数作用素 $N = d\Gamma(\mathbb{1})$ について考察すると，$W_\infty^{\rho,\beta} = (1 - e^{-\beta})W_\infty$ になる．ここで，
$$W_\infty = \int_{-\infty}^0 dt \int_0^\infty W(B_t - B_s, t - s)ds.$$
次が即座にわかる．

系 6.7 (基底状態ボゾン数の超指数減衰性) すべての $\beta \in \mathbb{C}$ に対して，
$$(\Psi_{\mathrm{g}}, e^{\beta N}\Psi_{\mathrm{g}}) = \mathbb{E}_{\mu_\infty}\left[e^{-(1-e^\beta)W_\infty}\right]$$
が成立する．特に $\Psi_{\mathrm{g}} \in D(e^{+\beta N})$ がすべての $\beta > 0$ で成り立つ．

証明 定理 6.6 で ρ を $\mathbb{1}$ におきかえれば，$(\Psi_{\mathrm{g}}, e^{-\beta N}\Psi_{\mathrm{g}}) = \mathbb{E}_{\mu_\infty}\left[e^{-(1-e^{-\beta})W_\infty}\right]$ が任意の $\beta > 0$ で成り立つ．あとは定理 6.5 の証明と同じく，β に関する解析接続による． □

$H_{\mathrm{p}} \otimes \mathbb{1} + \mathbb{1} \otimes H_{\mathrm{f}}$ の基底状態 $\varphi_{\mathrm{p}} \otimes \mathbb{1}$ のボゾン数はゼロであるが，この系の主張は，相互作用 H_{I} を加えても H の基底状態のボゾン数が期待値の意味で非常に

少ないということをいっている．さらに $(\Psi_g, N\Psi_g)$ も評価できて赤外発散の様子を調べることができる．

系 6.8 (基底状態ボゾン数の発散) I_{IR} に依らない定数 C が存在して次の不等式が成立する．

$$\frac{1}{2}I_{IR} - C\|\Psi_g\|\int_{\mathbb{R}^d}\frac{|\hat{\varphi}(k)|^2}{\omega(k)^3}|k|^2 dk \leq (\Psi_g, N\Psi_g) \leq \frac{1}{2}I_{IR}.$$

特に $d=3$ とし $I_{IR} = \displaystyle\int_{\lambda<|k|<\Lambda}\frac{1}{\omega(k)^3}dk$ とすれば，$\displaystyle\lim_{\lambda\to 0}(\Psi_g, N\Psi_g) = \infty$.

証明 $(\Psi_g, e^{\beta N}\Psi_g)$ を $\beta = 0$ で微分すると

$$(\Psi_g, N\Psi_g) = \frac{1}{2}\int_{-\infty}^0 dt\int_0^\infty ds\int_{\mathbb{R}^d}dk\frac{|\hat{\varphi}(k)|^2}{\omega(k)}e^{-|t-s|\omega(k)}\mathbb{E}_{\mu_E}[e^{-ik\cdot(B_t-B_s)}].$$

これから系が従う． □

6.3 解説

ここで紹介したギブス測度の存在は Betz-Hiroshima-Lőrinczi-Minlos-Sphon [BHLMS02] にある．ここで，測度の局所弱収束性を示したが，じつはブラウン運動のパスの連続性を使えば，$\{\mu_T\}_T$ の部分列で弱収束するものが存在することを示せる．これは，族 $\{\mu_T\}_T$ のタイトネスを示すとこによって証明される．[BH09] ではその方法で示されている．ただし，この手法は一般の場合には適応させづらい．スピンボゾン模型のギブス測度の存在は Hirokawa-Hiroshima-Lőrinczi, [HHL12] にあり，準相対論的 Pauli-Fierz 模型のそれは，Hiroshima[Hir14] で与えられた．Osada-Spohn[OS99] には基底状態の存在を仮定しない理論が展開されている．場の量子論の模型の基底状態のボゾン数の指数減衰性に関しては，Gross [Gro73], Spohn [Spo89] でも示されている．ただし，ギブス測度の議論はない．

7 紫外切断のくりこみ理論

7.1 正則化されたハミルトニアンの汎関数積分表示

ハミルトニアンを定義するために導入した切断関数 $\hat{\varphi}$ を取り除くことを考えてみよう．つまり，$\hat{\varphi} \to \mathbb{1}$ の極限を考える．これは紫外切断のくりこみとよばれている．$d=3$ として，N-粒子ネルソン模型を考える．フォック表現で，そのハミ

ルトニアンは
$$H = H_{\mathrm{p}} \otimes \mathbb{1} + \mathbb{1} \otimes H_{\mathrm{f}} + g \int_{\mathbb{R}^{3N}}^{\oplus} H_{\mathrm{I}}(x) dx$$
で与えられる．ヒルベルト空間 $\mathscr{H} = L^2(\mathbb{R}^{3N}) \otimes \mathcal{F}$ 上の自己共役作用素である．ここで結合定数 g を導入した．N-粒子シュレディンガー 作用素は
$$H_{\mathrm{p}} = -\frac{1}{2} \sum_{j=1}^{N} \Delta_j + V$$
で与えられる．相互作用項は
$$H_{\mathrm{I}}(x) = \sum_{j=1}^{N} \int \frac{1}{\sqrt{2\omega(k)}} \left(\hat{\varphi}(k) e^{-ik \cdot x_j} a(k) + \hat{\varphi}(-k) e^{ik \cdot x_j} a^{\dagger}(k) \right) dk$$
と定義される．H の荷電分布の 1 点極限を考える．つまり $\varphi(x) \to (2\pi)^{3/2} \delta(x)$，または $\hat{\varphi}(k) \to \mathbb{1}$．さて，この極限をとるために紫外切断関数として $\hat{\varphi}_\varepsilon$ をとる．この関数によってハミルトニアン H_ε を定義し $\varepsilon > 0$ を紫外切断パラメターとみなす．そして $H_\varepsilon - E_\varepsilon$ の $\varepsilon \downarrow 0$ 極限を考える．ここで E_ε はエネルギーくりこみ項で，具体的に後で与える．$\omega(k) = |k|$ とし，$\mathbb{1}_\lambda(k) = \begin{cases} 1, & \omega(k) < \lambda \\ 0, & \omega(k) \geq \lambda \end{cases}$ としよう．ここで $\mathbb{1}_\lambda^\perp(k) = \mathbb{1} - \mathbb{1}_\lambda(k)$ とおく．赤外切断パラメター $\lambda > 0$ を固定する．簡単のために次の仮定をする．

条件 7.1 ポテンシャル V は有界かつ連続関数．

紫外切断のくりこみで，V は全く本質的ではなく，$V \equiv 0$ としてもかまわない．$\hat{\varphi}$ を切断関数 $\hat{\varphi}_\varepsilon(k) = e^{-\varepsilon|k|^2/2} \mathbb{1}_\lambda^\perp$，$\varepsilon \geq 0$ に置き換えて正則化されたハミルトニアンを
$$H_\varepsilon = H_{\mathrm{p}} \otimes \mathbb{1} + \mathbb{1} \otimes H_{\mathrm{f}} + g \int_{\mathbb{R}^{3N}}^{\oplus} H_{\mathrm{I}}^\varepsilon(x) dx, \quad \varepsilon > 0,$$
で定義する．
$$E_\varepsilon = -\frac{g^2}{2} N \int_{\mathbb{R}^3} \frac{e^{-\varepsilon|k|^2}}{\omega(k)} \beta(k) \mathbb{1}_\lambda^\perp dk$$
としよう．ここで $\beta(k) = \frac{1}{\omega(k) + |k|^2/2}$ はプロパゲーターを表す．特に $E_\varepsilon \to -\infty$ ($\varepsilon \downarrow 0$) に注意せよ．ここから $(B_t)_{t \in \mathbb{R}}$ は $\mathbb{R}$ 上の $3N$ 次元のブラウン運動を表すとする．真空期待値を求めると次のようになる．

$$(f\otimes 1\!\!1, e^{-2TH_\varepsilon}h\otimes 1\!\!1) = \int_{\mathbb{R}^{3N}} dx \mathbb{E}_{\mathcal{W}}^x \left[\overline{f(B_{-T})}h(B_T) e^{-\int_{-T}^{T} V(B_s)ds} e^{\frac{g^2}{2}S_\varepsilon} \right].$$

ここで

$$S_\varepsilon = \sum_{i,j=1}^{N} \int_{-T}^{T} ds \int_{-T}^{T} dt\, W_\varepsilon(B_t^i - B_s^j, t-s)$$

はペア相互作用でペアポテンシャルは

$$W_\varepsilon(x,t) = \int_{\mathbb{R}^3} \frac{1}{2\omega(k)} e^{-\varepsilon|k|^2} e^{-ik\cdot x} e^{-\omega(k)|t|} 1\!\!1_\lambda^\perp dk$$

で与えられる. $(x,t) \neq (0,0)$ で $W_\varepsilon(x,t)$ は滑らかで, $W_\varepsilon(x,t) \to W_0(x,t)$ $(\varepsilon \downarrow 0)$ が成り立つ. しかし $W_\varepsilon(0,0) \to \infty$ $(\varepsilon \downarrow 0)$ で, $W_0(x,t)$ は $(0,0)$ で特異性をもつ. つまり S_ε は $\varepsilon = 0$ のとき対角成分に特異性が現れる. これを取り除きたいのだが, もちろん, 対角成分の測度はゼロなので, ここにジレンマが生まれる. アイデアは伊藤の公式をつかって, 対角成分を引き出すことである.

7.2 くりこまれた作用

次の関数を考えよう.

$$\varrho_\varepsilon(x,t) = \int_{\mathbb{R}^3} \frac{e^{-\varepsilon|k|^2} e^{-ik\cdot x - \omega(k)|t|}}{2\omega(k)} \beta(k) 1\!\!1_\lambda^\perp dk, \quad \varepsilon \geq 0.$$

そうすると $\varrho_\varepsilon(0,0) \to -\infty$ $(\varepsilon \downarrow 0)$ がわかる.

$T > 0$ を固定する. $0 < \tau \leq T$ を固定し, $[t]_T = -T \vee t \wedge T$ としよう. 正則化された相互作用を対角成分と非対角成分に分ける (図 10): $S_\varepsilon = S_\varepsilon^{対角} + S_\varepsilon^{非対角}$. ここで

$$S_\varepsilon^{対角} = 2\sum_{i,j=1}^{N} \int_{-T}^{T} ds \int_{s}^{[s+\tau]_T} dt\, W_\varepsilon(B_t^i - B_s^j, t-s),$$

$$S_\varepsilon^{非対角} = 2\sum_{i,j=1}^{N} \int_{-T}^{T} ds \int_{[s+\tau]_T}^{T} dt\, W_\varepsilon(B_t^i - B_s^j, t-s).$$

$S_\varepsilon^{対角}$ は S_ε を対角成分の近傍 $\{(t,t) \in \mathbb{R}^2 | |t| \leq T\}$ で積分したもの, そして $S_\varepsilon^{非対角}$ はそれ以外の部分を表す. すぐに, パスごとに $\lim_{\varepsilon \downarrow 0} S_\varepsilon^{非対角} = S_0^{非対角}$ はわかる. ここで $S_0^{非対角}$ は $S_\varepsilon^{非対角}\lceil_{\varepsilon=0}$ である. 次に, 確率積分をつかえば, やっかいな $S_\varepsilon^{対角}$

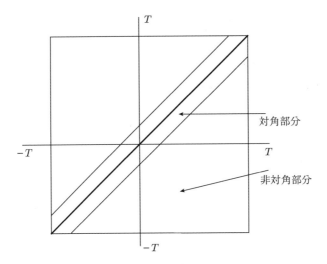

図 10 S_ε の対角成分と非対角成分

を評価できる．伊藤の公式をつかえば次がわかる．$\varepsilon > 0$ ならば

$$\begin{aligned}
S_\varepsilon^{\text{対角}} =& 2\sum_{i,j=1}^{N}\int_{-T}^{T}\varrho_\varepsilon(B_s^i - B_s^j, 0)ds \\
& - 2\sum_{i,j=1}^{N}\int_{-T}^{T}\varrho_\varepsilon(B_{[s+\tau]_T}^i - B_s^j, [s+\tau]_T - s)ds \\
& + 2\sum_{i,j=1}^{N}\int_{-T}^{T}ds\int_{s}^{[s+\tau]_T}\nabla\varrho_\varepsilon(B_t^i - B_s^j, t-s)\cdot dB_t^i.
\end{aligned}$$

右辺第一項の $i=j$ の部分 $= 4NT\varrho_\varepsilon(0,0)$ がまさに発散項になっているので，くりこまれた作用を次のように定義することが示唆される．

$$S_\varepsilon^{\text{くりこみ}} = S_\varepsilon - 4NT\varrho_\varepsilon(0,0), \quad \varepsilon > 0.$$

これは $S_\varepsilon^{\text{くりこみ}} = S_\varepsilon^{\text{非対角}} + X_\varepsilon + Y_\varepsilon + Z_\varepsilon$ のように表せる．ここで

$$X_\varepsilon = 2\sum_{i\neq j}^{N}\int_{-T}^{T}\varrho_\varepsilon(B_s^i - B_s^j, 0)ds,$$

$$Y_\varepsilon = 2\sum_{i,j=1}^{N}\int_{-T}^{T}ds\int_{s}^{[s+\tau]_T}\nabla\varrho_\varepsilon(B_t^i - B_s^j, t-s)\cdot dB_t,$$

$$Z_\varepsilon = -2 \sum_{i,j=1}^N \int_{-T}^T \varrho_\varepsilon(B^i_{[s+\tau]_T} - B^j_s, [s+\tau]_T - s) ds.$$

一番やっかいなのは確率積分が現れる Y_ε の評価である．$\varepsilon > 0$ のときは確率積分とルベーグ積分を交換してもいいので

$$Y_\varepsilon = \sum_{i=1}^N \int_{-T}^T \Phi^i_{\varepsilon,t} dB^i_t.$$

ここで $\Phi_{\varepsilon,t} = (\Phi^1_{\varepsilon,t}, \ldots, \Phi^N_{\varepsilon,t})$ は $\mathbb{R}^{3N}$ に値をとる確率過程で次で与えられる．

$$\Phi^i_{\varepsilon,t} = 2 \sum_{j=1}^N \int_{[t-\tau]_T}^t \nabla \varrho_\varepsilon(B^i_t - B^j_s, t-s) ds.$$

さて Y_0 を

$$Y_0 = \sum_{i=1}^N \int_{-T}^T \Phi^i_{0,t} \cdot dB^i_t$$

で定義する．そうするとある定数 c_Y が存在して，任意の $\alpha > 0$ に対して $\sup_{x \in \mathbb{R}^{3N}} \mathbb{E}^x_\mathcal{W}[e^{\alpha Y_\varepsilon}] \leq e^{c_Y \alpha^2 T}$, $\varepsilon \geq 0$, また $\lim_{\varepsilon \downarrow 0} \mathbb{E}^x_\mathcal{W}[|Y_\varepsilon - Y_0|^2] = 0$ ($x \in \mathbb{R}^{3N}$) が成り立つ．この主張はまったく非自明である．ただ，Y_ε が確率積分なので，$\mathbb{E}^x_\mathcal{W}[e^{\alpha Y_\varepsilon}]$ が αY_ε の分散で評価できそうなことは予想できるだろう．そのため，右辺に α^2 が現れる．これと，$X_\varepsilon, Z_\varepsilon$ の評価から，次が示せる．すべての $\alpha \in \mathbb{R}, \varepsilon > 0$, と $f, h \in L^2(\mathbb{R}^{3N})$ に対して

$$\int_{\mathbb{R}^{3N}} dx \mathbb{E}^x_\mathcal{W} \left[f(B_{-T}) h(B_T) e^{-\int_{-T}^T V(B_s)ds} e^{\alpha S_\varepsilon^{\text{くりこみ}}} \right] \leq \|f\| \|h\| e^{c(T + \alpha T + \alpha)}$$

をみたす定数 c が存在する．また，$\alpha \in \mathbb{R}$ ならば

$$\lim_{\varepsilon \downarrow 0} \mathbb{E}^0_\mathcal{W} \left[|e^{\alpha U_\varepsilon(x)} - e^{\alpha U_0(x)}| \right] = 0, \quad x \in \mathbb{R}^{3N}, \quad U = \text{非対角}, X, Y, Z$$

もわかる．以上をあわせると次の補題が示せる．

補題 7.2 (真空期待値の収束) 次が成り立つ．

$$\lim_{\varepsilon \downarrow 0} (f \otimes \mathbb{1}, e^{-2T(H_\varepsilon + g^2 N \varrho_\varepsilon(0,0))} h \otimes \mathbb{1})$$

$$= \int_{\mathbb{R}^{3N}} dx \int_{\mathbb{R}^3} \mathbb{E}_{\mathcal{W}}^x \left[\overline{f(B_{-T})} h(B_T) e^{-\int_{-T}^{T} V(B_s) ds} e^{\frac{g^2}{2} S_0^{\text{くりこみ}}} \right].$$

ここで

$$S_0^{\text{くりこみ}} = 2 \sum_{i \neq j}^{N} \int_{-T}^{T} \varrho_0(B_s^i - B_s^j, 0) ds$$

$$+ 2 \sum_{i,j=1}^{N} \int_{-T}^{T} \left(\int_{-T}^{t} \nabla \varrho_0(B_t^i - B_s^j, t-s) ds \right) \cdot dB_t$$

$$- 2 \sum_{i,j=1}^{N} \int_{-T}^{T} \varrho_0(B_T^i - B_s^j, T-s) ds.$$

そして $S_0^{\text{くりこみ}}$ の被積分関数は

$$\varrho_0(X, t) = \int_{\mathbb{R}^3} \frac{e^{-ikX} e^{-|t|\omega(k)}}{2\omega(k)} \beta(k) \mathbb{1}_\lambda^\perp dk,$$

$$\nabla \varrho_0(X, t) = \int_{\mathbb{R}^3} \frac{-ik e^{-ikX} e^{-|t|\omega(k)}}{2\omega(k)} \beta(k) \mathbb{1}_\lambda^\perp dk.$$

補題 7.2 のテストベクトル $f \otimes \mathbb{1}, h \otimes \mathbb{1}$ をもっと一般的なベクトルへ拡張することができる.

補題 7.3 $\Phi = f \otimes F(\phi(u_1), \ldots, \phi(u_n))$, $\Psi = h \otimes G(\phi(v_1), \ldots, \phi(v_m))$ としよう. ここで $F \in \mathscr{S}(\mathbb{R}^n), G \in \mathscr{S}(\mathbb{R}^m)$. このとき $\lim_{\varepsilon \downarrow 0} (\Phi, e^{-2T(H_\varepsilon + g^2 N \varrho_\varepsilon(0,0))} \Psi)$ は存在する.

補題 7.3 のようなベクトルの線形和は $\mathscr{H}$ で稠密になる. しかし, 残念なことに任意の $\Phi, \Psi \in \mathscr{H}$ に対して直接, 補題 7.3 と同じ主張を証明することは難しい.

7.3 下からの一様有界性

ネルソンハミルトニアンのくりこみ理論で最も本質的な部分が $H_\varepsilon + g^2 N \varrho_\varepsilon(0,0)$ の下からの一様有界性を示すことにある. Nelson [Nel64a] でも下からの一様有界性の証明に議論のほとんどが費やされている. 我々はこれを測度論的に証明する.

補題 7.4 (下からの一様有界性) 定数 $C \in \mathbb{R}$ があって $H_\varepsilon + g^2 N \varrho_\varepsilon(0,0) > C$ が $\varepsilon > 0$ に一様に成り立つ.

証明 関数 $W(x^1,\ldots,x^N) = \sum_{j=1}^{N}|x^j|^2$ を考えよう.H_ε で V を δW に置き換えたものを $H_\varepsilon(\delta)$ と表す.そうすれば $H_\varepsilon(\delta)$ $(\delta>0)$ は一意的な基底状態 $\Psi_{\mathrm{g}}(\delta)$ をもつことは既に示した.$\Psi_{\mathrm{g}}(\delta) > 0$ であり,特に $(f\otimes\mathbb{1},\Psi_{\mathrm{g}}(\delta))\neq 0$ が任意の $0\leq f\in L^2(\mathbb{R}^{3N})$ で成り立つ.ここで $f\not\equiv 0$. その結果

$$\inf\sigma\left((H_\varepsilon(\delta)+g^2N\varrho_\varepsilon(0,0))\right)$$
$$=-\lim_{T\to\infty}\frac{1}{T}\log(f\otimes\mathbb{1},e^{-T(H_\varepsilon(\delta)+g^2N\varrho_\varepsilon(0,0))}f\otimes\mathbb{1})$$

が $0\leq f\in L^2(\mathbb{R}^{3N})$ で成り立つ.次の非自明な評価が重要である.定数 a_5 と b_5 が存在して

$$\mathbb{E}_{\mathcal{W}}^x\left[e^{2(S_\varepsilon^{\text{非対角}}+X_\varepsilon+Y_\varepsilon+Z_\varepsilon)}\right]\leq a_5 e^{b_5 T}$$

が全ての $x\in\mathbb{R}^{3N}, T>0$ で成立する.これから

$$(f\otimes\mathbb{1},e^{-2T(H_\varepsilon(\delta)+g^2N\varrho_\varepsilon(0,0))}f\otimes\mathbb{1})\leq \|f\|^2 a_5 e^{b_5 T}.$$

これは

$$\inf\sigma\bigl(H_\varepsilon(\delta)+g^2N\varrho_\varepsilon(0,0)\bigr)+\frac{b_5}{2}\geq 0,\quad \delta>0, \tag{7.1}$$

を意味する.大事なことは b_5 が δ に依っていないことである.よって

$$|(F,e^{-2T(H_\varepsilon(\delta)+g^2N\varrho_\varepsilon(0,0))}G)|\leq \|F\|\|G\|e^{b_5 T}$$

が従う.汎関数積分表示とルベーグの収束定理から $\delta\downarrow 0$ で左辺が $(F,e^{-2T(H_\varepsilon(0)+g^2N\varrho_\varepsilon(0,0))}G)$ に収束するので

$$|(F,e^{-2T(H_\varepsilon(0)+g^2N\varrho_\varepsilon(0,0))}G)|\leq \|F\|\|G\|e^{b_5 T}.$$

これは (7.1) が $\delta=0$ でも従うことをいっている.$H_\varepsilon = H_\varepsilon(0)+V$ かつ V は有界なので

$$\inf\sigma\bigl(H_\varepsilon+g^2N\varrho_\varepsilon(0,0)\bigr)+\frac{b_5}{2}+\|V\|_\infty\geq 0.$$

$C=-\frac{b_5}{2}-\|V\|_\infty$ とおけば補題が従う. □

定理 7.5 (紫外切断くりこみ) 次をみたす下から有界な自己共役作用素 $H_{\text{くりこみ}}$ が存在する.

$$\mathrm{s}-\lim_{\varepsilon\downarrow 0}e^{-t(H_\varepsilon - E_\varepsilon)} = e^{-tH_{\text{くりこみ}}},\quad t\geq 0.$$

証明 $F,G \in \mathscr{H}, C_\varepsilon(F,G) = (F, e^{-t(H_\varepsilon + g^2 N \varrho_\varepsilon(0,0))} G)$ としよう. 補題 7.3 より, $F,G \in \mathcal{D}$ に対して $C_\varepsilon(F,G)$ が $\varepsilon \downarrow 0$ で収束することはわかっている. ここで, $\mathcal{D}$ は補題 7.3 のベクトルの線形話全体である. これは稠密な部分空間になる. 補題 7.4 で示された一様な不等式

$$\|e^{-t(H_\varepsilon + g^2 N \varrho_\varepsilon(0,0))}\| < e^{-tC}$$

と $\mathcal{D}$ が $\mathscr{H}$ で稠密なので $\{C_\varepsilon(F,G)\}_\varepsilon$ がコーシー列となる. $C_0(F,G) = \lim_{\varepsilon \downarrow 0} C_\varepsilon(F,G)$ とする. そうすれば $|C_0(F,G)| \leq e^{-tC} \|F\| \|G\|$. Riesz の表現定理より有界作用素 T_t で

$$C_0(F,G) = (F, T_t G), \quad F, G \in \mathscr{H}$$

となるものが存在する. よって $\text{s-}\lim_{\varepsilon \downarrow 0} e^{-t(H_\varepsilon + g^2 N \varrho_\varepsilon(0,0))} = T_t$. さらに T_t が強連続な一径数半群であることがわかるので下から有界な自己共役作用素 $H_{くりこみ}$ で $T_t = e^{-tH_{くりこみ}}, t \geq 0$ となるものが存在することがわかる. $E_\varepsilon = -g^2 N \varrho_\varepsilon(0,0)$ とおけば証明完了. □

7.4 弱結合極限における実行ポテンシャル

スケーリング極限によって場の効果を取り込んだシュレディンガー作用素を導き出すことは重要である. これは, 形式的な摂動論の厳密な解釈ともとれる. つまり, スケーリング極限によって,「おつり」を消し去り, 主要項の効果を見る. ここでは切断関数を $\hat{\varphi}_\varepsilon(k) = (2\pi)^{-3/2} e^{-\varepsilon |k|^2 / 2}$, そして $\omega_\nu(k) = \sqrt{|k|^2 + \nu^2}, \nu > 0$. κ をスケーリングパラメターとして H_ε をスケーリングする. 生成消滅作用素を $\kappa a^\sharp$ とする. このとき H_ε は $H_\varepsilon(\kappa) = H_\mathrm{p} \otimes \mathbb{1} + \kappa^2 \mathbb{1} \otimes H_\mathrm{f} + \kappa H_\mathrm{I}$ となる. このスケーリング変換でエネルギーくりこみ項は

$$E_\varepsilon(\kappa) = -g^2 N \int_{\mathbb{R}^3} \frac{e^{-\varepsilon |k|^2}}{2(2\pi)^3 \omega_\nu(k)} \frac{\kappa^2}{\kappa^2 \omega_\nu(k) + |k|^2/2} dk$$

のようにスケーリングされる. 定理 7.5 から自己共役作用素 $H_{くりこみ}(\kappa)$ で

$$\lim_{\varepsilon \downarrow 0} (f \otimes \mathbb{1}, e^{-t(H_\varepsilon(\kappa) - E_\varepsilon(\kappa))} h \otimes \mathbb{1}) = (f \otimes \mathbb{1}, e^{-tH_{くりこみ}(\kappa)} h \otimes \mathbb{1})$$

となるものがある.

$$h_{\mathrm{eff}} = -\frac{1}{2} \sum_{j=1}^N \Delta_j + V(x^1, ..., x^N) - \frac{g^2}{4\pi} \sum_{i<j} \frac{e^{-\nu |x_i - x_j|}}{|x_i - x_j|}$$

とおこう．次が成り立つ．

定理 7.6 $f, h \in L^2(\mathbb{R}^{3N})$ のとき
$$\lim_{\kappa \to \infty} (f \otimes \mathbb{1}, e^{-tH_{\langle りこみ \rangle}(\kappa)} h \otimes \mathbb{1}) = (f, e^{-th_{\mathrm{eff}}} h).$$

スケーリング極限として湯川型のポテンシャルをもったシュレディンガー作用素が現れる．ネルソンハミルトニアンは，本来，湯川型の相互作用の toy model であったことを思い出せば当然の結果とも思える．

7.5　基底状態エネルギーと紫外切断のくりこみ項

$V = 0, N = 1$, とすると，H_ε は並行移動不変，すなわち
$$[-i\nabla_j \otimes \mathbb{1} + \mathbb{1} \otimes P_{\mathrm{f}j}, H_\varepsilon] = 0$$
となる．ここで $P_{\mathrm{f}} = \int k a^\dagger(k) a(k) dk$ は場の運動量作用素である．H_ε を全運動量 $-i\nabla_j \otimes \mathbb{1} + \mathbb{1} \otimes P_{\mathrm{f}j}$ のスペクトルで分解できる．その結果
$$H_\varepsilon = \int_{\mathbb{R}^3}^{\oplus} H_\varepsilon(P) dP$$
となる．ここで $H_\varepsilon(P)$ はフォック空間 $\mathscr{F}$ 上の自己共役作用素で次で与えられる：
$$H_\varepsilon(P) = \frac{1}{2}(P - P_{\mathrm{f}})^2 + H_{\mathrm{f}} + g\phi(0), \quad P \in \mathbb{R}^3.$$
ここで，g は結合定数，$\phi(0)$ は
$$\phi(0) = \frac{1}{\sqrt{2}} \int \frac{e^{-\varepsilon |k|^2/2}}{\sqrt{\omega(k)}} \mathbb{1}_{|k|>\lambda} \left(a^\dagger(k) + a(k) \right) dk$$
である．$P = 0$ として，$\lambda > 0$ のとき $H(g) = H_\varepsilon(0)$ の基底状態エネルギー $E(g) = \inf \sigma(H_\varepsilon(0))$ は十分小さな g に関して解析的であることが知られている．$E(g) = \sum_{n=0}^{\infty} \frac{a_n}{n!} g^n$ として，a_n を，形式的に求めてみよう．$H(g)\Psi_{\mathrm{g}}(g) = E(g)\Psi_{\mathrm{g}}(g)$ の両辺を g で微分すると
$$\sum_{k=0}^{n} \begin{bmatrix} n \\ k \end{bmatrix} H^{(k)}(g) \Psi_{\mathrm{g}}^{(n-k)}(g) = \sum_{k=0}^{n} \begin{bmatrix} n \\ k \end{bmatrix} E^{(k)}(g) \Psi_{\mathrm{g}}^{(n-k)}(g)$$
で $H^{(2)} = 0$ とすれば

$$H(g)\Psi_{\mathrm{g}}^{(n)} + n\phi(0)\Psi_{\mathrm{g}}^{(n-1)} = \sum_{k=0}^{n} \begin{bmatrix} n \\ k \end{bmatrix} E^{(k)}(g)\Psi_{\mathrm{g}}^{(n-k)}(g)$$

である．すぐにわかることは，$\Psi_{\mathrm{g}}(0) = \mathbb{1}$，$E(0) = 0$ である．$H_0 = \frac{1}{2}P_{\mathrm{f}}^2 + H_{\mathrm{f}}$ とおく．a_2 を形式的に計算する．$H'\Psi_{\mathrm{g}} + H\Psi_{\mathrm{g}}' = E'\Psi_{\mathrm{g}} + E\Psi_{\mathrm{g}}'$ に $g = 0$ を代入すれば $\phi(0)\mathbb{1} + H_0\Psi_{\mathrm{g}}'(0) = E'(0)\mathbb{1}$ となり，$\mathbb{1}$ と内積をとれば，$E'(0) = 0$ となる．よって，$\phi(0)\mathbb{1} + H_0\Psi_{\mathrm{g}}'(0) = 0$ となるから $\Psi_{\mathrm{g}}'(0) = -H_0^{-1}\phi(0)\mathbb{1}$ となる．さて，$H''\Psi_{\mathrm{g}} + 2H'\Psi_{\mathrm{g}}' + H\Psi_{\mathrm{g}}'' = E''\Psi_{\mathrm{g}} + 2E'\Psi_{\mathrm{g}}' + E\Psi_{\mathrm{g}}''$ に $g = 0$ を代入すると，$E(0) = 0$，なので $E''(0) = 2(\mathbb{1}, \phi(0)\Psi_{\mathrm{g}}'(0)) = -2(\phi(0)\mathbb{1}, H_0^{-1}\phi(0)\mathbb{1})$ が導かれる．よって

$$a_2 = -\int_{\mathbb{R}^3} \frac{|\hat{\varphi}(k)|^2}{\omega(k)} \frac{1}{\omega(k) + |k|^2/2} dk$$

となる．これはくりこみ項 $\times 2$ に一致する．つまり，くりこみ項の物理的な解釈は基底状態エネルギー $E(g)$ の g^2 次の係数 $a_2/2!$ ということになる．じつは，さらに $E(g) - a_2 g^2/2!$ は ε に関して有界であることが示せる．

7.6 ポーラロン模型

最後にポーラロン模型に関する紫外切断くりこみについて紹介しよう．$P \in \mathbb{R}^3$ をパラメター (全運動量) として，$\mathscr{F}$ 上の自己共役作用素

$$H(P) = \frac{1}{2}(P - P_{\mathrm{f}})^2 + \phi(0) + N, \quad P \in \mathbb{R}^d,$$

はポーラロン模型といわれている．相互作用項は

$$\phi(0) = \frac{1}{\sqrt{2}} \int \left(a^\dagger(k)\frac{\hat{\varphi}(k)}{\omega(k)} + a(k)\frac{\hat{\varphi}(-k)}{\omega(k)} \right) dk$$

で，$\hat{\varphi}(k)/\omega(k)$ に注意．熱半群の真空期待値は

$$(\mathbb{1}, e^{-2TH(P)}\mathbb{1}) = \mathbb{E}_{\mathcal{W}}^0 \left[e^{iP(B_{-T} - B_T)} e^{\frac{1}{2}\int_{-T}^{T} dt \int_{-T}^{T} ds W_{pol}(B_t - B_s, t - s)} \right]$$

となり，相互作用項が $\hat{\varphi}/\omega$ で与えられているから，ペアポテンシャルもネルソンハミルトニアンの W とは異なり，

$$W_{pol}(X, t) = \int_{\mathbb{R}^3} \frac{|\hat{\varphi}(k)|^2}{2\omega(k)^2} e^{-|t|} e^{ik\cdot X} dk$$

となる．$\hat{\varphi}$ として $\hat{\varphi}_\varepsilon = e^{-\varepsilon|k|^2} \mathbb{1}_\lambda^\perp$ をとり，$H_\varepsilon(P)$ を定義する．ネルソン模型と同様にくりこみ項 E_ε を計算すれば

$$E_\varepsilon = -\int_{\mathbb{R}^3} \frac{e^{-\varepsilon|k|^2}}{\omega(k)^2} \frac{1}{1+|k|^2/2} \mathbb{1}_\lambda^\perp(k) dk$$

になり，これは，分母の次数が高くなっているので

$$\lim_{\varepsilon \downarrow 0} E_\varepsilon = -\int_\lambda^\infty \frac{4\pi}{1+r^2/2} dr < \infty$$

に収束する．つまりポーラロン模型ではくりこみ項は必要ない！ 実際

$$\frac{1}{2}\int_{-T}^T dt \int_{-T}^T ds W_{pol}(B_t - B_s, t-s) \to S_\infty = \frac{\pi^2}{2}\int_{-T}^T dt \int_{-T}^T ds \frac{e^{-|t-s|}}{|B_t - B_s|} = S_0$$

に収束する．つまり $\lim_{\varepsilon \downarrow 0}(\mathbb{1}, e^{-2TH}\mathbb{1}) = \mathbb{E}_\mathcal{W}^0[e^{S_0}]$ となる．

定理 7.7 (紫外切断くりこみ) $P \in \mathbb{R}^3$ とする．このとき，自己共役作用素 $H_{くりこみ}(P)$ で

$$\lim_{\varepsilon \downarrow 0} e^{-TH_\varepsilon(P)} = e^{-TH_{くりこみ}(P)}$$

となるものが存在し，$(\mathbb{1}, e^{-TH_0(P)}\mathbb{1}) = \mathbb{E}_\mathcal{W}^0[e^{S_0}]$ となる．

証明 証明はネルソンハミルトニアンとほぼ同じだが，ややトリックを使う．$H_\varepsilon(P)$ の下からの一様有性を示せばいいのだが，直接には難し．まず，$P = 0$ のときには基底状態 Ψ_g が存在し $\Psi_g > 0$ となることが知られている．これは $P = 0$ のとき FKN 公式から $e^{-tH(0)}$ が正値改良型になるという事実による．よって，ネルソン模型と同様に $\inf \sigma(H_\varepsilon(0)) = -\lim_{T \to \infty}\frac{1}{T}\log(\mathbb{1}, e^{-TH_\varepsilon(0)}\mathbb{1})$ を下から一様に評価することができる．$P \neq 0$ の場合は，少し困るのだが，双極不等式 $\inf\sigma(H_\varepsilon(P)) \geq \inf\sigma(H_\varepsilon(0))$ から下からの一様有界性がわかる．このアイデアは宮尾忠宏による． □

7.7 解説

ネルソンは [Nel64a] で作用素論的な手法で紫外切断のくりこみに成功した．しかし，ネルソンは，[Nel64b] で汎関数積分によるくりこみを考えていたようであるが，残念ながらうまくいかなかった．ここではユニタリー群の収束を議論していたので，半群のような下からの一様有界性の議論はいらないが，収束先がユニ

タリーになることも証明できなかったようである．何を隠そう，自分が初めて読んだ英文の論文は [Nel64a] であった．修士の一年生の春だったと記憶している．それから二十数年が経過し，ここに戻ってくるとは当時夢にも思わなかった．

定理 7.5 の章の証明は Gubinelli-Hiroshima-Lőrinczi [GHL13] による．ポーラロン模型の紫外切断くりこみは [Hir15a] にある．補題 7.2 にある真空期待値の収束の証明の原型は 2006, 7 年頃に完成していた．しかし，この証明の最大の難関は $H_\varepsilon - E_\varepsilon$ の下からの一様有界性を示すことであった．この部分の証明に 2 年以上かかってしまった．真空期待値の収束がわかっていたので完成間近と感じていたが大きな落とし穴があった．ネルソン自身は，[Nel64a] でこの下からの一様有界性の証明を Gross 変換と 2 次形式の理論を絶妙につかって示している．今，その証明を眺めても奇跡的な印象を受ける．我々はこれを汎関数積分で証明しなければいけないが $H_\varepsilon - E_\varepsilon$ は，$H_\varepsilon \to -\infty, -E_\varepsilon \to +\infty$ のようなものなので，下からの評価が容易ではない．しかも，汎関数積分でどうすればいいのか？意外にもそれは非負な基底状態の存在を使って，熱半群の真空期待値で基底状態エネルギーが表せることをつかえばよかった．もちろんこのようなことは，この業界の研究者で知らない人はいない．しかし，ずっと，エネルギーの下限を下から抑えようとして評価ばかり考えていたのが敗着だった．これに気がついた瞬間は，天気のいい，ある秋の金曜日の夕方で，帰宅のためにバスに乗ろうと大学の中を歩いている最中だったと記憶している．この証明の最も大事な瞬間だった．後日プレプリントを思い切って，まったく面識のない Nelson 先生に送ってみた．しばらく返信がなかったが，一ヶ月後，「やっと読んだ」という親切なメールとお祝いの言葉が添えられていて感動した．そのメールには「関数解析と経路積分はミステリアスな関係にある」と記されていた．しかし，翌年，Nelson 先生は，残念なことに他界してしまった．最後の最後に Nelson 先生と研究上での意思疎通ができて幸せだったと思う．

くりこみ項 E_ε は全運動量ゼロのネルソンハミルトニアンの基底状態エネルギーの g^2 の係数であることはすでに紹介した．じつは経路積分を使ってこの事実を示すことができる [Hir15b]．Gérard-Hiroshima-Panati-Suzuki [GHPS12a] はローレンツ多様体上に定義されたネルソンハミルトニアンの紫外切断のくりこみを示した．Pauli-Fierz 模型の場合は実行質量 m_{eff} がもう少し複雑になっていて，$a_2(\Lambda)$ の予想は $(\log \Lambda)^2$ 発散であったが，予想に反して $\sqrt{\Lambda}$ のオーダーでの発散だった．これは Hiroshoma-Spohn [HS05] による．筆者の知る限り未だに Pauli-Fierz 模型の紫外切断はくりこまれていないようである．

参考文献

[Ara83] A. Arai, Rigorous theory of spectra and radiation for a model in quantum electrodynamics, *J. Math. Phys.* **24** (1983), 1896–1910.

[Ara01] A. Arai, Ground state of the massless Nelson model without infrared cutoff in a non-Fock representation, *Rev. Math. Phys.* **13** (2001), 1075–1094.

[AH97] A. Arai and M. Hirokawa, On the existence and uniqueness of ground states of a generalized spin-boson model, *J. Funct. Anal.* **151** (1997), 455–503.

[AHH99] A. Arai, M. Hirokawa and F. Hiroshima, On the absence of eigenvectors of Hamiltonian s in a class of massless quantum field models without infrared cutoff *J. Funct. Anal.* **168** (1999), 470–497.

[BFS98] V. Bach, J. Fröhlich, and I. M. Sigal, Quantum electrodynamics of confined nonrelativistic particles, *Adv. Math.* **137** (1998), 299–395.

[BFS99] V. Bach, J. Fröhlich, and I. M. Sigal, Spectral analysis for systems of atoms and molecules coupled to the quantized radiation field, *Commun. Math. Phys.* **207** (1999), 249–290.

[Bet47] H. A. Bethe, The electromagnetic shift of energy levels, *Phys. Rev.* **72** (1947), 239–341.

[BH09] V. Betz and F. Hiroshima, Gibbs measures with double stochastic integrals on path space, *Infinite Dimensional Analysis, Quantum Probability and Related Topics*, **12** (2009), 135–152.

[BHLMS02] V. Betz, F. Hiroshima, J. Lőrinczi, R. A. Minlos and H. Spohn, Ground state properties of the Nelson Hamiltonian -A Gibbs measure-based approach, *Rev. Math. Phys.* **14** (2002), 173–198.

[Che00] T.Chen, Operator-theoretic infrared renormalization and construction of dressed 1-particle states in non-relativistic QED, preprint 2000.

[DG04] J. Dereziński and C. Gérard, Scattering theory of infrared divergent Pauli-Fierz Hamiltonians, *Ann. Henri Poincaré* **5** (2004), 523–578.

[FP80] J. Fröhlich and Y. M. Park, Correlation inequalities and thermodynamic limit for classical and quantum continuous systems II, Bose-Einstein and Fermi-Dirac statistics, *J. Stat. Phys.* **23** (1980), 701–753.

[Ger00] C. Gérard, On the existence of ground states for massless Pauli-Fierz Hamiltonians, *Ann. H. Poincaré* **1** (2000), 443–459.

[GHPS11] C. Gérard, F. Hiroshima, A. Panati and A. Suzuki, Infrared problem for the Nelson model with variable coefficients, *Commun. Math. Phys.* **308** (2011), 543–566.

[GHPS12a] C. Gérard, F. Hiroshima, A. Panati and A. Suzuki, Removal of the

UV cutoff for the Nelson model with variable coefficients, *Lett Math Phys*, **101** (2012), 305–322.

[GHPS12b] C. Gérard, F. Hiroshima, A. Panati and A. Suzuki, Absence of ground state of the Nelson model with variable coefficients, *J. Funct. Anal.* **262** (2012), 273–299.

[GJ68] J. Glimm and A. Jaffe, A $\lambda(\phi^4)_2$ quantum field theory without cutoffs. I, *Phys. Rev.* **176** (1968), 1945–1951.

[GLL01] M. Griesemer, E. Lieb, and M. Loss, Ground states in non-relativistic quantum electrodynamics, *Invent. Math.* **145** (2001), 557–595.

[Gro73] L. Gross. The relativistic polaron without cutoffs, *Commun. Math. Phys.* **31** (1973), 25–73.

[GHL13] M. Gubinelli, F. Hiroshima and J. Lőrinczi, Ultraviolet renormalization of the Nelson Hamiltonian through functional integration, *J. Funct. Anal.* **267** (2014), 3125–3153.

[Hir03] M. Hirokawa. Infrared catastrophe for Nelson's model, *Publ. RIMS, Kyoto Univ.* **42** (2003), 897–922.

[HHL12] M. Hirokawa, F. Hiroshima and J. Lőrinczi, Spin-boson model through a Poisson-driven stochastic process, *Math. Z.* **277** (2014), 1165–1198.

[HHS05] M. Hirokawa, F. Hiroshima and H. Spohn, Ground state for point particle interacting through a massless scalar Bose field, *Adv. in Math.* **191** (2005), 339–392.

[Hir14] F. Hiroshima, Functional integral approach to semi-relativistic Pauli-Fierz models, *Adv. in Math.* **259** (2014), 784–840.

[Hir15a] F. Hiroshima, Translation invariant models in QFT without ultraviolet cutoffs, arXiv:1506.07514, preprint 2015.

[Hir15b] F. Hiroshima, Note on ultraviolet renormalization and ground state energy of the Nelson model, preprint 2015.

[HS08] F. Hiroshima and I. Sasaki, Enhanced binding of an N particle system interacting with a scalar field I, *Math. Z.* **259** (2008), 657–680.

[HS15] F. Hiroshima and I. Sasaki, Enhanced binding of an N particle system interacting with a scalar field II, *Publ. RIMS. Kyoto* **51** (2015), 655–690

[HS01a] F. Hiroshima and H. Spohn, Enhanced binding through coupling to a quantum field, *Ann. Henri Poincaré* **2** (2001), 1159–1187.

[HS05] F. Hiroshima and H. Spohn, Mass renormalization in nonrelativistic QED, *J. Math. Phys.* **46** (2005), 042302.

[KV86] C. Kipnis and S. R. S. Varadhan, Central limit theorem for additive functionals of reversible Markov processes and applications to simple exclusions, *Commun. Math. Phys.* **104** (1986), 1–19.

[LL47] W. E Lamb and R.C. Retherford, Fine structure of the hydrogen atom by a microwave method, *Phys. Rev.* **72** (1947), 241–243.

[LL03] E. H. Lieb and M. Loss. Existence of atoms and molecules in non-relativistic quantum electrodynamics. *Adv. Theor. Math. Phys.* **7** (2003), 667–710.

[LMS02] J. Lőrinczi, R. A. Minlos, and H. Spohn. The infrared behaviour in Nelson's model of a quantum particle coupled to a massless scalar field, *Ann. Henri Poincaré* **3** (2002), 1–28.

[Nel64a] E. Nelson , Interaction of nonrelativistic particles with a quantized scalar field, *J. Math. Phys.* **5** (1964), 1990–1997.

[Nel64b] E. Nelson , Schrödinger particles interacting with a quantized scalar field, In *Proc. Conference on Analysis in Function Space, W. T. Martin and I. Segal* (eds.), page 87. MIT Press, 1964.

[OS99] H. Osada and H. Spohn, Gibbs measures relative to Brownian motion, *Ann. Probab.* **27** (1999), 1183–1207.

[Sas05] I. Sasaki, Ground state of the massless Nelson model in a non-Fock representation, *J. Math. Phys.* **46** (2005), 102107.

[Seg56a] I. E. Segal, Tensor algebras over Hilbert spaces.I, *Trans. Amer. Math. Soc.* **81** (1956), 106–134.

[Seg56b] I. E. Segal, Tensor algebras over Hilbert spaces.II, *Ann. Math.* **63**(1956), 160–175.

[Spo89] H. Spohn, Ground state(s) of the spin-boson Hamiltonian, *Commun. Math. Phys.* **123** (1989), 277–304.

[Spo98] H. Spohn, Ground state of quantum particle coupled to a scalar boson field, *Lett. Math. Phys.* **44** (1998), 9–16.

[SW64] R. F. Streater and and A. S. Wightman, *PCT, spin and statistics, and all that*, Princeton University Press 1964.

[Wel48] T.A.Welton, Some observable effects of the quantum mechanical fluctuation of the electromagnetic field, *Phys. Rev.* **74** (1948), 1157–1167.

索引

英数字

1 次元ユニタリ群, 16
1 粒子ヒルベルト空間, 50, 59
2 次元共形場理論, 115
4 次元電流密度, 14, 17
4 次元ミンコフスキー空間, 2

α-induction, 129
admissible 外場ポテンシャル, 279
admissible ペアポテンシャル, 279
Aizenman と Graham の不等式, 235
Aizenman の不等式, 179, 229
Araki-Woods, 121

Bisognano-Wichmann の性質, 120
Bochner-Minlos の定理, 252
Borcherds, 132
braided tensor category, 125
braiding, 125
BST, 198

C_0 半群, 259
C_2-cofiniteness, 127
C^* 環, 117
CAR, 30, 31
CAR_4^∞, 31
CAR_4^∞-CCR_C^∞ の表現, 31
CAR_4^∞ の表現, 31
CAR の表現, 51
CCR, 25
CCR_C^∞, 31
CCR_C^∞ の表現, 31
CCR のヴァイル表現, 64
CCR の自己共役表現, 64
CCR の表現, 27, 64
CCR のフォック表現, 65
central charge, 136
character formula, 145
chessboard estimate, 182
Connes の非可換幾何学, 142
Conway-Norton, 132
coset construction, 123
CPT 定理, 154
cyclotomic integer, 128

Dirac 作用素, 142
Doob の h-変換, 260
Doplicher-Haag-Roberts 理論, 124
Dynkin 図形, 129

effective theory, 209
entire cyclic cohomology, 146
η-自己共役, 83
η-対称, 83

field-strength renormalization constant, 233
finite depth, 137
fixed point, 201
flow, 201
Frenkel-Lepowsky-Meurman, 133
Fröhlich の不等式, 179, 229

Galois の逆問題, 131
Galois 理論, 121
Gårding-Wightman(GW) の公理系, 156
Griess, 131
Griffiths の第一不等式, 177
Griffiths の第二不等式, 177

Haag duality, 120

Hauptmodul, 133
holomorphic, 127
hyperfinite II_1 factor, 121

infrared bound, 182
intertwiner, 124

Jaffe-Lesniewski-Osterwalder, 146
j-function, 132
Jones, 121

Kac-Moody Lie 環, 122
Källen-Lehmann 表示, 234
Kato クラス, 258
Kato 分解可能, 259

lattice, 122
Lebowitz の不等式, 177
Leech Lattice, 133
Longo-Rehren subfactor, 128
Lorentz 変換, 115

McKay, 132
McKay-Thompson 級数, 133
Messager-Miracle-Solé の不等式, 178
modular invariant, 130
Modular PCT 対称性, 139
modular tensor category, 126

Newman の定理, 227
nontrivial, 169
n 重対称テンソル積ヒルベルト空間, 59
n 点函数, 173
n 粒子空間, 59
n 粒子部分空間, 245

orbifold construction, 123
Osterwalder-Schrader(OS) の公理系, 160
Osterwalder-Schrader(OS) の再構成定理, 161

planar algebra, 134
Poincaré 共変性, 118
$P(\phi)_1$ 過程, 260
p 重反対称テンソル積ヒルベルト空間, 50
p 粒子空間, 50

QED, 1
Q-system, 128
quantum double, 128

Ramond 代数, 143
Reeh-Schlieder の定理, 120
reflection positivity, 181
Reshetikhin-Turaev, 127

Schwinger-Dyson 方程式, 218
Schwinger 函数, 160
Simon の不等式, 178
simple current extension, 123
sink, 202
source, 202
special symmetric $*$-Frobenius algebra, 130
spectral triple, 143
split property, 121
state-field 対応, 133
subfactor 理論, 121

topological quantum field theory, 127
transportable localized endomorphism, 124
triviality, 225
twisted orbifold construction, 133

$U(1)$ ゲージ対称性, 16

Virasoro 代数, 135
von Neumann 環, 117

Wess-Zumino-Witten model, 122
Weyl, 142
Wick 積, 249
Wick の定理, 177
Wightman 函数, 158
Wightman 函数に対する Wightman の公理, 158
Wightman 公理系, 115
Wightman の再構成定理, 159

あ行
一般線形群, 11
伊藤の公式, 258

ヴァイル関係式, 62, 63
ウィーンの法則, 242
ウィック積, 97
ウィナー測度, 255
運動量切断, 94
運動量のスペクトル, 58, 69

エネルギー・運動量作用素, 69
エネルギー・運動量作用素の結合スペクトル, 58, 69

か行
外場ポテンシャル, 279
カイラル共形場理論, 115
ガウス型減衰性, 282
ガウス型不等式, 177
ガウス超過程, 250
核, 29, 107
確率積分, 257
荷電物質場, 1
可閉, 107, 246
完全有理的, 123
観測可能量, 117
完備化, 110
ガンマ行列, 6

基底状態, 109, 259
基底状態エネルギー, 109
基底状態変換, 260
ギブス測度, 279
既約性, 119
キュムラント, 173
鏡映正値性, 181
境界共形場理論, 140
強可換, 109
強加法性, 121
共形共変性, 119
強磁性的相互作用, 173
共役運動量, 27, 30, 34
強連続, 57, 77
局所一様位相, 254
局所ゲージ不変性, 20
局所ゲージ変換, 16, 20
局所弱収束, 281
局所性, 87, 118

空間切断, 98
空間的減衰性, 277
空間的電流密度, 15
空間的領域, 4
空孔理論, 242
クーロンゲージ, 20
クーロンゲージでの電磁ポテンシャル論, 20
クーロンゲージでの自由な量子輻射場のハミルトニアン, 46
クーロンゲージでの量子輻射場のハミルトニアン, 67
クーロンゲージにおける自由な量子輻射場, 46
クーロンゲージにおける連続正準交換関係, 31
クーロン条件, 20
グプタ-ブロイラー形式, 71
くりこみ群, 197

形式的摂動級数, 1
形式的摂動法, 1
ゲージ, 16
ゲージ関数, 15
ゲージ固定, 21
ゲージ変換, 15
結合スペクトル, 109
結合スペクトル測度, 109

光円錐, 4
高温相, 187
格子正則化, 163
光子の 1 粒子ヒルベルト空間, 66
光電効果, 242
公理的場の理論, 154
個数作用素, 248
古典電磁場の理論の基礎方程式, 14
固有値, 108, 266
固有ベクトル, 108
固有ポアンカレ群, 5
固有ポアンカレ変換, 5
固有ローレンツ群, 5
固有ローレンツ変換, 5
コンプトン散乱, 104

さ　行

最低エネルギー, 108
作用素値超関数, 28
作用素値超関数核, 29
散在型有限単純群, 131

シーガルの場の作用素, 62
紫外発散, 265
時間的領域, 3
自己共役, 25
自己共役作用素, 246
時刻 0 の場, 19
下に有界, 108
質量 m の自由ディラック作用素, 9

質量 m のディラック場, 8
磁場, 15
従順性, 128
自由ディラック場, 15
自由ディラック場の運動量, 40
自由ディラック場のハミルトニアン, 40
自由ディラック場のポアンカレ対称性, 13
自由ディラック方程式, 9, 37
自由度 n の CCR の自己共役表現, 26
自由度 n の CCR の対称表現, 26
自由なディラック場の方程式, 8, 36
自由な電磁ポテンシャルの方程式, 36
自由な量子ディラック場, 44, 54
自由な量子ディラック場の運動量, 57
自由な量子ディラック場のエネルギー・運動
　　量作用素, 57
自由な量子ディラック場のハミルトニアン,
　　56
自由な量子輻射場の運動量, 69
自由場, 36
自由場の正準量子化, 43
自由ハミルトニアン, 252
縮小作用素, 247
縮退, 109
準同型, 10
準同型写像, 10
条件付き期待値, 255
商ベクトル空間, 109
消滅作用素, 246
剰余スペクトル, 108
真空ベクトル, 118
真空期待値, 68
真性スペクトル, 266

吸い込み, 202
随伴作用素, 246
スカラーポテンシャル, 15
スケルトン不等式, 180
スピノル群, 11

スピン, 242
スピン角運動量, 38
スピンと統計の関係, 154
スペクトル, 108, 266
スペクトル条件, 59
スペクトル表示, 183

正エネルギー条件, 119
正準交換関係, 25, 247
正準反交換関係, 30
正準量子化, 25, 30
生成作用素, 246
正則化, 33, 162
正値性保存作用素, 251
赤外正則条件, 266
赤外特異条件, 266
赤外発散, 265
全射準同型写像, 10
前方光円錐, 58

相互作用, 98
相対論的 QED, 1
相転移, 189

た 行

第 2 量子化, 248
対合, 73
対称, 25
対称作用素, 246
代数的量子場の理論, 115
対数補正, 236
タイトネス, 284
第二種の第 2 量子化, 53
第二種の第 2 量子化作用素, 62
多重度, 108
ダランベール作用素, 14
ダランベールシャン, 14

値域, 107

中心極限定理, 204
超 Virasoro 代数, 143
超くりこみ可能, 216
頂点作用素代数, 115

低温相, 188
ディラックの海, 242
ディラック場, 2
ディラック–マクスウェル作用素, 104
ディラック–マクスウェルハミルトニアン, 104
ディラック–マクスウェル方程式, 17
ディラック粒子, 2
デルタ超関数, 23
電荷保存則, 16
電荷密度, 15
電磁場, 13
電磁ポテンシャル, 13
点スペクトル, 108
テンソル積, 124
電場, 15

同型写像, 10
統計次元, 125
同値, 64
同値類, 109
冨田–竹崎理論, 125

な 行

内部自由度 4 の連続正準反交換関係, 31
流れ, 201

熱核, 254
ネット, 118
ネルソンハミルトニアン, 264, 265

は 行

ハイゼンベルク作用素, 32
パウリの補題, 7

場の古典電磁力学, 1
場の全電荷, 17
場の強さのくりこみ定数, 233, 234
ハミルトニアン, 19
ハミルトニアンのスペクトル, 57
反交換子, 6
半正定値内積に関する零空間, 110

非可換ゲージ理論, 170
微視的因果律, 87
非摂動的方法, 1
非相対論的 QED, 1
非負, 108
非有界作用素, 246
表現, 11
表現空間, 26, 51, 64
ヒルベルト空間, 245

ファインマン・カッツ・ネルソン, 267
ファインマン・カッツの公式, 258, 261
フィルトレーション, 256
フーリエ変換, 36, 252
フェルミオン, 244
フェルミオン消滅作用素, 50
フェルミオン生成作用素, 50
フェルミオン第 2 量子化作用素, 52
フェルミオン・フォック空間, 50, 245
フェルミオン・フォック真空, 51
フォック空間, 244
フォック真空, 245
複素ベクトル場, 7
物理的状態のヒルベルト空間, 76
不定計量, 48, 73
不動点, 201
不変被覆群, 11
ブラウン運動, 255
フル共形場理論, 119
ブロックスピン, 198
ブロックスピン変換, 198

ペアポテンシャル, 270, 279
閉作用素, 107, 246
閉包, 246
ベクトルポテンシャル, 15
ベクトルポテンシャル付きディラック作用素, 19
ヘリシティ作用素, 38
変換群, 12
偏極ベクトル, 41

ポアソン方程式, 20
ポアンカレ群, 5
ポアンカレ変換, 5, 11
ボース場, 59
ボゾン (ボソン), 244
ボソン個数作用素, 60
ボソン消滅作用素, 60
ボソン生成作用素, 60
ボソン第 2 量子化作用素, 60
ボゾン・フォック空間 (ボソンフォック空間), 59, 245
ボソンフォック真空, 60
本質的自己共役作用素, 246
本質的に自己共役, 107

ま 行

埋蔵固有値, 266
マクスウェル方程式, 15
マルコフ過程, 256
マルチンゲール, 256

ミンコフスキー計量, 2

ムーンシャイン予想, 131
無次元のくりこまれた結合定数, 227

モンスター, 131

や 行

有界作用素, 246
ユークリッド場, 253
有限粒子部分空間, 60, 247
有効理論, 209
ユニタリ対合, 73
ユニタリ表現, 57

横デルタ超関数, 23

ら 行

ラムシフト, 104, 243

離散スペクトル, 266
量子 spin chain, 122
量子群, 126
量子ディラック場, 30
量子電磁場, 92
量子電磁ポテンシャル, 30, 46, 48
量子電磁力学, 1
量子ド・ブロイ場, 103
量子場, 116
量子場のハミルトニアン, 31
量子輻射場, 30
臨界現象, 190
臨界点, 190

レゾルヴェント, 108
レゾルベント集合 (レゾルヴェント集合), 108, 266
連結 n 点函数, 173
連続極限, 166
連続スペクトル, 108, 266

ローレンツ群, 4
ローレンツゲージ, 21
ローレンツゲージでの電磁ポテンシャル論, 21
ローレンツゲージでの量子輻射場の理論におけるエネルギー・運動量作用素, 80
ローレンツゲージにおける自由な量子輻射場, 48
ローレンツゲージにおける量子輻射場, 85
ローレンツ写像, 4
ローレンツ条件, 21, 92
ローレンツ不変, 5
ローレンツ変換, 4

わ 行

湧き出し, 202
枠付き頂点作用素代数, 133

執筆者紹介

新井朝雄
あらい・あさお

現　職	北海道大学大学院理学研究院教授
専門分野	数学，数理物理学
コメント	相対論的 QED の現形式に囚われることなく，量子電磁現象の根底にある真の数学的理念と構造を探求することが重要である．

河東泰之
かわひがし・やすゆき

現　職	東京大学大学院数理科学研究科教授
専門分野	作用素環論
コメント	共形場理論に現れる数学的問題を作用素環論の立場から研究している．

原　隆
はら・たかし

現　職	九州大学大学院数理学研究院教授
専門分野	数理物理学
コメント	今回の原稿によって，場の量子論の未解決問題に挑戦する方が増えていただければ幸いです．

廣島文生
ひろしま・ふみお

現　職	九州大学大学院数理学研究院教授
専門分野	場の量子論
コメント	確率解析的手法による数学的な場の量子論のスペクトル解析を研究している．キーワードはファインマンカッツ公式．

数理物理の最前線
量子場の数理

2016 年 7 月 20 日　第 1 版第 1 刷発行

著者	新井朝雄・河東泰之・原　隆・廣島文生
発行者	横山　伸
発行	有限会社　数学書房

〒 101-0051　東京都千代田区神田神保町 1-32-2
TEL　03-5281-1777
FAX　03-5281-1778
mathmath@sugakushobo.co.jp
振込口座　00100-0-372475

印刷 製本	精文堂印刷 (株)
組版	野崎　洋
装幀	岩崎寿文

ⓒA.Arai, Y.Kawahigashi, T.Hara & F.Hiroshima 2016　　Printed in Japan
ISBN 978-4-903342-48-1

数学書房

〈問題・予想・原理の数学〉
　加藤文元・野海正俊 編
　研究者たちの仕事・アイデア・気持ち・そして息遣いまでもが伝わる「現代数学物語」.

1. 連接層の導来圏に関わる諸問題
　戸田幸伸 著
　この20年間のめざましい現象を解説し，問題・予想，今後の方向性を提示する.
　◆ 3000円+税／A5判／978-4-903342-41-2

2. 周期と実数の0-認識問題
　— Kontsevich-Zagier の予想 —
　吉永正彦 著
　積分や級数で表される数に対する深い洞察が，多くの人の実数観に影響を与える.
　◆ 2500円+税／A5判／978-4-903342-42-9

3. Schubert多項式とその仲間たち
　前野俊昭 著
　対称群と多項式の組合せ論をテーマとし，
　Schubert多項式と呼ばれる特別な多項式の族を紹介する.
　◆ 2500円+税／A5判／978-4-903342-43-6

＊＊＊

素粒子論のランドスケープ
　大栗博司 著
　◆ 2900円+税／四六判／978-4-903342-67-2

この数学書がおもしろい 増補新版
　数学書房編集部 編
　◆ 2000円+税／A5判／978-4-903342-64-1

この定理が美しい
　数学書房編集部 編
　◆ 2300円+税／A5判／978-4-903342-10-8

この数学者に出会えてよかった
　数学書房編集部 編
　◆ 2200円+税／A5判／978-4-903342-65-8